教育部高等学校化工类专业教学指导委员会推荐教材

化学反应工程

（第二版）

王承学　主编　　胡永琪　副主编

化学工业出版社

·北京·

本书将反应动力学与反应过程和反应器形式有机地结合在一起，详细介绍了各种反应动力学方程的实验测定方法、特征以及在特定反应器中的具体应用。全书共分 9 章，包括绪论、均相反应动力学、均相理想反应器设计、非理想流动反应器设计、气-固相催化反应动力学、气-固相催化反应器设计、气-液及气-液-固相反应器设计、聚合反应及反应器设计、化学反应工程新进展。本书各章首设有本章学习要求，章末附有重要内容小结，内容清晰，重点突出。书中编入较多实用的例题和习题，便于读者使用。

本书可作为高等学校化学工程与工艺和高分子化工等专业的本科教材，还可供各类相关专业技术人员、科研人员参考。

图书在版编目（CIP）数据

化学反应工程/王承学主编. —2 版. —北京：化学工业出版社，2015.5（2025.1 重印）
教育部高等学校化工类专业教学指导委员会推荐教材
ISBN 978-7-122-23121-5

Ⅰ.①化… Ⅱ.①王… Ⅲ.①化学反应工程-高等学校-教材 Ⅳ.①TQ03

中国版本图书馆 CIP 数据核字（2015）第 039173 号

责任编辑：徐雅妮　　文字编辑：刘志茹
责任校对：边　涛　　装帧设计：关　飞

出版发行：化学工业出版社（北京市东城区青年湖南街 13 号　邮政编码 100011）
印　　装：北京七彩京通数码快印有限公司
787mm×1092mm　1/16　印张 17　字数 409 千字　　2025 年 1月北京第 2 版第 8 次印刷

购书咨询：010-64518888　　售后服务：010-64518899
网　　址：http://www.cip.com.cn
凡购买本书，如有缺损质量问题，本社销售中心负责调换。

定　　价：35.00 元

教育部高等学校化工类专业教学指导委员会
推荐教材编审委员会

序

化学工业是国民经济的基础和支柱性产业，主要包括无机化工、有机化工、精细化工、生物化工、能源化工、化工新材料等，遍及国民经济建设与发展的重要领域。化学工业在世界各国国民经济中占据重要位置，自 2010 年起，我国化学工业经济总量居全球第一。

高等教育是推动社会经济发展的重要力量。当前我国正处在加快转变经济发展方式、推动产业转型升级的关键时期。化学工业要以加快转变发展方式为主线，加快产业转型升级，增强科技创新能力，进一步加大节能减排、联合重组、技术改造、安全生产、两化融合力度，提高资源能源综合利用效率，大力发展循环经济，实现化学工业集约发展、清洁发展、低碳发展、安全发展和可持续发展。化学工业转型迫切需要大批高素质创新人才，培养适应经济社会发展需要的高层次人才正是大学最重要的历史使命和战略任务。

教育部高等学校化工类专业教学指导委员会（简称“化工教指委”）是教育部聘请并领导的专家组织，其主要职责是以人才培养为本，开展高等学校本科化工类专业教学的研究、咨询、指导、评估、服务等工作。高等学校本科化工类专业包括化学工程与工艺、资源循环科学与工程、能源化学工程、化学工程与工业生物工程等，培养化工、能源、信息、材料、环保、生物工程、轻工、制药、食品、冶金和军工等领域从事工程设计、技术开发、生产技术管理和科学研究等方面工作的工程技术人才，对国民经济的发展具有重要的支撑作用。

为了适应新形势下教育观念和教育模式的变革，2008 年“化工教指委”与化学工业出版社组织编写和出版了 10 种适合应用型本科教育、突出工程特色的“教育部高等学校化学工程与工艺专业教学指导分委员会推荐教材”（简称“教指委推荐教材”），部分品种为国家级精品课程、省级精品课程的配套教材。本套“教指委推荐教材”出版后被 100 多所高校选用，并获得中国石油和化学工业优秀教材等奖项，其中《化工工艺学》还被评选为“十二五”普通高等教育本科国家级规划教材。

党的十八大报告明确提出要着力提高教育质量，培养学生社会责任感、创新精神和实践能力。高等教育的改革要以更加适应经济社会发展需要为着力点，以培养多规格、多样化的应用型、复合型人才为重点，积极稳步推进卓越工程师教育培养计划实施。为提高化工类专业本科生的创新能力和工程实践能力，满足化工学科知识与技术不断更新以及人才培养多样化的需求，2014 年 6 月“化工教指委”和化学工业出版社共同在太原召开了“教育部高等学校化工类专业教学指导委员会推荐教材编审会”，在组织修订第一批 10 种推荐教材的同时，增补专业必修课、专业选修课与实验实践课配套教材品种，以期为我国化工类专业人才培养提供更丰富的教学支持。

本套“教指委推荐教材”反映了化工类学科的新理论、新技术、新应用，强化安全环保意识；以“实例—原理—模型—应用”的方式进行教材内容的组织，便于学生学以致用；加强教育界与产业界的联系，联合行业专家参与教材内容的设计，增加培养学生实践能力的内容；讲述方式更多地采用实景式、案例式、讨论式，激发学生的学习兴趣，培养学生的创新能力；强调现代信息技术在化工中的应用，增加计算机辅助化工计算、模拟、设计与优化等内容；提供配套的数字化教学资源，如电子课件、课程知识要点、习题解答等，方便师生使用。

希望“教育部高等学校化工类专业教学指导委员会推荐教材”的出版能够为培养理论基础扎实、工程意识完备、综合素质高、创新能力强的化工类人才提供系统的、优质的、新颖的教学内容。

教育部高等学校化工类专业教学指导委员会

2015 年 1 月

前言

《化学反应工程》（第二版）是在第一版的基础上，经过五年的课堂教学应用，充分征求用书院校师生使用意见，并搜集近200份问卷调查反馈，总结与分析读者的建议后修订而成。

本着紧密结合实际应用、真正做到深入浅出、简化数学推理、强化基础、通俗易懂的原则，我们在第一版教材的基础上进行了较大幅度的调整。特别是本科生需要重点学习的前六章内容简化幅度更大，解释更加详细，删去了数学推理复杂、应用较少的变容过程确定动力学方法、循环反应器和扩散模型；利用圆筒孔模型统一解决宏观动力学方程内扩散问题；通过改变反应速率定义统一建立均相与气固相反应器设计方程和传热方程；强化了均相反应动力学作为基础内容的支撑作用，紧紧围绕本征反应动力学类型和宏观反应过程动力学的建立以及平推流和全混釜两个反应器的基础模型展开。在第一版的基础上增加了思考题，重点公式加框以突出显示，关键知识点增加了边注，以加深理解，使教材内容更加灵活生动。为了压缩篇幅以适应本科化学反应工程课程学时数要求，本次修订去掉了第9章生化反应及反应器设计部分。

本书第1章绪论、第3～5章均相理想反应器设计由长春工业大学王承学教授修订，第2章均相反应动力学由合肥工业大学徐超教授修订，第6章气-固相催化反应器设计由河北科技大学胡永琪教授修订，第7章气-液及气-液-固相反应器设计由河北科技大学刘润静教授修订，第8章聚合反应及反应器设计由长春工业大学赵文杰副教授修订，第9章化学反应工程新进展由河北科技大学张向京教授修订。全书由长春工业大学王承学教授和河北科技大学胡永琪教授统稿。在此，向参与本书第一版编写工作的河南大学乔聪震教授、湖南科技大学仇明华教授、河北科技大学陈焕章教授、广西科技大学谢清若教授、兰州大学严世强教授，以及第一版的主审北京化工大学郭锴教授表示感谢！

由于时间和水平有限，书中不足之处在所难免，请读者批评指正！

王承学

2015年3月

第一版前言

根据教育部面向21世纪对化学工程与工艺专业的教学计划要求和新时期对大学生就业宽口径、知识能力化的要求，长春工业大学、河北科技大学、合肥工业大学、广西工学院、兰州大学、河南大学以及湖南科技大学共同组织编写了本部教材。本教材针对解决我国高校大量扩招后，省级地方高校本科生数量增加，基础不均，学习和应用化学反应工程知识存在困难而编写，是一本内容全面、编写简明的本科教材，很适合学生自学。在目前专业课学时减少和本科生就业压力增加的背景下，作为高年级的必修专业课应增加自学的引导，使主观能动的学习成为原动力，提高教材的自学性能和利用率，同时，还要使学生具有一定的知识面。本书在注重基本概念和基本理论的前提下，尽量回避较烦琐、且实际应用少的数学公式及推导，紧密结合应用和例题展开理论内容讲授，使理论既不空洞又深入实际，以提高学生自主学习的兴趣。

本书注重将贯穿始终的反应动力学与反应过程和反应器形式有机结合，详细地介绍了各种反应动力学方程的实验测定方法、特征以及在特定反应器中的具体应用。在各章开头设有核心内容提示，使学生从一开始学习就带有目标和主线；在各章后附有重要内容小结，将本章最精华和最重要的定义及公式归纳起来，以便记忆和使用。书中编排的例题和习题具有一定的代表性，先读懂例题后再作习题是一般的学习方法，并用大量具体的实例和数据进行对比讲解，使各种反应器的选型和计算更明了。

全书共10章，可讲授100学时左右。第1章绪论（2学时）；第2章均相反应动力学（8学时）；第3章理想流动均相反应器设计（14学时）；第4章非理想流动反应器设计（10学时）；第5章气-固相催化反应动力学（11学时）；第6章气-固相催化反应器设计（16学时）；第7章气-液及气-液-固相反应器设计（10学时）；第8章聚合反应及反应器设计（10学时）；第9章生化反应及反应器设计（14学时）；第10章化学反应工程新进展（5学时）。在讲授时上述学时安排仅供参考，可由教师灵活应用。本书以作为普通高校本科生教材为主，同时可作为化学、化工、高分子、生物及相关专业技术人员的自学参考资料。

本书第1、3章由长春工业大学王承学编写；第2章由合肥工业大学徐超编写；第4章由河南大学乔聪震编写；第5章由湖南科技大学仇明华和河北科技大学陈焕章编写；第6章固定床部分由广西工学院谢清若编写，流化床部分由河北科技大学胡永琪编写；第7章由河北科技大学刘润静编写；第8章由长春工业大学赵文杰编写；第9章由兰州大学严世强编写；第10章由河北科技大学张向京编写。全书由王承学教授和胡永琪教授统稿，郭锴教授主审。本书是按照全体参编人员和主审在长春工业大学召开的编委会会议上商讨确定的编写思想和指导原则进行编写的，汇集了各个地区反应工程本科课程的教学思想和教学经验，相信一定会对其他学校的教学有所帮助。

本书的编写得到了长春工业大学校领导和化工学院领导的大力支持，并得到了长春工业大学“十一五”规划教材经费的立项资助，在此一并表示感谢。

由于编者水平有限，书中不足之处恳请读者批评指正。

编者

2008 年 4 月

主要符号说明

A　反应器截面积、换热面积、孔截面积
a　比表面积、相界面积、选择率
c_{AL}　液相中 A 的浓度
c_A^*　与气相中 p_{Ag} 的平衡浓度
c_e　平衡浓度
c_i　浓度
C_p　定压摩尔热容
D　扩散系数、分子量分布
D_e　有效扩散系数
D_k　努森扩散系数
D_R　鼓泡塔直径
D_Z　综合扩散系数
d　直径、密度
d_b　气泡直径
d_o　分布器孔直径
d_p　颗粒体积当量直径
d_s　颗粒比表面积当量直径
d_t　反应管床层直径
E　本征活化能、密度函数
E_D　扩散活化能
E_T　宏观活化能
F　摩尔流量、分布函数
f　瞬时分布函数，填装系数
f_M　修正雷诺数
G　气体流率
g　重力加速度
H　溶解度系数（亨利系数）
h　气膜传热系数、催化剂长度（厚度）
h_t　床层对反应器壁的传热系数
ΔH_r　反应热
j　聚合度
L　液体流量、反应器长度、特征长度
l　反应器任意长度
M　相对分子质量
$(M)^{0.5}$　八田数（Hatta）
K_c（K_p）　用浓度（分压）表示的化学平衡常数
K_i　吸附平衡常数
K_s　表面反应平衡常数
K_G、K_L　以分压和浓度为推动力的总括传质速率常数
K_q　总传热系数
$K_表$　表观速率常数
k_B　以单位催化剂床层体积为基准的本征反应速率常数
k_c　以单位催化剂体积定义的反应速率常数
k_g、k_L　气、液相传质分系数
k_s　以单位催化剂反应表面为基准的本征反应速率常数
k_V　以单颗粒催化剂孔体积为基准的本征反应速率常数
k_w　以单位催化剂重量为基准的本征反应速率常数
k_0　频率因子或指前因子
N　扩散通量、示踪剂总量
n　反应级数、每次反应占用的活性中心数
P　总压、累积聚合度
p　瞬时聚合度、分压
p_c　临界压力
Q_c　传热量
R　球半径距离、气体常数
$(-r_A)$　限定组分的反应速率、宏观反应速率

$(-\bar{r}_A)$	平均反应速率
$(-\bar{r}_A)_H$	宏观反应速率（或表观反应速率）
r_i	任意组分 i 的反应速率
S	总选择性，固体催化剂表面积，目标函数，反应管周长
s	瞬时选择性、空速
T	反应器内反应温度
T_s、T_g	催化剂外表面和气流主体温度
T_w、T_c	换热介质温度
t	反应时间
Δt_m	平均换热温差
u_o	空塔（床）速度
u	实际流速
V	反应体积，单位传质表面的液体体积
V_B	催化剂床层体积
V_c	催化剂体积
V_K	催化剂孔体积
V_p	催化剂的孔容
V_R	反应器体积
v_0	体积流量
V_{Rd}	催化剂死体积
ΔV	体积变化
W	催化剂质量、质量流量
x	转化率、任意孔长、液膜厚度、数学变量
Y	收率
y_i	气体摩尔分数
Z	反应器高

希腊字母

α	传热系数、润湿面积
β	化学吸收增强因子
δ	膜厚度、膨胀因子、孔曲折因子
ε_B	床层空隙率
ε_f	流化床空隙率
ε_i	相含率、膨胀率
ε_p	催化剂孔隙率
η	内扩散有效因子、液相反应利用率
θ_i	催化剂表面覆盖率（θ_v 裸露率）
λ	绝热温升
λ_e	有效热导率
μ	黏度
ν_i	化学计量系数
ν	单位传质表面的液体体积
γ	反应温度敏感参数
ρ	密度
ρ_p	催化剂密度
ρ_B	催化剂床层堆积密度
σ	表面张力
τ	空时
τ_c	催化剂体积空时
τ_B	床层体积空时
τ_w	催化剂质量空时
Φ_s	西勒模数
ϕ_s	球形系数
ξ	反应进度、阻力系数

上标

*	平衡态

下标

A	限定组分
a	平均
B	床层
i	内部
i	i 组分
e	外部
g	气相
L	液相
m	单体
mf	临界流化
o	空塔或初始
p	颗粒、聚合物
R	反应器、产物
r	径向
s	外表面
t	带出、总量
V	体积
w	质量
z	轴向

目录

第1章 绪论 /1

第2章 均相反应动力学 /11

第3章 均相理想反应器设计 /45

第4章 非理想流动反应器设计 /85

第 5 章 气-固相催化反应动力学 / 111

第6章 气-固相催化反应器设计 / 148

第7章 气-液及气-液-固相反应器设计 / 185

第 8 章 聚合反应及反应器设计 / 214

第 9 章 化学反应工程新进展 / 242

参考文献 / 256

第 1 章

绪　论

本章学习要求

1. 了解化学反应工程研究的任务和对象；
2. 了解化学反应和工业反应器的基本类型；
3. 明确影响工业反应过程的主要因素和研究方法；
4. 了解该学科的发展过程、知识体系和学习方法。

1.1　化学反应工程研究的对象和任务

1.1.1　研究对象

对于一般化学工业生产过程，要完成一个完整的反应过程，首先是原料预处理以达到反应过程要求的纯度及物化指标，然后进入反应装置中进行化学反应。获得的产物中往往含有未反应的物料、生成的目的产物、生成的副产物和原料带来的杂质等。这些物质的混合物需要经过粗分离、细分离，最后得到合格产品。归纳起来，一个化工生产过程包含图 1-1 所示的整体过程和步骤。

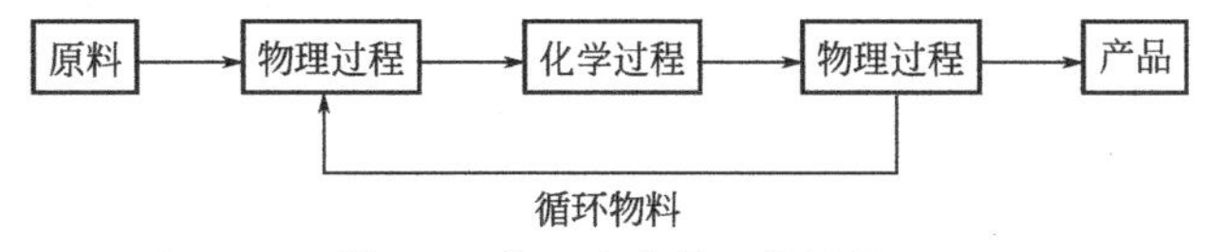

图 1-1　化工生产的一般过程

从图 1-1 可以看出，在整个工艺过程中，反应过程是核心。反应过程的情况直接影响反应前后的工艺流程与设备的投入。反应过程对原料的要求越严格，前处理的费用就越高，工艺越复杂。若反应过程比较彻底，反应后的混合物中副产物少，原料的转化完全，副产物少，对后续分离要求就低，所需要的分离设备就少，投资也少；否则分离成本高，分离工艺也复杂。完成反应过程的设备称为反应器。反应器设计和运行的优劣是化工生产工艺过程开发的关键，关系到整个生产过程的技术经济指标。化学反应工程学就是研究化学反应器原理的学科。

化学反应动力学是研究化学反应速率的一门学科。在物理化学中已经讨论了化学反应的速率问题，建立了反应速率与温度和浓度之间的关系，即化学反应本征动力学。但是在实际化工生产过程中，由于反应装置很大，即使有强烈的搅拌，也很难使反应器中物料的浓度和温度均一，反应器内存在物质和热量的传递过程，各处的反应速率不一样；对于有固体催化剂参与的化学反应，催化剂内也存在浓度和温度分布，伴随着物质和热量的传递，各处的化学反应速率也是不一样的。这些都给工业反应器的设计和计算带来难度。受这些物理传递过程影响的化学反应速率称为宏观反应速率。宏观反应动力学就是研究宏观反应速率规律的科学，它是工业反应器设计和放大的基础。

1.1.2 任务

化学反应工程研究的主要任务是针对一定的生产条件，开发和设计出体积小、操作简单、反应效果好、主产物收率高、投资少、安全可靠的反应装置。具体说有五项主要工作任务：①改进和强化现有的反应器设备，革新挖潜，降低消耗，提高效能；②开发新的反应技术和设备；③指导反应过程开发中反应器的放大；④选择最佳操作条件，实现最佳操作控制；⑤研究和完善反应工程理论。改进和强化就是使已有的或使用中的反应器得到充分利用，对不适合新产品生产或进一步提高产品质量的反应设备进行改进。开发新技术设备就是对一个新的生产工艺过程的反应装置进行选型、设计与计算，围绕反应定技术，围绕工艺定设备。反应器的放大就是从实验室小的实验装置上获得足够多的试验数据来设计较大的实验装置，或者从中间实验装置上获取足够多的初始数据进行大工厂反应器装置的设计。随着计算机的普遍使用和测控手段的提高，对最佳选择的反应器操作条件实现自动控制，以减少人力和物力，方便管理，提高产品质量。

随着科学技术的不断进步，人们对事物的认识不断加深和完善，从纳米级直到宏观尺度领域还存在着许多有待解决的化学反应工程课题，也相应地出现了各种新式反应器和多功能反应器，如膜反应器、分子反应器、生物反应器、催化反应与分离耦合的反应器等。在逐渐向着精细化、微型化、信息化、绿色化、极限化发展的化学工程领域中，有很多尚未解决的化学反应工程学的实际问题，有待于发展和完善。

1.2 化学反应工程的影响因素和研究方法

1.2.1 影响因素

反应物的浓度和反应温度是影响化学反应速率的两大主要因素，也是直接因素。对于一个工业上的化学反应来说，在工业生产的大反应器中，除了上述两大因素外，由于连续性生产必须进行流动，流动中带有摩擦阻力，流速不均。流动的同时带有体系中物质的扩散和混合问题；反应过程中都需要一定的反应温度并伴有热量的产生与交换：对于吸热反应，热量主要是从外界向反应器内给热，对于放热反应，要连续不断地向反应器外给出热量，以维持反应体系在最佳温度范围内操作，这些传热需要温差推动。在非均相反应中，由于相界面存在有传质阻力，需要浓度差推动等。由于工业化生产装置要比实验室的大得多，这样大量热量的传入和传出，即使是很好的搅拌和混合也很难使体系各个部位的浓度和温度均一。另外，连续生产时物料在反应器中的反应时间很难均一。这种浓度差、温度差和时间差造成的结果就导致了某些物质从高浓度向低浓度区域扩散，热量从高温向低温传递。在连续生产的流动过程中，为了克服管道和系统的摩擦阻力，就产生了压力降。浓度差、温度差、压力差和时间差是化学反应工业化过程中产生和遇到的不可回避的关键问题。这四个差别除反应体系自身的原因外，还与反应器的类型及结构、操作条件、反应状态有关，并且与影响化学反应的本征因素反应物浓度和温度交织在一起，相互影响，相互作用，使工业上的化学反应更加复杂，这也是化学反应工程重点要解决的核心问题。除反应温度和浓度因素外，反应过程中的传质传热和物料反应时间不一致对反应过程的影响是工业生产反应过程的五大主要影响因素。

1.2.2 研究方法

对上述复杂的反应过程，以前的研究方法是借助于相似论和量纲分析，通过实验建立相似特征数的经验关联式来解决这些问题。对于有化学反应参加的化工过程是很难用这种方法来设计和放大反应器的。初期反应器的设计和放大的方法纯靠实践经验，从实验小装置到扩大实验，再经过中间工厂试验到最后设计放大到工厂需要的反应装置。这种放大方法周期较长，研究投资过大。20 世纪 60 年代初出现了数学模型法，所谓数学模型法就是对某一个研究对象进行合理地简化，给出一个具体清晰的物理意义的构型，然后对此构型进行数学描述获得一个数学关系式。在数学模型的建立过程中要利用：①动力学方程式；②物料衡算式；③热量衡算式；④动量衡算式。在建模过程中，无论什么样反应过程只要有反应发生都必须用到表示物质量变化的物料衡算式和动力学方程式。当有温度变化和热量传递时也必须应用热量衡算式。对有较大压力变化的流动就要用动量衡算式。而这些关系式是相互关联的，需要联立求解。随着先进的测控和计算机手段的出现，使大量的计算成为可能，大大推广了数学模型法，也使化学反应工程研究得以迅速发展。

数学模型能否准确地解决反应工程中放大的问题，取决于模型的建立是否等效。这就要求模型在简化过程中既要找到主要问题，又要忽略次要问题。关键的影响因素绝不能去掉，影响小的次要因素和条件尽量忽略，以使建立的模型更加简单、模型的求解与计算更加容易。考虑太多的次要因素不但使模型复杂化，增加设计求解难度，也不会带来较高的准确性。主要因素没考虑进去会使模型失真，计算结果不正确。数学模型是否与原模型等效要通过实验来检验，要用实验结果来验证和修正模型，确定模型参数。

上述数学模型中用到的动力学方程，主要是面对生产实际，与生产条件相适应的宏观动力学方程，它可通过在实验室中的宏观动力学实验获得，并结合生产条件加以修正。数学模型中涉及的传递参数应通过大型冷模实验获取。将宏观动力学方程与热力学关系式、传质和传热计算式、以及催化剂和床层等体系的关系式结合起来，可写出物料衡算式和热量衡算式。衡算的基准要取性质相同的部分或微元容积。在压力变化大时再列出动量衡算方程。对于质量、热量和动量，在衡算单元内，单位时间内的输入量、消耗量、输出量及累积量关系为：

$$(\text{输入量})=(\text{输出量})+(\text{消耗量})+(\text{累积量}) \tag{1-1}$$

总之，在化学反应工程中，处理问题的思路是实验研究与理论分析并举。在开发新反应过程时，可先通过实验建立动力学方程和传递方程，然后，将其关联综合成全过程的初始数学模型。根据数学模型所做出的估计来制订实验方案，特别是中试阶段的实验方案，用实验结果来验证与修正模型，通过计算机模拟计算可进一步明确各因素影响的程度，进而进行生产装置的设计。其步骤如图 1-2 所示。

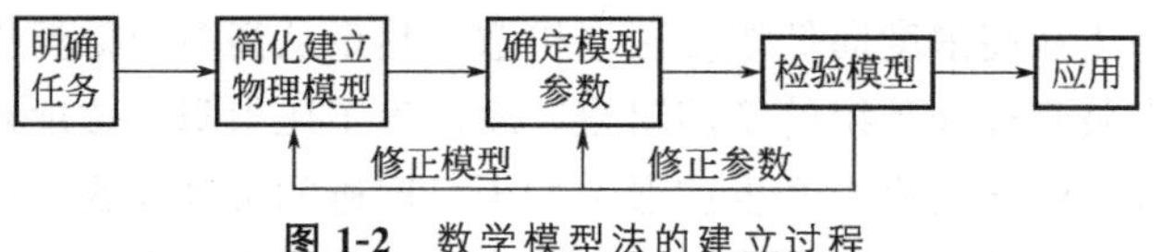

图 1-2 数学模型法的建立过程

1.3 化学反应及反应器分类

1.3.1 化学反应分类

在化学反应工程研究中，往往针对于具体的化学反应。反应性质不同势必影响反应器的设计与放大，而化学反应的复杂程度直接影响到其反应动力学规律，也影响数学模型的复杂程度与应用。根据反应的特性可进行不同的分类：若按相态来分，可分为均相反应和非均相反应。在均相反应中，有气相均相和液相均相。在非均相反应中有气固相、气液相、液固相和气液固相反应；若按是否有催化作用来分，可分为催化反应和非催化反应。具体来说，气体的燃烧和气体的高温裂解均属于气相均相非催化反应；酯化反应、硝化反应和磺化反应属于液相非催化均相反应；酸碱催化反应、酶催化反应和微生物反应属均相催化反应；煤的燃烧和矿石高温煅烧属气固非催化反应；在固体催化剂上的乙烯加氢、甲烷氧化、氨合成等反应都属于气固相催化反应。

若按反应方程式可分为简单反应和复杂反应；若按反应的机理可分为基元反应和非基元反应。另外，按反应过程是否处于定态可分为定态和非定态反应；按反应是否吸放热又可分为吸热反应和放热反应；按体系容积是否改变可分为恒容过程和变容过程等。

在反应器的设计放大中最常使用的，也最能反映出反应特征和动力学规律的划分是简单反应和复杂反应。凡是由一个动力学方程式能表达的反应都可称为简单反应，不管它是否代表了它的反应机理，其中包括自催化反应和均相催化反应。在复杂反应中有两个及以上反应方程式每个反应式都需要动力学方程来表达，也无论它是否为基元反应和非基元反应，只是在宏观上给出简单可用的动力学方程、能用于反应器的设计与放大即可。在复杂反应中，又可分为平行反应：$A\rightarrow R$，$A\rightarrow S$；连串反应：$A\rightarrow R\rightarrow S$；可逆反应：$A\rightleftharpoons R$ 共三种基本类型。而其他形式更为复杂的反应都是上述基本复杂反应的组合，其动力学规律可用上述方程综合来表述。

为了清晰表达反应过程的特征，也常将上述单一的分类合起来，如平行反应等温等容过程等。

1.3.2 反应器分类

工业反应器是化学反应工程研究的主要对象，按照生产实际需要来设计的反应器种类繁多，用途各异。例如，醋酸气体在 700～710℃裂解生产乙烯酮的工业反应装置，如图 1-3 所示，其中（a）所示为工厂中整体裂解炉外形，反应器在炉内，外围是加热保温炉体和辅助装置；（b）所示为用于气相分解的反应管（裂解管），为了增加管长减小炉体体积，制造成螺旋状。在裂解炉的外体加热和保温装置内，装有一个长 20m、直径 0.1m 的不锈钢裂解反应管。

(a) 裂解炉

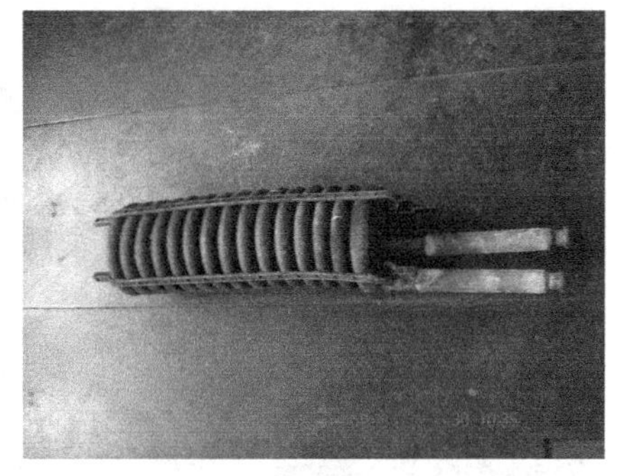

(b) 裂解管

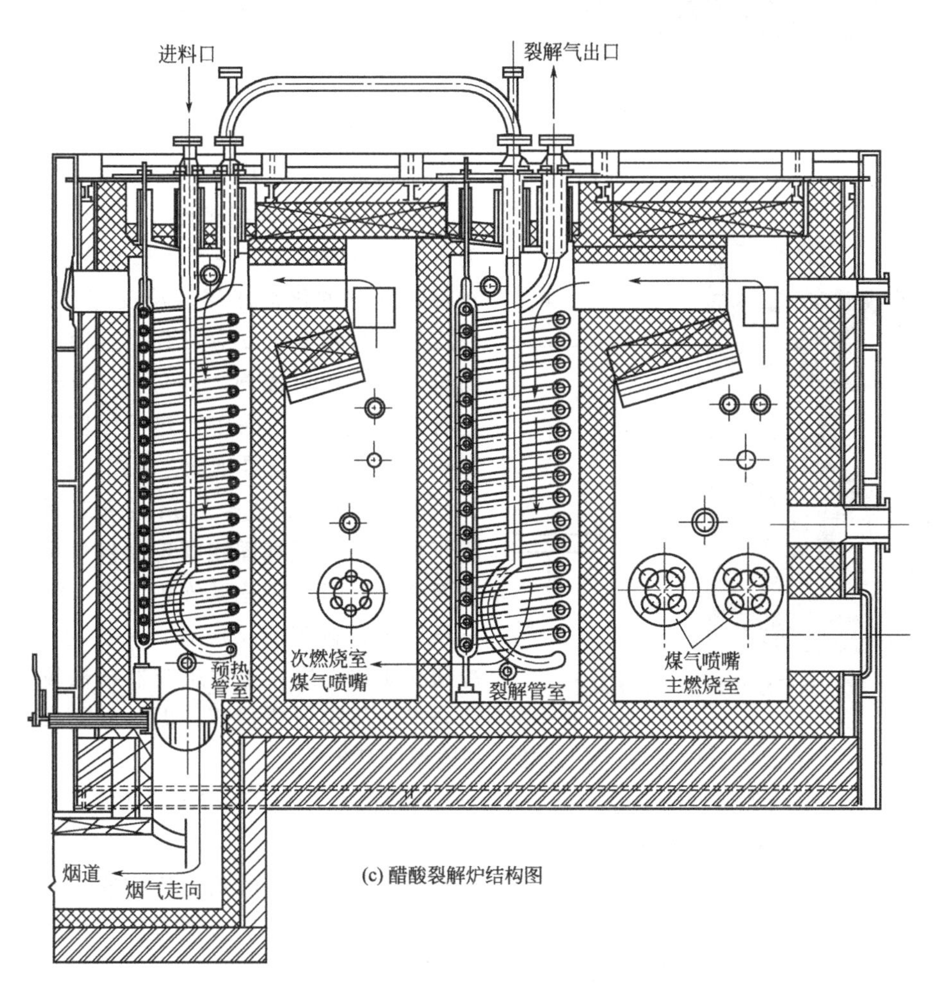

(c) 醋酸裂解炉结构图

图 1-3 醋酸裂解生产乙烯酮裂解炉和裂解管

被加热汽化的醋酸气体以高速通过反应管，裂解生成的乙烯酮和水流出反应器后立即进入冷却器，完成气相均相反应。又如，ABS 塑料生产用的聚合反应釜，该装置是由两个 $50m^3$ 的连续搅拌碳钢釜串联组成，在 50～60℃下连续进料，完成液相拟均相聚合反应过程。

图 1-4 所示为硝基苯加氢流化床反应器，汽化的硝基苯和氢气混合后一起在反应器底部进入，经下端流化床反应后催化加氢生成苯胺，经上端的三级旋风分离后，气体从出口排出，带起的固体催化剂经分离后返回下部床层。

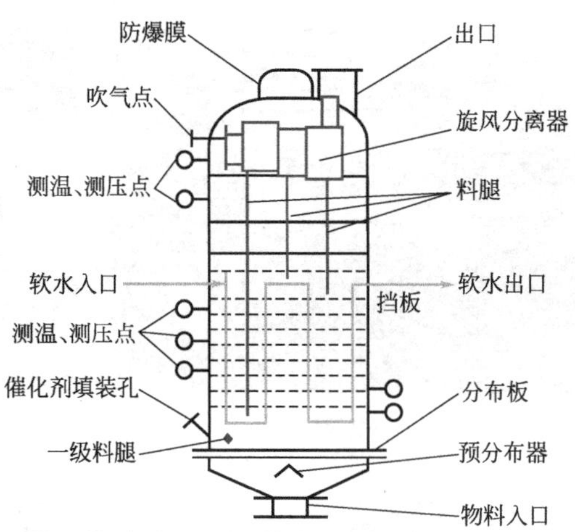

图 1-4 硝基苯加氢流化床反应器

图 1-5 所示为碳八芳烃歧化轴向固定床反应器工厂装置，内装固体催化剂，在 230～250℃下原料以气体状态通过反应器的固体催化剂床层，原料碳八芳烃气体从反应器底部进入，在轴向通过催化剂床层，从反应器顶部流出，完成气固两相催化反应过程。这种反应器结构简单，设计相对成熟，一般反应器外有保温，也有夹套换热的。采用绝热操作较多，由原料和热介质带入反应器热量，如图 1-5 所示。

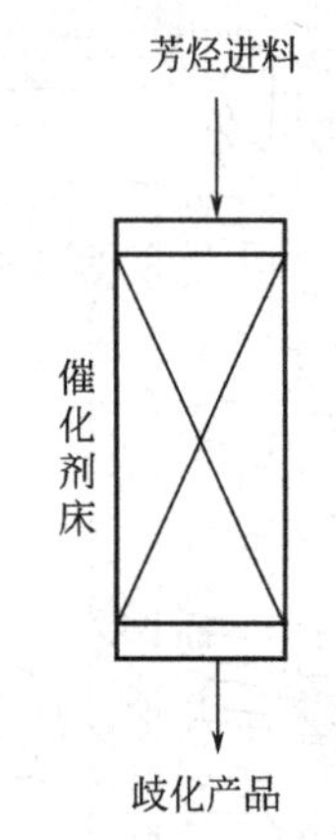

图 1-5 碳八芳烃歧化轴向固定床反应器

图 1-6 所示为直径 10m 的邻二甲苯氧化生成苯酐的列管式气固相固定床催化反应器的横截面和外形图。它是强放热反应，内装上万根三角形平行排列的反应管，尺寸为 3cm 左右，冷却介质在壳层。该类反应器结构较复杂，但适合于强放热反应过程。图 1-7 所示为市场销售的体积 0.5m^3 的间歇反应釜样品，它适合于液相产品生产。

上述只列举了几种典型的工业上已应用的反应器形式，根据生产实际的需要还可设计出其他形式。反应器可按不同方式来分类。

① 按反应相态，可分为均相反应器和非均相反应器，常见的均相反应器是气相均相反应器（见图 1-3）和液相均相反应器（见图 1-7）；常见的非均相反应器有气固相固定床反应器（见图 1-5）和气固催化流化床反应器（见图 1-4）。气液相反应器、液固相反应器和气液固相反应器。

② 按反应器与外界换热方式，可分为换热式反应器（见图 1-3）和绝热反应器（见图 1-5）。

③ 按流动状态，可分为理想流动反应器和非理想流动反应器。

④ 按加料方式，可分为间歇反应器、半间歇反应器和连续流动反应器。

⑤ 按反应器结构，可分为釜式反应器（见图 1-7）、管式反应器（见图 1-3、图 1-6）和塔式反应器（见图 1-5）。

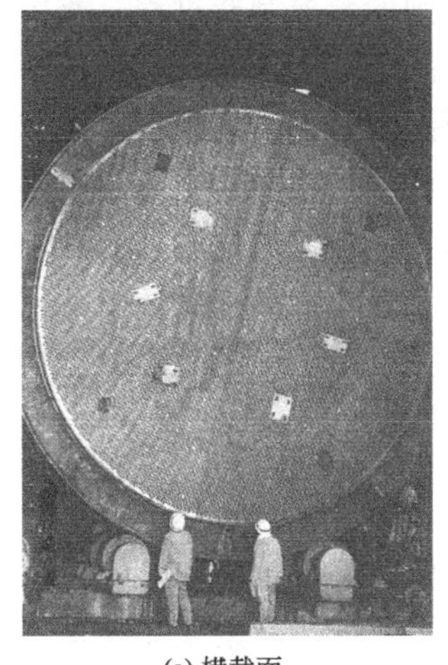

(a) 横截面

(b) 外形图

图 1-6　列管式气固相固定床催化反应器

图 1-7　间歇反应釜

为了特殊的反应和设计，也出现了特殊的反应器结构，并以人名来命名（如 BUSH 反应器等）。

在工业生产中，不同的反应器形式有它的应用侧重面，这主要由反应和生产特性决定。在大型基本有机化工厂中，气固相固定床催化反应器占 80%以上。在高分子聚合反应中，连续釜式反应器应用较多，大约占 90%。在小化工厂、制药和食品等企业中应用间歇釜和半连续釜式反应器较多。

1.4　化学反应工程学的发展历史与教材体系

1.4.1　化学反应工程学的发展历史与应用

(1) 发展历史

化学反应工程是一门技术学科，是化学工程学科的重要分支。早在 1937 年 Kohler 曾发表一篇"扩散流动与传热对反应收率的影响"论文，首次探讨了工业反应器中流体的流动与传热对反应进程的影响，开启了反应过程的工程问题研究。之后，发表了不少这样的文章，参与研究人员越来越多，逐步使反应工程理论日趋完善，形成了这门独立的科学分支。直到 1957 年在荷兰的阿姆斯特丹举行了首次欧洲反应工程学术研讨会，才正式命名为"Chemical Reaction Engineering"（化学反应工程）。到了 20 世纪 60 年代已出现不少这方面专著，一些国家的高校相继开出此课。1970 年在美国举行了第一届国际反应工程学术讨论会，以后每两年一次，到目前已有 60 余年的发展历史，随着科学的全面发展，该学科已向其他学科渗透和交叉，并形成了一门内容丰富、理论清晰、实用性强的工程学科和具有基础性、普遍适用性的技术基础理论课程。

(2) 应用

在人们的日常生活中也会涉及化学反应工程知识，在人们衣、食、住、行物品的制造过程中更会用到化学反应工程学知识。例如，在制衣工业中，化纤制衣材料涤纶（全称为聚对苯二甲酸乙二醇酯）的合成和布料印染用的各种染料合成都要用到化学反应工程知识；在食品工业中，发酵反应和其他微生物反应生产装置的设计、食品添加剂的合成制造过程，家用管道燃料水煤气（CO+H_2）从煤和水的制造过程也要用到该知识；在居住方面，房屋内墙涂料和外墙涂料所用合成原料的制造、保温外墙材料的制造等也要用到该课程的知识；在行走方面，汽车用涂料关键材料的合成、特种内饰件无甲醛黏合剂、汽油代用燃料由煤制甲醇和由玉米制乙醇等生产过程等都要用到化学反应工程学的知识。除了在传统的化学工业领域广泛应用以外，化学反应工程学还在众多的涉及有化学反应参加的工业生产的相关领域和交叉学科，以及高科技领域已经得到了广泛应用。包括能源化工、日用化工、环境化工、生物化工、汽车化工、航天化工、材料化工、冶金化工等。

下面举两个具体的例子来说明它的应用：

【例 1-1】 在能源和电子方面的应用。在太阳能光伏发电和半导体集成电路及元件的生产中要用到关键的 99.9999%及以上纯度的多晶硅，而它的生产用三氯氢硅要经过多步反应才能从二氧化硅中制取。最后一步是硅粉（Si）与 HCl 在流化床反应器中 280～320℃反应制得，副产的四氯化硅回收都要在 Fe 催化剂作用下，通 H_2 在流化床反应器中、400～800℃、2～4MPa 下完成。最终，高纯 $SiHCl_3$ 在还原炉中，用氢还原并在硅棒上沉积生成多晶硅。

【例 1-2】 在环境处理方面的应用。在燃煤发电和锅炉采暖燃烧过程中，产生的二氧化硫和氮氧化物对大气环境造成严重污染，常用的脱除方法是二氧化硫与氢氧化钙水溶液和氧在常温常压下的多相反应吸收塔中反应生成硫酸钙水溶液后脱除；氮氧化物常用氨气催化还原法（SCR）在常压固定床反应器 300～400℃生成水和氮气后排入大气。

1.4.2 本教材体系

（1）教材体系构成

本教材共 9 章，第 1 章绪论和第 9 章化学反应工程新进展分别为课程介绍和前沿介绍；第 2 章均相反应动力学、第 3 章均相理想反应器设计和第 4 章非理想流动反应器设计为基础理论部分；第 5 章气-固相催化反应动力学和第 6 章气-固相催化反应器设计为了解决工业上最常见的气固相催化反应和反应器的设计放大问题，主要以固定床反应器为主，简单介绍了流化床反应器；第 7 章气-液及气-液-固相反应器设计和第 8 章聚合反应及反应器设计分别针对含有液相的多相反应过程动力学和反应器设计问题研究，以及结合高分子特点的聚合反应动力学和反应器设计问题研究，除了这两部分内容将反应动力学与反应器设计放在同一章节外，将均相反应和气固相反应部分的动力学单独成章作为重点和难点进行详细介绍，解决反应工程学习的瓶颈问题。相比之下，第 2 章均相反应动力学更是基础内容，不但起着从物理化学向反应工程内容过渡的作用，更是为后面的非均相反应动力学和理想与非理想反应器设计打基础。全书贯穿着物质衡算和热量衡算，以及在物质衡算中反应速率定义的转换与应用，和热量衡算中体积热容统一的使用。将各章节内容和各种反应器设计方程形式紧密地结合起来，省掉了众多公式的推导过程，舍去了形式繁多的设计公式，使化学反应工程以清晰而又简单的理论呈现在学生面前。

（2）如何学习与掌握该课程

本教材的体系构成可用图 1-8 来表示。

从图 1-8 可以看出，化学反应工程就是解决两大方面问题，即动力学规律和反应器设

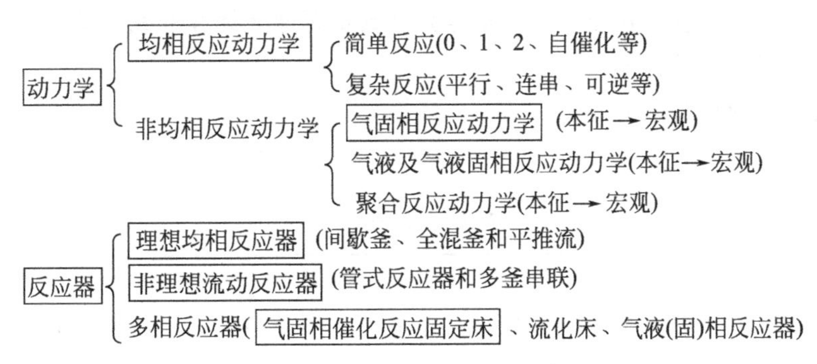

图 1-8 课程体系与重点内容

(图中加框内容为学习重点)

计。动力学规律就是反应速率规律，是化学反应的现实性问题。人类生活的主要能源之一石油需要几十万年以上的生物转化过程才能生成，其生成速率方程毫无意义。相反，瞬间发生的爆炸反应因反应速率太快而无法控制，不具备生产意义。全书贯穿着用线性作图法（积分和微分法）确定各种动力学方程（参数）的方法。只要获得适当的反应速率就可求出单位时间和单位体积（或质量）的反应量或产量，不难求出某物质在单位时间、一定产量要求下所需要的反应容积（质量），这就是反应器设计。所以，为了解决上述问题要系统掌握下面三个问题。

① 本征反应动力学方程的基本形式与特征

各种反应的动力学研究是最重要和基础的内容，要找到反应速率关系式和积分式，建立起时间与浓度（压力）之间的关系式，进行定量计算。本征反应动力学的影响因素在于催化剂固定以后的温度和浓度（压力），特别是常见的和基础的一级和二级反应，以及它们的平行、连串和可逆三个复杂反应的基本形式与特征一定要重点掌握，这是深入学习反应工程知识的基础。

② 传递阻力计算与宏观反应动力学方程的建立方法

对于传质和传热不好的多相反应过程，往往会造成浓度和温度在体系内的不均匀，真实值与测量值存在不同程度的偏差。消除理论上不可测的真实值，用宏观可测的物理量来表达某一反应的速率方程，这就是宏观动力学的实质和建立过程。传递阻力大小的判别要通过可测量的数值计算解决。因此，传递阻力大小的计算与判别非常重要，用于修正本征方程和建立宏观动力学方程，一定要掌握。

③ 质量守恒和热量守恒式的给出

关于反应器设计内容，通用的设计公式为自然界的守恒原理式(1-1)，包括物质守恒和热量守恒。只是针对于具体的反应器形式，各项的表达式不尽相同。等温反应过程只用物质衡算式，变温反应过程的物质衡算式和热量衡算式都要用到，缺一不可。物质衡算的通用公式为：

单位时间内 A 的

$$\boxed{\text{反应量}+\text{变化量}+\text{积累量}=0\ (\text{mol/s})} \tag{1-2}$$

某物质流经反应衡算单元的变化量=从反应单元向外输出的量－向反应单元输入的量，通常单位为 mol/s。

反应量＝反应速率×速率定义的衡算单元体体积或质量

在连续流动时积累量为零。

而热量衡算的通用公式为：

单位时间内所有物料的

$$反应热+温变热+传递热=0\ (kJ/s) \tag{1-3}$$

而经过衡算单元的

温变热＝单元出口物料带出的总热量－单元入口物料带入的总热量，通常单位为 kJ/s。

反应热＝反应量×反应热效应

传递热由化工原理的传热公式计算，$Q_c=k_qA\Delta t_m$。式中，k_q、A 和 Δt_m 分别为传热系数、传热面积和传热平均温差。

式(1-2) 和式(1-3) 对于各类反应器都适用，非常重要，是一切反应器设计公式的出发点。

思考题

1-1 化学反应工程涉及哪些相关学科？

1-2 简述化学反应工程的任务和研究对象？

1-3 请举出几个反应器在产品生产中的应用例子，说明在整个生产工艺过程中的作用？

1-4 工业反应过程的影响因素有哪些？存在该因素的理由？

1-5 基本反应和反应器类型有几种？

1-6 本征动力学与宏观动力学的本质差别是什么？工业反应器设计过程需要的是哪个动力学方程？

1-7 给出质量守恒和热量守恒通用关系式？

第 2 章

均相反应动力学

本章学习要求

1. 掌握化学反应速率定义以及不同组分间的关系与转换，熟悉速率方程的给出方法，包括机理方程和经验方程；

2. 掌握化学反应的计量学，明确转化率、膨胀因子、膨胀率定义及与摩尔数、浓度、体系体积和压力之间的关系；

3. 深入掌握恒温恒容过程实验确定化学反应速率方程的方法——线性作图法和最小二乘法，包括积分法和微分法的线性化；

4. 熟练掌握简单反应和复杂反应几种常用形式（一级、二级、可逆、平行、连串、自催化反应等）的反应基本特征、微分形式、积分形式和实验判别方法；

5. 掌握反应温度对简单反应速率和复杂反应选择性的影响规律，掌握反应物浓度对复杂反应选择性的影响规律和计算方法。

化学反应动力学是关于化学反应速率规律的科学理论。在绪论中，我们在讨论物料衡算及热量衡算时，衡算式中的消耗项都包含了化学反应速率项。在进行反应器选型、设计和优化时必须先掌握反应动力学规律，获取动力学方程。均相反应动力学是最基础的动力学规律，具有广泛的普适性。它要求参与反应的各物质均处于同一个相态内，常见的为气相均相反应及液相均相反应。如烃类的高温裂解反应为气相均相反应，而某些均相催化反应、酸碱中和反应、酯化反应等则为液相均相反应。

2.1 化学计量学

化学计量学是研究化学反应体系在某一时刻反应物和生成物化学组成及化学反应过程中各组分的数量变化关系，它的基础是化学反应方程式，配平后的系数为相应物质消耗和生成的摩尔数。

2.1.1 反应进度、转化率及膨胀因子

对所有的化学反应，按习惯写法，化学反应方程式等号左边的组分为反应物，右边的为

生成物。若将左边的反应物都移向右边，将反应物的计量系数取负值，将生成物的计量系数取正值，则得到下面的化学反应的计量通式

$$\sum_{i=1}^{n}\nu_i A_i=0 \qquad (i=1,2,\cdots,n)\ (\text{对反应物}\ \nu_i<0;\text{对生成物}\ \nu_i>0) \tag{2-1}$$

式中，A_i 为第 i 个反应组分（反应物或生成物）；ν_i 为组分 i 的化学计量系数。

(1) 反应进度

反应过程中各组分物质量的变化与其化学计量系数有紧密的联系。如

$$\nu_A A+\nu_B B+\nu_R R=0(\nu_A,\nu_B<0,\nu_R>0)$$

则由化学计量关系可知

$$\frac{n_A-n_{A0}}{\nu_A}=\frac{n_B-n_{B0}}{\nu_B}=\frac{n_R-n_{R0}}{\nu_R}=\frac{n_i-n_{i0}}{\nu_i}=\xi>0 \tag{2-2}$$

式中，n_i、n_{i0}分别为反应终态及初始时各组分物质的量；ξ 为反应进度。

例如，氨的合成反应为 $N_2+3H_2 \rightarrow 2NH_3$，其化学反应计量式为 $2NH_3-N_2-3H_2=0$，其反应进度为

$$\xi=\frac{n_i-n_{i0}}{\nu_i}=\frac{n_{N_2}-n_{N_2,0}}{-1}=\frac{n_{H_2}-n_{H_2,0}}{-3}=\frac{n_{NH_3}-n_{NH_3,0}}{2}$$

(2) 转化率

任一反应物 A 在反应过程中消耗的物质的量 $n_{A0}-n_A$ 与其初始物质的量 n_{A0}之比，称为转化率，用 x_A 表示，即

$$x_A=\frac{n_{A0}-n_A}{n_{A0}}=-\frac{\nu_A\xi}{n_{A0}} \tag{2-3}$$

该转化率定义适合于任意场合。

通常选择不过量的反应物计算其转化率，这样的组分称为**关键组分**，这时计算出的转化率数值上在 0 与 1 之间（当关键组分全部反应时转化率为 1）；贵重的反应物往往都不过量，可看作关键组分。

(3) 膨胀因子和膨胀率

对于气相反应过程，与液相均相反应不同，反应前后摩尔数的改变往往要造成摩尔体积和压力的较大变化。

以 $\nu_A A+\nu_B B \rightleftharpoons \nu_L L+\nu_M M$ 为例，当$|\nu_A+\nu_B|\neq|\nu_L+\nu_M|$时，化学反应会引起体系物质总量的改变，进而造成反应体积的改变（等压时）或压力的改变（等容时）。可以把由于化学反应而发生的物质总量的改变，视为化学反应引起的膨胀。

选定关键组分 A，定义：当 A 组分反应消耗 1mol 时，所引起的反应体系物质总量的变化，称为关于 A 组分的膨胀因子，记为 δ_A，定义式为

$$\delta_A=\frac{1}{|\nu_A|}(|\nu_L+\nu_M|-|\nu_A+\nu_B|)$$

根据化学计量式(2-1) 和膨胀因子的定义，则膨胀因子的定义式为

$$\delta_A=\frac{1}{|\nu_A|}\sum_{i=1}^{n}\nu_i \tag{2-4}$$

在下面的间歇反应中，用 n_t 表示反应体系总物质的量（mol），当 A 组分的转化率达到

x_A 时，根据式(2-3) 意味着 A 组分已经消耗了 $n_{A0}-n_A=n_{A0}x_A$mol，它所引起的体系总物质的量的变化是 $(n_{A0}x_A)\delta_A$。因此，可得到描述反应体系总物质的量变化的关系式

$$n_t=n_{t0}+n_{A0}x_A\delta_A \tag{2-5a}$$

式(2-5a) 中，n_{t0}指反应体系初始的总物质的量，既包括反应物、产物的物质的量，也包括虽未参与反应、但系统中存在着的所有惰性组分的物质的量。它表明：任一时刻反应体系的总物质的量等于体系初始总物质的量加上膨胀的物质的量。

令 y_{A0}为 A 的初始摩尔分数，则 $n_{A0}=n_{t0}y_{A0}$，代入式(2-5a) 中，并定义膨胀率

$$\boxed{\varepsilon_A=y_{A0}\delta_A} \tag{2-6}$$

则式(2-5a) 变为

$$\boxed{n_t=n_{t0}(1+\varepsilon_A x_A)} \tag{2-5b}$$

式(2-4)～式(2-6) 是化学反应工程学处理气相反应体系变摩尔数时经常引用的极为重要的表达式，在下面的计算中，应先根据反应方程式定出 δ_A，再由原料初始组成 y_{A0}定出 ε_A。

2.1.2 气相反应变摩尔数的恒温恒压和恒温恒容过程

(1) 恒温恒压过程

对任意反应气体混合物的状态方程可表示为

$$pV=n_tZRT \tag{2-7}$$

在恒温恒压时，气体体积 V 要随总摩尔数 n_t 改变，结合式(2-5b) 与式(2-7)，得到气相反应体积随转化率的变化关系

$$\boxed{V=V_0(1+\varepsilon_A x_A)} \tag{2-8}$$

> 1. 液相反应前后摩尔数的改变对体积的影响忽略不计，都看做恒容过程；
> 2. 恒温恒容反应过程用于气相变分子数反应动力学研究更方便，得出的动力学方程完全可应用于恒压变容过程；
> 3. 恒温恒压反应过程公式常用于工业流动反应过程计算。

有了式(2-8)，结合式(2-3)，则该气相反应过程中反应物浓度随转化率的变化关系可表示为

$$\boxed{c_A=\frac{n_A}{V}=\frac{n_{A0}(1-x_A)}{V_0(1+\varepsilon_A x_A)}=\frac{c_{A0}(1-x_A)}{1+\varepsilon_A x_A}} \tag{2-9}$$

对于上述的式(2-5)～式(2-9)，式中的 n 和 V 使用在连续流动反应器中时单位应为 mol/min 和 L/min，或其他单位时间量。可用于描述连续流动反应过程中的参数。

【例 2-1】 在等温等压间歇反应器中进行丙烷裂解反应

$$C_3H_8 \longrightarrow C_2H_4+CH_4$$

反应开始时加入 C_3H_8 为 3mol，H_2O 为 3mol，所占气相体积为 0.8m³。求反应进行至丙烷转化 0.5 时的体系体积及丙烷的摩尔分数。

解：

$$\delta_A=\frac{2-1}{1}=1$$

$$\varepsilon_A=y_{A0}\delta_A=\frac{n_{A0}}{n_{t0}}\delta_A=\frac{3}{3+3}\times 1=0.5$$

丙烷转化 0.5 时，体系体积为

$$V_t = V_{t0}(1+\varepsilon_A x_A) = 0.8\times(1+0.5\times0.5) = 1.0\text{m}^3$$

此时丙烷的摩尔分数为

$$y_A = \frac{n_A}{n_t} = \frac{n_{A0}(1-x_A)}{n_{t0}(1+\varepsilon_A x_A)} = \frac{y_{A0}(1-x_A)}{1+\varepsilon_A x_A} = \frac{3}{3+3}\times\frac{1-0.5}{1+0.5\times0.5} = 0.2$$

问题：该反应在连续加料的流动反应器中进行，进料丙烷 3kmol/h，$H_2O(g)$ 3kmol/h，进料体积流量为 $0.8\text{m}^3/\text{h}$ 时，达到丙烷 0.5 转化，其体积流量和丙烷摩尔分数各为多少？

(2) 恒温恒容过程

对于气相反应变摩尔数的恒温恒容过程，其式(2-7) 中的总压 P 要随总摩尔数 n_t 而变化，在 V、T、Z 不变的情况下，将式(2-5a) 代入式(2-7) 中，有

$$\begin{aligned} PV &= n_{t0}ZRT + n_{A0}\delta_A x_A ZRT \\ &= P_0 V + (n_{A0}-n_A)\delta_A ZRT \\ &= P_0 V + (p_{A0}-p_A)\delta_A V \end{aligned} \qquad (2\text{-}10a)$$

即总压

$$\boxed{P = P_0 + (p_{A0}-p_A)\delta_A} \qquad (2\text{-}10b)$$

式(2-10b) 是描述反应体系恒温恒容过程中体系的总压与限定组分 A 的分压之间的重要关系。利用式(2-10b) 将可测的总压 P 与不可测的限定组分 p_A 之间建立起关系，为后面利用分压 p_A 确定动力学方程式奠定了理论基础。

【例 2-2】 在等温等容下，进行异丁烷的脱氢反应

$$C_4H_{10} \longrightarrow C_4H_8 + H_2$$

初始加入纯异丁烷的压力为 0.1MPa，当异丁烷转化一半时体系的总压和异丁烷的分压各为多少？

解：

$$P = P_0 + (p_{A0}-p_A)\delta_A$$

$$\delta_A = (2-1)/1 = 1 \qquad p_{A0} = 0.1\text{MPa}$$

所以

$$P = 0.1 + x_A p_{A0}\delta_A = 0.1 + 0.5\times0.1\times1 = 0.15\text{MPa}$$

异丁烷分压

$$\begin{aligned} p_A &= p_{A0} - (P-P_0)/\delta_A \\ &= 0.1-(0.15-0.10)/1 \\ &= 0.05\text{MPa} \end{aligned}$$

2.1.3 复杂反应的选择性和收率

选择性常用于有副产物生成的反应过程，收率是转化率和选择性的综合指标。

当反应体系不能用一个动力学方程描述时就称为复杂反应，它有三种基本类型：可逆反应、平行反应、连串反应。本节只讨论平行反应及连串反应这两种基本复杂反应。一种反应物同时参加多个反应并生成多种产物，称为平行反应，如氨与氧反应，同时生成一氧化氮、氧化亚氮和氮三种产物，就属于平行反应。如果反应先形成某种中间产物，中间产物又继续反应形成最终产物，则称为连串反应，如一氧化碳加氢先生成甲醇，生成的甲醇继

续反应形成二甲醚，这就是连串反应。对于这两种复杂反应，除了反应物的转化率以外，在反应效果和经济上通常还用总选择性和收率来表达。

选择性的定义有两种，一种是瞬时选择性，另一种是总选择性或平均选择性。在复杂反应形成的多个产物中，一般其中一种为目的产物，其余的为副产物。总选择性用 S 表示，一般 S 小于 1，定义式为

$$S=\frac{\text{反应结束时生成目的产物所消耗的关键组分的量}}{\text{反应结束时已转化的关键组分总量}} \tag{2-11a}$$

目的产物收率用 Y 表示，一般 Y 小于 1，定义式为

$$Y=\frac{\text{反应结束时生成目的产物所消耗的关键组分的量}}{\text{反应开始时加入反应体系中关键组分的总量}} \tag{2-12}$$

根据化学计量关系，若关键组分和目的产物的化学计量系数相等，则消耗关键组分的物质的量就等于生成目的产物的物质的量。

显然，选择性、收率、转化率三个参数不是相互独立的，对同一个限定组分和目的产物它们之间有如下关系

$$\boxed{Y=Sx_{\mathrm{A}}} \tag{2-13}$$

瞬时选择性的定义是任意时刻两个反应速率之比，即生成目的产物而消耗 A 的反应速率比上消耗的限定组分 A 的总速率，即代表了反应的瞬时选择性情况，它的积分平均值等于总选择性。

$$\boxed{s=\frac{r_{\mathrm{i}}}{-r_{\mathrm{A}}}} \tag{2-11b}$$

$$\boxed{S=\frac{1}{C_{\mathrm{A0}}-C_{\mathrm{A}}}\int_{C_{\mathrm{A}}}^{C_{\mathrm{A0}}} s(C_{\mathrm{A}})\mathrm{d}C_{\mathrm{A}}} \tag{2-11c}$$

【例 2-3】 在银催化剂上进行乙烯氧化反应以生产环氧乙烷，已知连续进入反应器的气体中各组分摩尔分数分别为 C_2H_4 15%、O_2 7%、CO_2 10%、Ar 12%，其余为 N_2；反应器出口 C_2H_4 为 13.1%、O_2 为 4.8%。试计算乙烯的转化率、环氧乙烷的收率和反应总选择性。

解： 反应的化学计量式为

$$C_2H_4+0.5O_2 = C_2H_4O$$
$$C_2H_4+3O_2 = 2CO_2+2H_2O$$

以 100mol 进料为计算基准，并设 x 和 y 分别表示环氧乙烷和二氧化碳的生成量(mol)。根据反应的计量方程式，可列出下表：

组分	C_2H_4	O_2	C_2H_4O	CO_2	H_2O	$Ar+N_2$	总计
进口	15	7	0	10	0	68	100
出口	$15-x-\frac{y}{2}$	$7-\frac{x}{2}-\frac{3y}{2}$	x	$10+y$	y	68	$100-\frac{x}{2}$

由题给数据可列出方程

$$\begin{cases}\dfrac{15-x-\dfrac{y}{2}}{100-\dfrac{x}{2}}=0.131\\[2ex]\dfrac{7-\dfrac{x}{2}-\dfrac{3y}{2}}{100-\dfrac{x}{2}}=0.048\end{cases}$$

解得 $x=1.504\text{mol},\quad y=0.989\text{mol}$

于是可知乙烯转化率 $x_A=\dfrac{1.504+0.989/2}{15}=0.1333$

环氧乙烷的收率 $Y=\dfrac{1.504}{15}=0.1003$

反应的总选择性 $S=\dfrac{1.504}{1.504+0.989/2}=0.7524$

问题：如果直接用转化率和收率列方程求解，怎样做？

2.2 化学反应速率

2.2.1 反应速率定义及之间关系

反应速率是表征化学反应快慢的一个物理量，该量描述化学反应过程中物质的量随时间的变化。通常可将化学反应速率定义为：单位时间 t、单位反应体积 V 的反应物系内某一反应物或生成物的物质的量 n_i 的变化。它是与体系总量无关的强度量，单位如 mol/(m³ · s)。

石油的生成速率极慢，需要200万年到几亿年，毫无生产意义，属于不可再生的资源。

以单一反应 $\nu_A A+\nu_B B \longrightarrow \nu_R R$ 为例，根据反应速率的定义，若分别以 A、B、R 组分为考察对象，以字母 r 表示反应速率，则

$$-r_A=-\frac{1}{V}\times\frac{dn_A}{dt} \tag{2-14a}$$

$$-r_B=-\frac{1}{V}\times\frac{dn_B}{dt}$$

$$r_R=\frac{1}{V}\times\frac{dn_R}{dt}$$

注意：本书统一规定，当用反应物组分来表达反应速率时，公式的右端加负号；而当用生成物组分来表达反应速率时，不加负号。这样的规定，使得无论对于反应物还是生成物，反应速率的数值永远是正值。对于反应物称为消耗速率，对于产物称为生成速率。

由于在同一个化学反应中，各反应组分量的变化符合化学反应方程式，各反应物的消耗

量（mol）与各生成物的生成量（mol）之间的比例关系应该等于该反应的化学计量式中各物质的化学计量系数之比，由此可知

$$-r_A : -r_B : r_R = \nu_A : \nu_B : \nu_R \tag{2-15}$$

如果反应过程中体系的总体积始终保持不变，如等摩尔的气体反应，以及绝大多数的液相反应，容积不变的气相反应，则反应速率的定义得以进一步变换为经典形式

$$-r_A = -\frac{1}{V}\times\frac{dn_A}{dt} = -\frac{d}{dt}\left(\frac{n_A}{V}\right) = -\frac{dc_A}{dt} \tag{2-14b}$$

即，反应速率等于反应组分的浓度随反应时间的变化率。

对于这样的恒容过程，定义式(2-3) 在分子、分母上同时除以反应体积 V，可转化为 $c_A = c_{A0}(1-x_A)$，故可将反应速率以转化率的变化率来表示

$$-r_A = -\frac{dc_A}{dt} = c_{A0}\frac{dx_A}{dt} \tag{2-16}$$

根据式(2-14)，若假设每个反应速率变量可分离为 $k_i f(c_i)$，则有如下关系

$$\frac{-r_A}{\nu_A} = \frac{-r_B}{\nu_B} = \frac{r_R}{\nu_R}$$

可得

$$\frac{k_A}{\nu_A} = \frac{k_B}{\nu_B} = \frac{k_R}{\nu_R} \tag{2-17}$$

式(2-17) 为各物质满足 $k_i f(c_i)$ 形式速率方程的反应速率常之间关系。因为对于特定的反应，其速率方程形式是固定的，反应级数关系不变，并对于某种定义下的速率方程式的形式与反应化学方程式的写法无关。

2.2.2 机理速率方程的确定

影响化学反应速率的因素很多，主要有反应温度、各反应组分的浓度（压力）、溶剂性质及催化剂性质等。其中，温度和浓度这两个因素对任何化学反应速率都有显著影响，并且有普适性、易变性，其他因素则视化学反应的具体情况而定，一旦选定不易改变。因此，通常是在其他因素一定的情况下，探讨化学反应速率与反应温度、各反应组分浓度的关系，这一关系的表达式称为反应动力学方程或反应速率方程，一般形式如下

$$r = f(c, T) \tag{2-18}$$

式中，c 代表参与化学反应的所有组分的浓度，包括反应物、生成物、中间产物，甚至包括惰性组分；T 为反应温度（K）。

目前，关于化学反应的动力学方程式的获取途径，大致可以分为三种情况：

第一，对于基元反应，即反应物分子在碰撞中一步直接转化为生成物分子的反应，可以由质量作用定律写出其反应动力学方程，方程易给出，既简单又易解，用实验确定速率常数。

第二，对于非基元反应，可以通过研究其反应机理，利用稳态法和平衡假没法推导获得其动力学方程式，再通过实验检验其准确性，结合实验设计进行简化，只需实验确定速率常数。

第三，如果难以判明反应机理，一般可以通过实验对各种反应条件下的反应速率数据进行测定，仿照基元反应建立经验公式，作为动力学方程式。该方程形式简单，要做许多实验确定级数和速率常数。

上述三种速率方程的处理都要进行线性化，求其斜率和截距来确定反应级数和速率常数。

(1) 基元反应动力学方程

对于基元反应，方程的形式较为简单，可由质量定律直接给出。质量作用定律的内容是：基元反应速率与反应物浓度幂的乘积成正比。也就是说，基元反应动力学方程式中各项浓度的幂次，等于该物质的反应分子数，亦等于基元反应式中该物质的计量系数。对于实际发生的基元反应，多数是双分子反应和单分子反应，三分子反应很少见，四分子反应几乎不可能发生，至今没有发现。因此，基元反应动力学中最常见的幂次是 1 和 2。

例如，双分子基元反应 $A+B \longrightarrow R$，其速率方程可表示为

$$-r_A = kc_A c_B$$

(2) 非基元反应动力学方程

反应物要经历多个基元反应过程转化为产物的化学反应，称为非基元反应。此类反应的化学方程式表达的是总包反应，总包反应的实际反应历程叫做反应机理。反应机理由一系列按特定的顺序组合起来的基元反应所构成。

对于已知反应机理的非基元反应，可以根据其反应机理，用数学方法来建立其动力学方程式。通常非基元反应的反应机理较为复杂，采用严格的数学方法建立动力学方程往往比较困难。一般，根据反应的具体特点，可借助稳态近似法或平衡近似法来进行数学处理。

【例 2-4】 设有一均相催化反应 $2A+B \rightleftharpoons A_2B$，其反应机理可用下式表示

$$A+B \underset{k_2}{\overset{k_1}{\rightleftharpoons}} (AB) \tag{1}$$

$$(AB)+A \underset{k_4}{\overset{k_3}{\rightleftharpoons}} A_2B \tag{2}$$

试采用稳态近似法和平衡近似法，分别导出其速率表达式。

解： 根据反应机理式可知，反应产物 A_2B 和中间产物（AB）的生成速率分别为

$$r_{A_2B} = k_3 c_{(AB)} c_A - k_4 c_{A_2B} \tag{A}$$

$$r_{(AB)} = k_1 c_A c_B - k_2 c_{(AB)} - k_3 c_{(AB)} c_A + k_4 c_{A_2B} \tag{B}$$

① 根据稳态近似，中间产物（AB）浓度不随时间改变，$\frac{dc_{(AB)}}{dt}=0$，即假设 $r_{(AB)}=0$，可得

$$c_{(AB)} = \frac{k_1 c_A c_B + k_4 c_{A_2B}}{k_2 + k_3 c_A} \tag{C}$$

将此式(C) 代入产物 A_2B 的生成速率式（A）中，消去中间产物浓度变量，得

$$r_{A_2B} = \frac{k_1 k_3 c_A^2 c_B - k_2 k_4 c_{A_2B}}{k_2 + k_3 c_A} \tag{D}$$

② 根据平衡近似，假设机理式的第一步式(1) 为快速反应，已经达到化学平衡，反应(2) 为慢步骤、为控速步骤，未达到平衡。由式(1) 可知

$$k_1 c_A c_B = k_2 c_{(AB)} \tag{E}$$

可令，$K=k_1/k_2$ 为式（1）的化学反应平衡常数。

将式(E) 代入产物 A_2B 的生成速率式(A) 中，消去中间产物浓度变量 $c_{(AB)}$，得

$$r_{A_2B} = \frac{k_1 k_3}{k_2} c_A^2 c_B - k_4 c_{A_2B} \tag{F}$$

在什么条件下方程(D)和方程(F)形式完全相同？

通过［例 2-4］可以得出如下结论：稳态假设 $r_i=0$ 给出的方程的个数应与中间产物的个数相等，有几个中间产物就应该给出几个方程来求解。同理，对于平衡假设，除了控速步骤以外，其余反应都假设为快速反应，并已达到了反应平衡，有几个中间产物就可以列出几个平衡方程，解出所有的中间不可测产物的表达式。以上两种假设的目的就是给出与不可测的中间产物数目相等的方程式，求解用可测定的体系参数来表示不可测的中间产物浓度，给出可用的动力学方程。

2.2.3 经验速率方程的确定

在化工科研及生产实践中所遇到的化学反应，一般都是非基元反应，而且难以探明其反应机理，在这种情况下，只有通过回归动力学实验数据，来建立化学反应的动力学方程，用这种方法所确立的动力学方程称为经验速率方程。

(1) 动力学方程的形式及反应级数

用以建立均相反应动力学的经验方程通常采用幂函数形式，对于形如

$$\nu_A A+\nu_B B \underset{k'}{\overset{k}{\rightleftharpoons}} \nu_L L+\nu_M M \tag{2-19}$$

的可逆反应，人们发现大多数的均相反应动力学方程式都可以表示为下述形式

$$-r_A=kc_A^a c_B^b-k'c_L^l c_M^m \tag{2-20a}$$

或对于气相反应，习惯用分压来表达反应速率，即

$$-r_A=k_p p_A^a p_B^b-k'_p p_L^l p_M^m \tag{2-20b}$$

式中，a、b、l、m 分别为关于反应组分 A、B、L、M 的反应级数，而 $a+b$ 则称为正反应的总级数，$l+m$ 为逆反应的总级数；k、k'分别为正、逆反应速率常数，它们只与温度有关。在不可逆时，逆反应速率为零。公式右端第一项表示正反应速率，第二项表示逆反应速率。

由于可逆反应宏观上存在着热力学平衡关系式，当 $-r_A=0$ 时，式(2-20a) 也可给出动力学平衡式，与热力学描述的为同一事实。依此可以导出以下两个公式

$$\frac{a}{\nu_A}=\frac{b}{\nu_B}=\frac{l}{\nu_L}=\frac{m}{\nu_M}=\frac{1}{\nu} \tag{2-21}$$

$$\frac{k}{k'}=K_c^{1/\nu} \tag{2-22}$$

式中，K_c 为用浓度表示的化学平衡常数，ν 称为化学计量数，代表机理方程中控速步骤出现的次数，一般常见的为 1。上述公式可以用来检验所建立的速率方程的正确性，称为热力学一致性检验。［例 2-4］中的 $\nu=1$，即方程（F）中的级数与总方程中的计量系数相同。

需要注意，对于经验型的动力学方程式，反应级数与基元反应的反应分子数不同，所以，反应级数与该反应的化学计量系数没有直接关系，是纯粹的经验参数，可以是自然数，也可以是分数，还可以是负数，其数值需要由实验确定。

(2) 速率方程及其参数的实验确定

经验速率方程的反应级数、速率常数等动力学参数通常只能由实验来确定，是在实验室反应器中进行的。用间歇式反应器或连续式反应器都可以进行动力学研究，只是数据处理方法不同，得到的速率方程应相同。使用间歇式反应器测定反应动力学也称为静止法，使用连

续式反应器测定反应动力学也称为流动法，本章只介绍常用的静止法。

实验室所用的间歇反应器，主要可分为三种形式：

① 用于液相反应或等摩尔气相反应的恒容反应器；

② 用于变摩尔气相反应的恒压变容反应器；

③ 用于变摩尔气相反应的恒容变压反应器。

为了数学上处理方便，以上三种过程都需在恒温下进行。

对于液相恒容反应，反应速率的测定可以归结为测定反应物浓度随时间的变化，需对不同时间下测定的“浓度-时间”数据曲线求导数。浓度的测量常用气相色谱法。对于恒压变容的气相反应，要测定反应体系的体积随时间的变化；对于恒容变压的变摩尔数气相反应，要测定反应体系的总压力随时间的变化。气相体系的总体积或总压力的变化与物质总量的改变有关，体系的总压力或总体积测量可直接从仪表或刻度上读出，利用式(2-7)～式(2-10)求出限定组分浓度、分压或转化率，最后要整理成需要的数据形式。

完整的动力学实验通常包括以下三个步骤：

第一，在某一恒定温度下，连续地测定出可测的量（浓度、压力、体积）随反应时间的变化；

第二，给出机理方程或经验方程，并根据这个模型对实验数据进行数据处理，通常采用线性化方法，确定速率方程的形式由斜率和截距来求反应级数和速率常数；

第三，改变反应温度，重复第一步和第二步，以获取不同温度下反应速率常数。对阿伦尼乌斯公式线性化后，可由斜率和截距求得活化能和指前因子。

间歇恒容反应器不仅适合于液相反应，也适合于全部的气相反应，数学处理上也比变容过程简单，下一节只选用恒温恒容间歇反应器进行动力学研究。

2.3 反应速率方程确定及反应特征

恒温恒容反应过程是一类重要的反应过程，包括所有的液相反应、反应前后摩尔数不变的气相反应和固定容积的改变摩尔数的气相反应都属于该类型。用恒温恒容过程进行动力学研究，数据处理简单，实验操作方便，可用间歇反应器完成，是实验室最可取的实验方法。由于温度恒定，排除了温度变化对化学反应的影响，而专门研究反应组分的浓度或压力对反应速率的影响，可利用不同的线性化方法确定出反应级数和该温度下的速率常数。

2.3.1 用恒温恒容反应过程积分法确定动力学方程形式和特征

对恒温体系，可将式(2-18) 写成一般的限定组分 A 速率方程形式为

$$-r_A=f(c_A,c_B,\cdots) \tag{2-23}$$

式(2-23) 描述的是浓度对时间的微分变化规律，称其为动力学方程。如果通过对式(2-23) 的积分，可获得反应物浓度随时间的变化规律。下面只讲体系恒容条件下确立动力学的方法和规律。

对于恒容系统，根据式(2-14b)、式(2-23) 可表示为

$$-\frac{dc_A}{dt}=f(c_A,c_B,\cdots)$$

根据化学反应的计量关系，其他组分的浓度都可用限定组分 A 的浓度来表示，最终可化为 c_A 的函数。

(1) 一级不可逆反应

一级不可逆反应的反应速率与反应物浓度的一次方成正比，是最为常见的反应过程，即

$$-\frac{dc_A}{dt}=kc_A \tag{2-24}$$

此式是一级不可逆反应动力学方程，为微分形式，方程的初始条件为：t 从 0 到 t，浓度从 c_{A0} 到 c_A，其积分结果是

$$\boxed{\ln\frac{c_A}{c_{A0}}=-kt} \tag{2-25a}$$

$$c_A=c_{A0}\exp(-kt) \tag{2-25b}$$

式中，c_{A0}是反应初始时组分 A 的浓度。代入等容过程关系式 $c_A=c_{A0}(1-x_A)$，式(2-25b) 可转化为用转化率来表示

$$kt=\ln\frac{1}{1-x_A} \tag{2-25c}$$

或

$$x_A=1-\exp(-kt) \tag{2-25d}$$

从式(2-24) 和式(2-25) 可知，一级不可逆反应的速率与反应物浓度成正比，在一定时间下的转化率与反应物的初始浓度无关，只与反应时间有关。显然，在高的反应物初始浓度下可获得高的产物量 $c_{A0}x_A$，但其收率值没有改变，等于转化率。随着反应物浓度的降低，反应速率下降，后期的转化往往需要更长的反应时间，按照式(2-25a) 的指数衰减，需要无限长的时间，反应物的浓度才能接近零。从式(2-25a)、式(2-25c) 来看，kt 应为无量纲数，可利用 $\ln\frac{c_{A0}}{c_A}$与 t 的线性关系验证一级不可逆假设和求取动力学参数 k。

(2) n 级不可逆反应

n 级不可逆反应的动力学方程为

$$-\frac{dc_A}{dt}=kc_A^n \tag{2-26}$$

此时，几种反应物的加料比要等于计量系数比才可化为此式。

当 $n\neq1$ 时，上式的积分为

$$(n-1)kt=\frac{1}{c_A^{n-1}}-\frac{1}{c_{A0}^{n-1}} \tag{2-27a}$$

当 $n=2$ 时，积分式即为

$$\boxed{kt=\frac{1}{c_A}-\frac{1}{c_{A0}}} \tag{2-28a}$$

同样，式(2-28a) 也可转化为以转化率表达的形式

$$ktc_{A0}=\frac{x_A}{1-x_A} \tag{2-28b}$$

当 $n=0$ 级时

可得

$$c_{A0}x_A=c_{A0}-c_A=kt \tag{2-28c}$$

从式(2-24) 和式(2-26) 可知，在 $c_{A0}>1$ 时，二级反应速率随反应物浓度的变化比一

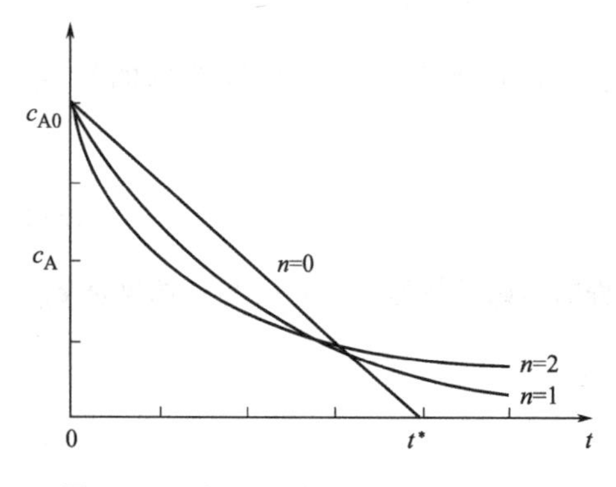

图 2-1 零级、一级、二级不可逆反应的浓度随时间的变化关系比较

级反应要大，当 $c_{A0}<1$ 时，则相反；而浓度随反应时间的变化在后期二级要弱于一级反应；转化率与初始浓度有关，ktc_{A0} 为无量纲数，可以相互验证三者的单位正确与否。

对于零级反应，反应物浓度线性下降，反应后期浓度下降很快，$c_{A0}=0$ 时，$t^*=\frac{c_{A0}}{k}$，当 $t>t^*$ 时无意义，如图 2-1 所示。转化率与反应物初始浓度呈反比，与反应时间呈正比，kt/c_{A0} 为无量纲数。结合零、一、二级反应，其三者的反应速率常数单位分别是［时间］$^{-1}$［浓度］、［时间］$^{-1}$和［浓度］$^{-1}$［时间］$^{-1}$。

特别要注意的是，对于 $A+B \longrightarrow R$ 的反应计量系数与初始反应物浓度比不相等时的二级不可逆反应，在反应过程中，两种反应物的浓度始终不等，即 $c_A \neq c_B$，此时，无法转化为式(2-26) 的形式，对 $-r_A=kc_Ac_B$

利用等摩尔反应关系：$c_{B0}-c_B=c_{A0}-c_A$，将 $c_B=c_{B0}-c_{A0}+c_A$代入（$-r_A$）中，积分可得

$$\ln\frac{1-x_B}{1-x_A}=\ln\left(\frac{c_{A0}c_B}{c_Ac_{B0}}\right)=(c_{B0}-c_{A0})kt,\ (c_{A0}\neq c_{B0}) \tag{2-28d}$$

式中，$x_B=\frac{c_{A0}}{c_{B0}}x_A$

可用式(2-28a)的 $1/c_A$ 对 t 的直线关系，式(2-28d)中的 $\ln(c_{A0}c_B/c_Ac_{B0})$ 与 t 的直线关系验证其假设的正确性，并由斜率求出速率常数 k。

可以证明，当二级不可逆反应 $A+bB \longrightarrow$ 产物时，b 为任意数值，不按其计量系数比加入反应物时，即 $c_{A0}:c_{B0}\neq 1:b$ 时，其积分结果为

$$\ln\{(M-bx_A)/[M(1-x_A)]\}=(M-b)c_{A0}kt \tag{2-28e}$$

式中，$M=c_{B0}/c_{A0}\neq b$

当 $b=2$ 时，即 $A+2B \longrightarrow$ 产物，此时有 $2x_A=Mx_B$，式(2-28e) 变为

$$\ln\{(M-2x_A)/[M(1-x_A)]\}=(M-2)c_{A0}kt \tag{2-28f}$$

即将式(2-28d) 中的右端变为 $(c_{B0}-2c_{A0})kt$，左端不变，此时 $M\neq 2$，即 $c_{B0}\neq 2c_{A0}$。

零级、一级、二级不可逆反应的浓度随时间的变化关系比较如图 2-1 所示。

(3) 可逆反应

设有一级可逆反应 $A \underset{k'}{\overset{k}{\rightleftharpoons}} P$，这里实际同时发生着两个不同的反应

$$\begin{cases} A \xrightarrow{k} P & r_1=kc_A \\ P \xrightarrow{k'} A & r_2=k'c_P \end{cases}$$

如图 2-2a 所示，对于一级可逆反应，上述两个反应的反应速率都与反应物浓度的一次方成正比，每一组分的反应速率等于该组分在两个反应中的反应速率的代数和，因此

$$-\frac{dc_A}{dt}=kc_A-k'c_P \tag{2-29a}$$

初始条件为 $t=0$ 时 $c_A=c_{A0}$，$c_P=0$。根据反应方程式，$c_P=c_{A0}-c_A$，代入式(2-29a) 中积分，可得它的积分形式为

$$\ln\frac{kc_{A0}}{(k+k')c_A-k'c_{A0}}=(k+k')t \tag{2-29b}$$

在反应达到平衡时，$K_c=\frac{k}{k'}=\frac{c_{A0}-c_{Ae}}{c_{Ae}}$，代入式(2-29b) 的积分式中，可得式(2-29c)，也可写成无量纲的对数形式，即

$$\boxed{\ln\frac{K_c c_{A0}}{(K_c+1)c_A-c_{A0}}=k\left(1+\frac{1}{K_c}\right)t} \tag{2-29c}$$

或用转化率来表示

$$\ln\frac{K_c}{(K_c+1)(1-x_A)-1}=k\left(1+\frac{1}{K_c}\right)t \tag{2-29d}$$

上述诸式中，c_{Ae}为一级可逆反应达到化学平衡时 A 组分的浓度，$c_{Ae}=c_{A0}(1-x_{Ae})$，x_{Ae}为平衡转化率，$x_A<x_{Ae}$，$K_c=\frac{x_{Ae}}{1-x_{Ae}}$。

式(2-29c、d) 中的反应时间 t 与左边的对数项呈直线关系，见图 2-2b，可用此来验证该方程的正确性，用其斜率来求速率常数 k。例如：当测得平衡常数 $K_c=5$、反应 3min 后 A 的转化率为 0.8 时，将其代入式(2-29d) 中可求出反应速率常数 $k=0.334\text{min}^{-1}$、$k'=k/K_c=0.334/5=0.067\text{min}^{-1}$、平衡转化率 $x_{Ae}=K_c/(1+K_c)=5/(1+5)=0.83$。

可见，一级可逆反应的动力学特征与一级不可逆反应的动力学特征极为相近，两者反应物浓度都以负指数函数的方式逐渐下降。对于一级不可逆反应，反应物浓度逐渐趋于 0；而对于一级可逆反应，反应物浓度则趋于平衡浓度 c_{Ae}，最大转化率不为 1。当逆反应速率为 0 时，$k'=0$，此时 $c_{Ae}=0$，式(2-29) 都可化为式(2-25)。

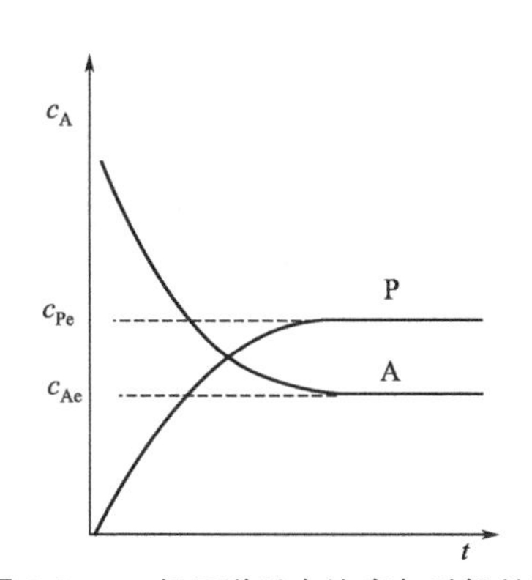

图 2-2a　一级可逆反应浓度与时间关系

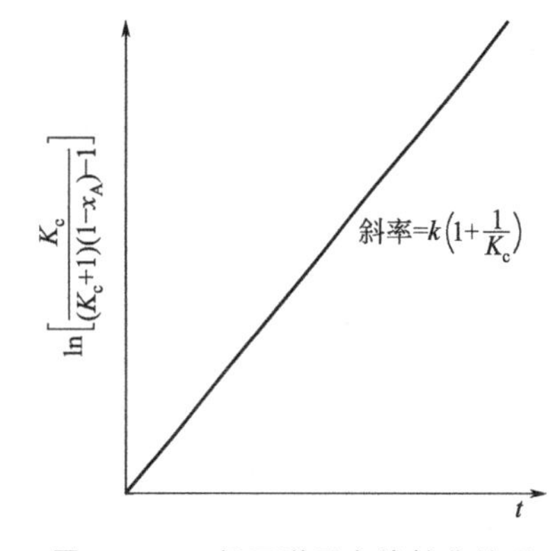

图 2-2b　一级可逆反应线性化关系

(4) 平行反应

设如下平行反应，且所包含的两个反应都是一级不可逆反应。

$$\begin{cases}A\xrightarrow{k_1}L & r_1=k_1c_A\\ A\xrightarrow{k_2}M & r_2=k_2c_A\end{cases}$$

则 A 的总反应速率为两个反应的反应速率的代数和，于是

$$-\frac{dc_A}{dt}=k_1c_A+k_2c_A=(k_1+k_2)c_A \tag{A}$$

$$\frac{dc_L}{dt}=k_1c_A \tag{B}$$

$$\frac{dc_M}{dt}=k_2c_A \tag{C}$$

初始条件为 $t=0$，$c_A=c_{A0}$，$c_{L0}=c_{M0}=0$。解其微分方程组，将先由（A）解出的 c_A 代入（B）和（C）两式中再进行积分，可得

$$c_A=c_{A0}\exp[-(k_1+k_2)t] \tag{2-30a}$$

$$c_L=\left(\frac{k_1}{k_1+k_2}\right)c_{A0}\{1-\exp[-(k_1+k_2)t]\} \tag{2-30b}$$

$$c_M=\left(\frac{k_2}{k_1+k_2}\right)c_{A0}\{1-\exp[-(k_1+k_2)t]\} \tag{2-30c}$$

平行反应组分的浓度随时间的变化特征如图 2-3a 所示。同时出现两种及以上产物竞争有目的产物选择性的主要问题。

对式(2-30a) 可借用式(2-25a) 的线性关系验证并求出 $k_1+k_2=a$ 数值。再用（B）÷（C）得 $dc_L/dc_M=k_1/k_2$，积分并作图得图 2-3b。

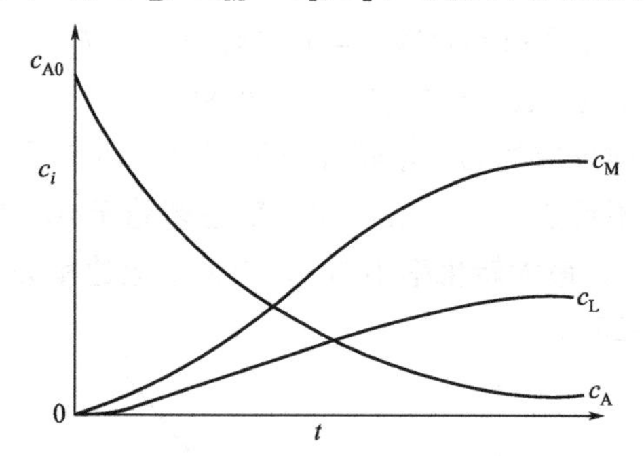

图 2-3a 平行反应组分的浓度随时间的变化特征

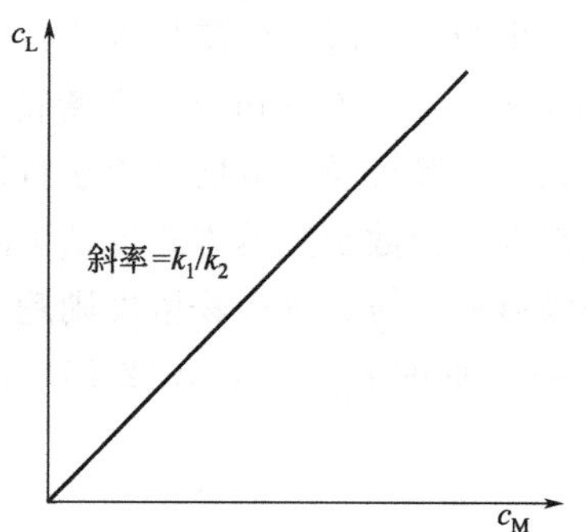

图 2-3b c_L 与 c_M 的线性关系

令其斜率 $k_1/k_2=b$，从 a 与 b 的联立求解中可解出平行反应的两个速率常数 k_1 和和 k_2 值。同时验证平行假设的正确与否。

【例 2-5】 平行反应：$A \longrightarrow R$（目的产物），$r_R=2c_A^2$

$A \longrightarrow D$（副产物），$r_D=2c_A$

在间歇反应器中进行液相反应，当初始浓度 $c_{A0}=2mol/L$、最终浓度 $c_A=0.2mol/L$ 时，求其目的产物 R 的平均选择性?

解： A 的总消耗速率为 $\quad -r_A=r_R+r_D=2c_A^2+2c_A$

瞬时选择性为 $\quad s=r_R/-r_A=2c_A^2/(2c_A^2+2c_A)=c_A/(c_A+1) \quad$ (A)

总选择性为

$$S=1/(c_{A0}-c_A)\int_{c_A}^{c_{A0}}[c_A/(c_A+1)]dc_A$$
$$=1/(c_{A0}-c_A)\{(c_{A0}-c_A)-\ln[(c_{A0}+1)/(c_A+1)]\}$$
$$=1-1/(2-0.2)\ln[(2+1)/(0.2+1)]=0.491$$

从式(A)可知，c_A 升高，S 升高；当以 D 为目的产物时，$S=\frac{r_D}{-r_A}=\frac{1}{c_A+1}$，随 c_A 的降低，S 升高。因此，可总结出反应物浓度对竞争反应的影响规律：

> 高浓度有利于高级数反应，低浓度有利于低级数反应。

---

(5) 连串反应

设有如下连串反应，且所包含的两个反应都是一级不可逆反应

$$A \xrightarrow{k_1} L \xrightarrow{k_2} M$$

动力学方程形式为：

$$-\frac{dc_A}{dt}=k_1c_A \tag{A}$$

$$\frac{dc_L}{dt}=k_1c_A-k_2c_L \tag{B}$$

$$\frac{dc_M}{dt}=k_2c_L \tag{C}$$

> 关于 $\frac{dc_L}{dt}+k_2c_L=k_1c_A=k_1c_{A0}e^{-k_1t}$ 一阶线性非奇次微分方程的解法，符合 $y_x'+Py=Q(x)$ 标准式，通解为 $y=e^{-\int Pdx}[\int Q(x)e^{\int Pdx}dx+c]$ 这里，$P=k_2$，$Q=k_1c_{A0}e^{-k_1t}$。

初始条件为 $t=0$，$c_A=c_{A0}$，$c_{L0}=c_{M0}=0$。将式(A)解出的 $c_A(t)$ 关系式，先代入式(B)微分式中，解其一阶线性非奇次微分方程，再由 $c_M=c_{A0}-c_A-c_L$ 解出 c_M 表达式，或直接代入式(C)积分，结果如下式

$$c_A=c_{A0}\exp(-k_1t) \tag{2-31a}$$

$$c_L=\left(\frac{k_1}{k_1-k_2}\right)c_{A0}[\exp(-k_2t)-\exp(-k_1t)] \tag{2-31b}$$

$$c_M=c_{A0}\left[1+\frac{k_2}{k_1-k_2}\exp(-k_1t)-\frac{k_1}{k_1-k_2}\exp(-k_2t)\right] \tag{2-31c}$$

一级连串反应有一个显著的特征，即随着反应的进行，反应物浓度渐趋于0，产物M的浓度渐趋于 c_{A0}，但是中间产物L的浓度 c_L 则是先升高，达到最大值以后又开始下降并渐趋于0。当中间产物为目的产物时，要在最大浓度点终止反应，才能获得最大产物收率。

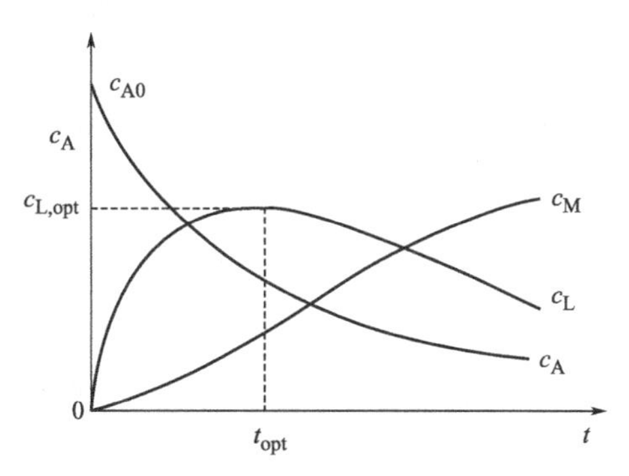

图 2-4 连串反应组分的浓度随时间的变化

对式(2-31b)求关于 t 的导数，并令 $dc_L/dt=0$，可求出中间产物浓度达到最大值的时间 t_{opt} 为

$$t_{opt}=\frac{1}{k_2-k_1}\ln\frac{k_2}{k_1} \tag{2-32}$$

将 t_{opt} 代回式(2-31b)可求得中间产物浓度 c_L 的最大值为（见图 2-4）

$$c_{L,opt}=c_{A0}\left(\frac{k_1}{k_2}\right)^{\frac{k_2}{k_2-k_1}} \tag{2-33}$$

存在中间产物最佳反应时间是其连串反应的主要特征。

例如：当两步一级不可逆反应的速率常数分别为 $k_1=0.2\text{min}^{-1}$、$k_2=0.1\text{min}^{-1}$时，可用式(2-32) 求得最佳反应时间 $t_{opt}=[\ln(0.2/0.1)]/(0.2-0.1)=6.93\text{min}$，此时用式(2-33) 求得的最大收率为 $Y_{Lm}=c_{Lopt}/c_{A0}=(k_1/k_2)^{k_2/(k_2-k_1)}=(0.2/0.1)^{0.2/(0.2-0.1)}=0.5$。

关于一级连串反应速率方程的确定，首先要借用式(2-25a) 或式(2-28a) 验证并确定第一步反应级数和速率常数 k_1，然后进行改变 c_{A0}实验，并测定中间产物 L 的最大浓度与 c_{A0} 的比值大小，即 c_{Lopt}/c_{A0}是否改变。根据反应物浓度对竞争反应的“高-高、低-低”规律，若比值不变化，认为第二步的反应级数与第一步反应级数相同；若此比值变小，说明第二步反应级数比第一步反应级数大；若比值变大，说明第二步反应级数比第一步反应级数小。由此可以假设第二步反应级数，然后求出中间产物浓度与反应时间积分关系式，利用非线性最小二乘法和测得的 c_L 数据来鉴别和求取反应速率 k_2。若两步都为一级不可逆反应，可直接利用式(2-32) 用测得的最佳反应时间 t_{opt}和先求得的 k_1 解出 k_2 值。

(6) 自催化反应

自催化反应是生物反应的基础，其动力学有着较为奇异的特性，因反应产物是该反应的催化剂，所以反应启动时常加入少许产物，其反应速率先增加，后减小，中间存在着一个最大值。

以最简单的自催化反应为例，$A+P\xrightarrow{k}P+P$，对液相反应，其动力学方程为

$$-r_A\ \frac{-dc_A}{dt}=kc_Ac_P$$

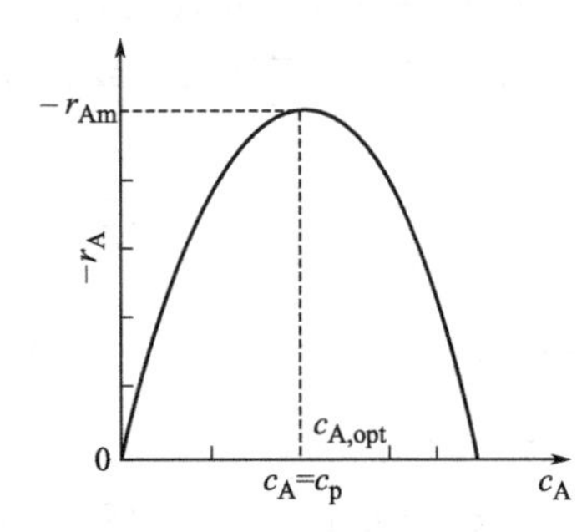

图 2-5 自催化反应的反应速率随浓度的变化

在反应开始时加入产物 P 的浓度为 c_{P0}，初始反应物的浓度为 c_{A0}，在反应过程中始终保持总浓度 $c_{A0}+c_{P0}=c_0$ 不变，即 $c_A+c_P=c_{A0}+c_{P0}$，将上式中的 c_P 用 c_A 代替，则此式可改写为单一因变量的形式

$$-\frac{dc_A}{dt}=k(c_{A0}+c_{P0})c_A-kc_A^2 \tag{2-34}$$

由等号右边可知，自催化反应的反应速率与反应物浓度的关系是一条以 $(c_{A0}+c_{P0})/2$ 为对称轴的开口向下的抛物线（见图 2-5），这与通常的动力学方程不同，有使反应速率最大的反应物浓度值，即当 $c_{A,opt}=(c_{A0}+c_{P0})/2=c_P$ 时，可以确定出使反应速率最大值的浓度值。

式(2-34) 的积分形式为

$$\ln\left(\frac{c_{A0}}{c_A}\times\frac{c_P}{c_{P0}}\right)=\ln\left(\frac{c_{A0}}{c_{P0}}\times\frac{c_{A0}+c_{P0}-c_A}{c_A}\right)=k(c_{A0}+c_{P0})t \tag{2-35}$$

自催化反应的最大特点是当反应物与产物浓度相等时，反应速率最大。也属于类似于式(2-28d) 情形的二级不可逆反应。例如：当加入浓度 $c_{A0}=2\text{mol/L}$，$c_{P0}=0.1\text{mol/L}$ 时，可利用 $c_A=c_P=0.5(c_{A0}+c_{P0})=\frac{1}{2}\times(2+0.1)=1.05\text{mol/L}$ 的最大反应速率的反应时间 t_m 测定值求出其速率常数 k 的值。当 $t_m=2\text{min}$ 时，求得速率常数为

$$k=(1/c_0t_m)\ln(c_{A0}/c_{P0})=[1/(2.1\times2)]\ln(2/0.1)=0.713\text{min}^{-1}$$

(7) 用分压表示的速率方程

对于气相反应过程无论物质的量是否变化，如果保持反应体积不变，则体系各组分的分

压力随反应时间而发生变化，而导致系统总压多数要发生变化。

对于 n 级不可逆反应，假设压力较低且为理想气体，将其动力学方程式(2-26) 用分压表示，代入 $c_A=\frac{p_A}{RT}$，则得

$$-\frac{\mathrm{d}p_A}{\mathrm{d}t}=k'p_A^n \tag{2-36}$$

式中，$k'=\frac{k}{(RT)^{n-1}}$。

其积分式，当 $n=1$ 时为

$$p_A=p_{A0}\mathrm{e}^{-k't} \tag{2-37}$$

当 $n\neq 1$ 时为

$$(n-1)k't=\frac{1}{p_A^{n-1}}-\frac{1}{p_{A0}^{n-1}} \tag{2-38}$$

在采用等容反应器测定动力学数据时，通常只能测出系统的总压，不能直接测出分压。因此，需要知道分压 p_A 与总压 P 的关系，见式(2-10b)。求出组分 A 的分压后，进而求出 A 的转化率 $x_A=(p_{A0}-p_A)/p_{A0}$。若假设的反应级数正确时，式(2-37) 和式(2-38) 应分别符合 $\ln\frac{p_A}{p_{A0}}$-t 和 $\frac{1}{p_A^{n-1}}$-t 的直线关系，利用直线的斜率和截距就能确定动力学参数。

2.3.2 用积分法求动力学方程参数

积分法是利用动力学方程的积分式，经线性化后，直接用浓度或转化率与时间的数据代入线性关系式进行级数验证并求出反应速率常数的方法。

对 n（$n\neq 1$）级不可逆反应，其动力学方程式(2-27a) 的变形式为

$$\frac{1}{c_A^{n-1}}=\frac{1}{c_{A0}^{n-1}}+(n-1)kt \tag{2-27b}$$

可见，若以 t 对 $1/c_A^{n-1}$ 作图，应该得到一条直线，其斜率为 $(n-1)k$，截距为 $1/c_{A0}^{n-1}$。

首先假设一个反应级数，作 $1/c_A^{n-1}$-t 图，如果获得一条直线，即说明所假设的反应级数正确，这时从图中求取直线的斜率，可计算出速率常数 k。如果图形不是一条直线，说明所假设的反应级数不正确，则需要重新假设一个反应级数，再作 $1/c_A^{n-1}$-t 图，直至获得直线。由于该方法需要对反应级数进行试差，有时又称为图解试差法。

积分法简便易行，直接用测定数据且为积分量，不会产生二次误差，较准确，实验量也不大，是常用的测定动力学参数的方法。对于两个及以上组分可按反应方程式系数比例加入反应物进行实验，都可化为式(2-27b)，求出总级数和速率常数，再用交替过量法确定分级数。对于复杂反应，除了用积分式线性作图外，还要结合其他实验和参数联立确定两个以上的速率常数和反应级数。

【例 2-6】 采用恒容间歇反应器，乙酸乙酯在碱性溶液中的水解反应为

$$CH_3COOC_2H_5+OH^-\longrightarrow CH_3COO^-+C_2H_5OH$$

反应温度为 298K，两种反应物的初始浓度相等，均为 0.064mol/L，用中和滴定法测得反应碱液浓度与反应时间的关系数据，如下表（c_A 为碱液浓度）。

t/min	0.00	5.00	15.00	25.00	35.00	55.00
c_A/(mol/L)	0.064	0.041	0.025	0.017	0.014	0.009

用积分法求反应级数及反应速率常数。

解：两种反应物初始浓度相等，且在反应过程中等摩尔消耗，所以 $c_A=c_B$

$$-r_A=kc_A^a c_B^b=kc_A^{a+b}=kc_A^n$$

其中，$n=a+b$。

假设 $n=1$，即该反应为一级不可逆反应，按式(2-25)，作 $\ln c_A$-t 图，由图 2-6 可见，未得到直线，可知该反应不是一级不可逆反应。

t/min	0.00	5.00	15.00	25.00	35.00	55.00
$\ln c_A$	−2.75	−3.19	−3.69	−4.07	−4.27	−4.71

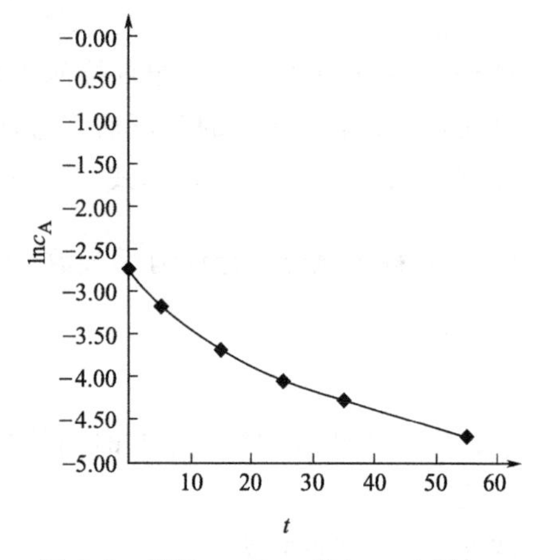

图 2-6 假设 n= 1， 作 $\ln c_A$-t 图

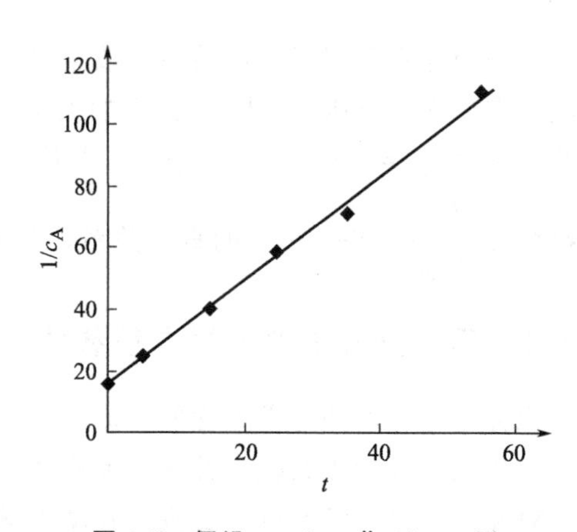

图 2-7 假设 n= 2， 作 $1/c_A$-t 图

t/min	0.00	5.00	15.00	25.00	35.00	55.00
$1/c_A/(\text{mol/L})^{-1}$	15.6	24.4	40.0	58.8	71.4	111.1

假设 $n=2$，即该反应为二级不可逆反应，按式(2-28a)，作 $1/c_A$-t 图，由图 2-7 可见，近似获得了一直线，可见假设正确。由其斜率可求得反应速率常数

$$k=\frac{111.1-15.6}{55.00-0}=1.73\text{mol}^{-1}\cdot\text{L}\cdot\text{min}^{-1}$$

问题：若两种反应物初始浓度不相等还要怎样做？要用到式(2-28d)？

【例 2-7】 采用恒压变容间歇反应器，某恒温恒压一级不可逆气相反应 $2A\longrightarrow B$，原始气体含 80%的 A，3min 后反应混合物的体积减小 20%，求反应速率常数。

解：用式(2-4) $\delta_A=\frac{1-2}{2}=-\frac{1}{2}$

$y_{A0}=0.8$

用式(2-6) $\varepsilon_A=y_{A0}\delta_A=-0.4$

用式(2-8) $V=V_0\ (1+\varepsilon_A x_A)$，得

$$\frac{V}{V_0}=1+\varepsilon_A x_A$$

由题给数据，式中 $V/V_0=1-20\%=0.8$，则

$$x_A=\frac{0.2}{-\varepsilon_A}=0.5$$

根据定义式(2-14a) $-r_A=-\frac{1}{V}dn_A/dt=kc_A$，代入式(2-3)、式(2-8) 和式(2-9) 中，有

$$-r_A=\{n_{A0}/[V_0(1+\varepsilon_A x_A)]\}dx_A/dt=kc_{A0}[(1-x_A)/(1+\varepsilon_A x_A)]$$

因 $c_{A0}=\frac{n_{A0}}{V_0}$，整理并积分，得

$$k=\frac{1}{t}\ln\frac{1}{1-x_A}=\frac{1}{3}\ln 2$$

求得 $k=0.231\text{min}^{-1}$。

注意： 变容等压过程一级不可逆反应的积分式与式(2-25c) 完全相同，但推导过程不同，适用条件不同。

【例 2-8】 二级恒容非等摩尔加料。

溴代异丁烷与乙醇钠在乙醇溶液中发生如下反应：

$$\underset{(A)}{i\text{-}C_4H_9Br}+\underset{(B)}{C_2H_5ONa}\longrightarrow\underset{(C)}{NaBr}+\underset{(D)}{i\text{-}C_4H_9OC_2H_5}$$

溴代异丁烷的初始浓度为 $c_{A0}=0.050\text{mol/L}$，乙醇钠的初始浓度为 $c_{B0}=0.076\text{mol/L}$，在 368.15K 测得不同时间的乙醇钠的浓度为：

t/min	0	5	10	20	30	50
c_B/(mol/L)	0.076	0.070	0.066	0.058	0.053	0.045

已知反应为二级，试求：(1) 反应速率常数；(2) 反应 1h 后溶液中溴代异丁烷的浓度；(3) 溴代异丁烷消耗一半所用的时间。

解：(1) 根据式(2-28d)

变换为

$$\ln[c_{A0}c_B/(c_{B0}c_A)]=(c_{B0}-c_{A0})kt \quad (A)$$

$$\ln(c_B/c_A)=(c_{B0}-c_{A0})kt+\ln(c_{B0}/c_{A0}) \quad (B)$$

而

$$c_{B0}-c_B=c_{A0}-c_A$$

所以

$$c_A=c_{A0}-c_{B0}+c_B=0.050-0.0762+c_B=c_B-0.026$$

t/min	0	5	10	20	30	50
c_B/(mol/L)	0.076	0.070	0.066	0.058	0.053	0.045
c_A/(mol/L)	0.050	0.044	0.040	0.032	0.027	0.019
$\ln(c_B/c_A)$	0.414	0.455	0.498	0.585	0.660	0.834

以 $\ln(c_B/c_A)$ 对 t 作图，见图 2-8（回归方程 $y=0.0837x+0.4187$，线性相关系数$R=0.99957$），为一条直线，其斜率为 $(c_{B0}-c_{A0})k=0.00837$。所以，速率常数 $k=0.3129\text{L/(mol·min)}$。

(2) 将已知数据代入 (B) 后

$$\begin{aligned}\ln(c_B/c_A)&=(c_{B0}-c_{A0})kt+\ln(c_{B0}/c_{A0})\\&=0.026\times0.323t+\ln(0.076/0.05)\\&=0.0084t+0.4187\end{aligned}\tag{C}$$

当 t 为 60min 时

$$\ln(c_B/c_A)=\ln[(c_A+0.026)/c_A]=0.0084\times60+0.4187=0.9227\tag{D}$$

从（D）中解出 $c_A=0.0172$（mol/L）。

（3）当 $c_A=0.5c_{A0}=0.5\times0.05=0.025$（mol/L）时，代入（C）中，有

$$\ln[(c_A+0.026)/c_A]=\ln[(0.025+0.026)/0.025]=0.0084t+0.4187$$

解出 $t=35.03$min。

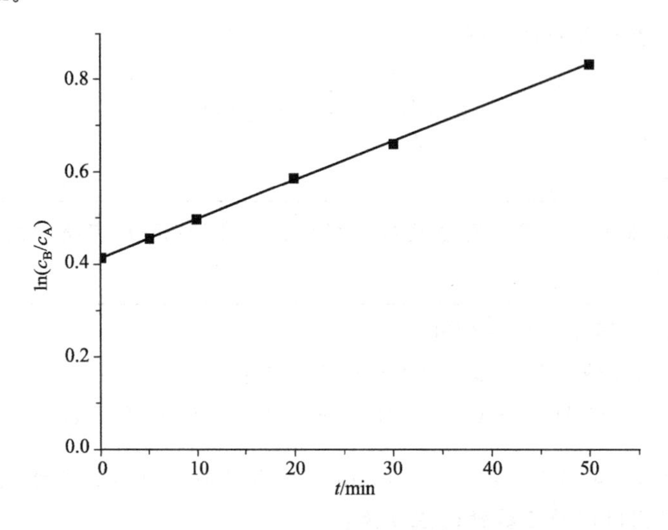

图 2-8　非等计量系数摩尔比加料线性关系

【例 2-9】 在 373K 和常压下，纯气体 A 在间歇反应器中等温等容下进行一级可逆反应 $A \rightleftharpoons R$，测得反应器中在不同时间时的 A 的分压如下：

t/min	0	4	6	8	10	12	14	∞
p_A/MPa	0.1	0.0625	0.051	0.042	0.036	0.032	0.028	0.020

求反应速率方程？

解： $A \rightleftharpoons R$

当 $t=\infty$ 时，$p_{Ae}=0.020$MPa（平衡分压）。

根据动力学上的平衡常数定义，当反应速率方程 $-r_A=k_1c_A-k_2c_R=k_1c_A-k_2(c_{A0}-c_A)=0$ 时反应达到平衡，则

$$K_c=\frac{k_1}{k_2}=\frac{c_{A0}-c_{Ae}}{c_{Ae}}=\frac{p_{A0}-p_{Ae}}{p_{Ae}}=\frac{0.1-0.02}{0.02}=4$$

$$\ln\frac{K_c c_{A0}}{(K_c+1)c_A-c_{A0}}=\ln\frac{K_c p_{A0}}{(K_c+1)p_A-p_{A0}}=k_1\left(1+\frac{1}{K_c}\right)t$$

$$\ln\frac{4\times0.1}{5\times p_A-0.1}=k_1\left(1+\frac{1}{4}\right)t=1.25k_1t$$

计算数据如下：

t/min	0	4	6	8	10	12	14
p_A/MPa	0.1	0.0625	0.051	0.042	0.036	0.032	0.028
$\ln[0.4/(5p_A-0.1)]$	0	0.633	0.948	1.291	1.609	1.897	2.303

以 $\ln[0.4/(5p_A-0.1)]$ 对 t 作图，见图 2-9（回归方程 $y=0.16264x$，线性相关系数 $R=0.9988$）。

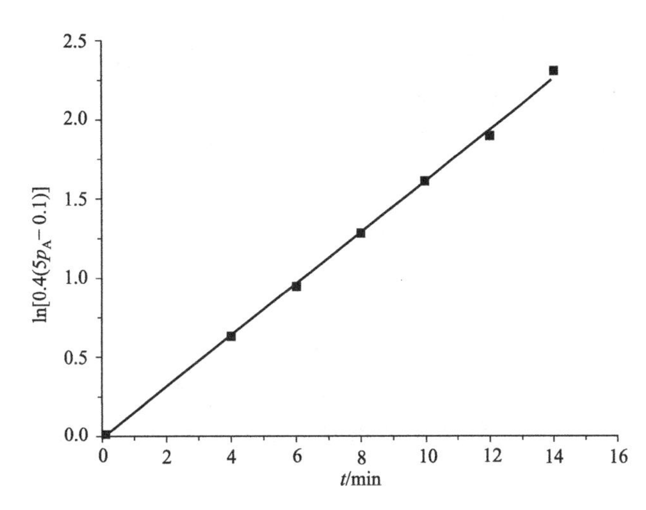

图 2-9　一级可逆反应线性关系

从图可得一条通过原点的直线，斜率为 $1.25k_1=0.1626$。

$$k_1=0.1626/1.25=0.1301\text{min}^{-1}$$

$$k_2=k_1/K_c=0.1301/4=0.0325\text{min}^{-1}$$

而 $c_{A0}=p_{A0}/RT=0.1/8.314\times373=32.674\text{mol/m}^3$

所以，反应速率方程为

(1)
$$\begin{aligned}-r_A&=k_1c_A-k_2(c_{A0}-c_A)=(k_1+k_2)c_A-k_2c_{A0}\\&=(0.1301+0.0325)c_A-0.0325\times32.674\\&=0.1626c_A-1.062\end{aligned}$$

式中，c_A 单位为 mol/m^3；$-r_A$ 单位为 $\text{mol/m}^3\cdot\text{min}$。

(2) 在反应速率定义不变时，用分压表示的反应速率方程为

$$\begin{aligned}-r_A&=0.1626p_A/RT-0.0325p_{A0}/RT\\&=0.1626/(8.314\times373)p_A-0.0325\times0.1/(8.314\times373)\\&=52.432p_A-1.048\end{aligned}$$

式中 p_A 单位为 Pa；$-r_A$ 单位为 $\text{mol/m}^3\cdot\text{min}$。

2.3.3 用微分法求动力学方程参数

微分法是根据不同浓度下的反应速率，直接由微分形式的动力学方程，来估计动力学参数值。对式(2-26) 的 n 级不可逆反应动力学方程的微分形式两边取对数，得：

$$\lg(-r_A)=\lg k+n\lg c_A \tag{2-39}$$

可见，若以 lg（$-r_A$）对 $\lg c_A$ 作图，应该得到一条直线，直线的斜率等于 n，截距等于 $\lg k$。

使用微分法，必须获得不同浓度下的反应速率 $-r_A$ 的数值，即 $-r_A$-c_A 的数据。

在等容条件下，由于 $-r_A=-\dfrac{dc_A}{dt}$，故可以通过对 c_A-t 关系的实验数据进行求导数，从而求得不同浓度下的反应速率。求导数的方法有图解微分法和数值微分法两种。

(1) 图解微分法

图解微分法指利用实验数据作出几何图形，然后根据几何图形求数值微分的方法。

较直观的方法是切线法，该方法系在 c_A-t 图上直接标绘曲线上某 t 下的切线，则切线的斜率 dc_A/dt 即为该浓度下的反应速率的负值。再从切点向 c_A-t 曲线的纵轴作垂线找到对应的 c_A 值。图解微分法误差稍大，精度偏低。

(2) 数值微分法

给定一组离散的（t_i，c_{Ai}）数据，求出其导数值，称为数值微分。在计算数学领域中已经发展了不少成熟的数值微分方法。常用的有两种方法：一种是根据数值微分的基本公式直接计算导数，常用公式有“两点法”、“三点法”、“四点法”等；另一种则是先将原始数据拟合成多项式函数，然后用解析法求多项式的导数；或者，如果实验数据足够精确、光滑，也可以利用插值多项式来求出导数。具体可参考有关数值分析的书籍。

【例 2-10】 采用恒容间歇反应器，在一定温度下测得某液相反应的 c_A-t 的数据，试用微分法建立其动力学方程。

t/s	0	20	40	60	120	180	300
c_A/(mol/L)	10	8	6	5	3	2	1

解： 先作 c_A-t 图，并作出各时间点时曲线的切线，从而计算出切线的斜率 dc_A/dt，给出各时间下的反应速率 r_A（过程略）。

t/s	0	20	40	60	120	180	300
c_A/(mol/L)	10	8	6	5	3	2	1
$r_A=-dc_A/dt$	0.1333	0.1031	0.0658	0.0410	0.0238	0.0108	0.0065

将上述数据转化为 $\lg r_A$-$\lg c_A$ 的数据。

$\lg c_A$	1.000	0.903	0.778	0.699	0.477	0.301	0.000
$\lg r_A$	−0.875	−0.987	−1.182	−1.387	−1.623	−1.967	−2.187

将 $\lg r_A$-$\lg c_A$ 数据绘成图形，并作出所拟合出的直线，在直线上读出斜率与截距，见图 2-10。

$$n=\frac{-0.875-(-2.305)}{1-0}=1.43$$

$$\lg k=-2.305,\quad k=0.005(\mathrm{L}^{0.43}/\mathrm{mol}^{0.43})$$

动力学方程为

$$-r_A=-\frac{dc_A}{dt}=0.005c_A^{1.43}[\mathrm{mol}/(\mathrm{L}\cdot\mathrm{s})]$$

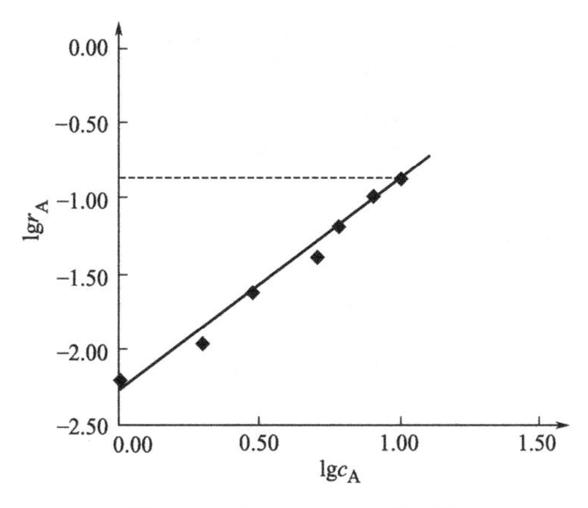

图 2-10 $\lg r_A$-$\lg c_A$ 数据图形

【例 2-11】 装有灵敏的压力测量仪表的恒容变压反应器中进行 A ⟶ 2R 的气相反应。在 0.1MPa 及较低温度（14℃）下充入 76.94%的反应物 A 和 23.06%的惰性气体，然后迅速升温至 100℃启动反应，并获得如下总压数据。试用微分法求反应级数及实验温度下的反应速率常数。

时间/min	0.5	1.0	1.5	2.0	2.5	3.0
压力/MPa	0.15	0.165	0.176	0.184	0.190	0.195
时间/min	3.5	4.0	5.0	6.0	7.0	8.0
压力/MPa	0.199	0.2025	0.208	0.212	0.2175	0.2175

解： 首先计算反应系统的初始总压。按理想气体计算：

$$P_0=0.1\times\frac{273.15+100}{273.15+14}=0.130\ \text{(MPa)}$$

根据式(2-10b)

$$p_A=p_{A0}+\frac{P_0-P}{\delta_A}$$

已知 $\delta_A=(2-1)/1=1$

$$p_{A0}=P_0 y_{A0}=0.13\times 0.7694=0.1\ \text{(MPa)}$$

所以

$$p_A=0.23-P$$

由总压计算出各时间下的分压 p_A（如下），再作 p_A-t 图，并作各数据点处的切线（略），得出其斜率，列表如下：

t/min	0.5	1.0	1.5	2.0	2.5	3.0
P/MPa	0.15	0.165	0.176	0.184	0.190	0.195
p_A/MPa	0.080	0.065	0.054	0.046	0.040	0.035
$-dp_A/dt$	0.0338	0.02545	0.01916	0.01398	0.0108	0.00919
t/min	3.5	4.0	5.0	6.0	7.0	8.0
P/MPa	0.199	0.2025	0.208	0.212	0.2175	0.2175
p_A/MPa	0.031	0.0275	0.022	0.018	0.015	0.0125
$-dp_A/dt$	0.00745	0.00624	0.00466	0.003525	0.002795	0.002338

假设动力学方程为：

$$-r'_A=-\frac{dp_A}{dt}=k'p_A^n \quad (MPa/min)$$

两边取对数，得
$$\ln\left(-\frac{dp_A}{dt}\right)=\ln k'+n\ln p_A$$

可见作 $\ln\left(-\frac{dp_A}{dt}\right)$-$\ln p_A$ 图能得一直线，其斜率为 n，截距为 $\ln k'$。可在双对数坐标纸上作图，如图 2-11 所示。

可以得到 $n=1.5$，$k'=1.51\ (MPa)^{-0.5}\cdot min^{-1}$时，动力学方程为：

$$-r'_A=-\frac{dp_A}{dt}=1.51p_A^{1.5} \quad (MPa/min)$$

转化为浓度标准形式，将 $p_A=c_ART$ 代入，原动力学方程变为

$$-\frac{dc_A}{dt}=1.51\times(RT)^{0.5}c_A^{1.5}$$

其中
$$R=8.314J\cdot mol^{-1}\cdot K^{-1}=8.314Pa\cdot m^3\cdot mol^{-1}\cdot K^{-1}$$
$$=8.314\times10^{-3}MPa\cdot L\cdot mol^{-1}\cdot K^{-1}$$
$$T=273+100=373\ (K)$$

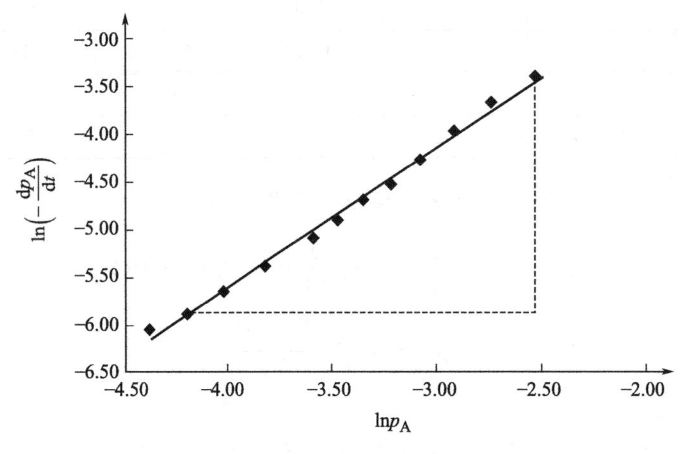

图 2-11 $\ln\left(-\frac{dp_A}{dt}\right)$-$\ln p_A$ 数据图形

代入得
$$-\frac{dc_A}{dt}=1.51\times(8.314\times10^{-3}\times373)^{0.5}c_A^{1.5}=2.66c_A^{1.5} \quad (c_A \text{ 单位为 mol/L})$$

即
$$-r_A=-\frac{dc_A}{dt}=2.66c_A^{1.5} \qquad [mol/(L\cdot min)]$$

【例 2-12】 在实验室中研究尿素酶分解尿素水溶液反应，实验测得尿素浓度 c 与分解反应速率 r 的关系如下：

c/(mol/L)	0.2	0.02	0.01	0.005	0.002
r/[mol/(L·s)]	1.08	0.55	0.38	0.20	0.09

这些数据可用 Michaelis-Menten 方程 $r=r_mc/(K_m+c)$ 来关联，试求参数 r_m 和 K_m 的值。

解：将 M-M 方程线性化

$$1/r_i = K_m/r_m \times 1/c_i + 1/r_m$$

以 $1/r_i$ 对 $1/c_i$ 作图，见图 2-12（回归方程 $y=0.00837x+0.4387$，线性相关系数 $R=0.999$），其直线斜率为 K_m/r_m，截距为 $1/r_m$。计算数据如下：

c_i/(mol/L)	0.2	0.02	0.01	0.005	0.002
$1/c_i$/(L/mol)	5	50	100	200	500
r_i/[mol/(L·s)]	1.08	0.55	0.38	0.20	0.09
$1/r_i$/(L·s/mol)	0.93	1.82	2.63	5.0	11.11

从图 2-12 求得截距为：$1/r_m=0.7705$，因此，$r_m=1.297$ [mol/(L·s)]。斜率为 $0.0207=K_m/r_m$，则

$$K_m=0.0207r_m=0.0207\times1.297=0.02685 \text{ (mol/L)}$$

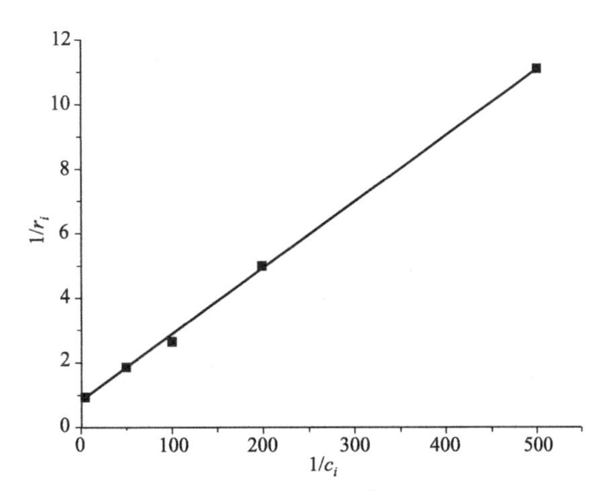

图 2-12 M-M 方程的线性化关系

2.3.4 最小二乘法

前述“积分法”及“微分法”都是将方程线性化，然后作出表达线性关系的直线图形，通过求出直线的斜率、截距，从而确定动力学参数。作线性化的过程实际就是一种直观的线性回归的过程，线性回归本身可以采用普遍化的数学方法，如最小二乘法，不必一定依靠作图法。

最小二乘法是最常用的线性或非线性回归的方法，该方法按照使残差的平方和最小的准则来确定被回归参数，是一种普遍适用的求取动力学参数的方法。当动力学方程的反应组分浓度有多个时，可一次求出全部参数。如果动力学方程可以线性化处理，则采用线性回归，这是常用的方法；如果动力学方程不易线性化，可以采用非线性回归。

以 A+B ⟶ 产物为例，说明最小二乘法的应用。首先，设反应的经验速率方程为

$$-r_A = kc_A^a c_B^b \tag{2-39a}$$

对式(2-39a) 取对数

$$\ln(-r_A)=\ln k + a\ln c_A + b\ln c_B \tag{2-39b}$$

令 $\ln(-r_A)=z$，$\ln c_A=x$，$\ln c_B=y$，$\ln k=c$，则

$$z=c+ax+by \tag{2-40}$$

式(2-40) 是式(2-39a) 线性化的理论计算式。

又设实验测定的反应速率为 $-r_A$，取对数后可得其 $z_{i实}$ 给出的最小二乘法的目标函数为

$$S=\sum_{i=1}^{m}(z_{i实}-z_{i计})^2 \tag{2-41a}$$

式中，m 为实验点的个数；$z_{i计}$ 为式(2-40) 的理论计算值。

当式(2-41a) 为最小时，利用实测的反应速率和浓度关系可以求出待定参数 a、b 和 c (k) 的最佳值，代入 $z_{i计}=z$ 的式(2-40)，则实验值与计算值残差的平方和为

$$S=\sum_{i}[z_i-(c+bx_i+ay_i)]^2 \tag{2-41b}$$

要确定 a、b、c，需要使残差的平方和取最小值。令

$$\begin{cases}\dfrac{\partial S}{\partial a}=2\sum_{i}y_i[z_i-(c+bx_i+ay_i)]=0\\ \dfrac{\partial S}{\partial b}=2\sum_{i}x_i[z_i-(c+bx_i+ay_i)]=0\\ \dfrac{\partial S}{\partial c}=2\sum_{i}[z_i-(c+bx_i+ay_i)]=0\end{cases} \tag{2-42}$$

三式联立求解该线性方程组，即可确定参数 a、b、c 的最优值。该式属于二元线性回归，同样方法也适用于多元线性回归。但要注意的是所获取的实验数据其浓度 c_{Ai} 和 c_{Bi} 不能相同，这就要求加入的 c_{A0} 与 c_{B0} 的比不能与反应方程式的计量系数之比相等，否则式(2-42) 给出的线性方程线为降秩，无法全部解出参数。

【例 2-13】 设一未知级数的反应，现已经求得不同浓度下的 $r_A \sim c_A$ 的数据如下：

c_A/(mol/L)	0.1	0.5	1.0	2.0	4.0
$r_A\times10^2$/[mol/(L·min)]	0.073	0.70	1.84	4.86	12.84

试用一元线性回归法求反应级数和速率常数。

解： 假设动力学方程为

$$r_A=kc_A^n$$

两边取对数得

$$\ln r_A=\ln k+n\ln c_A$$

令 $\ln r_A=z$，$\ln c_A=x$，$\ln k=c$，$n=b$，则待求的回归方程为

$$z=c+bx$$

将题给数据转换为 (x_i, y_i) 数据：

x_i	−2.302	−0.693	−0.0	0.693	1.38
z_i	−7.22	−4.96	−4.0	−3.02	−2.06

残差的平方和为

$$S=\sum_{i}^{m}[z_i-(c+bx_i)]^2$$

令
$$\begin{cases}\dfrac{\partial S}{\partial b}=2\sum\limits_i[z_i-(c+bx_i)]x_i=0\\ \dfrac{\partial S}{\partial a}=2\sum\limits_i[z_i-(c+bx_i)]=0\end{cases}$$

即
$$\begin{cases}\sum\limits_i x_iz_i=c\sum\limits_i x_i+b\sum\limits_i x_i^2\\ \sum\limits_i z_i=\sum\limits_i c+b\sum\limits_i x_i\end{cases}$$

对（x_i,z_i）数据表格进行处理，可以求得

$$\sum_i x_i=-0.92,\qquad \sum_i z_i=-21.26,\qquad \sum_i x_i^2=8.15,\qquad \sum_i x_iz_i=15.1$$

将以上数据代入方程

$$\begin{cases}15.10=-0.92c+8.15b\\ -21.26=5c+(-0.92)b\end{cases}$$

解得 $c=-3.99$，$b=1.4$，所以：

$$n=1.4,\qquad k=e^c=1.84\times10^{-2}\quad (\mathrm{L/mol})^{0.4}/(\mathrm{L\cdot min})$$

动力学方程为

$$r_A=0.0184c_A^{1.4}\quad [\mathrm{mol/(L\cdot min)}]$$

2.3.5 孤立法（过量浓度法）

当参与反应的物质组分有两个及以上时，可以采用孤立法测取动力学参数。例如多组分化学反应

$$\nu_A A+\nu_B B+\nu_C C\longrightarrow P$$

其反应速率方程为

$$-r_A=kc_A^a c_B^b c_C^c$$

采用孤立法时，先选定某一组分，如 A 组分，保持其余组分在反应过程中始终大大过量，这样，就只有 A 组分的浓度随反应的进行明显变化，其余组分的浓度基本不变，可视为常数。于是，对于等温等容过程，反应速率方程式变为

$$-r_A=k'c_A^a=-\frac{dc_A}{dt}$$

式中，$k'=kc_{B0}^b c_{C0}^c$。

再用微分法或积分法求出 A 组分反应级数 a 和速率常数 k'。同理，再选定另一组分 B 或 C，确定反应关于该组分的级数 b 或 c 和速率常数 k''或 k'''，联立求出常数 k。这样，通过实验设计和多做些实验可减少和避免线性回归的复杂计算。

2.4 反应速率与反应温度的关系

2.4.1 反应速率与反应温度的函数关系

在建立反应温度、浓度对化学反应速率影响的方程式时，可将温度项与浓度项分离，将

式(2-18) 写成如下形式，即

$$-r_A=k_T\cdot f(c) \tag{2-43}$$

式中，k_T 为温度影响项，称为反应速率常数。当反应过程温度恒定时，其数值不变。其量纲由动力学方程决定，$k_T=-r_A/f(c)$，一级不可逆反应速率常数的量纲为 T^{-1}。当温度发生变化时，k 也随之改变。范特霍夫根据实验归纳得到一个近似规则：温度每升高 10K，反应速率增加约 2～4 倍，用公式表示如下

$$\frac{k_{T+10}}{k_T}=2\sim4 \tag{2-44}$$

温度提高 10K 后反应速率所增加的倍数称为化学反应的温度系数。阿伦尼乌斯通过大量实验及理论分析，提出了著名的阿伦尼乌斯经验方程式，奠定了反应速率与温度关系的理论基础，即

$$\boxed{k=k_0\exp\left(-\frac{E}{RT}\right)} \tag{2-45a}$$

式中，k_0 为频率因子或指前因子；E 为反应活化能，kJ/mol；T 为反应热力学温度，K；R 为气体常数。

阿伦尼乌斯公式适用于基元反应，也适用于稳定体系的非基元反应。在一般情况下，反应机理不改变，催化剂不失活情况下，该公式具有普遍适用性。在没有传递因素影响时，E 称为体系本征活化能否则为宏观活化能。

式(2-45a) 两边取对数或求导，可得到对数形式和微分形式的阿伦尼乌斯公式

$$\ln k=\ln k_0-\frac{E}{RT} \tag{2-45b}$$

$$\frac{\mathrm{d}\ln k}{\mathrm{d}T}=\frac{E}{RT^2} \tag{2-45c}$$

由阿伦尼乌斯方程式可总结出温度与反应速率常之间有如下关系：

第一，反应速率对反应温度的变化极为敏感，从式(2-45a) 可知，温度提高则反应速率显著加快，呈指数关系增加；

第二，根据式(2-45b)，$\ln k$-$1/T$ 呈线性关系，这是实验上测定活化能及频率因子的理论依据；

第三，从式(2-45a) 可知，活化能越高，反应速率常数越小，化学反应就越缓慢；一般化学反应的活化能约为 40～400kJ/mol，多数在 60～240kJ/mol 之间，小于此范围的化学反应，往往快到不易测定，大于此范围的化学反应极为缓慢，一般必须通过添加催化剂，降低反应的活化能才能获得有实际意义的反应速率；

第四，关于反应速率随温度变化的灵敏性，从式(2-45c) 可知，其敏感程度与活化能成正比，与温度的平方成反比，温度越低，则灵敏性越高；而活化能越高，灵敏性越高。

上述四条结论，是理解和分析温度对各类化学反应速率影响的一把钥匙，希望读者能熟练掌握。

【例 2-14】 设甲反应活化能为 80000J/mol，乙反应活化能为 150000J/mol。分别在 300K、500K 两个温度基础上提高 10K，计算其反应速率增大的倍数，验证上述第四条

结论。

解：(1) 300K 时，若温度提高至 310K，则

对于甲反应：

$$\frac{k_{310K}}{k_{300K}}=\frac{k_0 e^{-\frac{E}{310R}}}{k_0 e^{-\frac{E}{300R}}}=\exp\left(\frac{E}{300R}-\frac{E}{310R}\right)=\exp\left[\frac{80000}{8.314}\times\left(\frac{1}{300}-\frac{1}{310}\right)\right]\approx 2.8$$

对于乙反应

$$\frac{k_{310K}}{k_{300K}}=\frac{k_0 e^{-\frac{E}{310R}}}{k_0 e^{-\frac{E}{300R}}}=\exp\left(\frac{E}{300R}-\frac{E}{310R}\right)=\exp\left[\frac{150000}{8.314}\times\left(\frac{1}{300}-\frac{1}{310}\right)\right]\approx 7.0$$

(2) 500K 时，若温度提高至 510K，则

对于甲反应

$$\frac{k_{510K}}{k_{500K}}=\frac{k_0 e^{-\frac{E}{510R}}}{k_0 e^{-\frac{E}{500R}}}=\exp\left(\frac{E}{500R}-\frac{E}{510R}\right)=\exp\left[\frac{80000}{8.314}\times\left(\frac{1}{500}-\frac{1}{510}\right)\right]\approx 1.5$$

对于乙反应

$$\frac{k_{510K}}{k_{500K}}=\frac{k_0 e^{-\frac{E}{510R}}}{k_0 e^{-\frac{E}{500R}}}=\exp\left(\frac{E}{500R}-\frac{E}{510R}\right)=\exp\left[\frac{150000}{8.314}\times\left(\frac{1}{500}-\frac{1}{510}\right)\right]\approx 2.0$$

2.4.2 实验测定活化能、频率因子的方法

依据对数形式的阿伦尼乌斯公式，根据式(2-45b) 可知 $\ln k$-$1/T$ 呈线性关系，以 $\ln k$ 对 $1/T$ 作图，应该为一直线，该直线的斜率为 $-E/R$。故在图形上求得直线的斜率和截距即可计算出活化能和频率因子（当求取直线的截距不方便时，也可以先计算出活化能的数据，再由阿伦尼乌斯公式反算频率因子）。应用这种方法需要首先测定出不同温度下的若干个反应速率常数，一般至少测出三个以上的温度点，在每个温度下重复 2.3 中确定动力学参数的方法，否则难以获得必要的精确度。

【例 2-15】 某一级反应，测得下列反应速率常数：

反应温度/℃	38.6	58.1	77.9
反应速率常数/h^{-1}	0.041	0.117	0.296

求活化能。

解：将已知数据处理成 $\ln k$-$1/T$ 的格式

$1/T$	320.7×10^{-5}	301.9×10^{-5}	284.9×10^{-5}
$\ln k$	−3.19	−2.15	−1.22

采用第一种处理方法，以 $\ln k$ 对 $1/T$ 作图，得到一直线（图 2-13），读得其斜率为 −11811，故：

$$E=11811\times 8.314\approx 98200\text{J/mol}$$

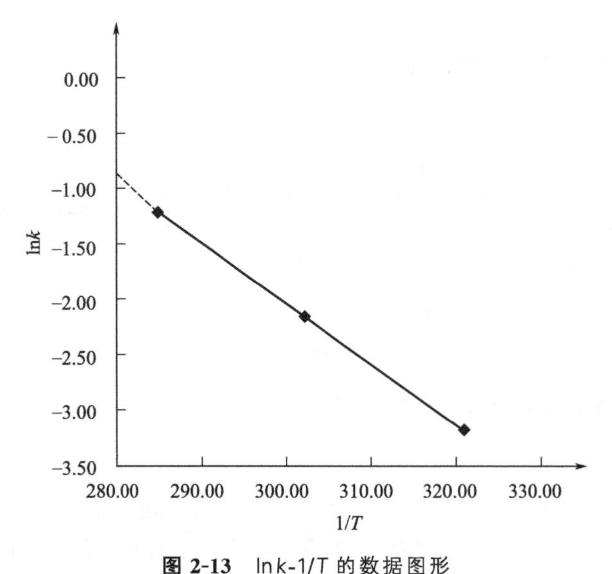

图 2-13 lnk-1/T 的数据图形

2.4.3 温度对复杂反应的影响

以平行反应为例，在相同的反应级数时，$n_1=n_2$

$$A \longrightarrow L\ (\text{目的}) \qquad r_L=k_1c_A^{n_1}$$

$$A \longrightarrow M \qquad r_M=k_2c_A^{n_2} \tag{2-46}$$

可根据瞬时选择率 s'的定义，

$$s'=r_L/r_M=k_1c_A^{n_1}/k_2c_A^{n_2}=k_1/k_2=k_{10}/k_{20}\exp[(E_2-E_1)/RT] \tag{2-47}$$

从式(2-47) 可知，当 $E_2>E_1$ 时，随着反应温度 T 的提高，s'减小，随着反应温度的降低，瞬时选择率提高；反过来，当 $E_2<E_1$ 时，随着反应温度 T 的提高，瞬时选择率 S'提高，随着反应温度的降低，瞬时选择率降低。因此，可以总结出：

> 高温有利于高活化能反应，低温有利于低活化能反应。

也就是说，当主反应活化能比副反应的活化能高时，提高反应温度可以提高主反应对副反应的选择率（选择率与选择性变化趋势一致）；当主反应活化能比副反应的活化能低时，降低反应温度可以提高主反应对副反应的选择性。

> 虽然选择性与选择率的定义不同，但结论一致。
> 计算选择性时应使用选择性定义，定性讨论时用选择率更方便。

当存在三个以上平行反应时，只要主反应的活化能处于最高数值时，在其他条件允许时就应该提高反应温度，对其选择性的提高有利；相反，主反应的活化能处于最低位时，就应该尽量选择低的温度；当主反应的活化能处于两者中间时，就应该选择中间最佳反应温度，此时，有 $dS/dT=0$。

由式(2-47) 平行反应总结出来的非常重要的结论，同样也适合于相互竞争的连串反应、可逆反应、连串平行反应等其他复杂反应，也适合于对气固相等非均相反应过程的分析。针对具体反应类型进行反应温度对主产物选择性的分析。当然，反应温度的高与低还要满足热力学和动力学的需求，以及催化剂和反应设备等因素的要求。

本章重要内容小结

1. 化学计量学

(1) 反应进度与转化率

$$\xi=\frac{\Delta n_i}{\nu_i};\qquad x_A=\frac{n_{A0}-n_A}{n_{A0}}=-\frac{\nu_A\xi}{n_{A0}}$$

(2) 膨胀因子和膨胀率

$$\delta_A=\frac{1}{|\nu_A|}[|\nu_L+\nu_M|-|\nu_A+\nu_B|];\qquad \varepsilon_A=y_{A0}\delta_A$$

(3) 气相恒温恒压过程反应体积和反应物浓度与转化率关系

$$V=V_0(1+\varepsilon_A x_A);\quad c_A=c_{A0}\frac{1-x_A}{1+\varepsilon_A x_A}$$

(4) 气相恒温恒容过程体系总压与分压关系

$$p=p_0+(p_{A0}-p_A)\delta_A$$

(5) 复杂反应的选择性和收率

$$\text{总选择性 } S=\frac{\text{反应结束时生成目的产物所消耗的关键组分的量}}{\text{反应结束时已转化的关键组分总量}}$$

$$\text{瞬时选择性 } s=\frac{r_i}{-r_A}$$

$$\text{收率 } Y=\frac{\text{反应结束时生成目的产物所消耗的关键组分的量}}{\text{反应开始时加入反应体系中关键组分的总量}}$$

三者关系：

$$Y=Sx_A$$

2. 化学反应速率

(1) 间歇反应速率常用$-r_A=-\frac{1}{V}\times\frac{dn_A}{dt}$来定义；

(2) 基元反应动力学方程，由质量作用定律给出；

(3) 非基元反应机理方程可由稳态近似法和平衡近似法建立反应动力学方程。

(4) 经验速率方程常用$-r_A=kc_A^a c_B^b$ 表示。

3. 恒温恒容反应过程速率方程的积分形式：

(1) 一级不可逆反应 $A\longrightarrow R$

$$\ln(1-x_A)=\ln\frac{c_A}{c_{A0}}=-kt$$

(2) 二级不可逆反应 $A+B\longrightarrow R$

按计量系数比加料（$-r_A=kc_A^2$）

$$\begin{cases}\dfrac{1}{c_A}-\dfrac{1}{c_{A0}}=kt\\[2ex]\dfrac{x_A}{1-x_A}=ktc_{A0}\end{cases}$$

不按计量系数比加料（$-r_A=kc_Ac_B$）

$$\ln\frac{1-x_B}{1-x_A}=\ln\frac{c_{A0}c_B}{c_{B0}c_A}=(c_{B0}-c_{A0})kt$$

(3) n 级不可逆反应

$$(n-1)kt=\frac{1}{c_A^{n-1}}-\frac{1}{c_{A0}^{n-1}} \quad (n\neq 1)$$

（4）一级可逆反应 $\ln\frac{K_c}{(K_c+1)(1-x_A)-1}=k\left(1+\frac{1}{K_c}\right)t$

（5）平行竞争反应：高浓度有利于高级数反应，低浓度有利于低级数反应；总选择性与瞬时选择性关系

$$S=\frac{1}{c_{A0}-c_A}\int_{c_A}^{c_{A0}} s(c_A)\mathrm{d}c_A$$

（6）一级连串反应，中间目的产物的最大时间和最大浓度：

$$t_{opt}=\frac{\ln k_1/k_2}{k_1-k_2}$$

最大收率 $Y_{Lmax}=\frac{c_{L,opt}}{c_{A0}}=\left(\frac{k_1}{k_2}\right)^{\frac{1}{1-k_1/k_2}}$

（7）自催化反应，$c_A=c_P=\frac{1}{2}c_0$ 时，反应速率最快，$\ln\frac{c_{A0}}{c_{P0}}=c_0kt$。

4. 建立动力学方程的主要方法有：积分法，微分法，最简便和适用的数学处理方法为线性作图和线性计算。

5. 反应温度对反应的影响

（1）阿伦尼乌斯公式：$k=k_0\exp\left(-\frac{E}{RT}\right)$； $\ln k=\ln k_0-\frac{E}{RT}$； $\frac{\mathrm{d}\ln k}{\mathrm{d}T}=\frac{E}{RT^2}$。

（2）实验测定活化能、频率因子的方法是依据 $\ln k$-$\frac{1}{T}$ 呈线性关系。

（3）低温和高活化能对简单反应（温度系数）影响大。

（4）温度对复杂反应选择性的影响规律为：高温有利于高活化能的反应，低温有利于低活化能的反应。

习　题

一、计算题

2-1 银催化剂上进行甲醇氧化为甲醛的反应

$$2CH_3OH+O_2 = 2HCHO+2H_2O$$

$$2CH_3OH+3O_2 = 2CO_2+4H_2O$$

进入反应器的原料中，甲醇：空气：水蒸气=2：4：1.3（摩尔比），反应后甲醇转化率达72%，甲醛的收率为69.2%，试计算：

（1）反应的总选择性；

（2）反应气体出口组成。

2-2 有一气相反应，经测定在400K下，速率式为

$$-\frac{\mathrm{d}p_A}{\mathrm{d}t}=3.66p_A^2 \text{ MPa/h}$$

若转化为$-r_A=kc_A^2$ [mol/(L·h)] 形式，其速率常数K的单位如何？

2-3 液相一级可逆反应$A \rightleftharpoons P$在某温度T一定时，反应10min，转化率为0.5，测得该温度下的平衡常数$K_c=2$，求该反应速率方程c_A (mol/L)

2-4 在间歇反应器中进行等温二级、一级、零级均相反应，求出转化率由0变为0.9所需的时间，与转化率由0.9变为0.99所需时间之比。

2-5 某一反应在间歇反应器中进行，经8min后反应物转化了80%，经过18min后转化了90%，求表达此反应的动力学方程。

2-6 某一气相一级反应$A \longrightarrow 2R+S$，在恒温、恒压的实验反应器中进行，原料含75%的A及25%的惰性气体（摩尔比），经8min后其体积增加一倍。求此时的转化率及该反应在此温度下的速率常数。

2-7 液相自催化反应$A \longrightarrow P$的速率方程为$r_A=kc_Ac_B$mol/(L·h)，等温下在间歇反应器中测定反应速率，$c_{A0}=0.95$mol/L，$c_{P0}=0.05$mol/L，经过1h后可测得反应速率最大值，求该反应速率常数k。

2-8 环氧乙烷在450℃的气相分解反应为$C_2H_4O(g) \longrightarrow CH_4(g)+CO(g)$。已知在此温度下反应的速率常数为$0.0212min^{-1}$，反应在间歇反应器中恒温恒容进行，初始时原料为纯的环氧乙烷，初始压力为2.026×10^5Pa。试求反应时间为50min时，反应器内的总压力。

2-9 35℃时，17%的蔗糖在0.099mol/L盐酸水溶液中水解，测得的实验结果如下：

时间/min	9.82	59.60	93.18	142.9	294.8	589.4
蔗糖剩余/%	96.5	80.3	71.0	59.1	21.8	11.1

求该反应的反应级数及速率常数。

2-10 在恒温恒容间歇反应器中，进行气相分解反应$A \longrightarrow B+2C$，测得170℃时反应时间与系统压力的数据如下，试用微分法求反应级数及速率方程。

时间/min	0.0	2.5	5.0	10.0	15.0	20.0
总压/Pa	1000	1400	1666.5	2106.5	2386.4	2586.4

2-11 实验测得五氧化二氮在不同温度下分解反应的速率常数如下：

温度/K	288.1	298.1	313.1	323.1	338.1
$k\times10^5/s^{-1}$	1.04	3.38	2.47	7.59	4.87

求反应速率常数的频率因子和活化能。

2-12 设某反应活化能为80000J/mol，试计算400K比300K时反应速率快多少倍？

2-13 反应$A \longrightarrow B$为n级不可逆反应。已知在300K时，要使A的转化率达到20%需12.6min，而在340K达到同样的转化率仅需要3.20min，求该反应的活化能。

2-14 有一级连串液相反应$A \xrightarrow{1} L \xrightarrow{2} M$，速率常数分别为$k_1=2min^{-1}$，$k_2=3min^{-1}$，L为目的产物，求最佳反应时间？当初始浓度$c_{A0}=2$mol/L时，求最大中间产物浓度$c_{L,m}$？

2-15 液相反应：

$A \longrightarrow R$（目的）　　$r_1=k_1c_A$，$E_1=41.8$kJ/mol

$A \longrightarrow L+S$　　$r_2=k_2c_A$，$E_2=104.7$kJ/mol

在313.15K时，反应选择性为0.8，问反应温度升至318.15K时，R选择性为多少？

2-16 固体催化反应丙烯胺氧化合成丙烯腈：

$$C_3H_6 + NH_3 + 1.5O_2 = C_2H_3CN + 3H_2O$$

$$C_3H_6 + NH_3 + 2.5O_2 = CH_3CN + 3H_2O + CO_2$$

在工业装置上，丙烯进料量 300kg/h，丙烯转化率 0.4，丙烯腈产量 105kg/h，副产乙腈 23.5kg/h。求此时对原料丙烯的乙腈和丙烯腈的质量收率、摩尔收率和丙烯腈总选择性。

二、思考题

2-1 限定组分的确定有何基本要求？反应速率定义是人为的吗？还可以用其他方法定义吗？

2-2 不同限定组分的反应速率之间关系如何？速率常数之间关系如何？

2-3 推导机理方程的平衡假设法和稳态假设法的基本假设和方法如何？

2-4 膨胀因子和膨胀率是如何定义和计算的？关系如何？

2-5 为什么常用恒温恒容反应过程来研究均相反应动力学？恒温变容过程只用于哪个均相体系研究动力学？

2-6 试分析积分法与微分法研究动力学的优缺点？比较其基本步骤？

2-7 恒温恒容过程与恒温变容过程的浓度与转化率关系式有何区别与联系？

2-8 阿伦尼乌斯公式应用的基本条件和广义公式如何？

2-9 反应温度对于有副产物生成的复杂反应主产物选择性有何影响规律？此规律可用于讨论可逆反应吗？

2-10 反应物浓度对于平行反应主产物的选择性有何影响规律？瞬时选择性与平均选择性的定义如何？

2-11 对于 $-r_A = kc_A^a c_B^b$ 动力学方程如何用最小二乘法和线性作图法确定方程参数？

2-12 试比较零级、一级和二级不可逆反应的速度规律、浓度和转化率与时间关系？

2-13 平行反应、连串反应、可逆反应和自催化反应的特点是什么？

第3章

均相理想反应器设计

本章学习要求

1. 全面掌握间歇釜反应器、稳态全混流反应器和平推流管式反应器这三种理想反应器的结构和流动特性的区别与联系；

2. 深入掌握三种理想反应器物质衡算的数学模型建立方法和推导简化过程；

3. 掌握三种理想反应器的热量衡算方法和绝热过程的计算；

4. 熟练掌握并学会用理想反应器的设计模型与不同反应过程速率方程的结合与应用，解决具体设计问题，包括体积、转化率、选择性等；

5. 掌握全混流与平推流反应器的串并联组合特点，特别是全混流反应器的串联和不同反应器类型与加料方式对反应物浓度大小的影响。

化学反应工程学的主要目的是设计不同型式和大小的反应器，实现最佳的操作与控制，取得最佳的经济效益。在用数学模型法来设计放大反应器的过程中，首先要了解进行化学反应的动力学特征、反应物的性质、产物的性质与分布，才能进行反应器的选型、操作方式的选择，进而进行反应器设计和计算。由于生产中的化学反应器都很大，都或大或小存在着温度的差异和浓度的差异，都存在着动力消耗和反应器各种结构的差异，这些差异给实际反应器的设计和放大带来了很大的困难。实际反应过程的理想化是研究生产实践中千变万化的各种反应器的基础和前提。间歇釜式反应器（BSTR）、稳态全混流反应器（CSTR）和平推流（活塞流）管式反应器（PFR），这三种理想反应器的设计原理具有普遍意义和广泛的应用性。其设计的关键和难点在于动力学上和实验上找到最佳反应时间，然后作为由实验室放大到工业反应器的基准。

3.1 间歇釜式反应器

如图3-1所示，间歇釜式反应器简称间歇釜，它的最大特点是分批装料和卸料。因此，其操作条件较为灵活，适用于生产不同品种和不同规格的液态产品，尤其适用于生产多品种而小批量的化学品，在医药、助剂、添加剂、涂料、应用化学品等精细化工生产部门中经常得到应用，很少用于气相过程。

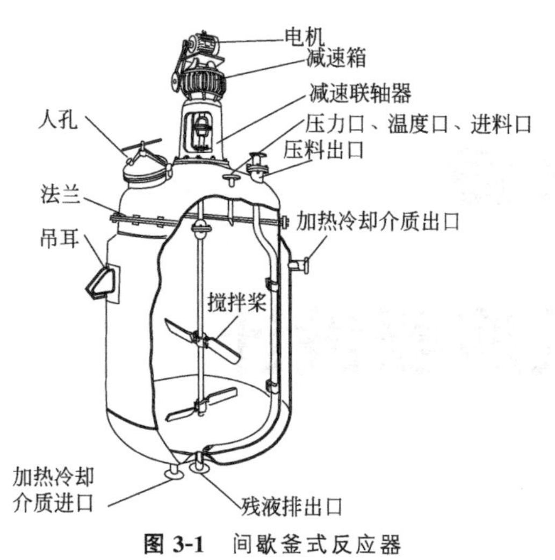

图 3-1 间歇釜式反应器

间歇釜的结构主要有釜体、搅拌装置、加热和冷却装置、进出料口和管件、温度和压力测量装置，以及视孔、排污口和液位计等。釜体上部釜盖用法兰与釜体连接，釜体上一般不开孔，而在釜盖上开孔以安装管阀件，釜体上有四个吊耳用于固定反应釜，釜体外部是换热夹套。釜的材质一般要防腐，常用的是碳钢制作搪瓷挂衬或不锈钢制作，后者稍贵些。釜内搅拌装置由搅拌桨、电机、变速器和联轴器组成。若釜外夹套换热面积够用，釜内可不安装换热管，否则，就要在釜内安装内换热器。进料口常安装在靠近搅拌桨处，而出料口安装在边壁，排污口安装在釜底最底部，其他仪表安装在盖上任意位置。对于高压反应釜，应尽量少开孔或开小孔。间歇釜结构部件的选择由反应物系和反应特性甚至通过计算来定。而对于反应釜体积、换热面积大小、实际转化效果和生产能力的计算则要靠间歇釜的设计模型来完成。

聚合反应釜用于食品包装袋原材料聚乙烯的生产，反应原理为：

$$nC_2H_4 \longrightarrow \left[C_2H_4\right]_n$$

因在生产过程中是分批操作的，其整个生产时间应分为两部分：一部分是反应时间，即从装完反应物料后正式开始搅拌进行化学反应起到停止搅拌所需时间；另一部分是从反应停止后将反应产物卸出反应釜、清洗釜和下一釜反应前物料的装入等这些用于反应以外的辅助操作时间。反应时间可由动力学计算给出，而辅助时间主要根据经验和具体生产情况来确定。下面阐述该类反应器的一般设计原理和公式，针对不同的反应动力学方程给出具体的设计公式，然后结合实际例题进行应用介绍。

3.1.1 间歇釜的一般设计方程

在推导出设计计算公式之前，先归纳一下在理想间歇釜中的反应特点：第一，物料是一次全部加入反应釜，反应结束后反应产物一次全部取出，也就是说在间歇釜中所有的物料具有相同的反应时间；第二，间歇釜中带有搅拌桨，在强烈的搅拌下假设反应釜中的浓度和温度均一。在实际的间歇反应器中，反应时间可完全均一，但反应物各物质浓度和温度很难达到完全均一，作为理想间歇反应器可被视为均一。在消除体系中影响化学反应速率的各物质的浓度差和温度差后，在某一时刻，间歇釜中各个部位的化学反应速率都相同；在不同反应时间下，反应速率是不同的。对于正级数的反应，开始时反应物的浓度最高，反应速率最快，随着反应的进行，反应物浓度降低，反应速率逐渐变慢。

如图 3-2 所示，对已知速率方程的某化学反应，在反应到某一时刻 t 时，假设整个釜中

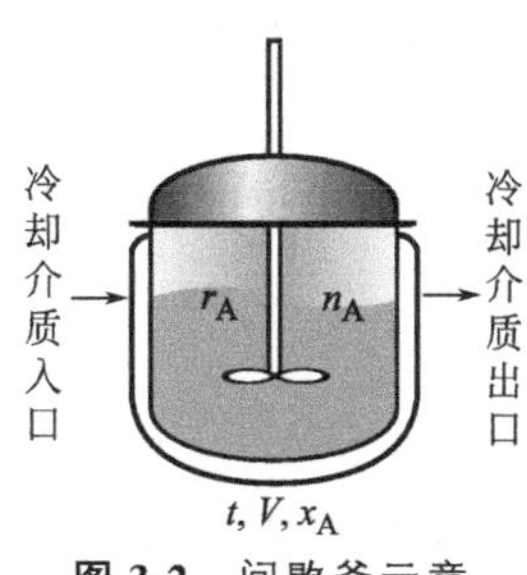

图 3-2 间歇釜示意

的各位置反应物浓度都相同，温度和时间也相同，可取整个釜为衡算基准。利用反应物的守恒原理对釜中的限定组分 A 作物料衡算，根据式(1-2)，A 的流入和流出量都为零，即变化量为零。并给出如下关系：

[单位时间内釜中 A 减少的量](mol)=[单位时间内釜中反应掉 A 的量](mol)　或　−[积累量]=[反应量]

用数学公式表示为

$$\frac{-\mathrm{d}n_A}{\mathrm{d}t}=(-r_A)V \tag{3-1}$$

式中，$-r_A$ 为反应速率，mol/(m³·min)；V 为料液体积，m³。

代入限定组分 A 的物质的量 $n_A=n_{A0}(1-x_A)$ 则

$$n_{A0}\frac{\mathrm{d}x_A}{\mathrm{d}t}=(-r_A)V \tag{3-2}$$

代入积分上下限（时间从 0 到 t，转化率从 0 到 x_A），积分式(3-2) 得

$$\boxed{t=n_{A0}\int_0^{x_A}\frac{\mathrm{d}x_A}{(-r_A)V}} \tag{3-3}$$

式(3-3) 是在没有作任何假设的条件下导出的，不论在恒温条件和变温条件，还是在恒容条件和变容条件下都是适用的，是间歇釜用于反应时间计算的一般公式。反应速率的单位是 mol/(时间×体积)。该公式(3-1) 与反应速率定义式 $(-r_A)=\frac{-1}{V}\times\frac{\mathrm{d}n_A}{\mathrm{d}t}$ 变形后积分是完全一样的，对液相反应的等温等容过程，在第 2 章均相反应动力学中积分所导出的各种等温等容计算公式完全可用于间歇釜的计算。也就是说，间歇釜中反应时间的计算可直接用实验室间歇反应等容过程动力学计算公式解决。由式(3-3) 中可知，该式有 5 个变量，即间歇反应时间 t、反应体积 V、反应物 A 的初始物质的量 n_{A0}、反应最终转化率 x_A 和反应速率（$-r_A$）。当动力学方程、最终转化率、反应物 A 的初始物质的量 n_{A0} 和反应体积给定后，就可对应求出反应时间。显然，对于不易积分的速率方程可用如图 3-3 所示求面积的方法计算出反应时间，这一过程亦可在实验室完成。

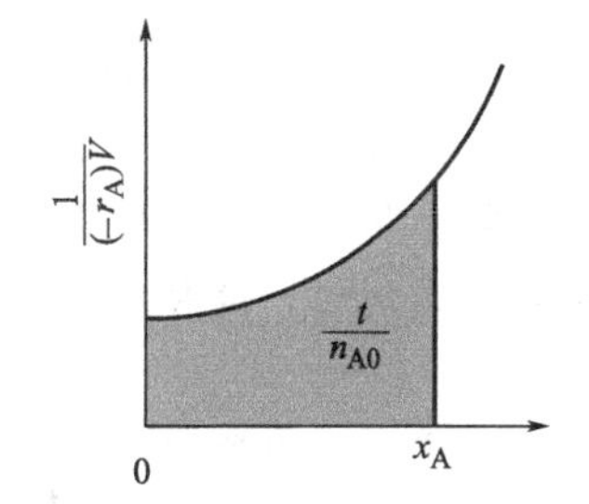

图 3-3 间歇釜图解积分计算反应时间

3.1.2 等温等容过程

对大多数液相反应反应前后总体积变化不大，都可看作是等容过程，即使反应前后分子数有变化，反应体积也变化不大，这是本章研究的重点内容之一，也是应用最多的体系。此时，可将式(3-3) 中的 V 移到积分号外，根据 A 物质的浓度概念 $n_{A0}/V=c_{A0}$ 和等容时 $c_A=c_{A0}(1-x_A)$，则

$$\boxed{t=c_{A0}\int_0^{x_A}\frac{\mathrm{d}x_A}{(-r_A)(x_A)}=\int_{c_A}^{c_{A0}}\frac{\mathrm{d}c_A}{(-r_A)(c_A)}} \tag{3-4}$$

对于给定反应级数、容易积分的反应过程，在等温等容条件下代入反应速率（$-r_A$）于式

(3-4) 中，可获得具体的反应时间的计算公式。详见第 2 章中的式(2-25)、式(2-27)、式(2-28)、式(2-29a)、式(2-30)、式(2-31) 等。

求得间歇反应时间 t 后，再根据工作经验给定辅助工作时间 t_0，那么当单位时间内处理的物料体积为 v_0 (m^3/min) 时，所需的间歇釜的反应体积为

$$\boxed{V=v_0(t+t_0)} \tag{3-5}$$

从式(3-5) 可看出，反应体积的大小与单位时间处理的物料体积大小呈正比、与反应时间也呈线性关系，两者越大需要的反应器体积就越大。

从式(3-5) 还可看出，辅助时间 t_0 对生产能力和反应釜体积也有较大的影响，它的存在使一定生产能力的反应体积增加和一定反应体积的生产能力下降，这是间歇釜的弱点。

式(3-5) 求出的反应体积并不是反应器体积，需要考虑反应物料在反应器内的装填比例。反应体积 V 和反应器的体积 V_R 之比称为装填系数，$f=V/V_R$。对不发泡体系一般可取 $f=0.7\sim0.8$，而对于易发泡体系应取 $f=0.4\sim0.6$。

【例 3-1】 拟在等温间歇釜中进行氯乙醇的皂化反应：

$$CH_2Cl—CH_2OH+NaHCO_3 \longrightarrow CH_2OH—CH_2OH+NaCl+CO_2$$

生产乙二醇，产量为 20kg/h。以 15%（质量分数）的 $NaHCO_3$ 水溶液及 30%（质量分数）的氯乙醇水溶液为原料，反应釜装料中氯乙醇和碳酸氢钠的摩尔比为 1∶1，混合液的相对密度为 1.02。该反应对氯乙醇和碳酸氢钠均为一级，在该反应温度下反应速度常数为 5.2L/(mol·h)。要求转化率达到 98%，若辅助时间为 0.5h，装填系数取 0.75，试计算反应釜的实际体积。

解： 依题意，该反应的主要物质在反应过程中无损失，且体积不变。反应当中两种原料按等摩尔消耗，两种反应物始终保持反应过程的等浓度。因此，二级反应速率方程为

$$r_A=kc_A^2$$

达到一定转化率所需反应时间的计算公式为

$$t=\frac{1}{k}\left(\frac{1}{c_A}-\frac{1}{c_{A0}}\right)=\frac{1}{k}\times\frac{c_{A0}-c_A}{c_{A0}c_A}=\frac{1}{k}\times\frac{x_A}{c_{A0}(1-x_A)}$$

计算初始反应物和最终反应物的浓度

乙二醇的相对分子质量为 62、氯乙醇的相对分子质量为 80.5、$NaHCO_3$ 的相对分子质量为 84。

依产量，20kg/h 的乙二醇生产能力，可转化为 20/62=0.3226 (kmol/h)。按 98%转化率应需：

加入纯氯乙醇的量为 (0.3226/0.98)×80.5=26.499 (kg/h)

加入 30%的氯乙醇水溶液为 26.499/0.3=88.331 (kg/h)

加入纯 $NaHCO_3$ 的量为 (0.3226/0.98)×84=27.653 (kg/h)

加入 15%的 $NaHCO_3$ 水溶液为 27.653/0.15=184.353 (kg/h)

混合液原料加入反应釜的总量为

$$88.331+184.353=272.684\ (kg/h)$$

单位时间处理原料的总体积为

$$\frac{272.684}{1.02}=267.3\ (L/h)\ =0.2673\ (m^3/h)$$

计算限定组分氯乙醇的初始浓度 c_{A0}

$$c_{A0}=\frac{0.3226}{0.2673\times0.98}=1.232\ (kmol/m^3)$$

所以

$$t=\frac{1}{5.2}\times\frac{0.98}{1.232\times(1-0.98)}=7.649\ (h)$$

$$V=v_0(t+t_0)=0.2673\times(7.649+0.5)=2.178\ (m^3)$$

$$V_R=\frac{V}{f}=\frac{2.178}{0.75}=2.904\ (m^3)$$

注意： 间歇釜中复杂反应的选择性、最佳反应时间、最佳目的产物浓度及收率计算问题，与第2章介绍的等温等容过程计算方法完全相同。

3.1.3 间歇釜的热量衡算

任何化学反应过程都有热效应，与外界的热交换可通过热量衡算进行计算。反应物料量增加，与外界交换的热量就增加。若反应过程是放热的，外界就要冷却撤热；若反应过程是吸热的，就需要外界加热。不论是吸热还是放热，初始启动反应的热量都需要外界供给。随着反应釜体积的增大和热效应的增加，使整个反应釜达到温度完全一致是相当困难的，可通过改善搅拌和换热条件使釜内的最大温差控制在允许范围。当反应在近等温操作时，要通过计算设计出足够的换热面积，可利用反应釜的外夹套和釜内另置换热管进行换热。当外夹套能够满足要求时，应首选夹套，这时釜内结构简单，便于清洗和维修。

计算换热面积时，应首先根据反应温度范围选择换热介质，然后在最大反应速率（初始）放（吸）热量下，由冷却（加热）介质的条件（温度、流量）计算所需的换热面积。根据式(1-3)，对于等温反应 [反应热]+[传递热]=0。对于放热反应，只会传出热量，其计算方法如下：

单位时间内反应从釜内放出的总热量=单位时间内通过冷却面传出的总热量

=单位时间内由冷却介质带走的总热量

用公式表示为

$$(-r_A)(-\Delta H_{Ar})V=K_qA\Delta t_m=C_{pV}v_W\Delta T_W\quad (J/s)\tag{3-6}$$

式中，ΔH_{Ar}为反应热；K_q 为冷却面的传热系数；Δt_m为换热平均温差，K；ΔT_W 是冷却介质进出冷却器的温差，$\Delta T_W=T_{出}-T_{入}$，K；C_{pV}为冷却介质的平均体积热容；A 是传热面积；V 是反应体积，v_W 是冷却介质体积流量。

式(3-6) 只适用于等温热量计算，不适用于变温计算。在间歇釜进行的放热反应，因开始时反应物浓度最高，对多数的正级数反应，速率最快，放热速率最大，因此撤热速率往往也最大，需要的换热面积最大，冷却介质流量也最大。随着反应的进行，放热速率逐渐减小，在反应釜结构特别是冷却面固定以后，应调节冷却介质流量，使之逐渐变小，以维持釜内温度恒定。设计釜换热面积时应按照初始条件确定，以满足最大需求。

当反应为非等温非绝热过程时，有三部分热量发生，分别是反应热、釜与外界交换的热量和反应物料自身温度变化需要的热量积累。对于放热反应在实际生产中较多，此时釜内温度要大于釜外温度，热量要经换热界面向釜外传出，料液温度不可避免要升高。对于吸热反应正好都相反，为了满足反应的需要，从釜外要向釜内传给热量，物料温度也不可避免地要下降一些。总之，这三部分热量要守恒，根据式(1-3)：

$$(\Delta H_{Ar})V(-r_A)+C_{pV}V\mathrm{d}T/\mathrm{d}t+K_q A\Delta t_m=0\ (\mathrm{J/s}) \tag{3-7}$$

特别是，反应过程为绝热时，传递热为零，与釜外无热交换，则式(3-7) 可简化为

$$(-\Delta H_{Ar})V(-r_A)=C_{pV}V\mathrm{d}T/\mathrm{d}t \tag{3-8}$$

即

$$-[反应热]=[温变热]$$

将式(3-2)($-r_A$) 表达式代入式(3-8)，整理得

$$\mathrm{d}T=(-\Delta H_{Ar})n_{A0}/(VC_{pV})\mathrm{d}x_A=[c_{A0}(-\Delta H_{Ar})/C_{pV}]\mathrm{d}x_A=\lambda\,\mathrm{d}x_A \tag{3-9a}$$

式中，定义绝热温升

$$\lambda=c_{A0}(-\Delta H_{Ar})/C_{pV} \tag{3-9b}$$

则

$$T=T_0+\lambda x_A \tag{3-9c}$$

式中，T_0 为初始温度；T 为对应转化率为 x_A 时釜内温度。对于固定反应条件和反应体系的绝热温升基本变化不大，通常可看作常数。从式(3-9b、c) 可看出，绝热反应过程的体系温度变化与反应转化率成正比，幅度大小取决于绝热温升的大小。而绝热温升的大小与体系的反应物浓度和反应热效应成正比，与体系的比热容成反比。釜内温度 T 要随反应时间而变化。

注意：比热容 C_p 单位的不同，$C_{pV}V$ 项要相应改变，应统一单位为 (J/K)。

【例 3-2】 在间歇反应器中进行 A 的异构化液相一级不可逆反应，在 163℃时反应速率常数为 0.8h^{-1}，反应热效应为 −347.5J/g，体系热容恒定为 2.1J/(g・℃)，料液密度 0.9g/mL，平均相对分子质量为 250。A 的初始浓度为 1. 5mol/L，装料体积为 700L，釜夹套用导热油换热，其平均传热温差为 15K，釜的总传热系数取 400W/(m^2・℃)，求：

(1) 等温 163℃操作时的换热面积？

(2) 绝热操作，从 140℃开始反应，达到转化率为 0.9 时，釜内温度为多少？

解：(1) 因初始反应物浓度最大，反应速率也最高，放热量最大，需要换热面积最大。

$$(-r_A)(-\Delta H_r)V=K_q A\Delta t_m$$

所以

$$\begin{aligned}A&=(-r_A)V(-\Delta H_r)/K_q\Delta t_m\\&=(-\Delta H_r)kc_{A0}V/K_q\Delta t_m\\&=347.5\times0.8\times1.5\times700\times250/(3600\times400\times15)\\&=0.48\mathrm{m}^2\end{aligned}$$

(2) 绝热操作时，绝热温升为

$$\lambda=(-\Delta H_r)c_{A0}/C_{pV}=347.5\times1.5\times250/(2.1\times900)=69\ (\mathrm{K})$$

所以

$$T=T_0+\lambda x_A=140+69\times0.9=202.1\ (℃)$$

3.2 稳态全混流反应器

稳态全混流反应器又称为连续稳态流动搅拌釜式反应器 (CSTR)，简称全混釜。它的结构与间歇釜相似，在间歇釜基础上，将一次加料和取出变为连续加料和取出。作为理想反应器，反应器中所有参数均不随时间而改变，尤其是反应温度、各反应物的浓度和进出反应

釜的流量都是稳定的参数，而且与反应器出口的参数完全相同。

全混流反应器具有较低和均匀的反应物浓度，可保持反应器连续操作，且可用多个全混釜串联来调节其反应特性。虽然单釜的转化效果较差，但对自催化类的化学反应是十分有利。不但反应速率高，且没有间歇的操作时间，容易实现自动控制，操作简单，产品质量稳定。常用于液相反应恒容过程的大工业生产中，很少用于气相反应过程。随着技术的发展，又出现了一些符合全混流反应器的新型式。

3.2.1 全混釜的一般设计方程

根据全混流反应器的特点（见图 3-4），由于强烈的搅拌，假设在反应过程中使进入反应器的反应物料与反应产物在反应器中达到了最大的混合，使整个反应器中不同部位的反应组成均一，反应温度均一，且等于反应器出口的浓度和温度，这两个参数值不随时间而变化。反应器出口的反应速率就代表了反应器内的反应速率，且该反应速率在反应条件不变时为定值。这样，可以对整个反应器作物料衡算。

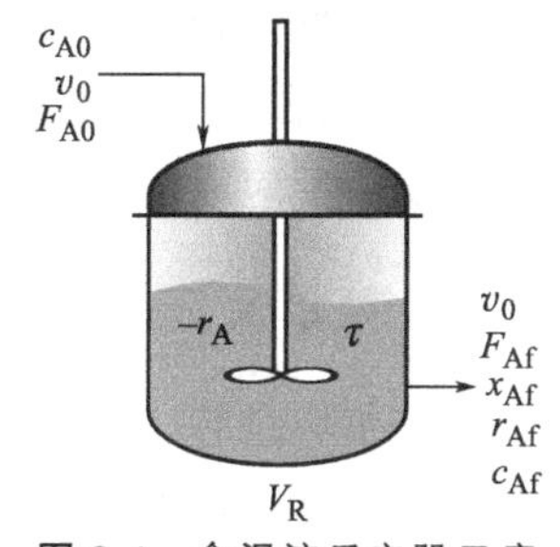

图 3-4 全混流反应器示意

根据式(1-2)，在稳定状态下，累积量为零，某一组分单位时间流入反应器的物质的量等于单位时间反应掉的物质的量与单位时间内流出反应器的物质的量之和。若对限定组分 A 衡算，可表示为：

单位时间内流入反应器的组分 A 的量(mol)＝单位时间内流出反应器的组分 A 的量(mol)＋单位时间内在反应器内反应掉的组分 A 的量(mol)

用公式表示为

$$F_{A0}=F_{Af}+(-r_{Af})V_R \tag{3-10}$$

因为，$F_{A0}=v_0c_{A0}$，$F_{Af}=v_0c_{Af}$，所以

$$v_0c_{A0}=v_0c_{Af}+(-r_{Af})V_R \tag{3-11a}$$

变换整理式(3-11a) 得

$$\frac{V_R}{v_0}=\frac{c_{A0}-c_{Af}}{-r_{Af}} \tag{3-11b}$$

令

$$\boxed{\tau=\frac{V_R}{v_0}} \tag{3-12}$$

式(3-12) 中，τ 定义为空间时间，简称空时。其物理意义为，在连续流动条件下按照反应器进口流量计算的反应物在反应器内的停留时间，当反应前后体积不变时就等于反应时间。空时的倒数定义为空速（空间速度），即 $s=1/\tau$，代表了单位时间物料流入反应器的体积是反应体积的几倍。

式(3-11b) 只作了稳态假设，对于恒容、变容、等温、变温过程都是适用的，只要稳态就可以，这是全混釜的一般设计公式。

对于所有液相过程无论反应前后分子数是否改变都可认为符合稳态恒容过程，将组分 A 的恒容过程出口浓度计算公式 $c_{Af}=c_{A0}(1-x_{Af})$ 代入式(3-11b)，可得

$$\boxed{\tau=\frac{c_{A0}x_{Af}}{-r_{Af}}=\frac{c_{A0}-c_{Af}}{-r_{Af}}} \tag{3-13}$$

式中，$-r_{Af}$是反应器中一定反应条件下不变的反应速率，也就是反应器出口状态下测定的

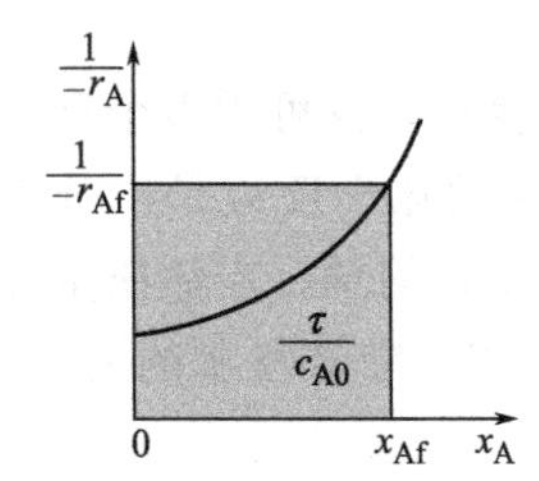

图 3-5 全混流反应器设计公式图解积分

反应速率；x_{Af}是出口处组分 A 的转化率。式(3-13) 只能用于稳态恒容过程的计算。

这里反应器的体积 V_R 可由一定空时 τ 下的进料体积流量 v_0 来计算，即 $V_R=v_0\tau$。确切地说，V_R 是反应体积，当整个反应器都充满物料时即为反应器的体积。在理想状态下，可用实验室测定的空时 τ 来放大计算工业生产条件下进料体积流量为 v_0 的工业反应器体积。因此，对于全混釜的设计，同样是在给定出口转化率要求和反应速率方程的条件下，对已知反应物浓度的反应过程通过求空时来计算一定生产能力的反应器体积和一定反应器体积的生产能力。全混流反应器设计计算公式的最大特点是只用简单运算或求矩形面积就可求出空时，如图 3-5 所示。与图 3-3 来比较，图形面积要比间歇釜的大，为矩形。说明同样的反应在相同转化率时所需反应时间较长。

3.2.2 简单反应单个全混釜设计

对于恒容过程，反应体积不变，用浓度和转化率作为自变量都可以，将简单反应速率公式代入式(3-11b) 或式(3-13) 可得出其设计公式。当给定空时和速率常数后就可求得全混流反应器出口浓度和转化率，再给定生产量可求出其所需的反应器体积。

例如：

一级不可逆反应：代入 $-r_{Af}=kc_{Af},\tau=\dfrac{c_{A0}-c_{Af}}{kc_{Af}},k\tau=\dfrac{x_{Af}}{1-x_{Af}}$ (3-14a)

二级不可逆反应：代入 $-r_{Af}=kc_{Af}^2,\tau=\dfrac{c_{A0}-c_{Af}}{kc_{Af}^2},k\tau c_{A0}=\dfrac{x_{Af}}{(1-x_{Af})^2}$ (3-14b)

式(3-14a) 和式(3-14b) 中的 $k\tau$ 和 $k\tau c_{A0}$分别为一级和二级不可逆反应的无量纲参数，计算时要注意统一。比较式(2-25c) 和式(3-14a) 发现，公式不需要积分，形式也同于间歇反应，但一级不可逆反应转化率在温度相同时，也只与反应时间有关，而与初始浓度无关。

【例 3-3】 过氧化异丙苯在全混流反应器中分解生产苯酚和丙酮 ($A \longrightarrow B+C$)，反应温度为 50℃，初始过氧化异丙苯溶液浓度为 3.2kmol/m³。该反应为一级不可逆，反应温度下的反应速率常数为 $8\times10^{-3}s^{-1}$，最终转化率为 98.9%。若加料速率为 10kmol/h，则需多大体积的全混流反应器？若在一个体积为 1m³ 的等温间歇釜中进行，辅助操作时间为 30min，求苯酚的产量和处理 10kmol/h 过氧化异丙苯时的反应体积？并与全混釜比较。

解： (1) 全混釜中

反应时间为

$$\tau=\frac{V_R}{v_0}=\frac{c_{A0}-c_{Af}}{kc_{Af}}=\frac{c_{A0}x_{Af}}{kc_{A0}(1-x_{Af})}=\frac{x_{Af}}{k(1-x_{Af})}=\frac{0.989}{0.008\times(1-0.989)}=3.122\ (h)$$

若处理量为 10kmol/h 时，则进入反应器的过氧化异丙苯的体积流量为

$$v_0=\frac{F_{A0}}{c_{A0}}=\frac{10kmol/h}{3.2kmol/m^3}=3.125m^3/h$$

所以，全混釜反应器体积为

$$V_R=v_0\tau=3.125\times3.122=9.756\ (m^3)$$

进入 $1m^3$ 全混釜反应器过氧化异丙苯的量为

$$v_0=\frac{kV_R(1-x_{Af})}{x_{Af}}=\frac{0.008\times1000\times(1-0.989)}{0.989}=0.089\ (L/s)=0.3203\ (m^3/h)$$

原料进料速率为 $3.2kmol/m^3\times0.3203m^3/h=1.025kmol/h$

按 98.9%的转化率，可生成苯酚的量为

$$1.025kmol/h\times0.989=1.013kmol/h$$

(2) 间歇反应器中

反应时间为

$$t=\frac{1}{k}\ln\frac{c_{A0}}{c_{Af}}=\frac{1}{k}\ln\frac{1}{1-x_{Af}}=\frac{10^3}{8}\ln\frac{1}{1-0.989}=9.4\ (min)$$

而辅助时间为 30min，根据式(3-5) $V=v_0(t+t_0)$，单位时间在 $1m^3$ 反应体积的平均处理进料量为

$$v_0=\frac{V}{t+t_0}=\frac{1000}{9.4+30}=25.38\ (L/min)=1.523m^3/h$$

则生产苯酚的产量为

$$Q=v_0c_{A0}x_{Af}=25.38L/min\times3.2mol/L\times0.989=80.32mol/min=4.819kmol/h$$

因达到一定转化率的反应时间不变，仍为 9.4min，它只与温度有关，而辅助时间相同，则在间歇釜中处理 10kmol/h 过氧化异丙苯时所需反应体积为

$$V=v_0(t+t_0)=\frac{3.125}{60}\times(30+9.4)=\frac{3.125\times39.4}{60}=2.052\ (m^3)$$

在同样生产条件下间歇釜和全混釜的数据比较见表 3-1。

表 3-1 在同样生产条件下间歇釜和全混釜的数据比较

反应器	反应器体积/m^3	生产能力/(kmol/h)	平均加料量/(m^3/h)
间歇釜	1	4.819(酚)	1.523
全混釜	1	1.013(酚)	0.3203
间歇釜	2.052	10(原料)	3.125
全混釜	9.756	10(原料)	3.125

从［例 3-3］和表 3-1 数据比较可看出，单从生产能力来看对于同样体积的反应器，间歇釜的生产能力较大，即使间歇釜需有辅助操作时间，但反应速率比全混釜大很多；同样条件下，需全混釜体积要比间歇釜大几倍，且随着生产量的增加，两者的差距变大。

3.2.3 复杂反应单个全混釜设计

在许多生产过程中，并不是单一的反应过程，而是有多个反应同时发生的复杂反应过程，可同样应用全混釜的一般设计公式(3-11) 和式(3-13)。对于复杂反应，主产物选择性和收率是主要问题，不管采用什么样的反应器，这两个问题都是十分重要的，它不仅决定着反应过程及反应器设计的优劣，还决定着整个生产工艺设计和技术经济指标。

根据第 2 章的选择性定义式(2-11a)。若反应物 A 为限定组分，R 为主产物，则瞬时选择性的定义表达式为

$$s=\frac{\text{某时刻反应生成主产物 R 时消耗限定组分 A 的反应速率}}{\text{某时刻限定组分 A 总的消耗速率}}=\frac{r_{AR}}{-r_A}$$

当反应物 A 与生成主产物 R 的分子比是 1∶1 时，瞬时反应生成主产物 R 的速率等于此时限定组分 A 生产 R 而消耗的速率。

根据反应器的特点，釜内的浓度是均一的，温度是相等的。因此，釜内用于计算选择性的每个速率都是不变的，也等于它出口的反应速率。这说明全混釜的瞬时选择性和总选择性是相等的，即 $s=S$（总选择性）。

对于一级连串反应过程

$$A \xrightarrow{k_1} R \xrightarrow{k_2} S \tag{3-15a}$$

反应速率方程为

$$-r_A=k_1c_A \tag{3-15b}$$

$$r_R=k_1c_A-k_2c_R \tag{3-15c}$$

将式(3-15b) 和式(3-15c) 代入式(3-13) 中，并在同样时间下对中间产物 R 衡算，有

$$\boxed{\tau=\frac{c_{A0}-c_{Af}}{k_1c_{Af}}=\frac{c_{Rf}}{k_1c_{Af}-k_2c_{Rf}}} \tag{3-16a}$$

经整理得

$$c_{Af}=\frac{c_{A0}}{k_1\tau+1} \tag{3-16b}$$

从 c_{Af} 可求出反应物 A 的转化率。

在同一个时间内消耗了 A 生成了产物 R，生成浓度与生成速率呈成正比。

再将式(3-16b) 代入式(3-16a) 的第二个等式中，解出

$$c_{Rf}=\frac{k_1\tau c_{Af}}{1+k_2\tau}=\frac{k_1\tau c_{A0}}{(1+k_1\tau)(1+k_2\tau)} \tag{3-17}$$

这是流出反应器出口中间产物 R 的浓度计算表达式。

所以，由收率定义式(2-12) 可求出中间产物 R 的收率为

$$\boxed{Y_R=\frac{c_{Rf}}{c_{A0}}=\frac{k_1\tau}{(1+k_1\tau)(1+k_2\tau)}} \tag{3-18}$$

根据选择性、转化率和收率的关系和定义，中间产物 R 的总选择性为

$$S_R=\frac{c_{Rf}}{c_{A0}x_{Af}}=\frac{Y_R}{x_{Af}} \tag{3-19}$$

令

$$\frac{dY_R}{d\tau}=0 \tag{3-20}$$

解式(3-20)，得最佳反应时间

$$\boxed{\tau_{opt}=\frac{1}{\sqrt{k_1k_2}}} \tag{3-21}$$

再将式(3-21) 代入式(3-18) 得最大收率为

$$\boxed{Y_{Rmax}=\frac{1}{\left(1+\sqrt{\frac{k_2}{k_1}}\right)^2}} \tag{3-22}$$

显然，在全混流反应器中，一级连串反应中间产物R的最大收率也只与两步反应速率常数有关，与流体通过反应器的空时无关，类似于间歇釜反应器，但公式不同。当给出k_1和k_2的值后，就可以求出最佳时间和最大收率。

【例 3-4】 在一个全混流反应器中进行下述平行反应

$$A+B \longrightarrow R \qquad r_R=1.5c_A \ [kmol/(m^3 \cdot h)]$$

$$A \longrightarrow D \qquad r_D=3.0c_A \ [kmol/(m^3 \cdot h)]$$

r_D和r_R分别为产物D及R的生成速率，反应用的原料为A与B的混合液，其中B的量足够，A的初始浓度等于$2kmol/m^3$，R为目的产物。

(1) 计算A转化率达95%时所需的空时？

(2) A转化率为95%时，R的收率是多少？

(3) 若进料体积流速为$3m^3/h$时，所需的全混流反应器的体积至少多大？

解： 依题意对反应物A和产物R在全混釜中衡算，有

$$\tau=\frac{c_{A0}-c_{Af}}{-r_{Af}}=\frac{c_{Rf}}{r_{Rf}} \tag{1}$$

而，$-r_{Af}=r_{Df}+r_{Rf}=3.0c_{Af}+1.5c_{Af}=4.5c_{Af}$，代入式(1)，有

$$\tau=\frac{c_{A0}-c_{Af}}{4.5c_{Af}}=\frac{c_{Rf}}{1.5c_{Af}} \tag{2}$$

(1) 由式(2)中第一个等式整理，可得

$$c_{Af}=\frac{c_{A0}}{4.5\tau+1}$$

$$\frac{c_{Af}}{c_{A0}}=\frac{1}{4.5\tau+1}=1-x_{Af}$$

当$x_{Af}=95\%$时

$$\frac{1}{4.5\tau+1}=1-0.95=0.05 \tag{3}$$

解式(3)得

$$\tau=4.222h$$

(2) 由式(2)中第二个等式整理，可得

$$c_{Rf}=1.5\tau c_{Af}=1.5\tau\frac{c_{A0}}{4.5\tau+1}=1.5\times4.222\times\frac{2}{4.5\times4.222+1}=0.633\ (kmol/m^3)$$

最终R的收率为

$$Y_R=\frac{c_{Rf}}{c_{A0}}=\frac{0.633}{2}=31.67\%$$

(3) 进料体积流量为$3m^3/h$时，所需的全混流反应器的体积为

$$V_R=\tau v_0=4.222\times3=12.666\ (m^3)$$

> **注意：**［例 3-4］中选择性有两种求解方法，由瞬时选择性定义式(2-11b)得$s=1.5/4.5=33.3\%$；由总选择性定义得$S=0.633/(2\times0.95)=33.3\%$。因为在全混流反应器中瞬时选择性和总选择性一样，所以，两个定义的计算结果完全相同。也可以由转化率、选择性和收率三者关系先求出选择性再求出收率，即$Y_R=S_Rx_A=33.3\%\times0.95=31.67\%$。

对于可逆反应 A$\rightleftharpoons$R，存在极限转化问题。对于一个特定的可逆反应，在一定的反应温度下有一个最大的转化率，即平衡转化率，而要达到平衡转化率则需要充分长的反应时间，对于它的设计计算关键是给出动力学方程，同样带入式(3-13) 中即可。

一级可逆反应 A$\rightleftharpoons$R 有

$$-r_A=k_1c_A-k_2c_R=k_1c_A-k_2(c_{A0}-c_A)$$
$$=(k_1+k_2)c_A-k_2c_{A0}$$

代入全混流反应器设计公式(3-13) 中，得式(3-23)

$$\tau=\frac{c_{A0}-c_{Af}}{(k_1+k_2)c_{Af}-k_2c_{A0}}=\frac{x_{Af}}{(k_1+k_2)(1-x_{Af})-k_2} \tag{3-23}$$

从式(3-23) 中可以解出反应器出口浓度 c_{Af}或反应空时 τ。

式(3-23) 中 $k_1/k_2=K_c$（平衡常数），比较式(2-29d) 可知，在等温条件下，就反应而言，由于反应器形式不同，达到同样的转化率 x_{Af}所需的反应时间不同，全混釜浓度低、反应速率低，所需要的反应时间要长于间歇釜，所需要的反应体积全混釜要大于间歇釜。

> 可逆反应不管在哪种反应器中，随着反应时间增加，转化率单调增加，最后达到最大（平衡）。一级可逆反应转化率同一级不可逆反应只与反应时间有关，与浓度无关，还与反应器类型（返混）有关，见式(2-29d) 和式(3-23)。

3.2.4 简单反应多釜串联

在单一全混流反应器中，即使入口的反应物浓度很高，由于搅拌和混合，使实际参加反应的浓度急剧下降，除自催化反应外使同样条件下的反应速率最小。但若把几个全混釜反应器相互串联起来就可改变其浓度急剧下降的状态，形成梯阶浓度下降的反应过程，大大地克服了单一全混流反应器中反应物浓度损失过大的缺点，提高了反应器效能。在总反应器体积相同的情况下，多釜串联的转化效果和生产能力比单个全混釜将提高很多。在理论上，无限多个全混釜串联可接近间歇反应的速率。多釜串联的组合方式在工业生产中经常用到。如何设计该类反应器，下面就针对简单反应的全混流反应器的串联进行详细的讨论。

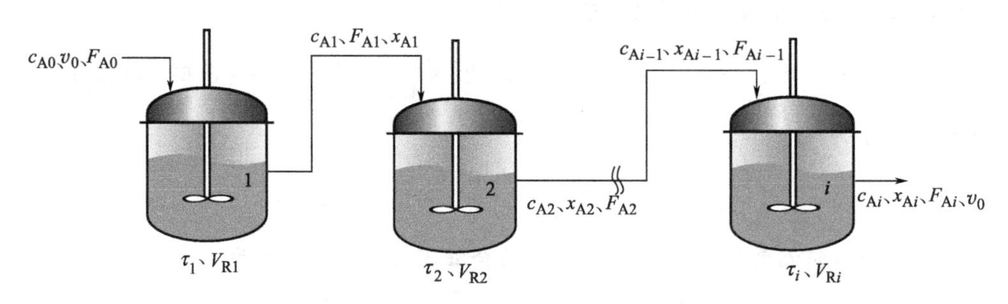

图 3-6 多个全混釜串联反应器

如图 3-6 所示，假设进入第一釜的限定组分 A 的浓度为 c_{A0}，为纯 A 进料，此时 $x_{A0}=0$，在稳态流动下每个釜的出口流量等于下一釜的入口流量。进入第一、二个全混釜的组分 A 的摩尔流量分别为 F_{A0} 和 F_{A1}，流出第一、二、三个釜的组分 A 的转化率分别为 x_{A1}、x_{A2}、x_{A3}，浓度分别为 c_{A1}、c_{A2}和 c_{A3}；第一、二、三个釜的空时分别为 τ_1、τ_2 和 τ_3，反应体积分别为 V_{R1}、V_{R2}和 V_{R3}。根据单个全混釜的设计公式(3-13) 推广应用，对第 i 釜的限定组分 A 进行物料衡算，有

$$\tau_i=\frac{(\text{A 在第 } i \text{ 釜的浓度改变})}{(\text{A 在第 } i \text{ 釜的反应速率})}=\frac{c_{Ai-1}-c_{Ai}}{-r_{Ai}} \tag{3-24}$$

以一级不可逆反应 $-r_A=kc_A$、三个相同体积的釜相串联为例，此时，$V_{R1}=V_{R2}=V_{R3}$，各釜入口流量为 v_0，将式(3-24) 展开，有

$$\tau_1=\frac{c_{A0}-c_{A1}}{kc_{A1}} \tag{3-25a}$$

$$\tau_2=\frac{c_{A1}-c_{A2}}{kc_{A2}} \tag{3-25b}$$

$$\tau_3=\frac{c_{A2}-c_{A3}}{kc_{A3}} \tag{3-25c}$$

$$\tau_1=\tau_2=\tau_3=\tau_i=\frac{V_{Ri}}{v_0} \tag{3-25d}$$

将式(3-25a)、式(3-25b)、式(3-25c) 变形后左右都相乘，得

$$\frac{c_{A1}}{c_{A0}}\times\frac{c_{A2}}{c_{A1}}\times\frac{c_{A3}}{c_{A2}}=\frac{c_{A3}}{c_{A0}}=1-x_{A3}=\frac{1}{(1+k\tau_i)^3} \tag{3-26a}$$

$$\tau_i=\frac{1}{k}\left(\sqrt[3]{\frac{1}{1-x_{A3}}}-1\right) \tag{3-26b}$$

从式(3-26) 知，只要知道最终转化率和该反应速率常数就可求出每釜的空时 τ_i，在给出生产能力 v_0 时算出所需反应器体积。图 3-7(a)、(b)、(c) 是一个釜、两个釜和三个釜串联时达到同样转化率时需要的反应器体积比较。从图中可以看出，阴影的面积以三釜相串联的体积最小，但随串联釜数的增加，减小的效果会越来越差。在实际生产中以二、三个釜串联较为常见。

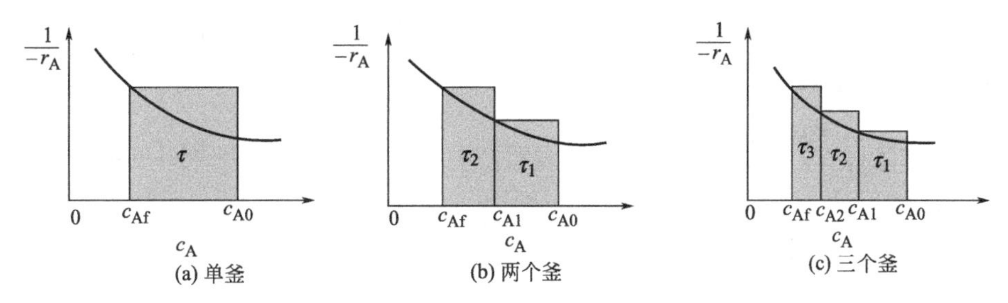

图 3-7　多釜串联反应器体积比较

当串联釜数为 N 时，有

$$\tau_i=\frac{1}{k}\left(\sqrt[N]{\frac{1}{1-x_{AN}}}-1\right) \text{ 或 } \boxed{(1+k\tau_i)^N=\frac{1}{1-x_{AN}}} \tag{3-26c}$$

当给定最终转化率 x_{AN}、釜的个数 N 和一级速率常数时，就可求出每釜的空时 τ_i，根据流量 v_0 求出每个串联釜的体积 V_{Ri}，最终求出总体积 $V_{Rt}=NV_{Ri}$。反之，也可以从 (3-26c) 中解出 N 来。

对于其他不宜积分的反应级数，串联釜的图解法设计更为方便，如图 3-8 所示。

首先，根据式(3-24)，变形得

$$-r_{Ai}=\frac{1}{\tau_i}c_{Ai-1}-\frac{1}{\tau_i}c_{Ai} \tag{3-27}$$

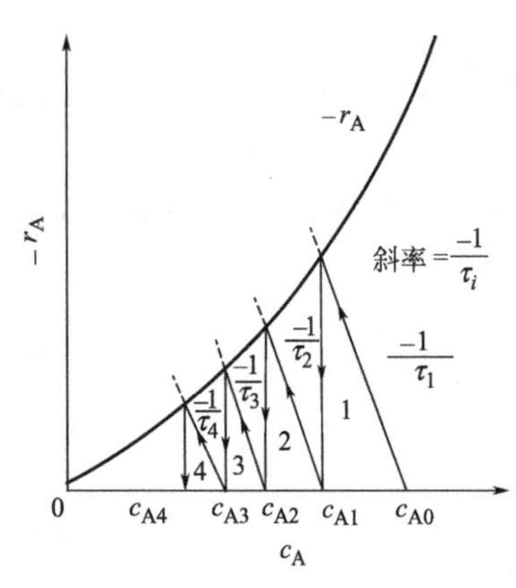

图 3-8 多釜串联图解设计

在式(3-27)中，左边 $-r_A$ 线为反应速率曲线，右边 $(1/\tau_i)c_{Ai-1}-(1/\tau_i)c_{Ai}$ 为操作线方程，两者的交点即为反应器出口的浓度。

图解的具体做法是，首先根据反应速率方程或离散的速率值绘出速率曲线，从第一釜的入口浓度 c_{A0} 开始，再根据各釜的反应体积和进口体积流量求出它的空时 τ_i，并依次作出各釜操作线，前一级反应釜操作线与速率曲线交点的浓度值即为下一级反应釜操作线在横坐标的起点，最后一级反应釜的操作线与速率曲线交点的浓度值即是反应釜最终出口的浓度，由此可求出 A 的最终转化率。当各釜的体积相同时，$\tau_1=\tau_2=\tau_3$，各釜的操作线斜率都相等，变为平行的直线。此时也可由要求的最终转化率和串联全混釜的个数，确定各釜的体积。可在出口浓度 c_{Af} 和初始 A 的浓度 c_{A0} 之间试作出平行线，平行线个数与串联釜级数相同，然后通过求斜率的办法求出通过每个釜的 τ_i 值，再乘以加料速率 v_0，最终确定每釜的体积。作图法的另一个优点是实验室测出反应速率值与 A 浓度的关系后也可不必求出动力学方程，直接绘图作曲线，即为 A 的反应速率曲线。

【例 3-5】 在全混流反应器中乙酸酐发生如下水解反应

$$\underset{(A)}{(CH_3CO)_2}+\underset{(B)}{H_2O}\longrightarrow \underset{(C)}{2CH_3COOH}$$

其反应为一级，反应温度为 25℃，速率常数 $k=0.1556\text{min}^{-1}$，要求的最终转化率为 60%，体积进料量为 $5.8\text{m}^3/\text{h}$。试比较使用一个釜、两个釜串联和三个釜串联的总体积。

解：(1) 单个全混釜

$$\tau=\frac{c_{A0}x_{Af}}{kc_{A0}(1-x_{Af})}=\frac{x_{Af}}{k(1-x_{Af})}=\frac{0.6}{0.1556\times(1-0.6)}=9.64\ (\text{min})$$

$$V_R=v_0\tau=\frac{5.8}{60}\times 9.64=0.932\ (\text{m}^3)$$

(2) 两个釜串联（体积相同）

$$V_{Ri}=\frac{V_R}{2}$$

$$\tau_1=\tau_2=\frac{x_{A1}}{k(1-x_{A1})}=\frac{x_{A2}-x_{A1}}{k(1-x_{A2})} \tag{1}$$

而 $x_{A2}=x_{Af}=0.6$，代入式(1) 并整理得

$$\frac{x_{A1}}{1-x_{A1}}=\frac{0.6-x_{A1}}{1-0.6} \tag{2}$$

$$x_{A1}^2-2x_{A1}+0.6=0$$

解得

$$x_{A1}=\frac{2-\sqrt{4-4\times 0.6\times 1}}{2}=1-0.632=0.368$$

所以

$$\tau_1=\frac{x_{A1}}{k(1-x_{A1})}=\frac{0.368}{0.1556\times(1-0.368)}=3.742\ (\text{min})$$

$$V_{Ri}=v_0\tau=\frac{5.8}{60}\times3.742=0.362\ (m^3)$$

两釜总体积 $V_{Rt}=2V_{Ri}=0.724m^3$

(3) 三个釜串联(每个釜体积相同)

(2)、(3)的解法可以互换。显然,(3)的解法更简便。

因为 $$1-x_{A3}=\frac{1}{(1+k\tau_i)^3}$$

所以 $$\tau_i=\frac{1}{k}\left(\frac{1}{\sqrt[3]{1-x_{A3}}}-1\right)=\frac{1}{0.1556}\left(\frac{1}{\sqrt[3]{1-0.6}}-1\right)=2.30\ (min)$$

三个釜的总体积 $V_R=3V_{Ri}=3v_0\tau=3\times\frac{5.8}{60}\times2.30=0.667(m^3)$

从以上计算结果可以看出,完成同样的生产能力,达到相同的转化效果,多釜串联所需的体积比为

1 釜∶2 釜∶3 釜=0.932∶0.724∶0.667

随着釜数的增加,总反应器体积下降明显减少,效果变差。所以,在工业上常用的是两个釜和三个釜的串联,以两个釜串联最为常见。对于其他级数的反应速率方程可利用基本设计方程式(3-24)加以解决,级数越高、速率方程越复杂,求解越困难。

3.2.5 复杂反应多釜串联

对于复杂反应的选择性和收率问题,同样可应用前面的定义来求。这里主要以复杂反应与多个全混釜相串联为重点介绍反应器设计问题。如图 3-6 所示,引伸式(3-24),对第 i 釜的任意组分进行衡算,有

$$\tau_i=\frac{(\text{任意组分在第 } i \text{ 釜的浓度改变})}{(\text{任意组分在第 } i \text{ 釜的反应速率})}=\frac{c_{i-1}-c_i}{r_i} \tag{3-28}$$

根据选择性的定义,对限定组分 A 和目的产物 R 来说,每个全混釜的瞬时选择性和它的平均选择性数值相同,即

$$s_i=\frac{(-r_{AR})_i}{(-r_A)_i}=S_i=\frac{(\Delta c_{AR})_i}{(\Delta c_{Af})_i} \tag{3-29}$$

式中,$(-r_{AR})_i$、$(-r_A)_i$ 分别为在第 i 釜中生成 R 而反应掉 A 的反应速率与组分 A 总的消耗速率;$(\Delta c_{AR})_i$、$(\Delta c_{Af})_i$ 分别为在第 i 釜中生成 R 所消耗 A 的浓度和消耗 A 的总浓度;当限定组分 A 和目的产物 R 为等摩尔反应时,可直接用目的产物 R 的浓度。

式(3-29) 中 s_i 是每釜的分选择性,它与最终的总选择性 S_N 存在下述关系

$$S_N(c_{A0}-c_{AN})=s_1(c_{A0}-c_{A1})+s_2(c_{A1}-c_{A2})+\cdots+s_N(c_{AN-1}-c_{AN})=\sum c_{Ri}=c_{RN} \tag{3-30}$$

$$Y_R=\sum_{i=1}^{N}\left[\frac{(\Delta c_{AR})_i}{c_{A0}}\right]=\sum Y_{Ri}=S_N x_{AN} \tag{3-31}$$

式中,Y_{Ri} 为第 i 个釜的收率对总收率的贡献;c_{RN} 为最终获得产物浓度。

【例 3-6】 在两个串联的相同体积的全混反应器中进行等温液相反应

$$A+B\longrightarrow R \qquad r_R=1.6c_A \qquad kmol/(m^3\cdot h)$$

$$2A\longrightarrow D \qquad r_D=8.2c_A \qquad kmol/(m^3\cdot h)$$

反应原料液中A的浓度为$2kmol/m^3$，R为目的产物。

（1）计算A的转化率达到80%时，所需总时间？

（2）A转化率为80%时，R的收率？

（3）当D为目的产物时其收率如何？

解：（1）
$$-r_A=r_R+2r_D=1.6c_A+16.4c_A=(1.6+16.4)c_A \quad (1)$$

所以
$$k=18h^{-1}$$

$$1-x_{A2}=\frac{1}{(1+k\tau_i)^2} \quad (2)$$

$$\tau_i=\frac{1}{k}\left(\frac{1}{\sqrt{1-x_{A2}}}-1\right)=\frac{1}{18}\times\left(\frac{1}{\sqrt{1-0.8}}-1\right)=0.06867\ (h)=4.12\ (min)$$

所以
$$\tau_t=2\times\tau_i=8.24min$$

（2）
$$\tau_1=\frac{c_{A0}x_{A1}}{-r_{A1}}=\frac{c_{A0}(x_{A2}-x_{A1})}{-r_{A2}}=\frac{x_{A1}}{k(1-x_{A1})}=\frac{(x_{A2}-x_{A1})}{k(1-x_{A2})}$$

所以
$$\frac{x_{A1}}{1-x_{A1}}=\frac{0.8-x_{A1}}{1-0.8}$$

整理得

$$x_{A1}^2-2x_{A1}+0.8=0$$

$$x_{A1}=\frac{1}{2}\times(2\pm\sqrt{4-4\times0.8})=1-0.447=0.553(\text{舍去正号})$$

因为
$$\frac{c_{R1}}{r_{R1}}=\tau_1=\tau_2=\frac{c_{R2}-c_{R1}}{r_{R2}} \quad (3)$$

所以
$$c_{R1}=\tau_1 r_{R1}=0.06867\times1.6c_{A1}=0.06867\times1.6c_{A0}(1-x_{A1})$$
$$=0.06867\times1.6\times2\times(1-0.553)=0.09823\ (kmol/m^3)$$

由式（3）得

$$c_{R2}=\tau_2 r_{R2}+c_{R1}=\tau_1 k_R c_{A0}(1-x_{A2})+c_{R1}=0.06867\times1.6\times2\times(1-0.8)+0.09823$$
$$=0.04395+0.09823=0.1422\ (kmol/m^3)$$

所以R的总收率
$$Y_R=\frac{c_{R2}}{c_{A0}}=\frac{0.1422}{2}=0.0711=7.11\%$$

或，对于一级反应两釜的选择性相等，都等于总选择性

$$S_i=s_i=\frac{(r_R)_i}{(-r_A)_i}=\frac{1.6}{18}=8.889\%$$

故R的总收率为：$Y_R=x_{A2}S=0.8\times8.889\%=7.11\%$

（3）若D为目的产物，同样，瞬时选择性为

$$s_D=\frac{2r_D}{-r_A}=2\times\frac{8.2}{18}=9.11\%$$

两个釜的选择性相同，也等于总选择性，所以D的总收率为

$$Y_D=S_D x_A=0.911\times0.8=72.89\%$$

> 显然，用选择性和收率定义来解更简单。由于全混釜是低浓度反应器，对竞争的低级数反应有别。

3.2.6 全混流反应器的热量计算

反应热+传递热+温变热=0

根据全混流反应器的特点，假设在反应过程中釜内的各个参数都不变化，包括温度、流量、浓度、比热容等，只要其他生产条件都不变，釜内的参数就一直恒定。但釜内温度往往与加料温度不同。在给定的反应温度下没有热量的积累，只有与外界的热量交换、反应放热或吸热和物料的带入与带出三项，它们之间是守恒的，见图 3-9。它的热量衡算式与间歇釜式(3-6) 完全类似。根据式(1-3) 有：

$$(-r_{Af})(-\Delta H_{Ar})V_R = K_q A\Delta t_m + C_{pV}v_0\Delta T \quad (3\text{-}32a)$$

即，$-$[反应热]=[传递热]+[温变热]

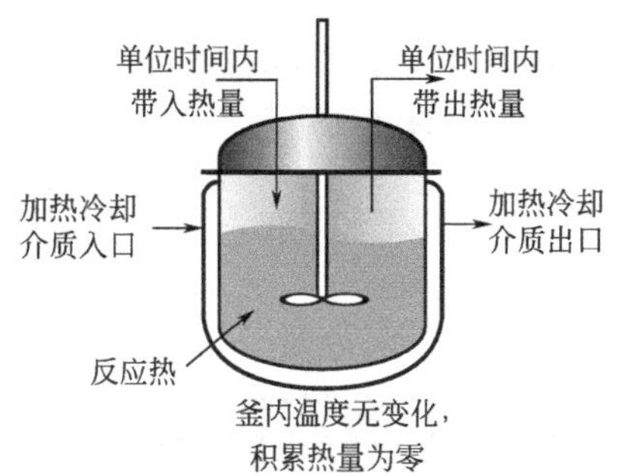

图 3-9 全混釜的热量衡算示意

式中，v_0 为进料的总体积流量；ΔT 为釜中与进料的温差；其他符号意义相同，不同的是全混流反应器的反应速率是不变的，因此在任意时刻放（吸）热量相同，换热介质的流量也就稳定。在绝热条件下 $K_qA\Delta t_m=0$，用 $(-r_{Af})V_R=F_{A0}x_{Af}$ 代入式(3-32a) 可得到全混釜的绝热温升式(3-32b) 和式(3-32c) 的温度和转化率关系。

$$\lambda=\frac{F_{A0}(-\Delta H_{Ar})}{v_0C_{pV}}=\frac{c_{A0}(-\Delta H_{Ar})}{C_{pV}} \quad (3\text{-}32b)$$

$$\Delta T = T-T_0=\lambda x_{Af} \quad (3\text{-}32c)$$

式中，T、T_0 分别为全混釜中和进料的温度。式(3-32b) 与式(3-32c) 与间歇釜的热量衡算绝热条件的绝热温升式(3-9b) 和 (3-9c) 完全相同，这里的 ΔT 代表了全混釜出口与入口的温差，且在稳定操作时不变。

【例 3-7】 用顺丁烯二酸酐与正己醇反应生产顺丁烯二己酸己酯：

$$C_4O_3H_2+2C_6H_{13}OH = (C_6H_{13})OOC{-}CH{=}CH{-}COO(C_6H_{13})+2H_2O$$

该反应对顺丁烯二酸酐与正己醇均为一级，速率常数与温度的关系为：

$$k=1.37\times10^{12}\exp(-12628/T) \quad [\mathrm{m^3/(kmol\cdot s)}]$$

当反应物的初始浓度分别为酸酐 4.55kmol/m³、醇 5.34kmol/m³ 时，采用全混流反应器生产，进料流量为 0.01m³/s，反应体积为 2.65m³，要求醇的转化率为 98%。已知：反应混合物的平均比热容为 1980kJ/(m³·K)，并在反应中为常数。反应热效应为$-$33.5kJ/mol，用水作加热和冷却介质，总传热系数为 400W/(m²·℃)。在最佳反应温度 364K 下醇 (A) 达到 50%转化时，求：(1) 绝热条件下稳定生产的进料温度；(2) 在换热条件下生产，反应温度维持 65℃，此时反应的放热速率是多少？(3) 平均换热温差取 25℃，需多大的换热面积？

解：(1) 绝热温升

$$\lambda=\frac{c_{A0}(-\Delta H_{Ar})}{C_{pV}}=\frac{5.34\times10^3\times33.5}{1980}=90.3\ (\mathrm{K})$$

反应温度与转化率关系　　$T-T_0=90.3x_A$

进料温度为　$T_0=T-\lambda x_{Af}=364-90.3\times0.5=318.85\ (\mathrm{K})$（即 52.35℃）

(2) 釜内反应速率

$$-r_{\rm Af}=kc_{\rm Af}c_{\rm Bf}=kc_{\rm A0}(1-x_{\rm Af})\left(c_{\rm B0}-\frac{1}{2}c_{\rm A0}x_{\rm Af}\right)$$

$$=1.37\times10^{12}\exp\left(\frac{-12628}{338.15}\right)\times5.34\times(1-0.5)\times(4.55-\frac{1}{2}\times5.34\times0.5)$$

$$=6.61\times10^{-5}\quad[\rm kmol/(m^3\cdot s)]$$

放热速率为

$$Q=(-r_{\rm Af})(-\Delta H_{\rm Ar})V_{\rm R}=6.61\times10^{-5}\times33.5\times10^3\times2.65=5.868\ (\rm kJ/s)$$

(3) 换热面积

$$A=\frac{Q}{K_{\rm q}\Delta t_{\rm m}}=\frac{5.868\times10^3}{400\times25}=0.5868(\rm m^2)$$

3.3 平推流管式反应器

在均相反应连续操作的条件下，管式反应器在工业生产中经常用到，特别是在高温裂解的气相反应和磺化、硝化、卤化反应中使用更为普遍。管式反应器可以很好地克服全混釜容积效率低的缺点，在大多数反应中用很小的反应器体积可达到很高的反应转化。一般情况下，这类反应器的长径比都较大，常用于气相和液相均相反应。但这种反应器几乎不用于间歇操作，极少数用于半间歇操作。平推流管式反应器是理想流动的连续操作反应器，在实际工业生产中往往流体都偏离一些理想流动状态，只有管式反应器最接近平推流理想流动。用它描述反应过程，模型简单，误差不大，也是研究其他连续流动的工业反应器，特别是非均相反应器的基础模型。该反应器的形式很简单，外侧安有夹套进行加热和冷却，或将其放入加热恒温炉中。

3.3.1 一般设计计算方程

对于这种平推流模型有如下基本假设：

① 所有流体粒子均以相同速度从反应器的入口向出口流动，没有轴向的速度差，保证所有流体在反应器内反应时间一致。就像汽缸中的活塞一样有序地流动，故也称活塞流；

② 在垂直于流体流动方向上浓度和温度均匀，不存在径向方向上的混合和流动方向上的混合扩散。

根据上述假设，如图 3-10 所示：

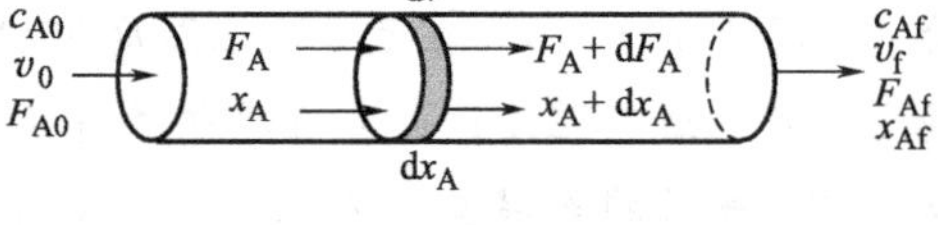

图 3-10 平推流模型

从进入反应器到流出反应器反应物浓度沿反应器管长是连续降低的，但所有物料反应时间一致。所以，要取微元体 dV 作为物质衡算基础。在稳态时，根据质量守恒定律，在某一时刻，限定反应物 A 在单位时间内进入微元体的量（$F_{\rm A}$）等于单位时间内反应物 A 流出微元体的量（$F_{\rm A}+{\rm d}F_{\rm A}$）加上在微元体中消耗的量（$-r_{\rm A}$)dV，此时，积累量为零。即

A 进入微元体的物质的量＝A 流出微元体的物质的量＋A 在微元体中消耗的物质的量

或由式(1-2)：　　　　　　　　　　－[变化量]＝[反应量]

用符号表示为

$$F_A = F_A + dF_A + (-r_A)dV \tag{3-33a}$$

整理得

$$-dF_A = (-r_A)dV \tag{3-33b}$$

又因为在连续流动条件下转化率的定义为

$$\boxed{x_A = \frac{F_{A0} - F_A}{F_{A0}}} \tag{3-34a}$$

$$F_A = F_{A0}(1 - x_A) \tag{3-34b}$$

对式(3-34b) 微分后代入式(3-33b) 得

$$\boxed{F_{A0}dx_A = (-r_A)dV} \tag{3-35}$$

式(3-35) 就是普遍适用的平推流反应器设计的一般微分公式。该公式计算的烦琐程度取决于 A 的反应速率方程。这是一个常用的且非常重要的平推流管式反应器设计微分方程。通过这个微分式可以解决公式中包含的四个量的计算问题，只要已知其他三个量就可以求出第四个量。对式(3-35) 积分，可得平推流管式反应器设计的积分公式

$$\frac{V_R}{F_{A0}} = \int_0^{x_{Af}} \frac{dx_A}{(-r_A)} \tag{3-36}$$

根据 $F_{A0} = c_{A0}v_0$ 和 $\tau = \frac{V_R}{v_0}$，式(3-35) 整理可得

$$\boxed{\frac{\tau}{c_{A0}} = \int_0^{x_{Af}} \frac{dx_A}{(-r_A)}} \tag{3-37}$$

在以上公式推导过程中只作了稳态假设，因此，式(3-35)～式(3-37) 都适用于等温和变温过程、等容和变容过程，更适合于简单反应和复杂反应。

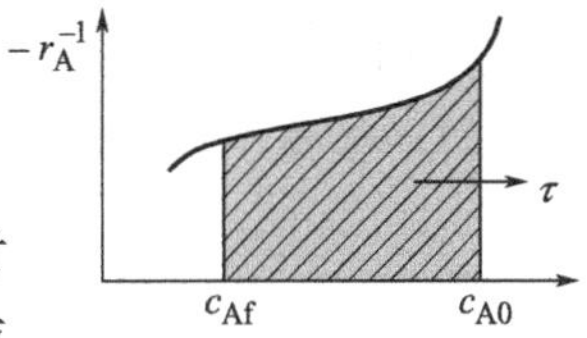

3.3.2　简单反应等温恒容过程

在等温条件下，对于液相反应过程，因物质的量的改变对液相体积影响较小，无论反应前后物质的量是否改变，其反应体积都视为不变。当气相反应前后体系的总物质的量不变时也是恒容过程。在上述恒容条件下，有

$$dc_A = -c_{A0}dx_A \tag{3-38}$$

将式(3-38) 代入式(3-37) 得

$$\tau = \int_{c_{Af}}^{c_{A0}} \frac{dc_A}{(-r_A)} \tag{3-39}$$

对于气相反应的恒容过程，在低压时根据 $p_A = c_ART$，可将 $c_A = \frac{p_A}{RT}$和 $dp_A = RTdc_A$ 代入式 (3-39)，得到以 A 的分压 p_A 为自变量的反应器设计方程式 (3-40)

图 3-11　式 (3-39) 图解示意

式(3-39)与间歇反应等容过程式(3-4)完全相同，所以不同反应的导出公式也完全相同，只将t换成τ。

$$\tau = \frac{1}{RT}\int_{p_{Af}}^{p_{A0}} \frac{dp_A}{(-r_A)} \tag{3-40}$$

下面就针对不同反应级数的反应速率方程进行推导，给出具体的设计计算公式。

对于一级不可逆反应，将反应速率方程$-r_A = kc_A$代入式(3-39)得

$$\tau = \int_{c_{Af}}^{c_{A0}} \frac{dc_A}{kc_A} = \frac{1}{k}\ln\frac{c_{A0}}{c_{Af}} = \frac{1}{k}\ln\frac{1}{1-x_{Af}} \tag{3-41}$$

式(3-41)与式(2-25c)形式完全类似，只是反应时间的表达不同。该式表明：在等温条件下，一级不可逆反应的转化率与反应空时有关，而与初始A的浓度无关。

同理，对于二级不可逆反应，将反应速率方程$-r_A = kc_A^2$代入式(3-39)

$$\tau = \int_{c_{Af}}^{c_{A0}} \frac{dc_A}{kc_A^2} = \frac{1}{k}\left(\frac{1}{c_{Af}} - \frac{1}{c_{A0}}\right) = \frac{1}{kc_{A0}} \times \frac{x_{Af}}{1-x_{Af}} \tag{3-42}$$

对于其他反应包括复杂反应，只要将给定的反应速率方程代入式(3-39)中就可进行积分运算，给出该条件下的反应器设计计算方程。当反应级数不是整数或反应机理方程不易积分计算时，可用图解积分方法设计。只要获得不同反应物A的浓度或转化率与反应速率之间的关系，由式(3-39)的积分定义就可求其图形中的面积，如图3-11所示。求得相应的空时，进而计算反应器体积。反应速率倒数的求取同样可利用在实验室中获得的间歇反应的离散数据，也可以对已给出的反应速率方程在一定条件下赋值计算给出离散点。

不难看出，平推流反应器的设计方程在等温恒容条件下具有与间歇反应器等温恒容过程相同形式的公式，只是在连续流动的管式反应器中用空时τ代替了间歇反应的反应时间t，可一同记忆。

【例3-8】 在等温稳态流动的平推流管式反应器中进行皂化反应：

$$CH_3COOC_2H_5 + NaOH \longrightarrow CH_3COONa + C_2H_5OH$$

该反应对乙酸乙酯和氢氧化钠均为一级，反应开始时乙酸乙酯和氢氧化钠的浓度均为0.2mol/L，反应速率常数等于5.6L/(mol·min)，体积加料量为$20m^3/h$，要求的最终转化率为95%。(1) 试求需要多大体积的反应管？(2) 在全混釜中如何？

解：(1) 根据二级等温恒容过程平推流管式反应器的设计公式(3-41)

$$k\tau c_{A0} = \frac{x_{Af}}{1-x_{Af}}$$

代入$c_{A0}=0.2mol/L$，$k=5.6L/(mol \cdot min)$，$x_{Af}=0.95$，$v_0=20m^3/h$，得

$$5.6\times0.2\tau = \frac{0.95}{1-0.95} = 19$$

所以

$$\tau = \frac{19}{5.6\times0.2} = 16.96\ (min)$$

所需反应器的体积为

$$V_R = \tau v_0 = 16.96\times\frac{20}{60} = 5.65\ (m^3)$$

(2) 在全混釜中将$-r_A = kc_A^2$代入式(3-13)，整理得

$$k\tau c_{A0} = \frac{x_{Af}}{(1-x_{Af})^2}$$

代入数值

$$5.6\times0.2\tau=\frac{0.95}{(1-0.95)^2}=380$$

$$\tau=\frac{380}{5.6\times0.2}=339.3\ (\text{min})$$

所需反应器的体积为

$$V_R=\tau v_0=339.3\times\frac{20}{60}=113.1\ (\text{m}^3)$$

从［例 3-8］的比较可知，同样条件下达到同样转化率所需的平推流反应器体积是全混釜体积的 1/20，对正级数反应，随级数的增加差距拉大，随反应级数变小差距缩小，到零级数时，同样反应条件下所需平推流反应器和全混流反应器的体积相同，两者的计算公式也相同。

3.3.3 简单反应等温变容过程

对于大多数的气相反应来说，反应前后总物质的量都是变化的，而对于工业上连续流动的管式反应器来说近似等压操作。在这种情况下，假设反应等温，随着反应的进行，体系的出口体积流量发生变化。根据 $pV=nRT$，在 p、T 一定时体系的体积流量与总物质的量成正比。在变容条件下，总物质的量可用浓度和体积的积来表达，而体积和浓度在反应过程中都在变，且都随转化率而变，这时决不能单独用浓度 c_A 作为自变量，必须用转化率 x_A 作为自变量。将第 2 章式(2-9) 浓度与转化率的变容过程公式代入式(3-37)，进行具体计算公式的推导。

对于气相一级不可逆反应变容过程 $A\rightarrow nR$ ($n\neq1$)，将其速率方程 $-r_A=kc_A$ 和式(2-9) 代入式(3-37) 得

$$\frac{\tau}{c_{A0}}=\int_0^{x_{Af}}\frac{dx_A}{-r_A}=\int_0^{x_{Af}}\frac{dx_A}{kc_{A0}\dfrac{1-x_A}{1+\varepsilon_Ax_A}}=\int_0^{x_{Af}}\frac{(1+\varepsilon_Ax_A)dx_A}{kc_{A0}(1-x_A)}$$

在等温条件下，经推导整理得

$$\boxed{k\tau=-(1+\varepsilon_A)\ln(1-x_{Af})-\varepsilon_Ax_{Af}}\tag{3-43}$$

对于二级不可逆反应变容过程 $A+B\longrightarrow$ 产物（或 $2A\longrightarrow$ 产物），等摩尔加料时，代入 $-r_A=kc_A^2$，推导过程类似于气相一级变容过程

$$\frac{\tau}{c_{A0}}=\int_0^{x_{Af}}\frac{dx_A}{kc_{A0}^2\left(\dfrac{1-x_A}{1+\varepsilon_Ax_A}\right)^2}=\int_0^{x_{Af}}\frac{(1+\varepsilon_Ax_A)^2}{kc_{A0}^2(1-x_A)^2}dx_A$$

在等温时，经积分整理得

$$\boxed{k\tau c_{A0}=\frac{(1+\varepsilon_A)^2x_{Af}}{1-x_{Af}}+\varepsilon_A^2x_{Af}+2\varepsilon_A(1+\varepsilon_A)\ln(1-x_{Af})}\tag{3-44}$$

在等温条件下，对于其他反应级数的变容过程用上述同样方法代入动力学方程进行积分运算，对有些不容易积分的式子，可利用数值积分和图解积分来求空时，见［例 3-10］。对于用分压表达的动力学方程，要满足反应速率定义要求，并化为转化率 x_A 的函数，再代入

式(3-37)积分。

> 恒温恒压的变容气相反应不能用浓度作为自变量，只能用转化率 x_A 作变量。

【例 3-9】 磷化氢的气相均相分解反应

$$4PH_3(g) \longrightarrow P_4(g) + 6H_2$$
$$\text{(A)} \qquad \text{(B)} \qquad \text{(C)}$$
$$-r_A = 10c_A \quad [\text{mol/(L·h)}]$$

在平推流反应器中 1650K 和 0.46MPa 下进行一级不可逆分解操作，反应物为纯磷化氢，加料速度为 4kmol/h，求转化率达到 80%时平推流管式反应器的体积。

解：依题意 $4A \longrightarrow B+6C$，其膨胀率为

$$\varepsilon_A = \delta_A y_{A0}, \quad \delta_A = \frac{7-4}{4} = \frac{3}{4}, \quad y_{A0} = 1$$

则 $\varepsilon_A = 0.75$

利用一级不可逆反应变容公式(3-43)

$$k\tau = -(1+\varepsilon_A)\ln(1-x_{Af}) - \varepsilon_A x_{Af}$$

代入 $k = 10\text{h}^{-1}$，$\varepsilon_A = 0.75$，$x_{Af} = 0.8$

$$10\tau = -(1+0.75)\ln(1-0.8) - 0.75\times 0.8$$

解得
$$\tau = \frac{1}{10}\times(2.8165-0.6) = 0.222 \text{ (h)}$$

又因为
$$c_{A0} = \frac{p_{A0}}{RT} = \frac{0.46\times 10}{0.082\times 1650} = 0.034 \text{ (mol/L)}$$

所以
$$F_{A0} = c_{A0} v_0$$
$$v_0 = \frac{4000\text{mol/h}}{0.034\text{mol/L}} = 117.65\text{m}^3/\text{h}$$
$$V_R = \tau v_0 = 0.222\times 117.65 = 26.12 \text{ (m}^3\text{)}$$

【例 3-10】 在平推流管式反应器中进行一个气相反应 $A \longrightarrow 3R$，在 215℃时反应速率方程为 $-r_A = 10^{-2} c_A^{0.5}$ mol/(L·s)，其反应体系总压为 0.5MPa，原料中组分 A 的含量为 50%。求：80%转化率下所需的空间时间。

解：在含 50%惰性气时

$$y_{A0} = 0.5, \ \delta_A = \frac{3-1}{1} = 2, \ \varepsilon_A = \delta_A y_{A0} = 0.5\times 2 = 1$$

$$c_{A0} = \frac{p_{A0}}{RT} = \frac{0.5\times 10\times 0.5}{0.082\times(215+273)} = 0.0625 \text{ (mol/L)}$$

根据平推流反应器的一般设计公式(3-37)

$$\tau = c_{A0}\int_0^{x_{Af}} \frac{\mathrm{d}x_A}{-r_A} = c_{A0}\int_0^{x_{Af}} \frac{\mathrm{d}x_A}{kc_{A0}^{0.5}\left(\frac{1-x_A}{1+\varepsilon_A x_A}\right)^{0.5}} = \frac{c_{A0}^{0.5}}{k}\int_0^{0.8}\left(\frac{1+x_A}{1-x_A}\right)^{0.5}\mathrm{d}x_A$$

上述积分可用图解法、辛普森（Simpson）法和解析法计算。

（1）图解法

首先计算函数值，选择数据表作出函数曲线，然后计算或估算曲线下面的面积。

给定 x_A	0	0.2	0.4	0.6	0.8
计算$\frac{1+x_A}{1-x_A}$	1	1.5	2.3	4	9
$\left(\frac{1+x_A}{1-x_A}\right)^{0.5}$	1	1.227	1.528	2	3

图解（图 3-12）得其面积＝0.8×1.7＝1.360，即

$$\int_0^{0.8}\left(\frac{1+x_A}{1-x_A}\right)^{0.5}dx_A=1.360$$

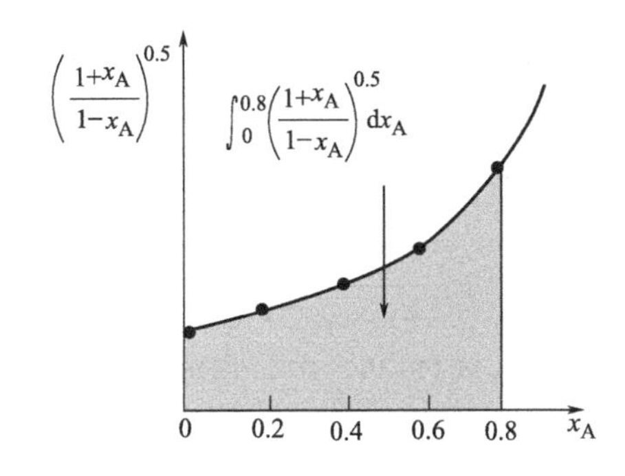

图 3-12 图解积分结果

（2）辛普森法和梯形法

在 x_A 轴上以同样间隔求出数据，列成数据表（同上），代入辛普森公式。

辛普森法

$$\int_0^{0.8}\left(\frac{1+x_A}{1-x_A}\right)^{0.5}dx_A=\left(\frac{1\times1+4\times1.227+2\times1.528+4\times2+1\times3}{12}\right)\times0.8=1.330$$

梯形法

$$\int_0^{0.8}\left(\frac{1+x_A}{1-x_A}\right)^{0.5}dx_A=\left(\frac{1}{2}+1.227+1.528+2+\frac{3}{2}\right)\times0.2=1.351$$

（3）解析法

由积分表可知

$$\int_0^{0.8}\left(\frac{1+x_A}{1-x_A}\right)^{0.5}dx_A=\int_0^{0.8}\frac{1+x_A}{\sqrt{1-x_A^2}}dx_A=\left(\sin^{-1}x_A-\sqrt{1-x_A^2}\right)\Big|_0^{0.8}=1.328$$

由上可见，辛普森法是快速而又简单的，并可得到足够精确的答案，取积分值为 1.33 计算。

$$\tau=\frac{c_{A0}^{0.5}}{k}\times1.33=\frac{(0.0625\text{mol/L})^{0.5}}{10^{-2}(\text{mol/L})^{0.5}\cdot\text{s}^{-1}}\times1.33=33.25\ (\text{s})$$

3.3.4 复杂反应等温恒容过程

与简单反应的平推流反应器设计方程一样，先要给出复杂反应速率方程，然后代入设计方程式(3-37)，给出它们的计算公式。根据复杂反应瞬时反应选择性 s 的定义，式(2-11b)，在等温时它往往是反应物浓度的函数。而在平推流反应器中，反应物浓度是随反应时间而变化的，也就是说瞬时选择性在该反应器中沿管长是连续变化的。而总选择性则是瞬时选择性

的积分平均结果，可用式(2-11c) 来求。

当两个平行反应都为相同级数时，瞬时选择性与浓度无关，只与反应温度有关，在等温条件下平推流管式反应器中各处的瞬时选择性都相同，也等于反应器的总选择性。

对于不同级数的平行反应：$A \longrightarrow R$（主反应），　　$r_R = k_1 c_A^2$

$A \longrightarrow S$，　　$r_s = k_2 c_A$

其瞬时选择性 $s = r_R / -r_A = r_R / (r_R + r_s) = k_1 c_A / (k_1 c_A + k_2)$

显然，增加反应物 A 的浓度对提高主产物 R 的选择性是有利的，而平推流反应器是属于高浓度反应器，用式(2-14) 求其平均选择性为

$$
\begin{aligned}
S &= \frac{1}{c_{A0} - c_{Af}} \int_{c_{Af}}^{c_{A0}} s(c_A) dc_A \\
&= \frac{1}{c_{A0} - c_{Af}} \int_{c_{Af}}^{c_{A0}} \frac{k_1 c_A}{k_1 c_A + k_2} dc_A \\
&= 1 - \frac{k_2}{k_1 (c_{A0} - c_{Af})} \ln \frac{k_1 c_{A0} + k_2}{k_1 c_{Af} + k_2}
\end{aligned}
\tag{3-45}
$$

将 $-r_A = r_R + r_s = k_1 c_A^2 + k_2 c_A$ 代入式(3-39) 中，积分得反应空时 τ 与反应器出口浓度 c_{Af} 的关系

$$
k_2 \tau = \ln \frac{c_{A0}(k_1 c_{Af} + k_2)}{c_{Af}(k_1 c_{A0} + k_2)} \tag{3-46}
$$

当给定最终转化率时，用求得的 c_{Af} 代入式(3-46)，求出空时 τ，最终求得一定体积进料量 v_0 下的反应器体积。用式(3-45) 求得的平均选择性和给定转化率确定其收率值。

对于一级连串反应

$$
A \xrightarrow{k_1} R \xrightarrow{k_2} S
$$

$$
-r_A = k_1 c_A,\ r_R = k_1 c_A - k_2 c_R,\ r_S = k_2 c_R
$$

设初始浓度为 c_{A0}，$c_{R0} = c_{S0} = 0$，将 $-r_A$ 代入平推流反应器设计公式(3-39) 中得

$$
c_A = c_{A0} e^{-k_1 \tau} \tag{3-47}
$$

取任意微元体对 R 衡算

$$
R_{进入} + R_{生成} = R_{流出}
$$

其符号描述为

$$
v_0 c_R + r_R dV = v_0 (c_R + dc_R)
$$

代入 r_R 并化简，两端除 $d\tau$ 得

$$
\boxed{\frac{dc_R}{d\tau} + k_2 c_R = k_1 c_A} \tag{3-48}
$$

复杂反应在平推流反应器中积分公式形式在等温等容时与间歇反应的等温等容公式完全相同，只将间歇反应时间 t 换成空间时间 τ。

代入初始条件，当 k_1、k_2 不相等时根据第 2 章连串反应的解法解出

$$
c_R = \frac{c_{A0} k_1}{k_2 - k_1} (e^{-k_1 \tau} - e^{-k_2 \tau}) \tag{3-49a}
$$

收率为

$$
Y_R = \frac{c_R}{c_{A0}} = \frac{k_1}{k_2 - k_1} (e^{-k_1 \tau} - e^{-k_2 \tau}) \tag{3-49b}
$$

式(3-49a) 与 (2-31b) 也类同。其他任何级数和复杂反应，只要为等温等容过程，在形式上都不用推导，直接套用间歇反应恒温恒容公式，将 t 换为 τ。

当最大收率时，$\frac{dY_R}{d\tau}=0$，得

$$\tau_{opt}=\frac{\ln\frac{k_1}{k_2}}{k_1-k_2} \tag{3-50}$$

将式(3-50) 代入到式(3-49) 得

$$Y_{Rmax}=\left(\frac{k_1}{k_2}\right)^{\frac{k2}{k2-k1}} \tag{3-51}$$

该一级连串反应在平推流和全混流反应器中的总选择性比较见图 3-13。

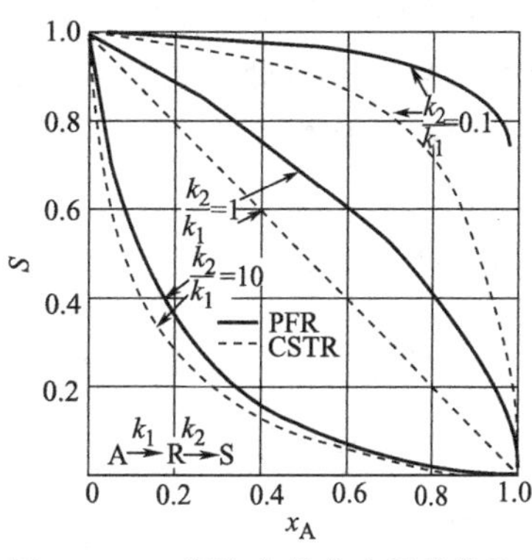

图 3-13 一级连串反应在平推流和全混流反应器中的总选择性比较

从图 3-13 中可以看出，平推流中的总选择性永远大于全混流的；在转化率低时两种反应器的差别较小；消耗 R 的速率常数比生成 R 的速率常数越大，两种反应器对总选择性的差别就越小。

对于其他反应都可按照同样方法进行推导，随级数升高有的数学求解较困难。

【例 3-11】 在一个平推流反应器中进行下列液相反应

$$A\xrightarrow{k_1}R\xrightarrow{k_2}Q$$

两反应均为一级，在反应温度下，$k_1=0.30\text{min}^{-1}$，$k_2=0.10\text{min}^{-1}$。A 的进料流量为 $3\text{m}^3/\text{h}$，其中不含 R 和 Q。试计算 R 的最高收率和此时的总选择性以及达到最大收率时所需的反应器体积。

解： 对一级连串反应的中间产物 R，其收率计算公式为 (3-49b)

$$Y_R=\frac{k_1}{k_2-k_1}(e^{-k_1\tau}-e^{-k_2\tau})$$

最佳反应时间式(3-50)

$$\tau_{opt}=\frac{\ln\frac{k_1}{k_2}}{k_1-k_2}=\frac{\ln\frac{0.3}{0.1}}{0.3-0.1}=5.493\ (\text{min})$$

代入收率计算公式中

$$Y_R=\frac{0.3}{0.1-0.3}(e^{-0.3\times5.493}-e^{-0.1\times5.493})=0.5775$$

此时，最佳转化率式(3-47) 变为

$$1-x_{A,opt}=\frac{c_A}{c_{A0}}=e^{-k_1\tau_{opt}}=e^{-1.65}$$

$$x_{A,opt}=1-0.192=80.8\%$$

所以，此时总选择性为 $S_R=Y_R/x_A=0.5775\div0.808=71.47\%$

$$V_R=\tau_{opt}v_0=\frac{5.493}{60}\times3=0.2747\ (\text{m}^3)$$

【例 3-12】 在一定的反应温度下 A 发生如下平行反应

$$A\xrightarrow{k_1}R \qquad r_R=2.0c_A \quad [\text{kmol}/(\text{m}^3\cdot\text{h})]$$

$$2A\xrightarrow{k_2}D \qquad r_D=0.2c_A^2 \quad [\text{kmol}/(\text{m}^3\cdot\text{h})]$$

R 为主产物，D 为副反物，反应原料为纯 A，其初始浓度为 $10kmol/m^3$。在反应器出口 A 的转化率为 80%时，试求在平推流管式反应器中的空间时间、R 的选择性和收率。

解：依题意

$$-r_A=r_R+2r_D=2.0c_A+0.4c_A^2$$

R 的瞬时选择性

$$S_{R/A}=\frac{r_R}{-r_A}=\frac{2c_A}{2c_A+0.4c_A^2}=\frac{1}{1+0.2c_A}$$

因随反应物浓度的降低，主产物的瞬时选择性提高，所以在反应器出口处主产物的瞬时选择性最高。而

$$c_{Af}=c_{A0}(1-x_{Af})=10\times(1-0.8)=2\ (kmol/m^3)$$

所以，最高主产物的瞬时选择性为

$$\frac{2}{2+0.4\times2}=71.43\%$$

R 的总选择性为

$$S=\frac{1}{c_{A0}-c_{Af}}\int_{c_{Af}}^{c_{A0}}s(c_A)dc_A=\frac{1}{c_{A0}-c_{Af}}\int_{c_{Af}}^{c_{A0}}\frac{1}{1+0.2c_A}dc_A$$

$$=\frac{1}{0.2\times(c_{A0}-c_{Af})}\ln\frac{1+0.2c_{A0}}{1+0.2c_{Af}}=\frac{1}{0.2\times(10-2)}\ln\frac{1+0.2\times10}{1+0.2\times2}=0.476$$

R 的出口浓度为 $c_{Rf}=S(c_{A0}-c_{Af})=0.476\times(10-2)=3.81\ (kmol/m^3)$

R 的收率为

$$Y_R=x_RS_{R/A}=0.8\times0.476=0.381$$

也可由定义 $Y_R=\frac{c_{Af}}{c_{A0}}=\frac{3.81}{10}=0.381$

作为连串反应先求收率容易，作为平行反应先求平均选择性容易。

此时的空间时间为

$$\tau=\int_{c_{Af}}^{c_{A0}}\frac{dc_A}{r_A}=\int_{c_{Af}}^{c_{A0}}\frac{dc_A}{2c_A+0.4c_A^2}=\frac{1}{2}\ln\left(\frac{c_A}{c_A+5}\right)\Bigg|_{c_{Af}}^{c_{A0}}=0.424\ (h)$$

若 D 为主产物，此时 $k_1=0.4m^3/(kmol\cdot h)$、$k_2=2.0h^{-1}$，代入式(3-45) 和式(3-46)，可求出相应的总选择性和空时。对于高级数的竞争反应，在平推流的高浓度反应器中是有利的，结果要大于 0.381。

3.3.5 复杂反应的变容过程

对于复杂反应变容体系，主要是在平推流管式反应器中进行的气相变摩尔数反应过程。在连续生产条件下，体系的压力变化一般不是很大，可视为恒压过程，那么，反应管出口的体积流量就会发生改变。对于它的设计计算，较前述过程复杂一些，一般情况下不能单独用一个限定组分 A 的转化率来计算，且有几个独立反应，就应设定几个独立变量。根据平推流反应器的基本微分方程式(3-33b)，可给出更一般化的任意组分 i 平推流反应器设计微分衡算式

$$\frac{dF_i}{dV_R}=r_i \tag{3-52}$$

根据初始反应条件

$V_R=0$，$F_i=F_{i0}$，$i=1,2,\cdots,N$（N 为独立反应方程式数，即反应组分数）

该微分方程组通常用数值法求解，再利用理想气体状态方程将进料中各组分的浓度转化为用流量 F_i 表达的形式。

在恒压下，对混合理想气体的 i 组分

$$c_i=\frac{p_i}{RT}=\frac{Py_i}{RT}=\frac{F_i}{\sum F_i}\times\frac{P}{RT} \tag{3-53}$$

在初始条件下

$$c_{i0}=\frac{F_{i0}}{\sum F_{i0}}\times\frac{P}{RT},\sum F_{i0}=F_{t0} \tag{3-54}$$

例如

$$2A+B\xrightarrow{k_1}R$$

$$R+B\xrightarrow{k_2}D$$

$$r_R=k_1c_A^2c_B$$

$$r_D=k_2c_Rc_B$$

第一步，确定关键组分。上述两个反应对 A 来说为连串反应，对 B 为平行反应，且相互独立，所以，关键组分数为 2。设两个反应都具有的独立变量，分别为 F_A 和 F_B，而初始没有 R 和 D 加入，此时 $F_{A0}\neq0$，$F_{B0}\neq0$，$F_{R0}=F_{D0}=0$；

第二步，非关键组分用两个关键组分来表达，在单位反应时间下可引入两个反应的进度 ξ_1 和 ξ_2，则在任意时间

$$F_A=F_{A0}-2\xi_1 \tag{3-55a}$$

$$F_B=F_{B0}-\xi_1-\xi_2 \tag{3-55b}$$

$$F_R=\xi_1-\xi_2 \tag{3-55c}$$

$$F_D=\xi_2 \tag{3-55d}$$

因为

$$\xi_1=\frac{F_{A0}-F_A}{2} \tag{3-56}$$

$$F_B=F_{B0}-\frac{F_{A0}-F_A}{2}-\xi_2 \tag{3-57a}$$

所以

$$\xi_2=F_{B0}-F_B-\frac{1}{2}F_{A0}+\frac{1}{2}F_A \tag{3-57b}$$

而

$$\sum F_i=F_A+F_B+F_R+F_D=F_{A0}+F_{B0}-2\xi_1-\xi_2 \tag{3-58}$$

将 ξ_1 和 ξ_2 代入式(3-58) 中得

$$\sum F_i=\frac{1}{2}F_{A0}+\frac{1}{2}F_A+F_B \tag{3-59}$$

第三步，令

$$\varphi=\sum F_i\frac{RT}{P} \tag{3-60}$$

将式(3-53) 变为

$$c_A=\frac{F_A}{\varphi},\quad c_B=\frac{F_B}{\varphi},\quad c_R=\frac{F_R}{\varphi} \tag{3-61}$$

第四步，列出设计方程，由式(3-52) 可得

$$\frac{dF_A}{dV_R}=-2r_R=-2k_1c_A^2c_B \tag{3-62a}$$

$$\frac{dF_B}{dV_R}=-(r_R+r_D)=-(k_1c_A^2+k_2c_R)c_B \tag{3-62b}$$

代入 c_A 和 c_B 关系式

$$\frac{dF_A}{dV_R}=-2k_1\varphi^{-3}F_A^2F_B \tag{3-63a}$$

$$\frac{dF_B}{dV_R}=-(k_1\varphi^{-3}F_A^2F_B+k_2\varphi^{-2}F_BF_R) \tag{3-63b}$$

$$F_R=(F_{A0}-F_A)-(F_{B0}-F_B) \tag{3-64a}$$

$$F_D=(F_{B0}-F_B)-1/2(F_{A0}-F_A) \tag{3-64b}$$

$V_R=0$ 时，$F_A=F_{A0}$，$F_B=F_{B0}$，$F_D=F_{D0}=0$，$F_R=F_{R0}=0$。

联合解式(3-63)、式(3-64) 组成的微分方程组，代入初始条件后可进行数值计算，计算终止是以两者反应物较少组分的转化率达到要求时计算出的 F_{if}值为准。该计算方法从物料衡算的微分方程式开始，也适合于变温过程的计算，主要体现在速率常数随温度的变化。

3.3.6 变温过程

由于化学反应都伴随着热效应，有些热效应还相当大，即使采用各种换热方式移走热量或输入热量，对于大的工业反应装置来说都很难保证等温。对于烃类热裂解等均相平推流管式反应器的设计，只有物料衡算是不够的，还要对反应进行热量衡算，特别是工业上常用的绝热反应器更是如此。

设平推流管式反应器内，垂直于流体流动方向的任意截面上温度均匀，仅随轴向位置而变化。取微元反应体积 dV_R 作热量衡算，设在微元 dV_R 中的温度变化为 dT。进入物料 A 的摩尔流量为 F_A，总体积流量为 v_0，反应管的横截面积为 A，周长为 S，物料的平均比热容为 C_{pV}，总传热系数为 K_q，反应管内温度为 T，反应热为 ΔH_r，微元长度为 dl，换热介质的温度为 T_c，如图 3-14 所示。根据式(1-3)，则在等压下对于放热反应热量衡算关系为

单位时间 dV_R 中反应放出的热量=单位时间体系升温吸收的热量+单位时间体系向外传出的热量

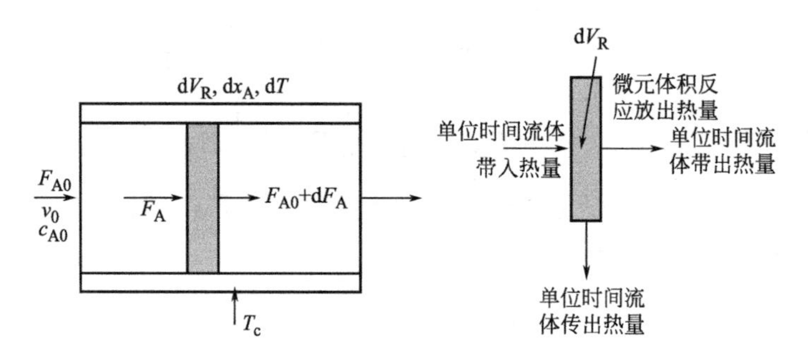

图 3-14 平推流管式反应器热量衡算

用公式表示为：

$$(-r_A)(-\Delta H_r)dV_R=v_0C_{pV}dT+K_q(T-T_c)Sdl \tag{3-65a}$$

式中，S 为单位长度反应管的管壁传热面积，$S=3.14d$；$dV_R=3.14\ (d/2)^2dl$。代入管式反应器的物料衡算方程式(3-35) 整理得

$$v_0C_{pV}\frac{dT}{dl}=F_{A0}(-\Delta H_r)\frac{dx_A}{dl}-K_q(T-T_c)S \tag{3-65b}$$

这是管式反应器的轴向温度分布方程。

式(3-65a) 可总结为一般热量衡算式，将反应热移向右侧可得：[反应热]+[物料温变热]+[传递热]=0 的一般守恒式，即式(1-3)。

以上是针对单一反应过程，若反应为复杂反应时，式(3-65b) 中只需用复杂反应的总反应热$\sum(-\Delta H_r)_i r_i$来代替单一反应的反应热（$-r_A$）（$-\Delta H_r$）即可。特别是对于绝热反应过程，其传热项为零，即

三种理想反应器的绝热温升λ只有在比热容C_{pV}用单位体积定义时才能得到同一个式子，否则不同。

$$SK_q(T-T_c)=0$$

式(3-65b) 可简化为

$$\frac{dT}{dl}=\frac{F_{A0}(-\Delta H_r)}{v_0 C_{pV}}\times\frac{dx_A}{dl}=\lambda\frac{dx_A}{dl} \tag{3-66}$$

令

$$\lambda=\frac{F_{A0}}{v_0 C_{pV}}(-\Delta H_r)=\frac{c_{A0}}{C_{pV}}(-\Delta H_r) \quad \text{（绝热温升）} \tag{3-32b}$$

同样得到与间歇釜和全混流反应器完全相同的绝热温升计算式，反应管中任意一点的温度与转化率之间的关系式同样为

$$T=T_0+\lambda x_A \tag{3-32c}$$

式中，T_0 和 T 分别为入口和对应 x_A处反应器温度。

对放热反应，反应器中某点的温度与转化率成正比；若为吸热反应，反应器中某点的温度随转化率成比例下降，λ 为负值，出口温度 T 要小于入口温度 T_0。对于恒温过程，$dT=0$，式(3-66) 简化为等温反应过程传热计算，见式(3-6)。通过式(3-32b)，只要求出 λ 值，就可由式(3-32c) 实现温度和转化率的相互确定，它是绝热反应器计算非常重要的关系式。

【例 3-13】 在 873K、0.1MPa 下的平推流管式反应器中进行甲苯的氢解反应

$$C_6H_5CH_3+H_2 \longrightarrow C_6H_6+CH_4$$

原料气中含甲苯 20%，其余为氢，原料气与甲苯的摩尔比为 5。873K 时的比热容数据如下[单位为 J/(mol·K)，下同]：$C_{p,H_2}=20.286$，$C_{p,CH_4}=0.0441T+27.87$，$C_{p,C_6H_6}=0.1067T+103.18$，$C_{p,C_6H_5CH_3}=0.03535T+124.85$。$\Delta H_r=19478.8$J/mol（吸热反应）。试求此条件下的绝热温升。当甲苯转化率为 70%时，求反应器出口温度。

解： (1) 求绝热温升

$T_0=873$K，A 表示甲苯，其初始摩尔分数为$\frac{1}{6}$，873K 时，$C_{p,H_2}=20.286$，$C_{p,CH_4}=0.0441\times873+27.87=66.37$，$C_{p,C_6H_6}=0.1067\times873+103.18=196.33$，$C_{p,C_6H_5CH_3}=0.03535\times873+124.85=155.71$。

按转化率 70%计算，苯和甲苯的平均热容为

$$C_{p,BT}=(155.71+196.33)\times0.7/2+155.71\times0.3=169.92$$

总反应气热容的近似计算为

$$C_{pm}=\frac{4}{6}C_{p,H_2}+\frac{1}{6}C_{p,CH_4}+\frac{1}{6}C_{p,BT}$$

$$=\frac{4}{6}\times 20.286+\frac{1}{6}\times(66.37+169.92)=52.90\ [\mathrm{J/(mol\cdot K)}]$$

则
$$C_{pV}=C_{pm}\rho=52.9\times 13.78=728.84[\mathrm{J/(m^3\cdot K)}]$$

因为混气体密度为

$$\rho=\frac{n}{V}=\frac{p}{RT}=\frac{0.1\times 10^6}{8.314\times 873}=13.78\ (\mathrm{mol/m^3})$$

$$c_{A0}=\frac{1}{6}\rho=2.30\mathrm{mol/m^3}$$

$$\lambda=\frac{F_{A0}(-\Delta H_r)}{v_0 C_{pV}}=c_{A0}\frac{(-\Delta H_r)}{C_{pV}}=2.3(\mathrm{mol/m^3})\times\frac{(-19478.8)\mathrm{J/mol}}{728.84\mathrm{J/(m^3\cdot K)}}=-61.47\mathrm{K}$$

(2) 反应器出口温度

$$T=T_0+\lambda x_A=873-61.47\times 0.7=829.97\ (\mathrm{K})$$

3.4 反应器类型、操作方式及过程优化

为了达到最快的反应速率、最大的主产物选择性和收率，需要对各种反应器的特性全面掌握，并对它们进行比较，对它们的组合和各种操作条件进行优化。

3.4.1 反应器类型及操作方式比较

(1) 反应器类型比较

表 3-2 是四种反应器的综合比较，可以看出，间歇反应器和平推流反应器随反应的进行反应物浓度是逐渐下降的，在反应过程中始终处于最大的反应物浓度，在一定的反应温度下可使反应速率最大。但间歇操作的缺点是有辅助操作时间，使得每天生产能力大打折扣，对于需经常改换生产品种和生产能力低的小化工企业最适合。对于稳态全混流反应器，处于最低浓度下操作，反应体积需要最大，但对于有些低级数的复杂竞争反应和自催化反应有利，有稳定和连续的优点，较适合于自动化程度高的大工业生产，也适合于高黏度物料。平推流管式反应器具备了间歇反应器反应速率快和稳态全混流反应器可连续生产操作的优点，对气相反应非常有用，生产能力大，适合于大中型企业的各种反应的连续生产，是在基本有机化工中应用最多的一种均相反应器，但对黏度较高的物料流动阻力大。全混釜的多釜串联介于单个全混釜和平推流反应器之间，可通过设计釜数和不同釜体积来调节反应特性，但反应设备稍复杂。

对于 n 级等温恒容反应，达到同样转化，在全混釜中和在平推流反应器中反应所需的反应体积之比为

$$\frac{V_{Rm}}{V_{Rp}}=\frac{\tau_m}{\tau_p}=\frac{\dfrac{x_{Af}}{(1-x_{Af})^n}}{\dfrac{1}{n-1}[(1-x_{Af})^{1-n}-1]}$$

其结果见表 3-3。从表 3-3 中可以看出，零级反应速率与浓度无关，与反应器类型也无关，转化率只与空时有关，若加料量相同，两种反应器所需的体积相等。随着反应级数的提

高，在转化率和进料量相同时全混流反应器比平推流反应器所需的反应器体积变大。在级数相同时，随转化率提高，比值增大，特别是高级数下，差别更明显。总之，正级数反应平推流反应器明显优于全混釜。当反应级数为负数时，则相反。对于多级全混釜的串联，要比单个全混釜反应物浓度高，可增加正级数反应速率，随着釜数的增加，浓度逐渐提高，可以证明当釜数无限增加时接近平推流反应器性能。在几个釜串联使用时，其性能在平推流与全混釜之间。

表 3-2　间歇釜、全混流、平推流和多釜串联反应器的综合比较

反应器	反应物浓度曲线	生产操作特点	常用物系	适宜反应
间歇釜		间歇、小批量、多品种	液相或高黏液	正级数、简单、复杂
全混流		连续、大批量、单品种	液相、高黏度	低级数、自催化、复杂
平推流		连续、大批量、单品种	气相、液相、低黏度	正级数、简单、复杂
多釜串联		连续、大批量、单品种	液相、高黏度	任意级数、简单、复杂

表 3-3　等温等容条件下平推流与全混流反应器体积比较

级　数	0	0.5	1	2	3
V_{Rm}/V_{Rp}	1	$\dfrac{-0.5x_{Af}}{1-x_{Af}-\sqrt{1-x_{Af}}}$	$\dfrac{-x_{Af}}{(1-x_{Af})\ln(1-x_{Af})}$	$\dfrac{1}{1-x_{Af}}$	$\dfrac{2}{(1-x_{Af})(2-x_{Af})}$
$x_A=0.5$	1	1.20	1.44	2.00	2.67
$x_A=0.7$	1	1.43	1.94	3.33	5.13
$x_A=0.9$	1	2.08	3.91	10	18.18

(2) 操作方式比较

如图 3-15 所示为各种反应器的加料方式和反应物浓度比较。

到底选择哪种加料方式，由生产条件和反应的动力学因素来决定，要综合考虑反应物的转化率和复杂反应的选择性与收率。特别是有副产物的平行竞争反应，要遵循高浓度有利于高级数反应，低浓度有利于低级数反应规律，即“高-高、低-低”规律，同时要充分考虑物料价格和进一步的分离因素。

3.4.2　组合反应器的特点

(1) 管式反应器串联和并联

管式反应器的串联和并联如图 3-16 所示。对图 3-16(a) 所示的串联，每个反应器应用设计公式(3-36)，以前两个反应器为例

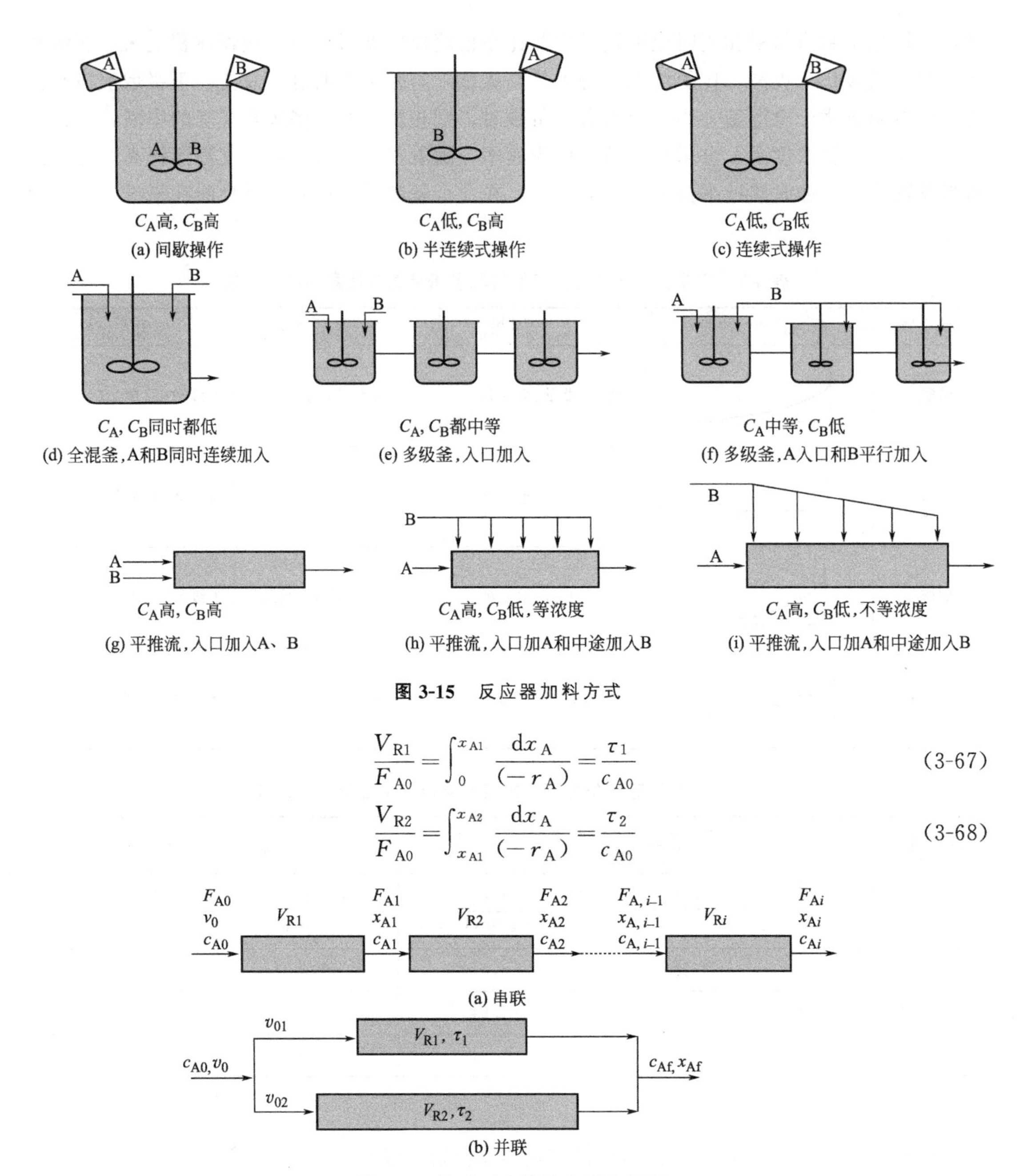

图 3-15 反应器加料方式

$$\frac{V_{R1}}{F_{A0}}=\int_{0}^{x_{A1}}\frac{dx_A}{(-r_A)}=\frac{\tau_1}{c_{A0}} \tag{3-67}$$

$$\frac{V_{R2}}{F_{A0}}=\int_{x_{A1}}^{x_{A2}}\frac{dx_A}{(-r_A)}=\frac{\tau_2}{c_{A0}} \tag{3-68}$$

图 3-16 管式反应器的串联和并联

将式(3-67) 和式(3-68) 左右相加，可得

$$\frac{V_{R1}+V_{R2}}{F_{A0}}=\int_{0}^{x_{A1}}\frac{dx_A}{-r_A}+\int_{x_{A1}}^{x_{A2}}\frac{dx_A}{-r_A}=\int_{0}^{x_{A2}}\frac{dx_A}{-r_A}=\frac{\tau_1+\tau_2}{c_{A0}} \tag{3-69}$$

也就是说两个相串联的管式反应器，相当于一个 $V_{R1}+V_{R2}$ 的大反应器。在一定的反应温度和转化率 x_{A2} 要求下，反应器体积的增加，可成比例地提高处理能力 F_{A0}。若保持反应温度和处理能力不变，串联上一个体积为 V_{R2} 的反应管可使反应物的转化率由 x_{A1} 提高到 x_{A2}。

对图 3-16(b) 所示的并联，每个反应器达到同样的转化率时效果最好。由于入口处具有相同的反应物浓度 c_{A0}，因此，可通过合理分配两个反应器的进料量 v_{01} 和 v_{02}，以达到相同的反应时间（空时）和相同的转化率。对两个反应器分别应用式(3-36)，有：

$$\frac{V_{R1}}{v_{01}}=\frac{V_{R2}}{v_{02}}=\frac{V_{R1}+V_{R2}}{v_{01}+v_{02}} \tag{3-70}$$

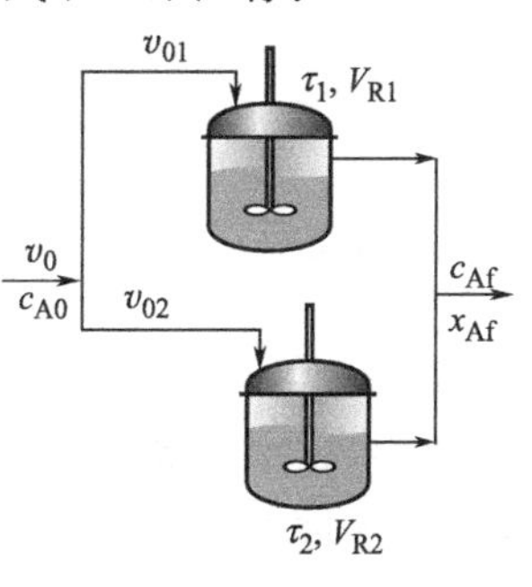

图 3-17　全混釜的并联

在 V_{R1} 上并联 V_{R2} 的管式反应器，它的处理能力也增加了同样的倍数，图 3-16(a) 达到同样转化效果，只是流动阻力增加了一倍。

(2) 全混釜并联

从图 3-17 可知，两个反应釜的体积分别为 V_{R1} 和 V_{R2}，进入两个反应器的体积流量分别为 v_{01} 和 v_{02}，摩尔流量分别为 F_{A01} 和 F_{A02}，则应满足出口转化率和反应时间相同。又因为

$$v_{01}+v_{02}=v_0 \tag{3-71a}$$

$$F_{A01}+F_{A02}=F_{A0} \tag{3-71b}$$

下面对两个釜分别应用设计公式(3-13)，当满足右边相同时，必须满足 $\tau_1=\tau_2$，即

$$\frac{V_{R1}}{v_{01}}=\frac{V_{R2}}{v_{02}}=\frac{V_{R1}+V_{R2}}{v_{01}+v_{02}} \tag{3-72}$$

也就是说，要使两个反应温度相同的全混釜并联，应保持反应物在两个并联釜中的空时相等。两个全混釜的并联在实际生产中的意义也是成比例地增加了进料体积，提高了生产能力。

(3) 全混釜串联管式反应器

对自催化反应和某些生物催化出现速率极值（最大）的过程，常用全混釜和平推流管式反应器的串联，如图 3-18 所示。

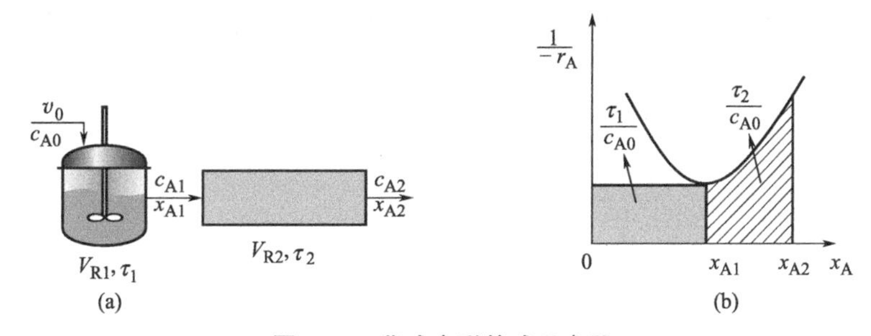

图 3-18　釜式串联管式反应器

从图 3-18 中可看出，用单一全混流或平推流反应器，其面积要比平推流管式反应器的大，而将两种反应器相串联，可使积分面积最小，即总空时最小，需釜式在前、管式在后。关于最佳点 x_{A1} 的简单求取有两种办法：一种是在图 3-18(b) 曲线上直接读取最低点的横坐标值或使 $\frac{d(\tau_1+\tau_2)}{dx_A}=0$，解出 x_{A1}；另一种是求反应速率最大时的转化率，当 $\frac{d(-r_A)}{dx_A}=0$，解出 x_{A1}。

3.4.3　复杂反应过程的优化

(1) 反应物浓度对复杂反应选择性的影响

对平行反应

$$
A \begin{cases} \nearrow R & r_R = k_1 c_A^n \\ \searrow D & r_D = k_2 c_A^m \end{cases} \tag{3-73}
$$

式中，n 为主反应级数；m 为副反应级数。目的产物 R 的瞬时选择率定义为

$$
s' = \frac{r_R}{r_D} = \frac{k_1}{k_2} c_A^{n-m} \tag{3-74}
$$

瞬时选择率与瞬时选择性的变化规律是一样的。若两个反应级数相等，即 $n=m$ 时，选择率只与温度有关，而与反应物浓度无关，这时无论什么样的反应器型式，其瞬时选择性都等于反应器的总选择性。当 $n>m$ 时，随反应物浓度 c_A 提高，选择性提高，这时在连续生产中优先选择近平推流的管式反应器，其次是多釜串联反应器，而不选择全混釜反应器。当 $n<m$ 时，随 c_A 的降低，选择性提高，因此反应器的选择次序是全混釜、多釜串联和平推流反应器。也就是说，高浓度有利于高级数反应，低浓度有利于低级数反应。这一规律也同样适合连串反应，要比较主产物的生成和消耗级数的大小。又如

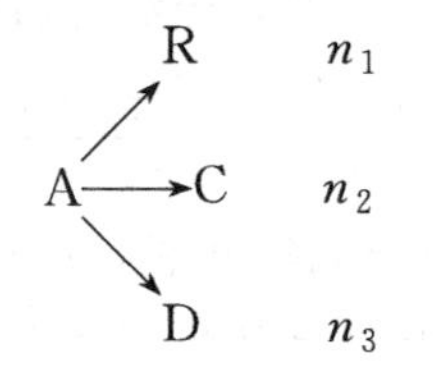

三个平行反应，R 为目的产物，$n_2<n_1<n_3$，主反应级数处在两者之间，反应物 A 的浓度也有最佳值，可通过对 $s_R=r_R/(r_R+r_C+r_D)=f(c_A)$ 求导求取其最佳 c_A 值，此时选用多釜串联或分批加料方式较好。

(2) 反应温度对复杂反应的影响。

同 2.4.3 的选择性影响规律相同。适用于各种反应器，先由反应级数确定反应器类型，然后再进行温度的优化调节。

对于连串平行反应

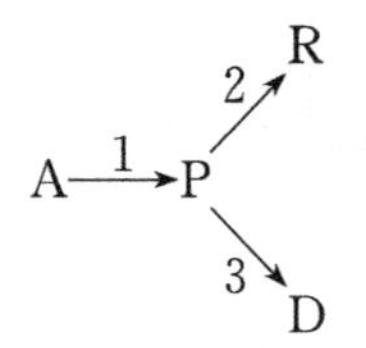

R 为目的产物，且 $E_2<E_1<E_3$。因为 $E_3>E_2$，低温有利于 P 生成 R，控制反应后期，后一步的平行反应温度是提高 R 选择性的关键。为了提高反应速率，反应初期适当提高反应温度，后期则降低反应温度。

对于可逆反应，其反应热 $\Delta H=E_1-E_2$，吸热反应，$\Delta H>0$，$E_1>E_2$。放热反应 $\Delta H<0$，$E_1<E_2$。如果是可逆吸热反应，正反应的活化能高，逆反应活化能低，提高反应温度使正逆反应都加快，在动力学有利。同时，正反应速率的加快高于逆反应，又使平衡向右移动，在热力学上增大了平衡常数。所以，在其他条件允许的情况下，应尽可能地提高反应温度。而对于可逆放热反应来说，提高温度，k_2 比 k_1 增加快，使平衡常数变小，会使可逆反应的平衡转化率减小，在动力学上和热力学上存在矛盾，这就存在最佳操作温度问题。

对于一级可逆放热反应

$$A \underset{k_2}{\overset{k_1}{\rightleftharpoons}} B$$

在恒容过程纯 A 加料反应时，反应速率方程为

$$-r_A = k_1 c_A - k_2 c_R \tag{3-75}$$

而

$$k_1 = k_{10}\exp(-E_1/RT) \tag{3-76a}$$

$$k_2 = k_{20}\exp(-E_2/RT) \tag{3-76b}$$

式(3-75) 反映了 $(-r_A)$-x_A-T 之间的关系，当给定一个参数值以后，就可确定另外两个变量之间的关系。当 $-r_A$ 一定时，k_1 和 k_2 都是温度的函数，$\frac{dx_A}{dT}=0$，此时的反应温度就为最优温度 T_{opt}。当将式(3-76a)、式(3-76b) 代入式(3-75)，对式(3-75) 求导后，可通过 $\left.\frac{d(-r_A)}{dT}\right|_{x_A=c}=0$，整理后，很方便求出最优反应温度 T_{opt}

$$T_{opt} = \frac{E_1 - E_2}{R\ln\frac{E_1 k_{10}(1-x_A)}{E_2 k_{20} x_A}} \tag{3-77}$$

式(3-77) 说明，在 $-r_A \neq 0$ 恒定时，每个温度对应着它的最大转化率。

在一级可逆反应达到平衡时，净反应速率为零，即 $-r_A=0$，根据式(3-75)，有平衡温度

$$T_e = \frac{E_1 - E_2}{R\ln\frac{k_{10}(1-x_{Ae})}{k_{20} x_{Ae}}} \tag{3-78}$$

在一定转化率 x_{A1} 时，它的平衡温度要大于最佳温度，其关系式为

$$\frac{T_e}{T_{opt}} = 1 + \frac{\ln\left(\frac{E_1}{E_2}\right)}{\ln\left[\frac{k_{10}(1-x_A)}{k_{20} x_A}\right]} \tag{3-79}$$

可逆放热反应的转化率与最佳操作温度如图 3-19 所示。

显然，最优操作温度和平衡温度分别是在最大反应速率和零反应速率时求出来的，从图 3-19 可看出，在转化率一定时，随着温度的提高，净反应速率先增加后下降，经过最大值后又开始下降直至净速率为零，即平衡状态；在温度 T' 一定时，随转化率的提高，净反应速率也连续下降，最后也达到平衡，即该温度下的最大转化率。使反应速率最大的温度轨迹（斜虚线）就是最优操作温度线，也叫做最优温度操作程序。只要使反应温度控制在最优温度轨迹附近，就会使反应速率始终保持在最大，反应器的体积最小。在实际生产中，首先选择的操作方式是绝热操作，对这类可逆放热反应常采用级间冷却降温的多段绝热操作，并总体上边反应边冷却。只要能接近或围绕这条线操作就可以了，见图 3-19 中的折线部分，随转化率的提高，为了不受化学平衡的限制，反应温度要逐渐降低。

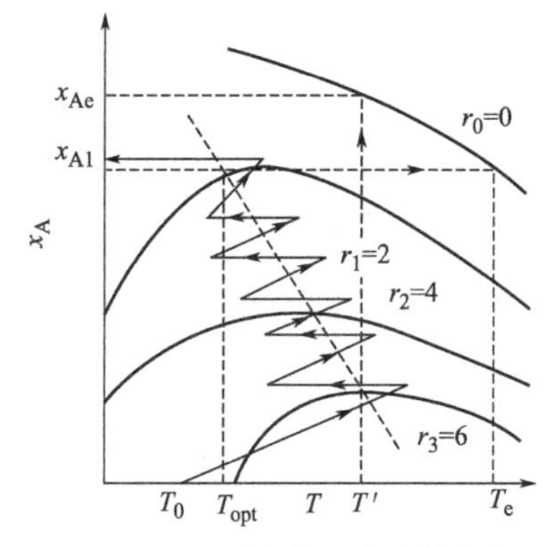

图 3-19 可逆放热反应的转化率与最佳操作温度

本章重要内容小结

1. 间歇釜式反应器和平推流反应器（恒容过程）

（1）反应时间 $$t=\int_{c_{Af}}^{c_{A0}}\frac{dc_A}{-r_A}=\tau(\text{平推流等容})$$

具体公式同第 2 章的等温等容过程积分式。

（2）反应体积 $$V=v_0(t+t_0)$$

2. 全混流反应器（恒容过程）

空时和空速 $$\tau=\frac{V_R}{v_0},\qquad s=1/\tau$$

（1）基本设计方程 $$\tau=\frac{c_{A0}-c_{Af}}{-r_{Af}}=\frac{c_{Rf}}{r_{Rf}}\quad\text{（适用各种条件）}$$

（2）N 个等体积釜串联一级不可逆反应总转化率与每釜空时关系

$$1-x_{AN}=\frac{1}{(1+k\tau_i)^N},\qquad \tau_i=\frac{V_{Ri}}{v_0}=\frac{V_R}{Nv_0}=\frac{\tau_t}{N}$$

（3）任意级数多釜串联图解设计方程为

$$-r_{Ai}=\frac{1}{\tau_i}c_{Ai-1}-\frac{1}{\tau_i}c_{Ai}$$

3. 复杂反应选择性与收率

（1）瞬时选择性

$$s=\frac{\text{瞬时反应生成主产物 R 时消耗限定组分 A 的反应速率}}{\text{瞬时限定组分 A 总的消耗速率}}=\frac{r_{AR}}{-r_A}$$

（2）R 的总选择性和总收率

$$S_R=c_{Rf}/(c_{A0}x_{Af}),\qquad Y_R=c_{Rf}/c_{A0}=x_{Af}S_R$$

（3）全混釜瞬时选择性等于总选择性。平推流和间歇釜反应器瞬时选择性与总选择性的关系为

$$S=\frac{1}{c_{A0}-c_{Af}}\int_{c_{Af}}^{c_{A0}}s(c_A)dc_A\quad\text{（积分平均）}$$

4. 一级连串反应

在三种理想反应器中都存在中间产物的最佳反应时间和最大中间产物浓度，它们只与两步反应速率常数有关。

（1）全混釜：最佳时间 $$\tau_{opt}=\frac{1}{\sqrt{k_1k_2}}\quad\text{（几何平均）}$$

最大收率 $$Y_{Rmax}=\frac{1}{\left(1+\sqrt{\frac{k_2}{k_1}}\right)^2}$$

（2）平推流（间歇釜）：最佳时间 $$\tau_{opt}=\frac{\ln\frac{k_1}{k_2}}{k_1-k_2}\quad\text{（对数平均）}$$

最大收率 $$Y_{Rmax}=\left(\frac{k_1}{k_2}\right)^{\frac{k2}{k2-k1}}$$

5. 平推流管式反应器

(1) 微分式 $F_{A0}dx_A=(-r_A)dV_R$

(2) 积分式 $\dfrac{V_R}{F_{A0}}=\dfrac{\tau}{c_{A0}}=\int_0^{x_{Af}}\dfrac{dx_A}{-r_A}$ (适用各种条件)

等容过程具体公式同第2章间歇反应等温等容公式。

(3) 对变容过程，用转化率作自变量，引入膨胀率。

一级不可逆 $k\tau=-(1+x_{Af})\ln(1-x_{Af})-\varepsilon_A x_{Af}$

双分子二级不可逆 $k\tau c_{A0}=\dfrac{(1+\varepsilon_A)^2x_{Af}}{1-x_{Af}}+\varepsilon_A^2x_{Af}+2\varepsilon_A(1+\varepsilon_A)\ln(1-x_{Af})$

6. 热量衡算式

(1) 等温间歇釜 $(-r_A)(-\Delta H_{Ar})V=K_qA\Delta t_m$

(2) 变温全混釜 $(-r_{Af})(-\Delta H_{Ar})V_R=K_qA\Delta t_m+C_{pV}v\Delta T$

(3) 变温平推流 $v_0C_{pV}\dfrac{dT}{dl}=F_{A0}(-\Delta H_r)\dfrac{dx_A}{dl}-K_qS(T-T_c)$

(4) 间歇釜、全混釜和平推流反应器的绝热温升都可表示为 $\lambda=c_{A0}(-\Delta H_r)/C_{pv}$。

(5) 三种理想反应器的绝热反应温度与转化率的关系为 $T-T_0=\lambda x_A$。

7. 复杂反应优化

(1) 高浓度有利于高级数反应，选择平推流或间歇釜反应器低浓度有利于低级数反应，选择全混釜反应器；中间级数选择中间浓度反应器。

(2) 高温度有利于高活化能反应，低温度有利于低活化能反应，中间活化能选择最优温度；简单反应和可逆吸热反应高温有利；

(3) 对可逆放热反应，按最优温度操作线采用边反应边冷却方式最佳。

习　题

一、计算题

3-1 在反应体积为 $1m^3$ 的间歇操作釜式反应器中，环氧丙烷的甲醇溶液与水反应生成丙二醇

$$H_2COCHCH_3+H_2O\longrightarrow H_2COHCHOHCH_3$$

该反应对环氧丙烷为一级，反应温度下的速率常数为 $0.98h^{-1}$，原料液中环氧丙烷的浓度为 $2.1kmol/m^3$，环氧丙烷的最终转化率为90%。若辅助时间为0.65h，一天24h连续生产，试求丙二醇的日产量是多少？

3-2 一个含有A和B液体（$c_{A0}=0.10mol/L$、$c_{B0}=0.04mol/L$），以体积流量2L/min流入容积 $v=10L$ 的全混流反应器，物料在最佳的条件下进行反应 $A\longrightarrow 2B+C$。已知由反应器流出的物料中含有A、B和C，$c_{Af}=0.04mol/L$。试求：在反应器内条件下，A、B和C的反应速率？

3-3 一个二级液相反应

$$A+B\underset{k_2}{\overset{k_1}{\rightleftharpoons}}R+S$$

其中，$k_1=7L/(mol\cdot min)$，$k_2=3L/(mol\cdot min)$。

反应是在一个容积为 120L 的稳态全混流反应器中进行的，两条加料线，一个保持 2.8mol/L 反应物 A 的加料浓度，另一个保持 1.6mol/L 反应物 B 的加料浓度，两条线分别以等体积速率进入反应器，要求指定组分转化率为 75%。求每条线的加料流量？假设反应器内密度为常数。

3-4 某液相二级反应 $A+B \longrightarrow R+S$，其速率常数 $k=9.92m^3/(kmol\cdot ks)$，在全混流反应器中进行，$c_{A0}=c_{B0}=2mol/L$，要使出口 A 的转化率达 0.875。求：

(1) 在单个全混釜中进行，进料体积为 $0.278m^3/ks$，求全混釜体积；

(2) 当进料体积流量不变，用两个相等体积的釜，求全混釜总体积。

3-5 在等温全混流釜式反应器中进行下列液相反应：

$$A+B \longrightarrow P\ (\text{目的})\quad r_P=2c_A\quad [kmol/(m^3\cdot h)]$$

$$2A \longrightarrow R\quad r_R=0.5c_A\quad [kmol/(m^3\cdot h)]$$

$$c_{A0}=c_{B0}=2kmol/m^3$$

试计算空时为 2h 时 A 的转化率和产物 P 的收率？

3-6 图解设计一个四釜等体积串联釜式反应器，$\varepsilon_A=0$，A 初始浓度为 2mol/L，要求转化率为 80%，$-r_A=3c_A mol/(L\cdot min)$，求每釜的空时 τ_i 和总反应空时。

3-7 在等温操作下的间歇釜中进行某一级液相反应，13min 后反应物转化了 70%，若把此反应移到平推流反应器和全混流反应器中进行，达到相同的转化率所需的空时和空速为多少？

3-8 在某一全混流反应器中进行均相液相反应 $A \longrightarrow R$，$-r_A=kc_A^2$，转化率 $x_A=0.50$。其他数值不变，

(1) 若把反应器的体积增大到原来的 6 倍，转化率为多少？

(2) 若反应在一个与其容积相同的平推流反应器中进行，转化率为多少？

3-9 在 555K、0.3MPa 的平推流管式反应器中进行 $A \longrightarrow P$ 的气相反应。已知进料中含 30%（摩尔分数）A，其余为惰性物料，A 的加料流量为 6.3mol/s，动力学方程为 $-r_A=0.27c_A mol/(m^3\cdot s)$。

为了达到 95%的转化率，试求反应器的容积大小？

3-10 一级气相反应 $2A \longrightarrow R+2S$ 在平推流管式反应器中进行，当空速为 $1min^{-1}$ 时，纯 A 进料的转化率为 90%。求在 A 的转化率为 95%时，该反应器的单位体积进料量。

3-11 均相反应 $A \longrightarrow 3R$，服从二级反应动力学，在 0.5MPa、623K 和 $v_0=4m^3/h$ 纯 A 进料下，采用一内径为 2.5cm、长 2m 的实验反应器能获得 60%转化率。为设计工业规模的反应器，当处理量为 $320m^3/h$ 时，进料中含 50%A 和 50%惰性物，同样在 0.5MPa、623K 下反应，要达到 80%转化率，试问：需内径 2.5cm、长 2m 的管子多少根？

3-12 在恒容间歇反应器中，气相反应物 A 在 373K 时分解，得到的数据如下。反应的化学计量关系是 $2A \longrightarrow R+S$，在 373K、0.1MPa 下处理含有 20%惰性气体的进料 100mol (A)/h，要求 A 的转化率为 95%。问需要多大的平推流反应器？

t/s	0	20	40	60	80	100	140	200	260	330	420
$p_A\times10/MPa$	1	0.8	0.68	0.56	0.45	0.37	0.25	0.14	0.08	0.04	0.02

3-13 一个 $2m^3$ 的平推流管式反应器，进行 $A \rightleftharpoons R$ 的一级可逆反应，其反应速率方程为：$-r_A=0.04c_A-0.01c_R$，mol/(L·min)。进料中含有 $c_{A0}=0.1$mol/L 的 A 水溶液，入口流量 $v_0=2$L/min。试求：

(1) 平衡转化率；

(2) 在反应器中的实际转化率。

3-14 在一个平推流反应器中进行下列反应

$$A \xrightarrow{k_1} R \xrightarrow{k_2} S$$

反应均为一级，反应温度下，$k_1=0.3\text{min}^{-1}$，$k_2=0.10\text{min}^{-1}$，进料 A 的浓度为 c_{A0}，进料流量为 150L/min。试计算目的产物 R 的最高收率和最大选择性，以及达到最大收率时所需的反应体积。若该反应在全混釜中进行，最大选择性、收率和釜体积又如何？

3-15 二级液相反应，反应物浓度为 1mol/L，进入两个相串联的全混流反应器中，$\frac{V_{R1}}{V_{R2}}=\frac{1}{2}$，在第一个反应器出口处 A 的浓度为 0.5mol/L。求第二个反应器出口处 A 的浓度。

3-16 有一个二级液相反应 $A \longrightarrow R$，在一个全混流反应器后串联一个平推流管式反应器中进行，进料中 A 的浓度为 4mol/L，在全混釜出口处 A 的浓度经测定为 1mol/L，平推流管式反应器的体积是全混流反应器体积的 3 倍。试求，平推流管式反应器出口 A 的转化率。

3-17 下列反应

$$A+B \longrightarrow R \qquad r_1=k_1c_Ac_B^2$$

$$A+B \longrightarrow D \qquad r_2=k_1c_A^2c_B$$

(1) 若 R 是目的产物，选择哪种反应器和加料方式好，为什么？

(2) 若 D 是目的产物，选择哪种反应器和加料方式好，为什么？

3-18 有一个自催化反应 $A+A \longrightarrow P+P$，其速率方程为 $-r_A=kc_Ac_P$，kmol/(m^3·min)，反应温度下 $k=1\text{m}^3/(\text{kmol}\cdot\text{min})$，$c_{A0}=2\text{kmol/m}^3$，处理量为 1kmol/h(99%A，1%P)，要求最终转化率为 90%。

(1) 根据反应特征怎样确定反应器型式及组合？

(2) 计算两个最小的反应体积。

(3) 在平推流中反应。

3-19 在等温平推流管式反应器中，进行丁二烯和乙烯合成环己烯的气相反应

$$C_4H_6(A)+C_2H_4(B) \longrightarrow C_6H_{10}(R)$$

反应速率方程为 $-r_A=kc_Ac_B$，$k=3.16\times10^7\exp(-13840/T)$，L/(mol·s)。两种反应物在 440℃、101325Pa 下等摩尔加入反应器，反应热效应为 -125600kJ/mol。当丁二烯的转化率为 12%时，求反应时所移走的总热量？若该反应在绝热条件下完成，求反应器的出口温度？气体比热容为常数：$C_{pA}=154$kJ/(mol·K)，$C_{pB}=85.6$kJ/(mol·K)，$C_{pR}=249$kJ/(mol·K)。

二、思考题

3-1 用于物质衡算和热量衡算的通用守恒关系式如何？各项代表什么物理意义？

3-2 间歇釜等容反应过程的设计公式为什么与平推流反应器和第 2 章的均相反应动力学的等温等容积分式完全雷同?

3-3 试比较零级、一级和二级不可逆反应在全混釜和平推流反应器中的设计公式?

3-4 等温变容过程平推流反应器的设计公式应用于不可逆一级和二级反应过程的积分公式如何推导?

3-5 三种理想反应器各有何特点? 加料方式与形成的浓度规律如何?

3-6 分别给出三种理想反应器的物质衡算式和热量衡算式，对比其异同点? 给出符号的物理意义?

3-7 当反应体系物料的比热容以单位体积来定义 (C_{pV}) 时，证明绝热时三种理想反应器的绝热温升和转化率与温度关系具有相同的公式，

即 $\lambda=(c_{A0})(-\Delta H_r)/(c_{pV})$，式中 c_{A0} 为初始浓度，ΔH_r 为反应热；$T=T_0+\lambda x_A$，式中 T_0 为初始温度，x_A 为反应转化率，T 为出口或终态温度。

3-8 四类组合反应器各有什么特点? 最佳应用场合是什么?

a. 多个全混釜的串联；

b. 平推流管式反应器的串联与并联；

c. 全混釜与平推流管式反应器串联；

d. 全混釜的并联。

3-9 平行反应在全混釜和平推流反应器中的瞬时选择性与总选择性关系如何?

3-10 图解计算反应器的基本方法是什么? 多釜串联的图解设计的步骤有哪些?

3-11 比较一级连串反应在全混釜中和平推流反应器中的最佳反应时间和最大收率关系式?

第 4 章

非理想流动反应器设计

本章学习要求

1. 充分了解返混、混合、年龄、无量纲时间和方差、混合态（宏观流体、微观流体、早混合、晚混合）等概念，掌握分布函数和密度函数概念；

2. 熟练掌握用脉冲注入和阶跃注入示踪剂探求停留时间分布函数和密度函数的方法以及相互转换计算；

3. 熟练掌握停留时间分布的统计计算方法——数学期望和方差计算；

4. 熟练掌握有量纲函数与无量纲函数转换，包括密度函数、分布函数、方差等，掌握理想流动模型；

5. 深入掌握用多釜串联模型设计计算有返混的实际流动反应器，包括一级不可逆反应的公式计算、二级不可逆反应的查图计算和任意级数反应的图解计算；

6. 掌握离析流模型的应用，解决有返混时的一级反应和宏观流体计算问题。

从流体流动状态角度看，第 3 章介绍的平推流反应器和全混流反应器是针对反应器中流体流动处于理想化的两个极端情况。在实际工业反应器中，很难达到这两种极端流动。通过分析可以发现，反应器中流体流动特性对其化学反应过程的推动力、转化率和选择性等都具有重要的影响。反应物料在反应器内的停留时间分布（RTD）是本章唯一的评价实际反应器中物料流动状况的重要依据，通过实验测定不同流体微元在不同反应器中的停留时间分布，可以大概了解反应器偏离理想状况的程度。同类型的反应器可能具有不同的 RTD，而有些不同类型的反应器则可能具有相同的 RTD。物料在工业反应器中最重要流动特征是具有“返混”，返混是进入反应器中不同停留时间物料间的混合，而混合现象未必都造成返混，它是流体最小单元的相对位置变化。对于返混的描述与度量是解决反应物料具有不同反应时间的非理想流动反应器设计的关键。流体的 RTD 测定就是利用示踪实验，测定示踪剂通过反应器后的浓度，随时间的变化确定两个函数，即分布函数和密度函数，进行统计分析。

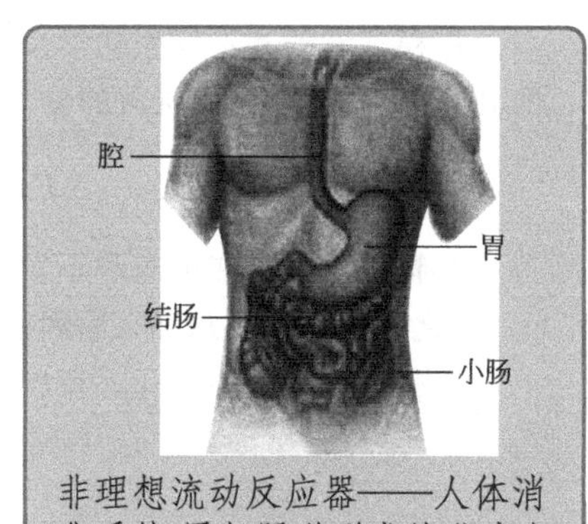

非理想流动反应器——人体消化系统,胃与肠道形成的釜式与管式实际流动的串联组合反应器，完成食物的生物消化反应。

4.1 流体停留时间分布函数和分布密度函数

大量分子的集合所组成的流体称为流体粒子或流体微元。在连续流动反应器中流体微元从反应器入口到反应器出口所经历的时间称为停留时间或流体微元的年龄。反应程度与反应物料在反应器内停留时间的长短有关，时间越长，反应进行得越完全。问题是当流体在反应器中停留时间不一致时怎样计算转化率？在间歇釜和平推流反应器中就没有这个问题，它们不存在物料反应时间不一致现象。而真实流动的反应器都或大或小地存在这一问题，这就是所谓的返混。为此，从流体的微观组成考察入手，先进行示踪实验研究，然后，对大量分子的集合体进行统计分析和数学描述。

4.1.1 停留时间分布的定量描述

返混与停留时间分布都是连续式反应器的重要性质，直接决定着反应器性能的优劣，影响反应的产率。流体微元在反应器中的停留时间分布，实际上是一个随机过程，但具有一定的统计规律，可以利用随机函数来表示，即停留时间分布函数和停留时间分布密度函数。

（1）停留时间分布函数 $F(t)$

当流体以稳定的流量流入反应器而不发生化学变化时，瞬间加入 N 个第二种流体粒子，其中停留时间介于 $0\sim t$ 之间的流体粒子数 m 所占的分率为停留时间分布函数 $F(t)$。

$$F(t)=\frac{m}{N} \qquad F(t)\propto[0,1] \quad (m\leqslant N) \tag{4-1}$$

其物理意义是指在定态和不发生化学反应时，在流过反应器的物料中，停留时间小于 t 的物料占总加入物料的分率。它代表了从流体进入反应器算起到 t 时刻为止共流出反应器的流体微元的百分数。

（2）停留时间分布密度函数 $E(t)$（概率密度函数）

在稳态流动和不发生化学反应时，在同时瞬间加入的 N 个流体粒子中，在某一时刻 t 的 $\mathrm{d}t$ 时间内流出粒子所占的分率称为停留时间分布密度函数 $E(t)$。

$$E(t)=\frac{\mathrm{d}F(t)}{\mathrm{d}t} \qquad E(t)\propto[0,\infty] \tag{4-2}$$

其物理意义是在定态和不发生化学反应时，在流过反应器的物料中，停留时间介于 t 和 $t+\mathrm{d}t$ 之间的物料占总加入物料的分率。

进行数学上的归一化，可以发现

$$F(\infty)=\int_0^{\infty}E(t)\mathrm{d}t=1 \tag{4-3}$$

$$\boxed{F(t)=\int_0^{t}E(t)\mathrm{d}t} \tag{4-4}$$

4.1.2 RTD 的实验测定

停留时间实验测定采用的是示踪应答技术，输入示踪物为激励，输出示踪物为响应。示踪物加入的常见方法有阶跃注入法和脉冲注入法，这两种方法在数学上较易处理。可用的示踪剂很多，一般是利用示踪剂光学、电学、化学或放射性等特点，能在出口检测到。示踪剂除了要求不与主流体发生反应外，还应具备易与主流体相容、检测灵敏、线性范围宽、不发生相转移，最好计算机易采集。

(1) 阶跃示踪法

阶跃示踪法就是将在系统中作定常流动的流体切换为流量相同的含有示踪剂的第二种流体，其测定的RTD曲线如图4-1所示。也可以采用直接向主流体中连续加入示踪剂的办法来完成，只要示踪剂的流量连续和稳定，且其流量要远小于主流体流量，所得的结果与相互切换的办法完全一样，都属于阶跃法。稳定加入的示踪剂浓度为c_0，此时出口检测的示踪剂浓度为$c(t)$，可用它与c_0的比值直接求停留时间分布函数，$\boxed{F(t)=c(t)/c_0}$。根据式(4-2)有

$$\boxed{E(t)=\frac{\mathrm{d}F(t)}{\mathrm{d}t}=\frac{\Delta F(t)}{\Delta t}=\frac{\Delta\left(\frac{c}{c_0}\right)}{\Delta t}=\frac{\Delta c}{c_0\Delta t}} \tag{4-5}$$

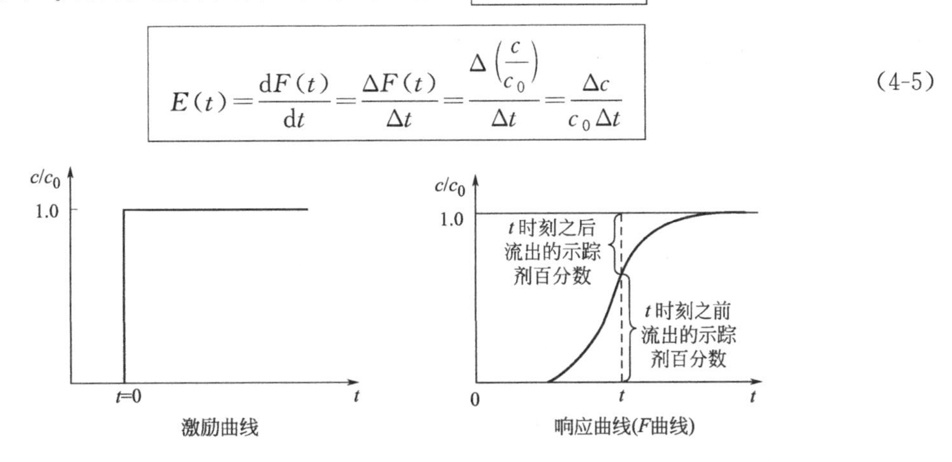

图4-1 阶跃示踪法的激励-响应曲线

(2) 脉冲示踪法

脉冲示踪法是在极短的时间内，在系统入口处向流进系统的流体中加入一定量的示踪剂。实际的输入操作时间可能是0.5s、1s、3s或更长，由仪器对示踪剂的检测灵敏度决定。输入示踪剂后，立刻检测系统出口处流体中示踪剂浓度$c(t)$随时间的变化。这种检测应该是连续的，否则得到的将是离散的结果。对于气体系统，常用的检测方法是热导分析；对电解质溶液系统较多采用电导率分析等。总之，是通过某些物理性质的变化来确定其浓度变化。

如果系统出口检测的不是示踪剂的浓度而是其他物理量（如电导率等），由分布密度计算式（4-5）可知，只要这些物理量与浓度呈线性关系，就可直接将响应测定值代入计算式求出$E(t)$，无须换算成浓度后再代入。还需指出，如果所得的响应曲线拖尾过长，即有小部分流体的停留时间很长时，式中分母的积分值就不易准确计算，此情况下，应尽量使输入的示踪剂量已知，以避免由于积分计算所带来的误差。

示踪物衡算：在Δt时间间隔内向流量为v_0的流体中加入总量为N的示踪物，则t时刻流出示踪剂的检出量

$$m=\int_0^t v_0 c(t)\mathrm{d}t \tag{4-6}$$

$$N=\int_0^\infty v_0 c(t)\mathrm{d}t \tag{4-7}$$

则

$$F(t)=\frac{m}{N}=\frac{\int_0^t v_0 c(t)\mathrm{d}t}{\int_0^\infty v_0 c(t)\mathrm{d}t}=\frac{\int_0^t c(t)\mathrm{d}t}{\int_0^\infty c(t)\mathrm{d}t} \tag{4-8}$$

$$
\boxed{E(t)=\frac{\mathrm{d}F(t)}{\mathrm{d}t}=\frac{c(t)}{\int_0^{\infty}c(t)\mathrm{d}t}} \tag{4-9}
$$

从图 4-2 看出，由脉冲实验可直接得到示踪剂的浓度曲线（c 曲线），再由 c 曲线缩小 N/v_0 倍后直接得到分布函数密度（E 函数），即 $E(t)=v_0c(t)/N$。式(4-7) 两端除以 N，得

$$
\int_0^{\infty}\frac{v_0c(t)}{N}\mathrm{d}t=\int_0^{\infty}E(t)\mathrm{d}t=1 \tag{4-10}
$$

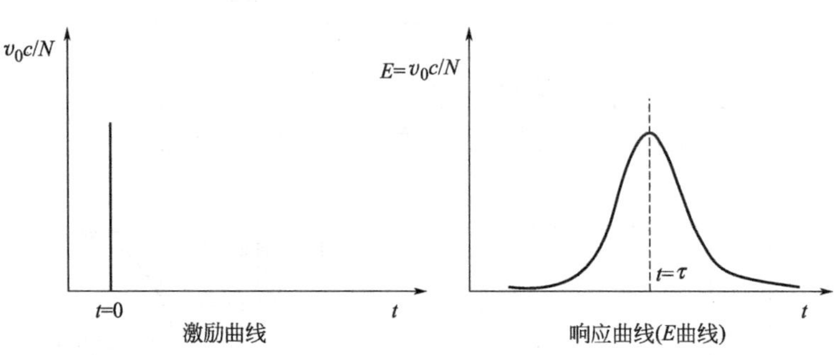

图 4-2 脉冲示踪法的激励-响应曲线

【例 4-1】 测定某一反应器停留时间分布规律，示踪剂脉冲注入反应器，测定出口浓度随时间的变化关系如下所示：

出口示踪剂浓度随时间的变化

时间 t/min	0	1	2	3	4	5	6	7	8	9	10	12	14
出口示踪剂浓度 $c/(\mathrm{g/m^3})$	0	1	5	8	10	8	6	4	3	2.2	1.5	0.6	0

画出 $c(t)$、$E(t)$ 函数随时间变化的关系曲线，并确定在反应器内停留时间在 3～6min 以及不超过 3min 的流体所占分率，求停留时间分布函数 F。

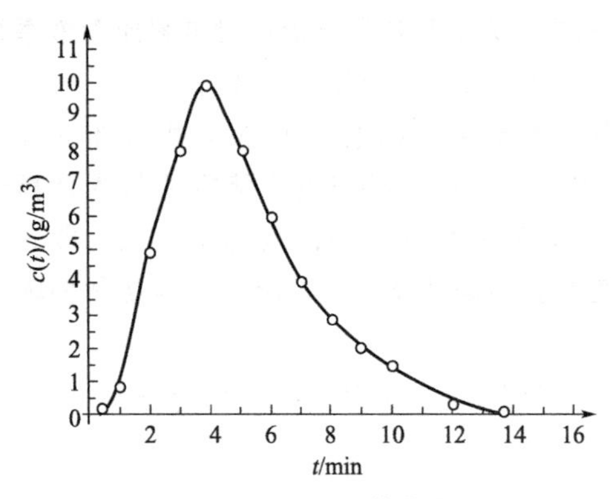

图 4-3 $c(t)$ 函数曲线

解： 首先画出 $c(t)$ 函数曲线，如图 4-3 所示。

由式(4-9)，求 $E(t)$ 函数曲线，需计算 $\int_0^{\infty}c(t)\mathrm{d}t$，该积分为 $c(t)$ 曲线下的面积

$$
\int_0^{\infty}c(t)\mathrm{d}t=\int_0^{10}c(t)\mathrm{d}t+\int_{10}^{14}c(t)\mathrm{d}t
$$

以梯形公式对上式右端第一项作数值积分

$$
\begin{aligned}
\int_0^{10}c(t)\mathrm{d}t=&\frac{c(0)}{2}+c(1)+c(2)+c(3)+c(4)+c(5)+c(6)\\
&+c(7)+c(8)+c(9)+\frac{c(10)}{2}\\
=&1+5+8+10+8+6+4+3+2.2+1.5/2\\
=&47.95\ (\mathrm{g\cdot min/m^3})
\end{aligned}
$$

以梯形公式计算第二项积分

$$\int_{10}^{14} c(t)\mathrm{d}t=\left[\frac{c(10)}{2}+c(12)+\frac{c(14)}{2}\right]\times 2=2\times\left(\frac{1.5}{2}+0.6+0\right)=2.7(\mathrm{g}\cdot\mathrm{min/m^3})$$

得

$$\int_{0}^{\infty} c(t)\mathrm{d}t=50.65\ (\mathrm{g}\cdot\mathrm{min/m^3})$$

精确的积分值为50g·min/m³，所以梯形法的计算精度足够。

则由(4-9)式 $$E(t)=\frac{c(t)}{\int_0^{\infty} c(t)\mathrm{d}t}=\frac{c(t)}{50.65}\ (1/\mathrm{min})$$

计算结果如下：

t/min	0	1	2	3	4	5	6	7	8	9	10	12	14
$c(t)/(\mathrm{g/m^3})$	0	1	5	8	10	8	6	4	3	2.2	1.5	0.6	0
$E(t)/(1/\mathrm{min})$	0	0.02	0.1	0.16	0.2	0.16	0.12	0.08	0.06	0.044	0.03	0.012	0
$F(t)$	0	0.02	0.12	0.28	0.48	0.64	0.76	0.84	0.90	0.944	0.974	0.986	1.0

由此可画出 $E(t)$ 函数曲线，如图 4-4 所示。

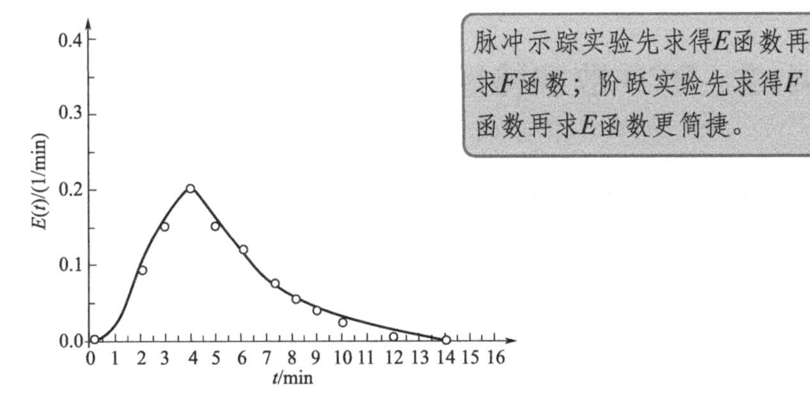

图 4-4 $E(t)$ 函数曲线

在反应器内停留时间介于 3～6min 的物料所占的分率为 $\int_3^6 E(t)\mathrm{d}t$，采用梯形公式求积

$$\int_3^6 E(t)\mathrm{d}t=1\times\frac{\{E(3)+2[E(4)+E(5)]+E(6)\}}{2}$$

$$=1\times\frac{[0.16+2\times(0.2+0.16)+0.12]}{2}=0.5$$

即在反应器内停留时间介于 3～6min 的物料占全部物料的一半。

时间不超过 3min 的物料分率由梯形公式求积。

$$\int_0^3 E(t)\mathrm{d}t=1\times\frac{\{E(0)+2[E(1)+E(2)]+E(3)\}}{2}$$

$$=1\times\frac{[0+2\times(0.02+0.1)+0.16]}{2}=0.2$$

在反应器内停留时间不超过 3min 的物料所占的分率为 20%。

根据式(4-4) 的简化计算 $F(t)=\sum_1^t E(t_i)\Delta t_i$ 计算的分布函数见前表。

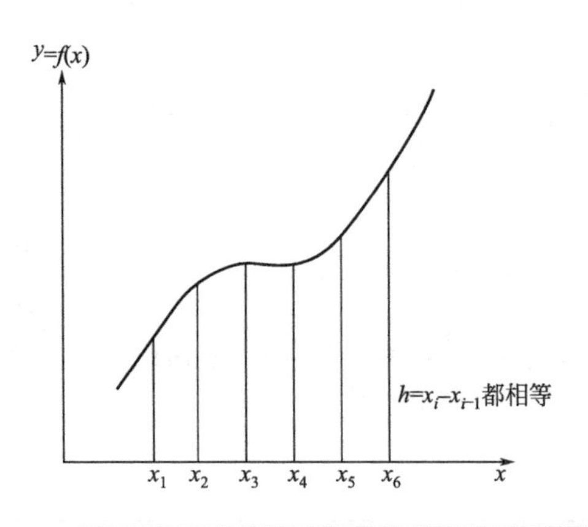

附：

梯形法数值计算面积公式

$$面积\ A=\int_{x_1}^{x_6} f(x)\mathrm{d}x=\left[\frac{1}{2}f(x_1)+f(x_2)+f(x_3)+f(x_4)+f(x_5)+\frac{1}{2}f(x_6)\right]\times h$$

4.2 RTD数字特征及无量纲化

4.2.1 平均停留时间与方差

平均停留时间（$\bar{t}$）是指连续流动反应器中流体微元从反应器入口到反应器出口所经历时间的平均值。平均停留时间在数理统计上也称数学期望，是时间 t 对坐标原点的一次矩

$$\bar{t}=\frac{\int_0^\infty tE(t)\mathrm{d}t}{\int_0^\infty E(t)\mathrm{d}t}=\int_0^\infty tE(t)\mathrm{d}t=\int_0^1 t\mathrm{d}F(t) \tag{4-11}$$

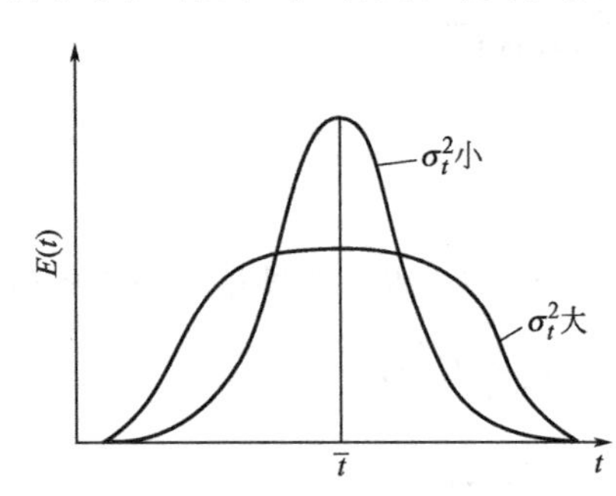

图 4-5　σ_t^2 大小不同时的停留时间分布密度函数曲线

方差（σ_t^2）是时间 t 对数学期望的二次矩

$$\sigma_t^2=\int_0^\infty (t-\bar{t})^2E(t)\mathrm{d}t=\int_0^1 (t-\bar{t})^2\mathrm{d}F(t)$$

$$=\int_0^\infty t^2E(t)\mathrm{d}t-\bar{t}^2 \tag{4-12}$$

σ_t^2 大小不同时的停留时间分布密度函数曲线如图4-5所示。用离散数据近似计算平均停留时间和方差的简化公式为

平均停留时间（min）

$$\bar{t}=\frac{\sum_0^\infty t_iE(t_i)\Delta t_i}{\sum_0^\infty E(t_i)\Delta t_i}=\sum t_iE(t_i)\Delta t_i \tag{4-13}$$

由于正态分布时的对称性，用矩形法近似求积分面积值也不会产生大的误差。

方差（min^2）

$$\boxed{\sigma_t^2=\sum_0^\infty t_i^2E(t_i)\Delta t_i-\bar{t}_i^2} \tag{4-14}$$

4.2.2 以对比时间为自变量的停留时间分布

RTD分布的主要数学描述为两个函数，即$E(t)$函数和$F(t)$函数，以及它的两个数字特征，即平均停留时间和方差。

有时为了应用上方便和标准化，常常使用无量纲停留时间，其定义式为

$$\theta=t/\bar{t} \tag{4-15}$$

式中，θ为对比停留时间，对于在闭式系统中流动的流体，当流体密度维持不变时，其平均停留时间等于空时$\tau(\tau=V_R/v_0)$。

如果一个流体粒子的停留时间介于区间$[t, t+dt]$内，则它的无量纲停留时间也一定介于区间$[\theta, \theta+d\theta]$内。这是因为所指的是同一事件，所以t和θ介于这些区间的概率一定相等，或$\int_0^\infty E(t)dt=\int_0^\infty E(\theta)d\theta$为变量替换，于是有

$$E(t)dt=E(\theta)d\theta \tag{4-16}$$

以对比时间为自变量表示的停留时间分布规律如下。

由式(4-16)和式(4-4)，停留时间分布函数 $F(\theta)=F(t)$ (4-17)

由式(4-2)，停留时间分布密度函数 $E(\theta)=\frac{dF(\theta)}{d\theta}$ (4-18)

平均停留时间 $\bar{\theta}=\int_0^\infty \theta E(\theta)d\theta=\int_0^1 \theta dF(\theta)$ (4-19a)

离散度 $\sigma_\theta^2=\int_0^\infty (\theta-\bar{\theta})^2E(\theta)d\theta=\int_0^1(\theta-\bar{\theta})^2dF(\theta)$ (4-19b)

4.2.3 两种停留时间分布规律之间的相互关系

由式(4-2)，知

$$E(t)=\frac{dF(t)}{dt}=\frac{dF(\theta)}{d(\tau\theta)}=\frac{1}{\tau}\times\frac{dF(\theta)}{d(\theta)}=\frac{1}{\tau}E(\theta) \tag{4-20}$$

由式(4-11)，知 $\bar{t}=\int_0^\infty tE(t)dt=\int_0^\infty \tau\theta\frac{1}{\tau}E(\theta)d(\tau\theta)$

所以 $\bar{t}=\tau\int_0^\infty \theta E(\theta)d\theta=\tau\bar{\theta}$ (4-21a)

由式(4-12) $\sigma_t^2=\int_0^\infty (t-\bar{t})^2E(t)dt=\int_0^\infty(\tau\theta-\tau\bar{\theta})^2\frac{1}{\tau}E(\theta)d(\tau\theta)$

$$\sigma_t^2=\tau^2\int_0^\infty(\theta-\bar{\theta})^2E(\theta)d\theta=\tau^2\sigma_\theta^2 \tag{4-21b}$$

所以 $\boxed{\sigma_\theta^2=\frac{\sigma t^2}{\tau^2}}$ (4-21c)

【例4-2】 对某一反应器用阶跃示踪法测定反应器出口处不同时间的示踪剂浓度如下：

t/min	0	2	4	6	8	10	12	14	16
c/(g/L)	0	0.05	0.11	0.20	0.31	0.43	0.48	0.50	0.50

求其有量纲和无量纲的两个函数和两个数字特征。

解： 阶跃注入示踪剂的最大浓度为0.50g/L，所以，

(1) 先给出的分布函数 $F=c/c_0$。

(2) 分布密度函数 $E=\mathrm{d}F/\mathrm{d}t=\Delta F/\Delta t$，计算结果见下表：

t/min	0	2	4	6	8	10	12	14	16
c/(g/L)	0	0.05	0.11	0.20	0.31	0.43	0.48	0.50	0.50
$F(t)=c/c_0$	0	0.10	0.22	0.40	0.62	0.86	0.96	1.0	1.0
$E(t)=\Delta F/\Delta t$	0	0.05	0.06	0.09	0.11	0.12	0.05	0.02	0

(3) 根据梯形法计算平均停留时间和方差

$$\bar{t}=\int_0^{\infty} tE(t)\mathrm{d}t=(0+2\times0.05+4\times0.06+6\times0.09+8\times0.11+10\times0.12+12\times0.05+14\times0.02+0)\times2=7.68\mathrm{min}$$

$$\sigma_t^2=\int_0^{\infty} t^2E(t)\mathrm{d}t-(\bar{t})^2=(2^2\times0.05+4^2\times0.06+6^2\times0.09+8^2\times0.11+10^2\times0.12+12^2\times0.05+14^2\times0.02)\times2-7.68^2=10.14\mathrm{min}^2$$

(4) 无量纲参数见下表

t/min	0	2	4	6	8	10	12	14	16
$F(\theta)=F(t)$	0	0.10	0.22	0.40	0.62	0.86	0.96	1.0	1.0
$E(\theta)=\bar{t}E(t)$	0	0.38	0.47	0.69	0.84	0.92	0.38	0.15	0

所以

$$\sigma_\theta^2=\frac{\sigma_t^2}{\bar{t}^2}=\frac{10.14}{7.68^2}=0.17$$

$$\bar{\theta}=\frac{\bar{t}}{\bar{t}}=1$$

4.3 理想流动模型

4.3.1 平推流模型

从停留时间分布的概念分析，所谓平推流就是指垂直于流体流动方向的横截面上所有的流体粒子的年龄相同；同时进入系统的流体粒子也同时离开系统，一直到系统出口处的流体粒子具有相同的寿命。

因此，不存在不同年龄的流体粒子之间的混合，或者说不存在不同停留时间的流体粒子之间的混合。所以，通常说平推流不存在轴向混合，或者说返混为零。显然，平推流是一种极端的理想流动状况。

平推流反应器阶跃示踪实验的激励与响应过程的物理描述，如图 4-6 所示。

根据 $F(t)=c(t)/c_0$ 及式(4-5)，平推流反应器的两个函数和数字特征如下

$$\begin{cases}E(t)=0 & (t\neq\bar{t}) \quad (4\text{-}22\mathrm{a})\\ E(t)=\infty & (t=\bar{t}) \quad (4\text{-}22\mathrm{b})\end{cases}$$

$$\begin{cases}F(t)=0 & (t<\bar{t}) \quad (4\text{-}22\mathrm{c})\\ F(t)=1 & (t\geqslant\bar{t}) \quad (4\text{-}22\mathrm{d})\end{cases}$$

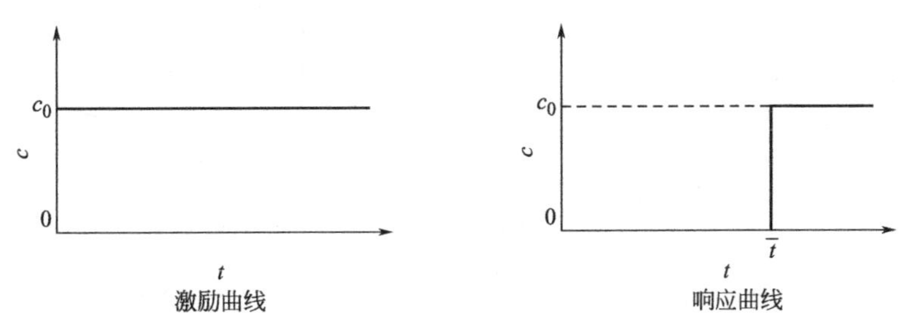

图 4-6 平推流反应器的激励与响应曲线

再将式(4-22) 代入式(4-11) 和式(4-12) 中，可得两个数字特征为

$$\bar{t}=\tau, \ \sigma_t^2=0 \tag{4-22e}$$

4.3.2 全混流模型

连续釜式反应器曾经假定反应器内物料浓度均一、温度均一，这实质上是全混流模型的直观结果，这种均一是由于强烈的搅拌作用所致。现在则从停留时间分布理论去分析这种流动模型。CSTR 阶跃示踪实验的激励与响应过程的物理描述，如图 4-7 所示。

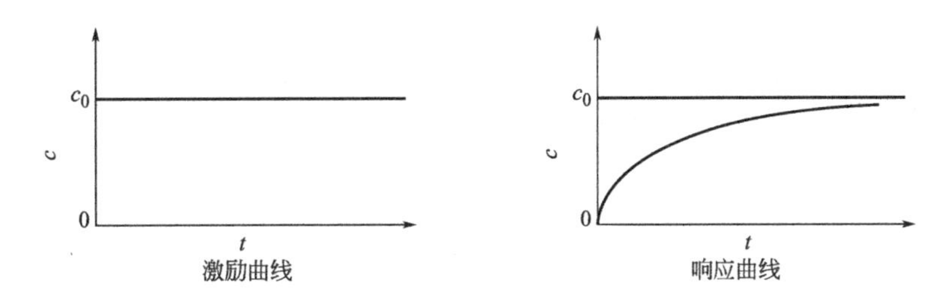

图 4-7 全混流反应器的激励与响应曲线

由于反应器内的物料浓度和温度均一，完全混合为集中参数，不随时间而改变。在$t \to t+\mathrm{d}t$ 内，加入示踪剂浓度为 c_0，流量为 v_0，出口检测的示踪剂浓度为 $c(t)$，反应器体积为 V_R，对全釜进行衡算。

稳态下
$$v_0 c_0 \mathrm{d}t - v_0 c(t)\mathrm{d}t = V_R \mathrm{d}c(t) \tag{4-23}$$

代入 $V_R/v_0=\tau$ 并整理得
$$\frac{\mathrm{d}c(t)}{\mathrm{d}t}=\frac{c_0-c(t)}{\tau} \tag{4-24}$$

积分
$$\int_0^c \frac{\mathrm{d}c(t)}{c_0-c(t)}=\int_0^t \frac{1}{\tau}\mathrm{d}t \Rightarrow \ln\frac{c_0}{c_0-c}(t)=\frac{t}{\tau} \tag{4-25a}$$

整理得
$$\frac{c(t)}{c_0}=1-\mathrm{e}^{-t/\tau}=F(t) \tag{4-25b}$$

所以
$$E(t)=\frac{\mathrm{d}F(t)}{\mathrm{d}t}=\frac{\mathrm{d}\left(\frac{c}{c_0}\right)}{\mathrm{d}t}=\frac{1}{\tau}\mathrm{e}^{\frac{-t}{\tau}} \tag{4-26}$$

当检测时间分别为 $t=0$、$t=\tau$、$t=\infty$时，其全混釜的分布密度值和分布函数值分别为：$E(0)=\frac{1}{\tau}$、$F(0)=0$；$E(\tau)=\frac{1}{\tau e}$、$F(\tau)=0.632$；$E(\infty)=0$、$F(\infty)=1$。将这些数据绘成图，如图4-8所示。

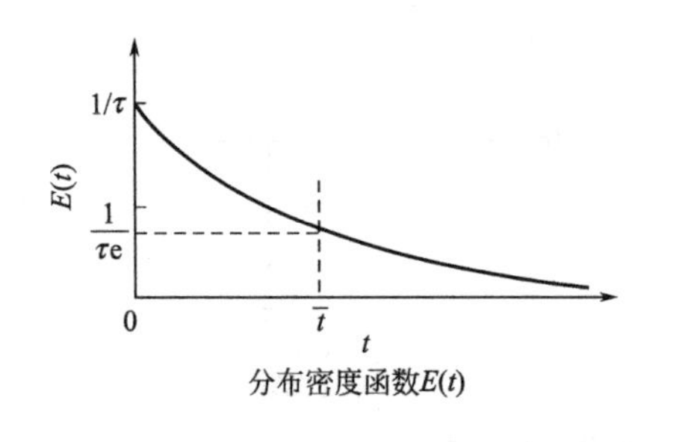

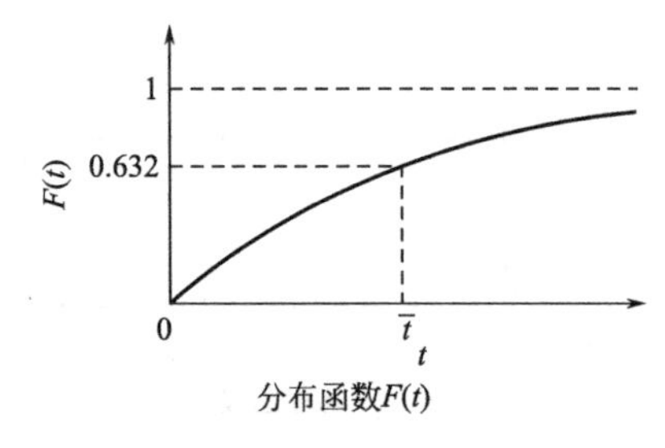

图 4-8 全混釜的分布密度函数 $E(t)$和分布函数 $F(t)$曲线

平均停留时间 $$\bar{t}=\int_0^\infty tE(t)\mathrm{d}t=\int_0^\infty t\ \frac{1}{\tau}\mathrm{e}^{\frac{-t}{\tau}}\mathrm{d}t=\tau \tag{4-27}$$

方差 $$\sigma_t^2=\int_0^\infty t^2E(t)\mathrm{d}t-\bar{t}^2=\frac{1}{\tau}\int_0^\infty t^2\mathrm{e}^{\frac{-t}{\tau}}\mathrm{d}t-\bar{t}^2$$

$$=2\tau^2-\tau^2=\tau^2 \tag{4-28}$$

4.3.3 无量纲化的理想流动模型

(1) 平推流

由式(4-15) 知，平均无量纲时间 $\bar{\theta}=\frac{\bar{t}}{\bar{t}}=1$。由式(4-20) 和式(4-22) 知，RTD 的密度函数：

$$\begin{cases}E(\theta)=\tau E(t)=\infty & (t=\tau)\\E(\theta)=0 & (t\neq\tau)\end{cases} \tag{4-29}$$

由式(4-17) 和式(4-22) 知，RTD 的分布函数

$$\begin{cases}F(\theta)=0 & (t<\tau)\\F(\theta)=1 & (t\geqslant\tau)\end{cases}$$

由式(4-21b) 和 (4-22e) 知，方差 $\sigma_\theta^2=0$。

(2) 全混流

同上，平均无量纲时间 $\bar{\theta}=1$。

由式(4-26) 可知，RTD 的密度函数 $$E(\theta)=\tau\ \frac{1}{\tau}\mathrm{e}^{\frac{-t}{\tau}}=\mathrm{e}^{-\theta} \tag{4-30}$$

由式(2-25b) 可知，RTD 的分布函数 $F(\theta)=1-\mathrm{e}^{-\theta}$

代入式(4-28)，方差为 $$\sigma_\theta^2=\frac{\sigma_t^2}{\tau^2}=\frac{\tau^2}{\tau^2}=1 \tag{4-31}$$

总之，对于两种理想反应器，平均停留时间都等于空时 τ，此时的平均无量纲时间都为 $\bar{\theta}=1$；而平推流的分布密度函数 E 值无论是否有量纲都为 0 和∞，分布函数 F 值无论是否有量纲都为 0 和 1，方差为 0（无返混）；对于全混流，分布函数 F 和分布密度函数 E 都不为 0，无量纲方差为 1（返混最大）。所以，对于非理想流动反应器，返混都介于 0～1 之间，即 $0<\sigma_\theta^2<1$，与流动空时无关，可通过求无量纲方差的大小值来判断非理想离散程度的大小，从而进行了返混的定量描述。

4.4 非理想流动模型

通过前面的讨论可知，不是所有的连续釜式反应器都具有全混流的特性，也不是所有的管式反应器都接近平推流的假设。随着工业反应器体积的增大，同类型的反应器偏离理想流动程度增加，绝大多实际流动反应器介于二者之间。因此，要测算非理想流动反应器的转化率的大小需要对其流动状况及返混程度进行定量的描述，建立起与实际流动返混程度等价的数学模型，即流动模型。建立流动模型的依据是该反应器的停留时间分布，普遍应用的技巧是对理想平推流流动模型进行修正，假设返混是由流体分子的反向扩散造成的，称为扩散模型，它对偏离平推流较小时有效。若用多个理想全混釜串联的方式来调节返混大小进行实际过程等价建模也可以描述非理想流动过程，称为多釜串联模型，当釜数为一的时候，就是返混程度最大的理想釜，可以证明，当釜数 $N\rightarrow\infty$时，接近平推流流动（无返混），也就是说，通过调节串联釜数 N 可使该模型在返混从零到最大（全混）范围内都适用。根据式(3-26c) 的多釜串联特性，模型参数只有一个 N，计算简单、误差小。

下面只介绍多釜串联模型。

4.4.1 多釜串联模型建立

在第 3 章中曾经比较了单个全混流反应器、平推流反应器和多个全混流反应器串联时的反应效果，发现后者的性能介乎前两者之间，并且串联的釜数越多，其性能越接近于平推流，当釜数为无限多时，其效果与平推流一样。这里与第 3 章式(3-26c) 不同的是，作为实际生产用多釜串联，一般不多于 3 个釜串联。而这里 N 是作为描述非理想流动的数学模型参数，N 可以为分数，但不能为负数。一般都要大于 3，视返混大小而定。作为冷模实验、无需反应参与，并以釜数 N 作为待求参数，来等价描述实际生产流动过程的返混大小，即反应时间与平均反应时间的离散程度。但不能为负数。要以实际反应器测定的 RTD 为准，建立 σ_θ^2 与 N 的关系。因此，无论反应器的形式如何，都可以用 N 个全混釜串联来模拟一个实际的反应器流动返混程度。N 的取值不同反映了实际反应器的返混程度不同，其具体数值必须由停留时间分布确定。因此，一个新的反应装置要测其实际流动条件下的停留时间分布。假设有 N 个全混釜串联操作，且釜间无任何返混，并忽略流体流过釜间连接管线所需的时间。多级串联釜模型的基础物理模型为 CSTR，该模型假定：①反应器是由若干大小相等的全混流反应器串联而成；②定常态操作。以停留时间分布为纽带，通过若干个串联 CSTR 反应器的行为分析，以平均停留时间和方差为标准，逼近非理想反应器流动状态，如图 4-9 所示。设每个 CSTR 的容积均为 V_{Ri}，则 N 个 CSTR 的总容积为 NV_{Ri}，示踪剂入口体积流量为 v_0，且每釜相同（稳态），示踪剂进出釜的浓度分别为 c_{i-1} 和 c_i，在 dt 时间内第 i 釜内示踪剂浓度积累为 dc_i/dt。

首先，以阶跃输入法测定停留时间分布，在式(4-23) 对一个全混釜示踪剂衡算的基础上外延到第 i 个釜，则在时间 t 时对第 i 个 CSTR 的示踪剂进行衡算，两端除以 dt，可得

$$v_0 c_{i-1} - v_0 c_i = V_{Ri}\frac{\mathrm{d}c_i}{\mathrm{d}t} \tag{4-32}$$

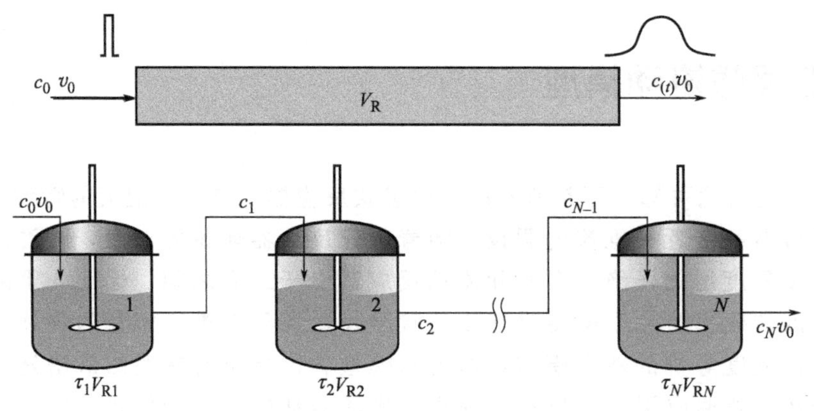

图 4-9 多釜串联模型示意

4.4.2 模型求解

令 $\tau=\dfrac{NV_{Ri}}{v_0}$，$\theta=\dfrac{t}{\tau}$，则由式(4-32) 得

$$\frac{dc_i}{d\theta}+Nc_i=Nc_{i-1} \tag{4-33}$$

边界条件：$t=0$ 时，$\theta=0$，$c_1=c_2=\cdots=c_N=0$，$c_0\neq0$。

对阶跃输入法，存在关系

$$\boxed{F(\theta)=\frac{c_N}{c_0}}$$

对第一级 CSTR，示踪剂衡算方程为

$$\boxed{\frac{dc_1}{d\theta}+Nc_1=Nc_0} \tag{4-34a}$$

此类微分方程已在第 2、3 章均已出现，根据第 2 章（5）连串反应的边注通解，解得

$$c_1=c_0(1-e^{-N\theta}) \tag{4-34b}$$

对第二级 CSTR，代入式(4-34b)，示踪剂衡算方程为

$$\frac{dc_2}{d\theta}+Nc_2=Nc_1=Nc_0(1-e^{-N\theta})$$

同理，解得 $$c_2=c_0[1-e^{-N\theta}(1+N\theta)] \tag{4-35}$$

用示踪剂的冷膜实验确定流动模型参数N定量解决反应时间不一致问题。

对第三级 CSTR，代入式(4-35)，示踪剂衡算方程为

$$\frac{dc_3}{d\theta}+Nc_3=Nc_2=Nc_0[1-e^{-N\theta}(1+N\theta)]$$

同理，解得 $$c_3=c_0\left\{1-e^{N\theta}\left[1+\frac{1}{1!}(N\theta)+\frac{1}{2!}(N\theta)^2\right]\right\} \tag{4-36}$$

依此类推，对 N 级 CSTR，出口流体中的示踪剂浓度为

$$c_N=c_0\left\{1-e^{-N\theta}\left[1+\frac{1}{1!}(N\theta)+\frac{1}{2!}(N\theta)^2+\cdots+\frac{1}{(N-1)!}(N\theta)^{N-1}\right]\right\} \tag{4-37}$$

4.4.3 无量纲函数给出与作图

由 $F(\theta)=\frac{c_N}{c_0}$得

$$F(\theta)=1-\mathrm{e}^{-N\theta}\left[1+\frac{1}{1!}(N\theta)+\frac{1}{2!}(N\theta)^2+\cdots+\frac{1}{(N-1)!}(N\theta)^{N-1}\right] \tag{4-38}$$

由 $E(\theta)=\frac{\mathrm{d}F(\theta)}{\mathrm{d}\theta}$得

$$\begin{aligned}E(\theta)=&N\mathrm{e}^{-N\theta}\left[1+\frac{1}{1!}(N\theta)+\frac{1}{2!}(N\theta)^2+\cdots+\frac{1}{(N-1)!}(N\theta)^{N-1}\right]-\\&N\mathrm{e}^{-N\theta}\left[1+\frac{1}{1!}(N\theta)+\frac{1}{2!}(N\theta)^2+\cdots+\frac{1}{(N-2)!}(N\theta)^{N-2}\right]\\=&\frac{N}{(N-1)!}(N\theta)^{N-1}\mathrm{e}^{-N\theta}\end{aligned}$$

则

$$\boxed{E(\theta)=\frac{N^N}{(N-1)!}\theta^{N-1}\mathrm{e}^{-N\theta}} \tag{4-39}$$

当 $N=1$ 时，可简化为式(4-30)。

可以用 N 次分部积分证明：

$$\bar{\theta}=\int_0^{\infty}\theta E(\theta)\mathrm{d}\theta=\frac{N^N}{(N-1)!}\int_0^{\infty}\theta^N\mathrm{e}^{-N\theta}\mathrm{d}\theta=1 \tag{4-40}$$

用一次分部积分，并代入式(4-40) 的积分结果证明

$$\sigma_\theta^2=\int_0^{\infty}\theta^2E(\theta)\mathrm{d}\theta-1=\frac{N^N}{(N-1)!}\int_0^{\infty}\theta^{N+1}\mathrm{e}^{-N\theta}\mathrm{d}\theta-1=\frac{1}{N} \tag{4-41}$$

当取不同的模型参数时，式(4-38) 的分布函数和式(4-39) 的分布密度函数的变化结果如图4-10所示。从图 4-10 中可以看出，该模型的适用范围很宽，只要通过示踪实验测得无量纲方差的 σ_θ^2，就可确定出模型参数 N。

$\boxed{\text{流动模型：}\sigma_\theta^2=\frac{1}{N}}$ 很重要!!

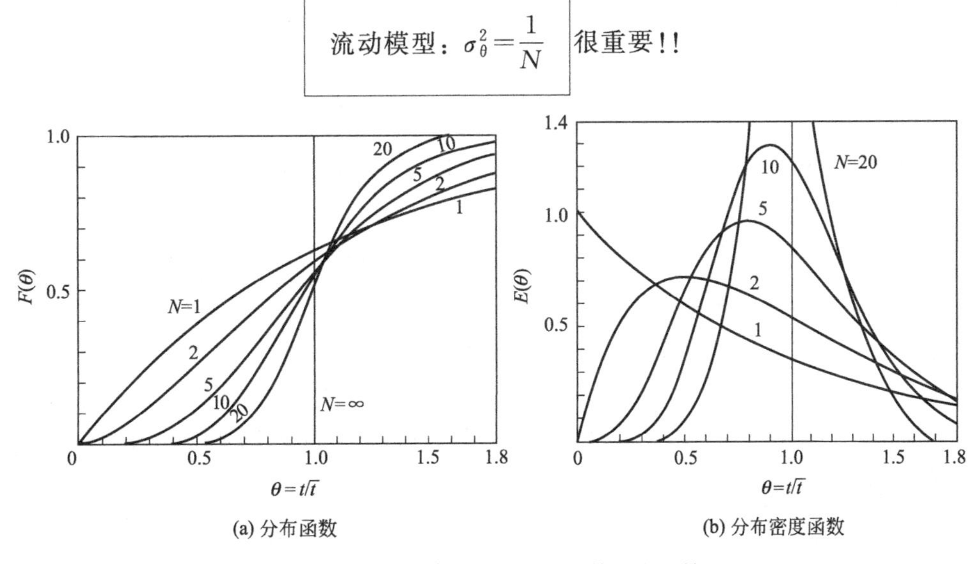

(a) 分布函数　　(b) 分布密度函数

图 4-10 分布函数和分布密度函数的变化结果

4.5 非理想流动反应器设计

实际流动反应器与理想流动反应器的计算一样，根据生产任务和要求达到的转化率，确定反应体积；或者，根据反应体积和规定的生产条件计算平均转化率。在实际流动反应器计算中，由于物料流动情况复杂，有不同程度的返混，流体质点在反应器中停留时间不同，都会影响到反应的转化率。通过实验测得停留时间分布数据后，先求出分布密度函数，再算出平均停留时间和方差，最后可根据非理想流动的多釜串联模型，计算出模型参数 N，对实际流动反应器进行计算。如果是一级反应，包括可逆、平行和连串反应，转化率只与反应时间有关，只需知道 RTD 数据就可以直接计算，而不需要关于流动模型的信息。如果不是一级反应，必须采用流动模型先确定出模型参数 N，然后来计算反应器。像第 3 章的图 3-8 和式(3-26) 的图解设计在工程上很适用。对于分级数反应很难有解析解，可根据实测的反应速率曲线，转化率要求，以及流动的平均停留时间和方差的大小来模拟，反应时间 τ 和给定模型参数 N，作图设计。

4.5.1 直接用 RTD 数据计算一级反应转化率

在实际反应器中，停留时间不同的物料，会有不同的反应程度，在出口处每个微元部分的浓度也不尽相同。平均转化率的计算，就需要按照各质点在对应的不同停留时间内所达到的不同反应程度进行平均。根据停留时间分布密度函数的定义，停留时间在 t 和 $t+\mathrm{d}t$ 之间的微元物料的分率为 $E(t)\mathrm{d}t$，若这部分物料的浓度为 c_A，则出口物料中反应组分 A 的平均浓度 $\bar{c}_A$ 为

$$\bar{c}_A=\int_0^{\infty} c_A E(t)\mathrm{d}t \tag{4-42}$$

> 式(4-42)相当于浓度对于时间的加权平均计算,称为离析流模型。

对于一级不可逆化学反应来说，若反应过程中物料无体积变化，将积分式 $c_A=c_{A0}\exp(-kt)$ 代入式(4-42) 中，整理得

$$1-\bar{x}_A=\frac{\bar{c}_A}{c_{A0}}=\int_0^{\infty}\mathrm{e}^{-kt}E(t)\mathrm{d}t \approx \sum_1^n \mathrm{e}^{-kt_i}E(t_i)\Delta t_i \tag{4-43}$$

同理，也可将平推流转化率 $x=1-\frac{c_A}{c_{A0}}=1-\mathrm{e}^{-kt}$ 进行平均，得到

$$\bar{x}_A=\int_0^{\infty}(1-\mathrm{e}^{-kt})E(t)\mathrm{d}t \tag{4-44}$$

> 一级反应转化率只与反应时间有关。

此即连续反应器中进行一级反应时出口处总转化率的计算式。式中，$E(t)$ 为反应器在操作条件下的停留时间分布密度数据或函数式。对于一级可逆反应也存在类似式(4-42) 和式(4-44) 的关系式。式(4-42) 的构成，积分号内 c_A 为第 2 章反应时间一致时的式(2-29c) 的变形公式，$\bar{x}_A$ 为有返混时的平均转化率，见式(4-45)。

$$1-\bar{x}_A=\int_0^{\infty}(1-x_A)E(t)\mathrm{d}t=\frac{K_c}{1+K_c}\int_0^{\infty}\mathrm{e}^{-k\left(\frac{k_c+1}{k_c}\right)t}E(t)\mathrm{d}t+\frac{1}{K_c+1} \tag{4-45}$$

对于单个全混流反应器，$E(t)=\frac{1}{\bar{t}}e^{-\frac{t}{\bar{t}}}$，于是可代入函数关系式(4-44)，解得平均转化率为

$$\bar{x}_A=\frac{1}{\bar{t}}\int_0^{\infty}(1-e^{-kt})e^{-t/\bar{t}}dt=\frac{k\bar{t}}{1+k\bar{t}} \tag{4-46}$$

式(4-46) 与单个全混釜一级不可逆反应的计算公式(3-14a) 是相同的，只是时间的表示不同而已。用两种方法，解决的是同一类问题，即一级不可逆反应在单个全混流反应器中的转化计算。其他级数则不同。

4.5.2 用多釜串联模型计算反应器

采用多釜串联模型来估计模型参数 N 时，可能出现 N 为非整数的情况，精确些的办法是把小数部分视作一个体积较小的釜，也不影响计算，一般情况不要舍弃小数部分。

对于等温不可逆一级反应，还可以利用第 3 章式(3-26c) 的一般式，当釜数 N 为已知时得转化率的计算式为

$$\bar{x}_{AN}=1-\frac{1}{(1+k\tau_i)^N} \tag{3-26d}$$

式中，$\tau_i=\tau/N$。用式(3-26d) 可进行平均转化率与空时的相互计算。

对于二级不可逆反应，用同样的方法代入式(3-24)，对第 i 釜衡算，有

$$\tau_i=\frac{c_{Ai-1}-c_{Ai}}{kc_{Ai}^2} \tag{4-47a}$$

当 $i=1$ 时

$$\tau_1=\frac{c_{A0}-c_{A1}}{kc_{A1}^2} \tag{4-47b}$$

由式(4-47b) 可整理出关于 c_{A1} 的二元一次方程，当舍弃负号后的合理解为

$$c_{A1}=\frac{1}{2k\tau_i}(-1+\sqrt{1+4k\tau_i c_{A0}}) \tag{4-48}$$

当 $i=2$ 时，同理有：

$$\tau_i=\frac{c_{A1}-c_{A2}}{kc_{A_2}^2} \tag{4-49}$$

根据式(4-49) 可解出 c_{A2}（舍弃负号）

$$\begin{aligned}c_{A2}&=\frac{1}{2k\tau_i}(-1+\sqrt{1+4k\tau_i c_{A1}})\\&=\frac{1}{2k\tau_i}(-1+\sqrt{-1+2\sqrt{1+4k\tau_i c_{A0}}})\end{aligned} \tag{4-50}$$

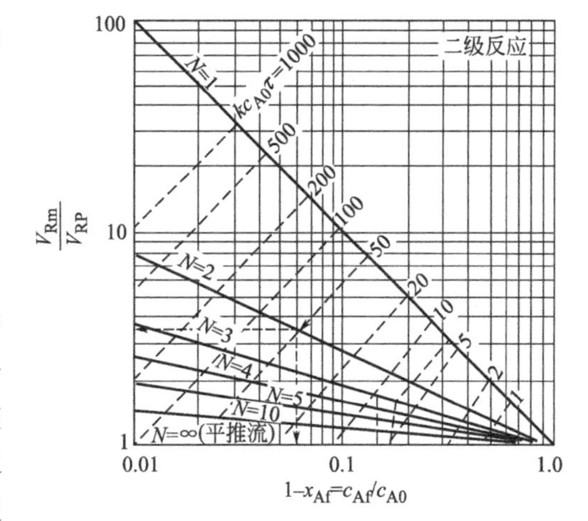

图 4-11 多釜串联模型二级反应计算结果

(图中的 $kc_{A0}\tau$，而不是 $kc_{A0}\tau_i$)

依此类推，当为第 N 釜时，有 N 个根号的形式，为了便于计算和应用，与平推流反应器相比，在同样条件下，将所需反应器体积之比计算结果绘于图 4-11，可利用该图进行二级不可逆反应的反应器设计。

作图法设计的步骤是：当参数 N 和总的平均停留时间 $\bar{t}$ 测定后，就可求出 $kc_{A0}\tau$，在图 4-11 上，沿 $kc_{A0}\tau$ 线交参数 N 线于一点，这时可在纵坐标上求出多釜串联的总体积 V_{Rm} 与平推流反应器的体积 V_{RP} 比，在横坐标上给

出实际达到的转化率 x_{Af}。当求得的 N 正好为整数时，也可以代入式(4-47)、式(4-48) 直接计算 c_N，给出转化率。图 4-11 中可利用内插法求 $kc_{A0}\tau$ 和 N 曲线。

【例 4-3】 在直径 10cm、长 6.36m 的管式反应器中进行等温一级不可逆反应 A→B，反应速率常数为 $k=0.25/\text{min}$，脉冲示踪实验结果如下：

t/min	0	1	2	3	4	5	6	7	8	9	10	12	14
c/(mg/L)	0	1	5	8	10	8	6	4	3	2.2	1.5	0.6	0

试分别以：(1) 直接用 RTD 数据计算；(2) 多釜串联模型；(3) 平推流模型；(4) 全混流模型，计算反应出口转化率。

解：根据［例 4-2］的计算结果有下表：

t/min	0	1	2	3	4	5	6	7	8	9	10	12	14
c/(mg/L)	0	1	5	8	10	8	6	4	3	2.2	1.5	0.6	0
$E(t)$/(1/min)	0	0.02	0.1	0.16	0.2	0.16	0.12	0.08	0.06	0.044	0.03	0.012	0
$tE(t)$	0	0.02	0.2	0.48	0.8	0.8	0.72	0.56	0.48	0.4	0.3	0.14	0
$t^2E(t)$/min	0	0.02	0.4	1.44	3.2	4.0	4.32	3.92	3.84	3.60	3.0	1.68	0
$e^{-kt}\times10^2E(t)$	0	1.56	6.07	7.56	7.36	4.58	2.68	1.39	0.81	0.46	0.25	0.06	0

由梯形法求平均停留时间

$$\bar{t}=\int_0^\infty tE(t)\mathrm{d}t=\int_0^{10} tE(t)\mathrm{d}t+\int_{10}^{14} tE(t)\mathrm{d}t=\left(0+0.02+0.2+0.48+0.8+0.8+0.72+0.56+0.48+0.4+\frac{0.3}{2}\right)\times1+\left(\frac{0.3}{2}+0.14+0\right)\times2$$

$$=4.61+0.58=5.19\ (\text{min})$$

同理

$$\int_0^\infty t^2E(t)\mathrm{d}t=\int_0^{10} t^2E(t)\mathrm{d}t+\int_{10}^{14} t^2E(t)\mathrm{d}t=\left(0.02+0.4+1.44+3.2+4.0+4.32+3.92+3.84+3.6+\frac{3}{2}\right)\times1+\left(\frac{3}{2}+1.68\right)\times2$$

$$=32.60\ (\text{min}^2)$$

其方差 σ_t^2 为 $\sigma_t^2=\int_0^\infty t^2E(t)\mathrm{d}t-\bar{t}^2=32.60-5.19^2=5.66\ (\text{min}^2)$

(1) 用 RTD 直接计算

由式(4-43)

$$1-\bar{x}_A=\int_0^\infty e^{-kt}E(t)\mathrm{d}t$$

根据梯形法求面积公式

$$1-\bar{x}_A=\int_0^{10} e^{-kt}E(t)\mathrm{d}t+\int_{10}^{14} e^{-kt}E(t)\mathrm{d}t$$

$$=\left(1.56+6.07+7.56+7.36+4.58+2.68+1.39+0.81+0.46+\frac{0.25}{2}\right)\times10^{-2}\times1+\left(\frac{0.25}{2}+0.06\right)\times10^{-2}\times2$$

$$=32.6\times10^{-2}+0.37\times10^{-2}=32.97\times10^{-2}$$

则

$$\bar{x}_A=67.03\%$$

(2) 多釜串联模型

根据停留时间分布的方差和时间平均值求串联的反应釜个数 N。由式(4-21c) $\sigma_\theta^2=$

$\dfrac{\sigma_t^2}{(\bar{t})^2}=\dfrac{5.66}{5.19^2}=0.21$，由式(4-41)

$$N=\frac{1}{\sigma_\theta^2}=\frac{1}{0.21}=4.76$$

即该管式反应器内的返混情况相当于4.76个串联的全混流反应器，每个反应器空时为

$$\tau_i=\frac{\tau}{N}=\frac{5.19}{4.76}=1.09\ \text{(min)}$$

由式(3-26d)，反应出口转化率为

$$\bar{x}_{\text{Af}}=1-\frac{1}{\left(1+k\tau_i\right)^N}=1-\frac{1}{(1+0.25\times1.09)^{4.76}}=68.24\%$$

(3) 平推流模型

由一级不可逆反应的平推流反应器出口转化率计算公式(3-41)，得

$$x_{\text{Af}}=1-\text{e}^{-k\tau}=1-\text{e}^{-0.25\times5.19}=72.68\% \qquad (\tau=\bar{t}=5.19\text{min})$$

(4) 全混流模型

由一级不可逆反应的全混流反应器出口转化率计算公式(3-14a)，得

$$x_{\text{Af}}=\frac{k\tau}{1+k\tau}=56.66\% \qquad (\tau=\bar{t}=5.19)$$

从本题的计算结果看，用RTD直接计算的转化率与多釜串联模型计算值相近，分别为67.03%和68.24%，为有返混影响的真实流动转化率。而以理想流动模型，特别是全混流模型，计算结果误差较大为17%，而平推流模型计算相对误差为6.7%，所以，该管式反应器的流动情况比较接近于平推流。

【例4-4】 对于第3章［例3-8］的二级反应，若在等温稳态真实流动的管式反应器中进行皂化反应，用脉冲示踪实验测得该真实管式反应器的停留时间结果如下：

t/min	0	1	2	3	4	5	6	7	8	9	10	12	14
c/(mg/L)	0	1	5	8	10	8	6	4	3	2.2	1.5	0.6	0

乙酸乙酯和氢氧化钠的初始浓度均为0.2mol/L，反应速率常数等于5.6L/(mol·min)，体积加料量为20m^3/h，计算得在平均停留时间下的平推流反应器最终转化率为85.22%，反应器体积为1.73m^3。试分别计算达到同样转化率时的真实反应器体积和同样理想体积时的真实转化率？

解： 根据［例4-3］的计算结果，平均停留时间为5.19min，方差为$\sigma_t^2=5.66\text{min}^2$，用多釜串联模型计算。

根据停留时间分布的方差和平均值求串联的反应釜个数N

$$N=\frac{\tau^2}{\sigma_t^2}=\frac{5.19^2}{5.66}=4.76$$

即该管式反应器内的返混情况相当于4.76个串联的全混流反应器，从图4-11可知，达到同样转化率85.22%时，$1-x_{\text{Af}}=0.1478$，在横坐标上找0.1478点，然后作横轴的垂交$N=4.76$线于一点，$N=4.76$线仍可由内插法近似给出，再由交点作纵轴的垂线交纵坐标于一点为$V_{\text{Rm}}/V_{\text{Rp}}=1.45$，因此$V_{\text{Rm}}=1.45V_{\text{Rp}}=1.45\times1.73=2.51\text{m}^3$，与平推流比较多

用 0.78m^3。

当用与理想平推流反应器的同样体积 1.73m^3 生产时，即空时 $\tau=5.19$，$kc_{A0}\tau=5.6\times0.2\times5.19=5.81$，从图 4-11 中在斜线上找 5.81 点，然后沿斜线交线 $N=4.76$ 线于一点，$N=4.76$ 线仍可由内插法近似给出，再由交点作横轴的垂线交于一点为 $1-x_{Af}=0.18$，所以真实转化率为 82%。

从［例 4-4］的计算可知，在其他条件不变时，达到转化率相同为 85.22%时，所需的反应器体积为：①理想的平推流模型计算结果 1.73m^3；②非理想的多釜串联模型 2.51m^3。多用了 0.78m^3，其差别的大小就流动本身而言，直接与返混的大小有关，返混越大，它的停留时间分布测定的方差就越大，理想和非理想模型计算的差别就越大。随着反应级数增加这种差别也增大，对零级反应返混没有影响。对于非一二级的反应过程，反应器设计的解析解和数值解都较麻烦，这时，也可采用多釜串联的图 3-8 图解设计方法。

【例 4-5】 有一管式反应装置，经脉冲示踪法实验测得如下所示的示踪剂浓度 c_g 数据（$v_0=0.8m^3/min$；$c_0=100kg\cdot min/m^3$）：

（1）根据表列数据确定该装置的有效容积 V_R、平均停留时间 $\bar{t}$ 和方差 σ_t^2；

（2）应用多釜串联模型来模拟此反应装置，进行二级反应 $r_A=kc_A^2$［在操作温度下的反应速率常数 $k=0.25L/(mol\cdot min)$，$c_{A0}=3.0kmol/m^3$］，试用图解法推算反应器出口的浓度和转化率。

t/min	0	2	4	6	8	10	12	14	16
c_g/(kg/m^3)	0	6.5	12.5	12.5	10	5.0	2.5	1.0	0

解：应用实验数据计算 $E(t)$ 值，结果如下：

序号	1	2	3	4	5	6	7	8	9
t_i	0	2	4	6	8	10	12	14	16
c_{gi}	0	6.5	12.5	12.5	10	5.0	2.5	1.0	0
$E(t_i)$	0	0.065	0.125	0.125	0.100	0.050	0.025	0.010	0
$t_iE(t_i)$	0	0.13	0.5	0.75	0.80	0.50	0.30	0.14	0
$t_i^2E(t_i)$	0	0.26	2.0	4.50	6.4	5.0	3.60	1.96	0

首先，对实验数据进行一致性检验，即

$$\int_0^\infty c_g dt=c_0=100\ (kg\cdot min/m^3)$$

应用梯形法积分可得

$$\int_0^\infty c_g dt=(0+6.5+12.5+12.5+10+5.0+2.5+1.0+0)\times2=100$$

一致性检验表明，脉冲示踪法所得的实验数据是合理的。

（1）计算 V_R、$\bar{t}$ 和 σ_t^2

因为 $\bar{t}=\int_0^\infty tE(t)dt$，所以应用梯形法

$$\bar{t}=\left[\frac{t_1E(t_1)}{2}+t_2E(t_2)+t_3E(t_3)+t_4E(t_4)+t_5E(t_5)+t_6E(t_6)+t_7E(t_7)+t_8E(t_8)+\frac{t_9E(t_9)}{2}\right]\times2$$

$$=(0.13+0.5+0.75+0.8+0.5+0.3+0.14)\times 2=6.24\ (\text{min})$$

所以
$$V_R=v_0\bar{t}=0.8\times 6.24=4.99\ (\text{m}^3)$$

同理，用梯形法积分 $\sigma_t^2=\int_0^{\infty}t^2E(t)\mathrm{d}t-\bar{t}^2$，得

$$\sigma_t^2=(0.26+2+4.5+6.4+5+3.6+1.96)\times 2-6.24^2$$
$$=47.44-6.24^2=8.5$$
$$\sigma_\theta^2=\frac{\sigma_t^2}{\bar{t}^2}=\frac{8.50}{6.24^2}=0.22$$

(2) 应用多釜串联模型来模拟此反应装置

模型参数
$$N=\frac{1}{\sigma_\theta^2}=\frac{1}{0.22}=4.55$$

取 $N=5$，即该管式反应器内的返混情况相当于5个串联的全混流反应器，每个反应器空时为

$$\tau_i=\frac{\tau}{N}=\frac{\bar{t}}{N}=\frac{6.24}{5}=1.248\ (\text{min})$$
$$-r_A=\frac{1}{\tau_i}(c_{A,i-1}-c_{A,i})=-\frac{1}{1.248}(c_{A,i}-c_{A,i-1})$$
$$=-0.801(c_{A,i}-c_{A,i-1})$$

首先根据反应速率方程 $-r_A=0.25c_A^2$，以 $-r_A$ 对 c_A 作图，然后从横坐标为 $c_{A0}=3$ 的点出发，作斜率为 -0.801 的直线交反应速率线于点1，再作横坐标的垂线，交横坐轴的值为 c_{A1}，再从 c_{A1} 为起点，用相同的斜率作直线，按照题图中箭头的方向逐个求得 c_{A1}、c_{A2}、…、c_{A5}，即为所求的反应器出口的浓度，如图4-12所示。

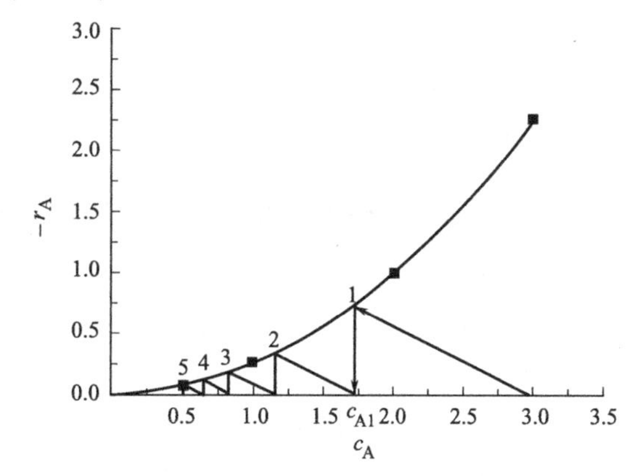

图 4-12 图解法反应器设计示意图

由图可知，反应器出口的浓度 $c_{A5}=0.5$ (mol/L)，则反应器出口的转化率为

$$\bar{x}_A=1-\frac{c_A}{c_{A0}}=1-\frac{0.5}{3.0}=0.83$$

4.6 混合态对反应的影响

连续操作反应器中的流动与混合是由进料的喷射效应以及机械搅拌所造成的，通常机械搅拌是造成混合的主要因素。就连续搅拌反应器中的混合而言，一是因搅拌器的旋转而造成液体的湍动或循环而引起混合，称为主流，是主要影响因素；二是在较小的范围内因搅拌器的剪切或进料的喷射而引起的湍动使物料分散成微团（或小滴）；三是分子扩散，是均匀化的最后步骤。从混合的尺度来看，可以抽象为微观混合和宏观混合两种极限情况。

4.6.1 微观混合与宏观混合

当流入反应器内的物料在比平均停留时间短得多的时间内，达到分子级的分散，这种混合称为微观混合，这种流体称为微观流体。通常可以将它设想成单个分子在流体内可以自由移动，并与流体的其他分子相互接触和混合。在微观混合中，反应器内的组成与出口流体组成相同。微观流体的反应是分子间碰撞的结果，因此邻近分子的情况会影响转化程度。

当进入反应器的流体以分子团的尺度均匀地分布，且这些微元中同时进入的各分子永远保持在一起，也就是微元之间相互没有影响和作用，这种混合称为宏观混合（也称为离析），这种流体称为宏观流体。在宏观混合中，在定态下任何时间内釜内平均组成是相同的，但从所有的微观来看，不仅停留时间彼此不同，就是组成也各不相同，分子团之间没有相互作用。宏观流体的反应不是分子团之间，而是在分子团之内分子间进行的，因此每一个分子团相当于一个间歇反应器，无数个不同停留时间的这种间歇反应器的综合，就构成了整个大反应器。悬浮聚合就是一个很好的宏观混合的例子，溶解了引发剂的单体在水中因搅拌作用而分散成大小比较均匀的微团，由于悬浮剂的作用，使得这些微团在整个反应过程中难以再合并及交换，反应在单体微团之中进行，而水却作为分散剂和良好的载热体。

流动与混合所造成的返混程度与混合程度的不同，对化学反应有显著的影响。一般情况下，在搅拌反应器中，主流速度越大，物料的混合和分散程度就越接近于微观混合。当主流为层流状态时，垂直于流动方向物料的分散只能靠扩散来进行。而对于液体，特别是黏滞性液体，分子扩散的速度是很慢的，在反应器中不同浓度区域的存在就更加严重。高分子溶液以及工业上的层流流动反应器最接近于宏观流体。

4.6.2 微观混合和宏观混合对化学反应的影响

在此，以单一反应物的混合情况为例，讨论微观混合和宏观混合对化学反应的影响。

前面学习过的均相反应器一般是假定流体为微观流体，事实上，一般均相体系也确实如此。这里讨论在间歇釜、平推流和全混流反应器中的单一反应物为宏观流体的情况，并考察宏观混合与微观混合对化学反应的影响。

(1) 间歇釜反应器和平推流反应器

在间歇釜反应器中，由于物料一起放入和一同取出，停留时间都相同，没有返混，只有搅拌造成的混合，所以，不管是宏观流体还是微观流体，在等温条件下，对任意级数两者的转化率是相同的；对于平推流反应器，物料整齐排列匀速流过反应器，所有反应物料停留时间也相同，还没有混合现象。所以对没有时间分布的这两种理想反应器，宏观混合与微观混合对任何级数的化学反应的影响也相同，不用引入 E 函数计算。

(2) 全混流反应器

全混釜则不同，假设有两个体积相同的流体微元，进行动力学方程为 $-r_A=kc_A^n$ 的同一个单一反应，在两个流体微元中反应组分 A 的浓度为 c_{A1} 和 c_{A2}。

如果两个流体微元实现了微观混合，则其反应速率为

$$-r_A\left[\frac{c_{A1}+c_{A2}}{2}\right]=k\left[\frac{c_{A1}+c_{A2}}{2}\right]^n$$

如果两个流体微元处于宏观混合状态，但以相同的停留时间流经反应器，各自保持自己的浓度进行反应，则其平均反应速率为

$$\frac{(-r_1)+(-r_2)}{2}=\frac{k}{2}(c_{A1}^n+c_{A2}^n)$$

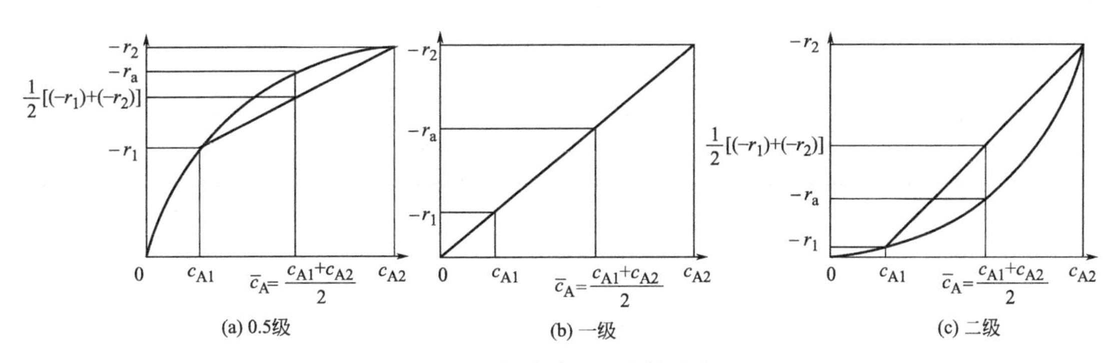

图 4-13 混合态对反应的影响

显然，反应级数 n 的取值不同，两种混合情况下的反应速率大小会不同。

关于混合态的影响可总结用如下示意说明，如图 4-13 所示。从图中可比较出，对二级反应，$n=2$，宏观混合的平均反应速率为$\frac{1}{2}[(-r_1)+(-r_2)]>-r[(c_{A1}+c_{A2})/2]=-r_a$；对 0.5 级反应 $n=0.5$，$\frac{1}{2}[(-r_1)+(-r_2)]<-r[(c_{A1}+c_{A2})/2]$；而一级反应，$n=1$，$\frac{1}{2}[(-r_1)+(-r_2)]=-r[(c_{A1}+c_{A2})/2]$。说明一级反应速率与混合态无关，大于一级反应时，晚混合和不混合反应速率快，微观混合（充分混合和早混合）将降低转化率；而小于一级反应，早混合和充分混合，反应速率快，微观混合提高转化率。

【例 4-6】 在全混流反应器中进行二级不可逆反应，$c_{A0}=1.0\text{mol/L}$，$k=1.0\text{L/(mol·min)}$，平均停留时间 $\bar{t}=2\text{min}$。求物料为宏观流体时的转化率，并与为微观流体时的结果相比较。

解：(1) 微观流体，即微观早期混合时，根据式(3-13) 有

$$\bar{t}_m=2=\frac{c_{A0}-c_{Af}}{kc_{Af}^2}$$

$$2kc_{Af}^2+c_{Af}-c_{A0}=0$$

解此方程 $$c_{Af}=0.5\text{mol/L},\ x_{Af}=50\%$$

(2) 宏观流体不混合时，要引入 E 函数，对每个微团进行加权平均

$$\bar{c}_A=\int_0^\infty c_A E(t)\text{d}t \quad \text{(A)}$$

> [例4-6]中的式(A)与式(4-42)完全相同，也称为离析流模型，都代表着c_A对时间的加权平均。

因为，间歇二级不可逆反应时

$$kt=\frac{1}{c_A}-\frac{1}{c_{A0}} \quad \text{(2-28a)}$$

则 $$c_A=\frac{c_{A0}}{ktc_{A0}+1} \quad \text{(B)}$$

而全混釜的 E 函数 $$E(t)=\frac{1}{\tau}e^{-t/\tau} \quad \text{(4-26)}$$

将式(B) 和式(4-51) 代入式(A) 中，可得

$$\bar{c}_A=\int_0^\infty \frac{c_{A0}}{ktc_{A0}+1}\cdot\frac{1}{\tau}e^{-t/\tau}\text{d}t$$

故代入 $c_{A0}=1.0\text{mol/L}$，$k=1.0\text{L/(mol·min)}$，$\tau=2\text{min}$。

整理得

$$\bar{c}_A=0.5\int_0^{\infty}\frac{e^{-t/2}}{t+1}dt$$

用数值计算，每隔 2min 取点，最大取为平均停留时间 10 倍，即 20min，则

t/min	0	2	4	6	8	10	12	14	16	18	20
$\frac{e^{-t/2}}{t+1}$	0	0.307	0.097	0.031	0.010	0.003	0.0011	0.0004	1.3×10^{-4}	1.4×10^{-5}	1.5×10^{-5}

用梯形法积分

$$\int_0^{20}\frac{e^{-t/2}}{t+1}dt=\Big(0.307+0.097+0.031+0.01+0.003+0.0011+0.0004+1.3\times10^{-4}+4.4\times10^{-5}+\frac{1}{2}\times1.5\times10^{-5}\Big)\times2=0.8993$$

则

$$\bar{c}_A=0.5\times0.8993=0.45\text{mol/L}$$

$$\bar{x}_A=\frac{1-0.45}{1}=55\%$$

从而证明大于一级的二级反应宏观混合，转化率好于微观混合，提高了 5%

当反应级数小于一级时，早混合好于晚混合。随着反应级数提高，宏观混合的影响逐渐严重。

本章重要内容小结

(1) 停留时间分布函数 $F(t)$ 和停留时间分布密度函数 $E(t)$ 及关系

阶跃实验测得

$$F(t)=\frac{c(t)}{c_0}$$

而

$$E(t)=\frac{dF(t)}{dt}$$

脉冲实验测得 $$E(t)=\frac{c(t)}{\int_0^{\infty}c(t)dt}$$

而

$$F(t)=\int_0^{t}E(t)dt$$

对于无量纲时间 $\theta=t/\bar{t}$，而

$$E(\theta)=\tau E(t)$$

$$F(\theta)=F(t)$$

(2)停留时间分布的统计特征值

平均停留时间($\bar{t}$) $$\bar{t}=\frac{\int_0^{\infty}tE(t)dt}{\int_0^{\infty}E(t)dt}=\int_0^{\infty}tE(t)dt$$

方差 σ_t^2 $$\sigma_t^2=\int_0^{\infty}(t-\bar{t})^2E(t)dt=\int_0^{\infty}t^2E(t)dt-\bar{t}^2=\bar{t}^2\sigma_\theta^2$$

(3)理想流动

平均停流时间 $\bar{t}=\tau$，方差$\begin{cases}\sigma_\theta^2=0 \text{（平推流）}\\ \sigma_\theta^2=1 \text{（全混流）}\end{cases}$

$$E(t)=\frac{1}{\tau}e^{-t/\tau}\text{（全混流）}$$

（4）非理想流动模型（返混的定量描述）

多釜串联模型 $$E(\theta)=\frac{N^N}{(N-1)!}\theta^{N-1}e^{-N\theta}$$

$$\sigma_\theta^2=\int_0^\infty \theta^2 E(\theta)d\theta-1=\frac{1}{N}$$

（5）非理想流动反应器的计算

一级反应和宏观流体 $\bar{c}_A=\int_0^\infty c_A E(t)dt$（离析流模型）

一级不可逆反应多釜串联模型 $x_{AN}=1-\frac{1}{(1+k\tau_i)^N}$，$\tau_i=\frac{\tau}{N}$

二级不可逆反应多釜串联模型可查图 4-11 计算。

其他级数根据式(3-27)，仿图 3-8 用图解法计算。

（6）混合态的影响

一级反应和理想间歇釜与平推流反应器的任意级数的宏观混合与微观混合一样，不引入 $E(t)$ 函数计算；大于一级反应，转化效果为宏观混合优于微观混合，小于一级反应，转化效果为微观混合优于宏观混合。

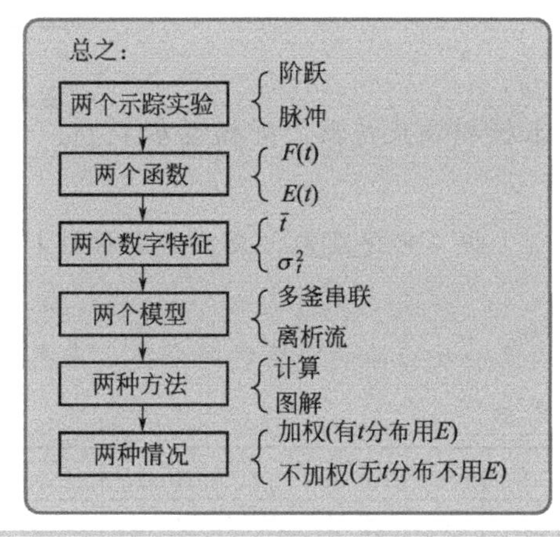

习　题

一、计算题

4-1 在定态操作反应器的进口物料中脉冲注入示踪物料。出口处示踪物浓度随时间变化的情况如下。假设在该过程中物料的密度不发生变化，试求物料的平均停留时间与停留时间分布函数，并求方差。

时间 t/s	0	120	240	360	480	600	720	840	960	1080
示踪物浓度/(g/cm³)	0	6.5	12.5	12.5	10.0	5.0	2.5	1.0	0	0

4-2 无量纲方差表达式的推导

(1) 推导无量纲方差 $\sigma_\theta^2=\sigma_t^2/\bar{t}^2$；

(2) 推导 CSTR 的 $\sigma_t^2=\bar{t}^2$。

4-3 设 $F(\theta)$ 及 $E(\theta)$ 分别为闭式流动反应器的停留时间分布函数及停留时间分布密度函数，θ 为对比停留时间。

(1) 若该反应器为平推流反应器，试求

① $F(1)$；②$E(1)$；③$F(0.8)$；④$E(0.8)$；⑤$F(1.2)$。

(2) 若该反应器为全混流反应器，试求：

①$F(1)$；②$E(1)$；③$F(0.8)$；④$E(0.8)$；⑤$F(1.2)$。

(3) 若该反应器为非理想流动反应器，试求：

①$F(\infty)$；②$F(0)$；③$E(\infty)$；④$E(0)$；⑤$\int_0^\infty E(\theta)\mathrm{d}\theta$；⑥$\int_0^\infty \theta E(\theta)\mathrm{d}\theta$

4-4 用阶跃法测定某一闭式流动反应器的停留时间分布，得到离开反应器的示踪剂浓度与时间的关系，如图 4-14 所示。

$$c(t)=\begin{cases}0 & t\leqslant 2\\ t-2 & 2\leqslant t\leqslant 3\\ 1 & t>3\end{cases}$$

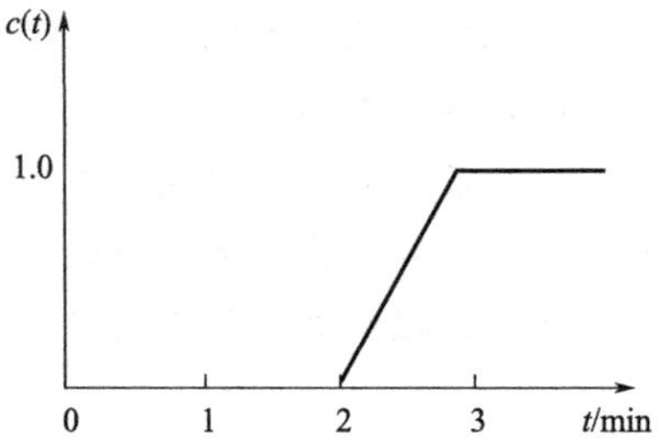

图 4-14 习题 4-4 示踪剂浓度

试求：

(1) 该反应器的停留时间分布函数 $F(\theta)$ 及分布密度函数 $E(\theta)$；

(2) 数学期望 $\bar{\theta}$ 及方差 σ_θ^2；

(3) 若用多釜串联模型来模拟该反应器，则模型参数是多少？

(4) 若在此反应器内进行 1 级不可逆反应，反应速率常数 $k=1\text{min}^{-1}$，且无副反应，试求反应器出口转化率。

4-5 为了测定某一闭式流动反应器的停留时间分布，采用脉冲输入法，反应器出口物料中示踪剂浓度与时间的关系如下：

t/s	0	1	2	3	4	5	6	7	8	9	10
$c(t)$/(g/cm^3)	0	0	3	5	6	6	4.5	3	2	1	0

试计算

(1) 反应物料在该反应器中的平均停留时间 $\bar{t}$ 及方差 σ_θ^2；

(2) 停留时间小于 4.0min 的物料所占的分率。

4-6 将一定量的示踪剂从一管式流动反应器的进口处脉冲注入，并在该反应器的出口处连续检测示踪剂的浓度 $c(t)$，得到如下数据：

t/min	0	4	8	12	16	20	24	28	32
$c(t)$/(kg/m^3)	0.0	3.0	5.0	5.0	4.0	2.0	1.0	0.0	0.0

(1) 试根据上述实测数据计算平均停留时间；

(2) 如果在该管式反应器中进行一级不可逆反应 $A \xrightarrow{k_1} R$，$k_1 = 0.045\text{min}^{-1}$，试用离析流模型计算反应物 A 的平均转化率；

(3) 试根据理想平推流模型计算平均转化率并与 (2) 结果进行比较；

(4) 若按照多级 CSTR 模型处理，求模型参数 N 和停留时间分布函数 $F(t)$，并计算转化率?

4-7 用阶跃法测定某一闭式流动反应器的停留时间分布，得到离开反应器的示踪剂浓度与时间的关系如下：

t/s	0	15	25	35	45	55	65	75	90	100
$c(t)/(\text{g/cm}^3)$	0	0.5	1.0	2.0	4.0	5.5	6.5	7.0	7.7	7.7

(1) 试求该反应器的停留时间分布函数及平均停留时间；

(2) 若在该反应器内的物料为微观流体，且进行 1 级不可逆反应，反应速率常数 $k = 0.05\text{s}^{-1}$，预计反应器出口处的转化率；

(3) 若在该反应器内的物料为宏观流体，其他条件不变，试问反应器出口处的转化率是多少?

4-8 已知一等温闭式流动反应器的停留时间分布密度函数

$$E(t) = 16t\text{e}^{-4t} \quad (\text{min}^{-1})$$

试求：(1) 平均停留时间；(2) 空时；(3) 空速；(4) 停留时间小于 1min 的物料所占的分率；(5) 停留时间大于 2min 的物料所占的分率；(6) 若用 CSTR 模型来模拟反应器，则模型参数 (N) 为多少?

4-9 在一个全混釜中，等温下进行零级反应 $A \rightarrow B$，反应速率为 $-r_A = 9\text{mol/(min} \cdot \text{L)}$，进料浓度 $c_{A0} = 10\text{mol/L}$，流体在反应器内的平均停留时间 $\bar{t} = 1\text{min}$，请按下列情况分别计算反应器出口转化率：

(1) 若反应物料为微观流体；

(2) 若反应物料为宏观流体。

4-10 在具有如下停留时间分布的反应器，等温进行一级不可逆反应 $A \rightarrow P$，反应速率常数为 2min^{-1}。

$$E(t) = \begin{cases} 0 & t < 1 \\ \exp(1-t) & t \geqslant 1 \end{cases}$$

试分别用多釜串联模型和离析流模型计算该反应器的出口转化率，并对计算结果进行比较。

4-11 苯醌和环戊二烯进行液相反应：$A + B \rightarrow C$ 反应在 298K 下进行，该反应的速率方程为 $-r_A = kc_Ac_B$，$k = 9.92 \times 10^{-3}\text{L/(mol} \cdot \text{s)}$，液体的进料速度为 0.278L/s，苯醌和环戊二烯的初始浓度均为 0.08mol/L，在真实管式反应器中进行，测得停留时间分布数据如下：

$t \times 10^{-3}$/s	0	40	80	120	160	200	240	280	320
$c(t)/(\text{kg/m}^3)$	0.0	3.0	5.0	5.0	4.0	2.0	1.0	0.0	0.0

求：(1) 平均停留时间下的平推流反应器转化率和反应体积；

(2) 在真实流动下，达到平推流转化率时的反应器体积；

(3) 在真实流动下，与平推流反应器体积相同时的转化率；

（4）若为宏观流体，（3）的转化率如何？

二、思考题

4-1 返混与混合的区别与联系是什么？

4-2 用阶跃和脉冲示踪实验方法的区别？流体停留时间分布（RTD）的分布函数和密度函数的定义如何？

4-3 用阶跃示踪实验和脉冲示踪实验的示踪剂浓度与时间数据求取分布函数与分布密度函数的计算公式与转换关系？

4-4 平均停留时间与方差的物理意义如何？计算关系式如何？

4-5 多釜串联模型的基本假设是什么？一级不可逆反应的多釜串联模型如何导出？

4-6 给出二级不可逆反应多釜串联模型图解设计的查图方法与步骤？

4-7 返混对于零级、一级和二级反应有何影响？

4-8 宏观流体与微观流体对于零级、一级和二级反应有何影响？

4-9 离析流模型与多釜串联模型适用于什么流动条件和反应条件？公式如何？

4-10 任意反应级数多釜串联的图解设计理论公式、方法和步骤是什么？

4-11 无量纲的时间、分布函数、密度函数和方差与有量纲函数之间的关系如何？

4-12 微观混合与宏观混合在三种理想反应器中有何差别？

第 5 章

气-固相催化反应动力学

本章学习要求

1. 了解气固催化反应过程和三步阻力影响、单中心与双中心理论、覆盖率和空位率、宏观速率与动力学方程等问题；

2. 全面掌握用朗格缪尔理论和不同表面过程控速假设推导机理方程和化简方法与线性化确定方程参数的方法；

3. 掌握外扩散的影响规律和方程特点与实验判别方法；

4. 深入掌握西勒模数定义及影响因素，深入掌握有效因数定义及与西勒模数的关系和对本征动力学方程的修正方法；

5. 掌握宏观动力学方程的推导方法，过程阻力的实验判别方法和对本征参数的影响；

6. 掌握气膜和内扩散传热阻力存在时气膜两侧温差和催化剂最大温差的计算，了解催化剂颗粒传热阻力对有效因数的影响。

第 1 章绪论已述及，化学反应按相态可分为均相反应和非均相反应两大类。均相反应动力学因无相间传质传热阻力属于本征动力学范畴，而气-固两相催化反应存在相间传递阻力，使可测的主体气流温度和浓度与实际不可测的催化剂表面且决定着反应速率的温度和浓度数值不同。为了描述催化剂上真实的反应速率，进行准确的气-固催化反应器设计，从第 5 章开始，将学习和讨论气-固非均相催化反应动力学及其反应器设计内容。本章从反应机理方程入手，详细讨论气-固相催化反应宏观动力学规律。

5.1 气-固相催化反应

5.1.1 气-固相催化反应速率定义及表达方式

所谓气-固相催化反应是指在反应条件下在固体催化剂表面上进行的、反应物和产物均呈气态的一类化学反应。例如，氮气和氢气在固体铁催化剂表面上进行的合成 NH_3 反应、二氧化硫在固体钒催化剂表面上转化为三氧化硫的反应、合成气在铜基催化剂表面上进行合成甲醇的反应等这些主要反应，都属于气-固相催化反应。这一类型的催化反应在化工生产中所占的份额相当大，技术最成熟，因此气-固相催化反应动力学研究及其反应器设计等相关内容已成为化学反应工程学的核心内容之一。

催化剂是影响整个反应过程乃至生产全过程的关键，催化剂的使用使反应速率大大加快了，也使反应过程复杂化，副产物增加。催化剂本身也随着使用时间的延长而逐渐失去催化活性，需要再生和更换。目前，对于催化剂的应用开发仍依靠实验，催化剂选择的标准是活性要高、对目标产物的选择性要好、使用时间要足够长，一般要在 2 年以上，而且成本要低廉、对环境污染要小、安全可靠。催化剂的高活性和高选择性要综合考虑，往往二者存在矛盾，在高活性下还要保持较高的选择性，这样才能使主产物的收率较高，获得较大的经济效益，在满足经济指标后才有工业开发的市场前景。

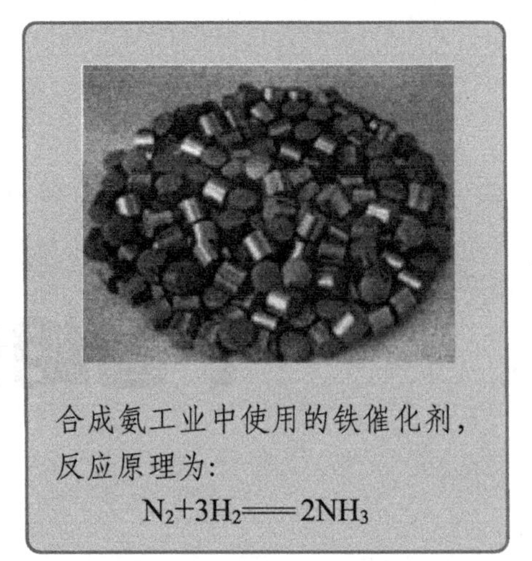

合成氨工业中使用的铁催化剂，反应原理为：

$$N_2+3H_2 \longrightarrow 2NH_3$$

催化剂固体对气体的吸附特征影响着催化反应的特征，通常存在两种吸附，一种是物理吸附，靠分子间的范德华力，表现为吸附温度低、吸附热小、吸附力小、没有选择性，它不具备催化能力；另一种吸附是化学吸附，靠的是化学键力，发生了电子转移，主要表现是吸附热大、吸附温度较高、吸附力强、对气体具有选择性，具有催化能力。因此，固体催化剂对气体分子的化学吸附是催化反应的关键，也是研究气固催化反应动力学的基础。

气-固相催化反应的最大平台莫过于固体催化剂表面和孔隙，它的活性表面不仅可以改变反应路径、提高主产物选择性、降低反应活化能，极大地加快反应速率。巨大的表面积是由众多的微细孔隙形成的，因此，在定义气-固相催化反应速率时，可用固体催化剂孔体积 V_K 来定义在理论上更方便，即

$$\boxed{r_i = \pm \frac{1}{V_K} \times \frac{dn_i}{dt}} \tag{5-1}$$

式(5-1) 反应速率定义非常重要，特别是基准的选择。

固体催化剂孔体积和表面积是固体催化剂的重要性能参数，对于特定的催化剂而言，单位质量催化剂所具有的孔体积和表面积几乎是一个常量，两者之间具有高度的对应关系，所以在定义气-固相催化反应速率时，也可以用固体催化剂质量 W 和表面积 S 代替孔体积 V_K。由于催化剂质量更易获得，以它为基准的反应速率定义在应用上更为方便和较为常见。

气-固相催化反应动力学研究的目的就是要建立气-固相催化反应动力学方程，为气-固相催化反应器的开发设计、选型、优化操作与控制提供理论依据。而从气-固相催化反应速率定义式(5-1) 可知，要建立气-固相催化反应动力学方程，离不开对固体催化剂的结构特征进行详细了解和掌握。

5.1.2 固体催化剂颗粒的结构参数

催化剂颗粒的孔结构可用如下几个参数表征：

① 孔容和孔体积——单位质量固体颗粒的孔体积，用 V_p 表示，单位为 cm^3/g；孔体积

指催化剂微孔体积，用 V_K 表示，单位为 cm^3。

② 比表面积——单位质量颗粒所具有的表面积，用 a_g 表示，单位为 m^2/g；

③ 孔隙率——对单个固体颗粒而言，具有的孔体积在颗粒体积中所占的百分率，用 ε_p 表示；

④ 孔分布曲线——不同孔径的孔体积随孔径的变化关系；

⑤ 平均孔半径——统计结果，用 r_a 表示，单位为 nm。

催化剂的物性参数是气固相催化反应的基准参数，非常重要涉及反应速率定义的变换。

孔容 V_p 和孔隙率 ε_p 可由颗粒的真密度 ρ_t 和假密度 ρ_p 求得。所谓真密度是指排除孔体积后催化剂颗粒的真实质量与真实体积之比，单位为 g/cm^3。其中，催化剂颗粒的真实体积（骨架体积）可通过苯置换实验测定（它可渗透进入催化剂的微孔中）。固体催化剂颗粒真密度 ρ_t 的计算式

$$\rho_t=\frac{\text{固体催化剂质量}}{\text{催化剂量取体积}-\text{苯置换体积}}=\frac{W}{V_B-V_t} \tag{5-2a}$$

由于真密度是通过苯置换法测定的，所以人们习惯上也将其称为苯置换密度。所谓假密度是指固体催化剂质量与假体积之比，单位为 g/cm^3。假体积可通过汞置换法来确定，常压条件下，汞不能渗透进入催化剂粒子的微孔中，所以也将其称为汞置换密度，固体催化剂密度也称为假密度（ρ_p），即

$$\rho_p=\frac{\text{固体催化剂质量}}{\text{催化剂量取体积}-\text{汞置换体积}}=\frac{W}{V_B-V_H} \tag{5-2b}$$

式(5-2a) 和式(5-2b) 中，W 为催化剂质量，g、V_B 为催化剂量取体积，mL、V_t 为苯置换的催化剂颗粒间和颗粒内部体积，mL、V_H 为汞置换的催化剂颗粒间的体积，mL。在这两个公式中，分子上的 W 应为同一数值，由式(5-2a) 和式(5-2b) 可导出：由假密度倒数与真密度倒数之差计算的单位质量的体积之差就为固体催化剂颗粒的孔容 V_p（mL/g），即

$$V_p=\frac{V_t-V_H}{W}=\frac{1}{\rho_p}-\frac{1}{\rho_t} \tag{5-2c}$$

由孔隙率的定义可知

$$\varepsilon_p=\frac{V_p}{1/\rho_p}=V_p\rho_p=\left(\frac{1}{\rho_p}-\frac{1}{\rho_t}\right)\rho_p=1-\frac{\rho_p}{\rho_t} \tag{5-3}$$

除了上面介绍的真密度和假密度的概念外，对于众多催化剂颗粒堆积的床层而言，还有堆积（床层）密度$\rho_B=\dfrac{\text{催化剂质量}}{\text{催化剂堆积体积}}=\dfrac{W}{V_B}$（$g/cm^3$）。

【例 5-1】 在测定催化剂颗粒的孔容和孔隙率实验中，用活性二氧化硅（4～12 目大小的颗粒）样品得到以下数据：催化剂样品质量为 101.5g，量取体积为 165.5cm^3，苯置换体积为 120.4cm^3，汞置换体积为 82.7cm^3。试计算该样品的孔容和孔隙率。

解：

样品的真密度为 $\rho_t=\dfrac{101.5}{165.5-120.4}=2.25$ (g/cm^3)

样品的假密度为 $\rho_p=\dfrac{101.5}{165.5-82.7}=1.226$ (g/cm^3)

则样品的孔容为 $V_p=\frac{1}{\rho_p}-\frac{1}{\rho_t}=\frac{1}{1.226}-\frac{1}{2.25}=0.371\ (cm^3/g)$

样品的孔隙率为 $\varepsilon_p=V_p\rho_p=0.371\times1.226=0.455$

5.1.3 气-固相催化反应过程

由于催化剂的内表面要比外表面大很多，大比表面积的催化剂通常占99%以上，所以气-固相催化反应主要发生在催化剂颗粒内表面上。气相主体中的反应物必须以扩散方式穿过催化剂颗粒外层气膜，先到达催化剂颗粒的外表面；再进入催化剂颗粒的内孔道，到达内孔表面上；然后，在催化剂颗粒内表面上依次进行反应物的吸附、表面化学反应和产物的脱附这三个本征过程。脱附后的反应产物又返回到催化剂的内孔道，以扩散方式反向扩散到达催化剂的外表面，再穿过催化剂颗粒的外层气膜进入气相主体。这就是气-固相催化反应的全过程，如图5-1所示。

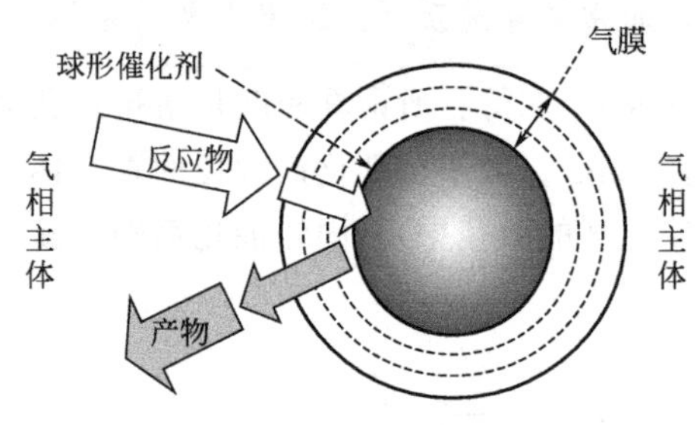

图 5-1 球型催化剂颗粒内反应物和产物扩散过程示意

在上述过程中，习惯上把反应物和产物在催化剂内孔道里的扩散过程称为内扩散过程；把反应物和产物在催化剂颗粒外层气膜中的扩散过程称为外扩散过程；把反应物在催化剂颗粒内表面上被吸附、反应和脱附的表面反应过程称为本征反应过程；把由扩散过程（内扩散和外扩散的统称）的物理过程和本征反应过程所构成的全过程称为宏观反应过程。在完成气固相催化反应的五个步骤中，要经过外扩散、内扩散和表面反应这三个过程，要克服这三个过程产生的阻力，也就是外扩散阻力、内扩散阻力和表面反应阻力。

等温下，本征动力学过程和扩散过程的全为宏观动力学过程。

5.2 气-固相催化反应本征动力学

5.2.1 本征反应过程速率方程

气-固相催化反应本征反应过程所包括的吸附、反应和脱附这三个步骤不是孤立的，而是一个相互联系、相互影响、相互制约的整体。但在实际问题的研究中，为了使问题得以简化和研究的方便，总是先将它们分别开来，逐个分析与讨论，然后再将它们看成一个整体来研究。

对于气-固相催化反应

$$A+B \rightleftharpoons L+M \tag{5-4a}$$

其本征反应动力学过程的三个步骤，根据活性中心理论（即催化剂表面是由众多的活性中心点所构成），对于双中心理论（即完成每一次催化循环需要占用两个活性中心）可表达如下：

① 反应物在固体催化剂内表面的活性中心位 σ 上发生化学吸附

$$A+\sigma \rightleftharpoons A\sigma \tag{5-4b}$$

$$B+\sigma \rightleftharpoons B\sigma \tag{5-4c}$$

② 吸附后的反应物在催化剂内表面上发生表面反应

$$A\sigma+B\sigma \rightleftharpoons L\sigma+M\sigma \tag{5-4d}$$

③ 反应产物在催化剂内表面上发生脱附

$$L\sigma \rightleftharpoons L+\sigma \tag{5-4e}$$

$$M\sigma \rightleftharpoons M+\sigma \tag{5-4f}$$

吸附→反应→脱附过程为本征动力学微观连串过程。

从上面的表达方式中不难发现，在描述气固相催化反应过程中，把固体催化剂表面活性中心位 σ 当作一个反应物或产物组分（浓度）来处理，只不过，σ 只参与整个过程，其本身在反应前后并不发生变化，这也正好反映了催化剂在化学反应过程中的本质。在本征反应动力学方程中，θ_i 表示 i 物质在固体催化剂颗粒表面上覆盖活性中心位 σ 的浓度或百分数，即覆盖率。

$$\theta_i=\frac{\text{被 } i \text{ 物质覆盖的活性中心位浓度}}{\text{总活性中心位浓度}} \tag{5-5}$$

如果固体催化剂表面上吸附有多种组分，那么，催化剂的活性中心位将被多组分所覆盖，其总覆盖率应为各组分覆盖率之和，即 $\sum\theta_i$。因此，将没有被覆盖的活性中心位占总活性中心位的比率称为空位率，即 $\theta_v=1-\sum\theta_i$。

按微观基元过程的质量作用定律，将式(5-4) 中的五个过程的速率方程建立如下：

A 组分的净吸附速率方程

$$-r_A=r_{aA}-r_{dA}=k_{aA}p_A\theta_v-k_{dA}\theta_A \tag{5-6a}$$

B 组分的净吸附速率方程

$$-r_B=r_{aB}-r_{dB}=k_{aB}p_B\theta_v-k_{dA}\theta_B \tag{5-6b}$$

表面反应的速率方程

$$r_S=r_a-r_d=k_a\theta_A\theta_B-k_d\theta_L\theta_M \tag{5-6c}$$

L 组分的净脱附速率方程

$$r_L=r_{dL}-r_{aL}=k_{dL}\theta_L-k_{aL}p_L\theta_V \tag{5-6d}$$

M 组分的净脱附速率方程

$$r_M=r_{dM}-r_{aM}=k_{dM}\theta_M-k_{aM}p_M\theta_V \tag{5-6e}$$

在上述五个速率方程中，每一个都可以被看作是本征反应动力学过程中的分速率方程，为串联过程，都有决定整个过程的进程和速率的可能。假设其中有一步过程速率最慢称之为控制过程，控制过程的速率将代表整个本征反应过程的速率，除控制过程以外的其他过程都被认为很快达到了平衡。例如，假设 A 组分的吸附过程式(5-6a) 为控制过程，其余式(5-6b、c、d、e) 都处于平衡状态，这时，式(5-6a) 代表了整个反应速率方程。但是，该方程中有两个不可测的变量 θ_A 和 θ_V 而使该方程无法应用，必须通过式(5-6b、c、d、e) 联合消去。同理，可写出其他任何分过程为控制过程的本征反应速率方程。

固体催化剂颗粒活性中心位 σ 的覆盖率 θ_i 只是一个过渡性参变量。因为很难对催化剂的活性中心位 σ 进行准确的测量和计算，当然也就不能得到具体的覆盖率值。因此，在最后建立的本征动力学速率方程中，应全部消除这种过渡性变量，其方法就是通常可应用的朗缪尔吸附理论和化学平衡理论。

5.2.2 吸附等温方程

为了研究气体在固体催化剂表面上的化学吸附特征，曾提出了几种模型和理论：①朗缪尔模型，它适合于物理吸附和化学吸附，吸附率用 $\theta_A = ap_A/(1+bp_A)$ 形式的双曲线方程来表示；②弗隆德力希模型，它也适合于物理吸附和化学吸附，吸附率用 $\theta_A = bp_A^a$ 形式的指数式来表示；③焦姆金模型，只适合于化学吸附，吸附率用 $\theta_A = b\ln(ap_A)$ 形式的对数式来表示。这里，a、b 为各自方程待定参数；p_A 为被吸附气体的分压；θ_A 为气体 A 的覆盖率。

在以上三种模型中，最早的最常用的是朗缪尔等温理想吸附模型，对于大多数的均匀表面是适合的。而弗隆德力希模型和焦姆金模型更适合于非理想表面中等覆盖率过程。下面只讨论用朗缪尔模型求取气体在固体催化剂表面被吸附的某种气体覆盖率的方法。

朗缪尔提出的理想吸附层等温方程，其模型假设包括三个方面：①催化剂表面性质是均匀的，即具有均匀的吸附能力，每个活性位都有相同的吸附热和吸附活化能；②被吸附的分子间没有相互作用；③吸附和脱附可以建立动态平衡。

根据模型假设可知，气体分子在固体催化剂表面发生理想层吸附或脱附时，存在吸附活化能（E_a）和脱附活化能（E_d），这说明吸附速率常数（k_a）和脱附速率常数（k_d）也可以用阿伦尼乌斯公式来表达，即

吸附速率常数
$$k_a = k_a^0 \exp\left(\frac{-E_a}{RT}\right) \tag{5-7a}$$

脱附速率常数
$$k_d = k_d^0 \exp\left(\frac{-E_d}{RT}\right) \tag{5-7b}$$

吸附速率与空位率（$1-\sum\theta_i$）成正比，脱附速率与覆盖率（θ_i）成正比，吸附和脱附互为可逆过程，建立动态平衡，当吸附或脱附过程达到动态平衡时，其净速率为零，即

$$r_{ai} = r_{di} \tag{5-8}$$

对于一个特定的反应系统，可以写出其中任何一个被吸附组分，在一定温度条件下的平衡速率方程，对式(5-5) 有：

当 $-r_A = 0$ 时
$$\theta_A = \frac{k_{aA} p_A^* \theta_v}{k_{dA}} = K_A p_A^* \theta_V \tag{5-9}$$

当 $-r_B = 0$ 时
$$\theta_B = \frac{k_{aB} p_B^* \theta_v}{k_{dA}} = K_B p_B^* \theta_V \tag{5-10}$$

当 $r_L = 0$ 时
$$\theta_L = \frac{k_{aL} p_L^* \theta_v}{k_{dL}} = K_L p_L^* \theta_V \tag{5-11}$$

当 $r_M = 0$ 时
$$\theta_M = \frac{k_{aM} p_M^* \theta_v}{k_{dM}} = K_M p_M^* \theta_V \tag{5-12}$$

式中，$\frac{k_{ai}}{k_{di}} = K_i$；$p_i^*$为一定温度下 i 组分的平衡分压。

因
$$\sum\theta_i + \theta_V = 1 \tag{5-13}$$

对于上述反应系统有

$$\theta_A + \theta_B + \theta_L + \theta_M + \theta_V = 1 \tag{5-14}$$

将式(5-9)～式(5-12)代入式 (5-14) 中，整理得

$$\theta_V = \frac{1}{1 + K_A p_A^* + K_B p_B^* + K_L p_L^* + K_M p_M^*} \tag{5-15}$$

再将式(5-15) 代入式(5-9)～式(5-12)，整理得

$$\theta_A=\frac{K_A p_A^*}{1+K_A p_A^*+K_B p_B^*+K_L p_L^*+K_M p_M^*} \tag{5-16}$$

$$\theta_B=\frac{K_B p_B^*}{1+K_A p_A^*+K_B p_B^*+K_L p_L^*+K_M p_M^*} \tag{5-17}$$

$$\theta_L=\frac{K_L p_L^*}{1+K_A p_A^*+K_B p_B^*+K_L p_L^*+K_M p_M^*} \tag{5-18}$$

$$\theta_M=\frac{K_M p_M^*}{1+K_A p_A^*+K_B p_B^*+K_L p_L^*+K_M p_M^*} \tag{5-19}$$

由此可以推广到有 n 个被吸附组分非解离吸附的反应系统，其覆盖率和空位率的表达通式为

$$\boxed{\theta_i=\frac{K_i p_i^*}{1+\sum_i^n K_i p_i^*}} \tag{5-20}$$

$$\boxed{\theta_V=\frac{1}{1+\sum^n K_i p_i^*}} \tag{5-21}$$

这就是朗缪尔理想吸附层等温方程。

当双原子气体分子如 O_2 等在被吸附的过程中，若离解成单个原子，且各占一个活性位 σ，也可以建立相应的等温方程。现以单组分气体 A_2 被吸附为例，其吸附过程可以表达如下

$$A_2+2\sigma \rightleftharpoons 2A\sigma$$

该过程的吸附速率方程为

$$-r_{A_2}=r_{aA_2}-r_{dA_2}=k_{aA_2}p_{A_2}\theta_V^2-k_{dA_2}(\theta_{A_2})^2 \tag{5-22}$$

当过程达平衡时 $-r_{A_2}=0$，式(5-22)有

$$(\theta_{A_2})^2=\frac{k_{aA_2}p_{A_2}^*\theta_V^2}{k_{dA_2}}=K_{A_2}p_{A_2}^*\theta_V^2$$

$$\theta_{A_2}=\sqrt{K_{A_2}p_{A_2}^*}\,\theta_V \tag{5-23}$$

将其代入式(5-13) 得

$$\sqrt{K_{A_2}p_{A_2}^*}\,\theta_V+\theta_V=1 \tag{5-24}$$

联立式(5-23) 和式(5-24) 解得

$$\theta_V=\frac{1}{1+\sqrt{K_{A_2}p_{A_2}^*}} \tag{5-25}$$

$$\theta_{A_2}=\frac{\sqrt{K_{A_2}p_{A_2}^*}}{1+\sqrt{K_{A_2}p_{A_2}^*}} \tag{5-26}$$

同理，可建立其他离解类吸附过程的朗缪尔理想吸附等温方程。当反应体系中，解离吸附与非解吸附都存在时，将对应的解离吸附项改写成式(5-26) 的形式即为$\sqrt{K_i p_i^*}$。

5.2.3 不同控速过程的本征动力学方程

基于理想吸附层模型，可以建立等温方程，为消除动力学方程中的过渡性变量 θ_i 奠定基础，而且还可以依据模型中吸附过程的可逆平衡假设，来处理反应系统中各分速率过程的相互关系，这就是动力学研究方法中的稳态法。即在同一个反应系统中，决定整个系统过程速率的是过程速率最慢的分速率过程，称为控制过程，其他过程均处于快反应并达到平衡态。在此认识基础上，再结合已建立的吸附等温方程，就可以建立不同控制过程的本征动力学方程。

根据活性中心理论，认为催化剂表面上的反应必须经过以下三个步骤：一是至少有一种反应气体分子 A 吸附在催化剂表面的活性中心上；二是被吸附的 A 可能与邻近活性中心上被吸附的 B 反应（此时称为双中心机理），或吸附状态的 A 本身分解成产物，或吸附状态的 A 与气相中未被吸附的 B 反应（此时称为单中心机理）；三是生成的产物从活性中心上脱附下来，释放出被占有的活性中心。显然，A 的吸附、A 的反应和产物的脱附是有次序的串联过程，因此存在着某个过程很慢而成为控速步骤的情况，其余过程认为进行得很快并达到了平衡。这里只讨论一步很慢、其余过程很快的情况（即一步控速机理假设），在不同的控速步骤假设下可推导出相应的机理方程（本征动力学方程）。可根据实验结果对复杂的方程进行合理简化，再对该机理方程进行线性化，验证方程的正确与否，最后利用线性化方程的斜率和截距求得方程中的参数，必要时，还要结合实验设计来确定方程和参数，其过程如图 5-2 所示。

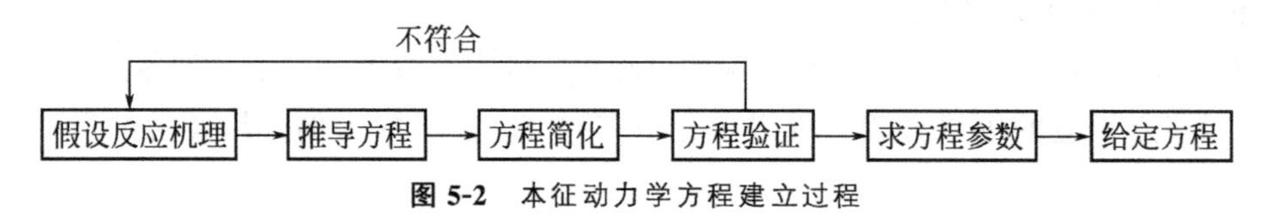

图 5-2 本征动力学方程建立过程

(1) 单组分吸附过程控制的本征动力学方程

> 将速率最慢（阻力最大）的过程称为控制过程（也称控速步骤）。

仍以式(5-4) 反应为例，假设上述反应系统中，A、B、L 和 M 四个组分都发生吸附，且 A 组分的吸附过程为控制过程，该过程速率将决定整个系统的过程速率。因此，A 组分吸附过程为控制过程的本征动力学方程可表达为

$$-r_A = k_{aA} p_A \theta_v - k_{dA} \theta_A \tag{5-27}$$

由式(5-15) 和式(5-16) 可知，在通常情况下，处在平衡过程中某组分的平衡分压 p_i^* 等于系统的操作分压 p_i。A 吸附控制过程中，组分 A 的吸附平衡分压 p_A^* 不等于系统的操作分压 p_A，即 $p_A^* \neq p_A$，此时 $p_A > p_A^*$，A 的吸附未达到平衡，而反应步骤(5-6c) 认为达到了平衡，但可以直接通过总反应的式(5-4a) 的化学平衡关系式中解出 A 的平衡分压 p_A^*，即

$$K_p = \frac{p_L p_M}{p_A^* p_B} \quad 或 \quad p_A^* = \frac{p_L p_M}{K_p p_B} \tag{5-28}$$

由此可将反应系统的等温方程式(5-15) 和式(5-16) 改写为

$$\theta_v = \frac{1}{1 + K_A\left(\frac{p_L p_M}{K_p p_B}\right) + K_B p_B + K_L p_L + K_M p_M} \tag{5-29}$$

$$\theta_A=\frac{K_A\left(\frac{p_Lp_M}{K_pp_B}\right)}{1+K_A\left(\frac{p_Lp_M}{K_pp_B}\right)+K_Bp_B+K_Lp_L+K_Mp_M} \tag{5-30}$$

将式(5-29)和式(5-30)代入动力学方程式(5-27)，并整理得

$$-r_A=\frac{k\left(p_A-\frac{p_Lp_M}{K_pp_B}\right)}{1+K_A\left(\frac{p_Lp_M}{K_pp_B}\right)+K_Bp_B+K_Lp_L+K_Mp_M} \tag{5-31}$$

式中，$k=k_{aA}$，这里除 $p_A>p_A^*$ 以外，$p_L=p_L^*$、$p_M=p_M^*$、$p_B=p_B^*$。

(2) 单组分脱附过程控制的本征动力学方程

假设反应系统中，L 组分的脱附过程为控制过程，该过程速率将决定整个系统的过程速率。因此，L 组分脱附过程为控制过程的本征动力学方程可表达为

$$r_L=r_{dL}-r_{aL}=k_{dL}\theta_L-k_{aL}p_L\theta_V \tag{5-32}$$

此时，只有 $p_L\neq p_L^*$，$p_L<p_L^*$，利用式(5-4a)总反应平衡方程解出 L 的平衡分压，即 $p_L^*=\frac{K_pp_Ap_B}{p_M}$代入式(5-15)中，得相应的等温方程为

$$\theta_V=\frac{1}{1+K_Ap_A+K_Bp_B+K_L\left(\frac{K_pp_Ap_B}{p_M}\right)+K_Mp_M} \tag{5-33}$$

$$\theta_L=\frac{K_L\left(\frac{K_pp_Ap_B}{p_M}\right)}{1+K_Ap_A+K_Bp_B+K_L\left(\frac{K_pp_Ap_B}{p_M}\right)+K_Mp_M} \tag{5-34}$$

将它们代入动力学方程式(5-32)，并整理得

$$r_L=\frac{k\left(\frac{K_pp_Ap_B}{p_M}-p_L\right)}{1+K_Ap_A+K_Bp_B+K_L\left(\frac{K_pp_Ap_B}{p_M}\right)+K_Mp_M} \tag{5-35}$$

式中，$k=K_Lk_{dL}$，这里除 $p_L<p_L^*$ 外、$p_A=p_A^*$，$p_B=p_B^*$，$p_M=p_M^*$。

(3) 表面反应过程控制的本征动力学方程

假设反应系统中，各组分的吸附和脱附过程都处于平衡态，只有表面反应过程速率最慢，将决定整个系统的过程速率。因此，表面反应为控制过程的本征动力学方程可表达为

$$r_s=r_a-r_d=k_a\theta_A\theta_B-k_d\theta_L\theta_M \tag{5-36}$$

因各组分的吸附平衡分压都等于系统的操作分压，所以将式(5-17)～式(5-20)中的 p_i^* 改为 p_i，分别将 θ_A、θ_B、θ_L 和 θ_M 代入动力学方程式(5-36)，并整理得

$$r_s=\frac{k(p_Ap_B-p_Lp_M/K_p)}{(1+K_Ap_A+K_Bp_B+K_Lp_L+K_Mp_M)^2} \tag{5-37}$$

式中，$k=k_aK_AK_B$，$K_p^{-1}=\frac{K_LK_M}{K_sK_AK_B}$，$K_s=k_a/k_d$（表面反应平衡常数），$K_A$、$K_B$、$K_L$

和 K_M 分别为 A、B、L 和 M 的吸附平衡常数，K_s 为表面反应平衡常数，K_p 为总反应的化学平衡常数，k_a 和 k_d 分别为表面反应的正逆反应速率常数。

(4) 本征速率方程的简化规律

对于吸附控速方程(5-31)、脱附控速方程(5-35) 和表面反应控速方程(5-37) 都称为双曲线型方程，三个方程中的反应速率常数 k 称为动力学项，分母称为阻力项，分子中的括号项称为推动力项。所以写成一般式为

反应速率=(动力学项)(推动力项)/(阻力项)

因此，动力学项与推动力项越大，反应速率就越大，阻力项越小，反应速率就越大。当总反应为不可逆时，反应机理中的控速步骤一项也一定为不可逆，这时可省去推动力项中减号后边的项。当分母的阻力项中存在弱的吸附项时，即 $K_i p_i \ll 1$，可从分母中省去该项。当分母中存在强的吸附项时，即 $K_j p_j \gg 1$ 时，可将 1 省掉。通过上述简化方法可将复杂的机理方程简化为比较简单的本征动力学方程，以便于应用。在简化中一定要合理，不能为了方程的简单而特意简化，也不能对推导的复杂形式的机理方程直接应用，要充分应用事实和数据，进行简化处理。

例如，当式(5-31) 的反应是不可逆的、A 为弱吸附、L 和 M 也为弱吸附时，方程可简化为

$$-r_A=\frac{kp_A}{(1+K_B p_B)} \tag{5-38a}$$

当式(5-35) 的反应为不可逆、A 和 B 为弱吸附、L 为强吸附，方程可简化为

$$-r_A=k/K_L=k' \tag{5-38b}$$

当式(5-37) 的反应为不可逆，L 和 M 为弱吸附时，方程可简化为

$$-r_A=\frac{kp_A p_B}{(1+k_A p_A+k_B p_B)^2} \tag{5-38c}$$

将式(5-38a)、式(5-38b) 和式(5-38c) 同时对 p_A 作图可得到图 5-3。

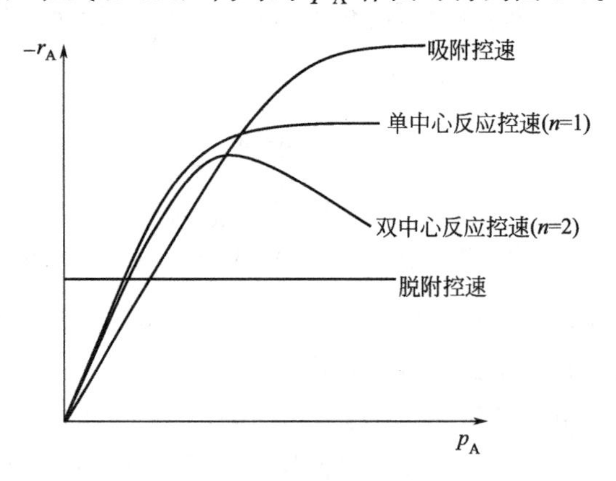

图 5-3 反应速率与 A 的分压之间关系

从图 5-3 可知，A 吸附控速时，反应速率随着 A 的分压 p_A 单调增加，呈近线性关系；L 脱附控速时，A 的反应速率与 A 的分压 p_A 无关；表面反应控速时，双活性中心的反应速率先增加达到最大值后开始下降，单活性中心，随 p_A 增加有一个平衡值（渐近值）。反过来，可以先测定限定组分 A 的反应速率（$-r_A$）与 A 的分压 p_A 之间的关系，作（$-r_A$）与 p_A 之间的关系图，然后与图 5-3 中的曲线进行比较，来判定其控速步骤和反应机理，缩小反应机理假设范围。

控速步骤为非平衡状态，A吸附控速时，p_A 小于 p_A^*，L脱附控速时，p_L^* 大于 p_L；表面反应控速时，所有分压值都为吸附平衡值 p_i^*，而不为反应平衡值；$-r_A$ 与 p_A关系为：反应控速有极值或渐近值、吸附控速单增、脱附控速不变。

【例 5-2】 催化反应机理与动力学方程：$CO+H_2O \rightleftharpoons CO_2+H_2$

如果一氧化碳与水蒸气在铁催化剂上的气-固相催化反应符合下列机理

$$CO+\sigma \rightleftharpoons CO\sigma \tag{1}$$

$$CO\sigma+H_2O \rightleftharpoons H_2+CO_2\sigma \tag{2}$$

$$CO_2\sigma \rightleftharpoons CO_2+\sigma \tag{3}$$

试分别推导式(1)、式(2)控制时的均匀吸附动力学方程，若不可逆，且CO弱吸附时，化简方程。

解： (1)表面反应控制
$$r=k_1'\theta_{CO}\cdot p_{H_2O}-k_2'\cdot p_{H_2}\cdot\theta_{CO_2} \tag{A}$$

式(1)、式(3)达到平衡时，有

$$K_{CO}=\frac{\theta_{CO}}{p_{CO}\cdot\theta_V} \tag{B}$$

$$K_{CO_2}=\frac{\theta_{CO_2}}{p_{CO_2}\theta_V} \tag{C}$$

$$\theta_{CO}+\theta_{CO_2}+\theta_V=1 \tag{D}$$

将式(B)、(C) 分别代入式(D) 中得

$$\theta_V=\frac{1}{1+K_{CO}p_{CO}+K_{CO}p_{CO_2}} \tag{E}$$

再将式(E) 代入式(B)、(C) 中，然后将式(B)、(C) 代入式(A) 中，得

$$r=\frac{k_1p_{H_2O}p_{CO}-k_2p_{H_2}p_{CO_2}}{1+K_{CO}p_{CO}+K_{CO_2}p_{CO_2}} \tag{4}$$

式中，$k_1=k_1'K_{CO}$，$k_2=k_2'K_{CO_2}$，k_1'、k_2'分别是控速反应的正逆反应速率常数。

(2) 一氧化碳吸附控制

$$r=k_ap_{CO}\cdot\theta_V-k_d\theta_{CO} \tag{F}$$

式(2)、式(3) 达到平衡时，有

$$K_s=\frac{p_{H_2}\theta_{CO_2}}{p_{H_2O}\theta_{CO}} \tag{G}$$

$$K_{CO_2}=\frac{\theta_{CO_2}}{p_{CO_2}\theta_V} \tag{H}$$

由式(G)、(H) 得

$$\theta_{CO}=\frac{1}{K_s}\times\frac{p_{H_2}}{p_{H_2O}}K_{CO_2}p_{CO_2}\theta_V$$

代入式(F) 中，有

$$r=\left(k_ap_{CO}-k_d\frac{K_{CO_2}}{K_r}\frac{p_{H_2}\cdot p_{CO_2}}{p_{H_2O}}\right)\theta_V$$

$$\theta_{CO}+\theta_{CO_2}+\theta_V=1$$

则 $\theta_V=\dfrac{1}{1+K_{CO_2}p_{CO_2}+K_{CO}p_{CO}^*}$，所以

$$r=\frac{k_a(p_{CO}-p_{CO}^*)}{1+K_{CO}p_{CO}^*+K_{CO_2}p_{CO_2}} \tag{5}$$

其中 $$p_{CO_2}^*=p_{CO_2},\qquad p_{CO}^*=\frac{p_{CO_2}p_{H_2}}{K_p p_{H_2O}}$$

(3) 化简，反应不可逆，CO 为弱吸附时：

CO 吸附控速时式(5) 简化为： $r=\dfrac{k_a p_{CO}}{1+K_{CO_2}p_{CO_2}^*}$

反应控速时式(4) 简化为：

$$r=\frac{k_1 p_{H_2O}p_{CO}}{1+K_{CO_2}p_{CO_2}}$$

【例 5-3】 有一个气固相催化分解反应 A ⟶ R+S。初始状态下测得反应物 A 的压力与反应速率关系如下：

p_{A0}/MPa	0.098	0.262	0.427	0.692	1.418
$(-r_{A0})$/(MPa/h)	4.3	6.5	7.1	7.5	8.1

该反应为不可逆，试确定可能的反应机理，并求出机理速率方程参数？

解：

(1) 假设反应为 A 的吸附控速，其单活性中心的反应机理为：

	相应的方程		导出方程	
A+σ ⟶ Aσ	吸附控速方程	$-r_A=kp_A\theta_V$		(1)
Aσ ⟷ Rσ+S	反应平衡方程	$K_r=\theta_R p_S/\theta_A$	$\theta_A=\theta_R p_S/K_r$	(2)
Rσ ⟷ R+σ	吸附平衡方程	$K_R=\theta_R/p_R\theta_V$	$\theta_R=K_R p_R\theta_V$	(3)

由式(2)、(3) 得，$\theta_A=K_R p_R\theta_V p_S/K_r$。因为

$$1=\theta_V+\theta_A+\theta_R=\theta_V+K_R p_R p_S\theta_V/K_r+K_R p_R\theta_V=(1+K_R p_R p_S/K_r+K_R p_R)\theta_V \tag{4}$$

将式(4) 代入式(1) 中，得

$$-r_A=kp_A\theta_V=kp_A/(1+K_R p_R p_S/K_r+K_R p_R) \tag{5}$$

初始状态时 $p_R=p_S=0$，式(5) 简化为

$$-r_{A0}=kp_{A0} \tag{6}$$

根据实验数据得 p_{A0}与 $(-r_{A0})$ 的关系曲线，如图 5-4 所示。并非线性关系，A 的吸附控速机理假设不正确。

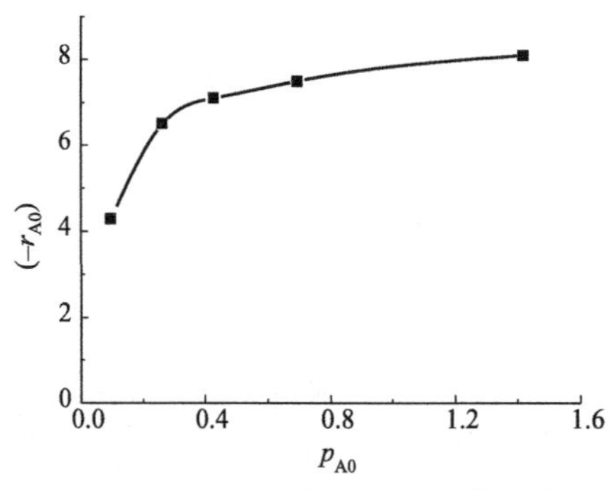

图 5-4 $(-r_{A0})_0$ 与p_A的关系曲线

从图 5-4 中可看出，实验数据与(6) 式推导不符合，说明吸附控速反应机理不正确。

(2) 假设表面反应为控速步骤其反应机理和相应的速率方程为：

	相应的方程		导出方程	
$A+\sigma \rightleftharpoons A\sigma$	吸附平衡方程	$K_A=\theta_A/\theta_V p_A$	$\theta_A=K_A p_A \theta_V$	(7)
$A\sigma \longleftrightarrow R\sigma+S$	反应平衡方程	$-r_A=k\theta_A$		(8)
$R\sigma \longleftrightarrow R+\sigma$	吸附平衡方程	$K_R=\theta_R/p_R\theta_V$	$\theta_R=K_R p_R \theta_V$	(3)

将式(7) 和式(3) 代入归一方程后得式(9)，

$$1=\theta_V+\theta_A+\theta_R=\theta_V+K_A p_A \theta_V+K_R p_R \theta_V=(1+K_A p_A+K_R p_R)\theta_V \tag{9}$$

再将式(7) 和式(9) 代入式(8) 后，得

$$-r_A=k\theta_A=kK_A p_A \theta_V=kK_A p_A/(1+K_A p_A+K_R p_R) \tag{10}$$

当为初始状态时，$p_R=p_S=0$，此时，式(10) 简化为

$$-r_{A0}=kK_A p_{A0}/(1+K_A p_{A0}) \tag{11}$$

线性化式(11)，得

$$p_{A0}/(-r_{A0})=1/(kK_A)+(1/k)p_{A0} \tag{12}$$

以 $p_{A0}/(-r_{A0})$ 对 p_{A0} 作图，如图 5-5 所示。

p_{A0}/MPa	0.098	0.262	0.427	0.692	1.418
$(-r_{A0})$/[mol/(g·min)]	4.3	6.5	7.1	7.5	8.1
$p_{A0}/(-r_{A0})$	0.023	0.040	0.060	0.092	0.175

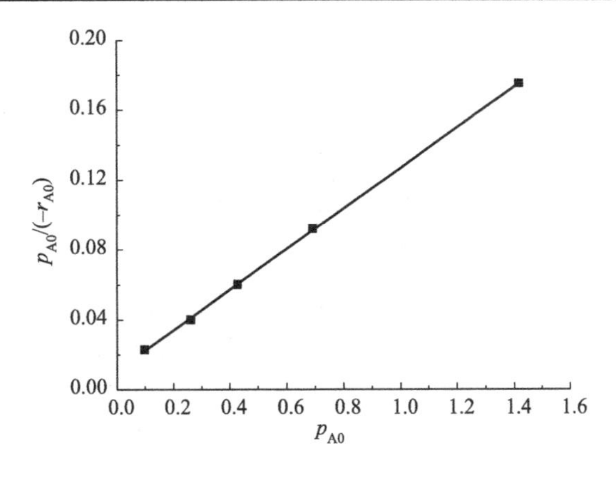

图 5-5 $p_{A0}/(-r_{A0})$与p_A关系曲线

从图 5-5 可看出，式(12) 符合直线关系（回归结果 $y=0.1159x+0.0185$，相关系数 $R^2=0.99971$)，说明假设的反应机理正确。其直线的斜率和截距分别为 0.1159 和 0.0185，即

$1/k=0.1159$，$1/(kK_A)=0.0185$ 反应速率常数 $k=1/0.1159=8.628$mol/（g·min)，A 的吸附平衡常数 $K_A=1/(0.0185k)=6.265\text{MPa}^{-1}$。

5.3 气-固相催化反应宏观动力学

气-固相催化反应宏观动力学是在考虑固体催化剂颗粒外层气膜和颗粒内反应物、产

物和反应热等传递过程影响下研究气-固相催化反应过程的动力学。在气-固相催化反应系统中，由于气相主体与本征动力学过程之间被催化剂外层气膜和内孔道所隔离，表面反应的反应物、产物和反应热不能直接与气相主体混合形成均匀体系，只有通过质量传递和热量传递，才能保证本征动力学过程的不断进行。由于气膜和孔隙阻力的存在，就存在着浓度差和温度差，作为质、热传递的推动力，而使催化剂表面反应的浓度和温度与实测主流浓度与温度值不同。因此，本征动力学过程速率并不能直接反映气-固相催化反应过程的真实速率。在进行工业反应器的设计计算时，必须考虑热、质传递过程对本征反应过程速率的影响，以建立有效的气-固相催化反应过程速率方程。

5.3.1 气体在固体催化剂颗粒内的扩散和浓度与温度分布

气-固催化过程的传递主要包括热量传递和质量传递两个方面，无论是热量传递还是质量传递，其过程速率的大小将取决于气-固相催化反应过程中的温度分布和浓度分布。

5.3.1.1 气体在固体催化剂颗粒内的扩散

(1) 扩散方式

在气-固相催化反应系统中，无论是反应组分从气相主体到催化剂颗粒外表面，还是反应组分从催化剂颗粒外表面进入内孔道并向中心迁移，或颗粒内的反应生成物由里向外迁移，主要是通过扩散方式来实现的。气体在固体催化颗粒内的扩散方式主要有四种，即分子扩散、努森扩散、构型扩散和表面扩散。其中前三种是由于催化剂颗粒内孔径的大小不同而引起的不同扩散方式；最后一种表面扩散方式是由于吸附在催化剂颗粒内表面上的气体分子发生表面迁移而引起的扩散方式，从表面的高浓度到低浓度方向迁移。图 5-6 反映了不同孔径内所发生的不同扩散方式的扩散系数的对应关系。一般来说，较大孔径内的扩散与气-固边界层内的扩散方式一样，都是正常的分子扩散。此时，孔径要大于分子运动平均自由程 100 倍，发生分子间碰撞阻力。如果孔径愈小，扩散系数也愈小，具有这一特点的扩散称为努森扩散，此时孔径小到分子运动平均自由程的十分之一左右，主要是分子与孔壁的碰撞。如果毛孔的直径继续减小到 0.5～1.0nm，这种尺寸与分子尺度相当，致使扩散系数急剧下降，此时的扩散与分子的构型有关，所以将其称为构型扩散，小于孔径的分子无法进入孔道。

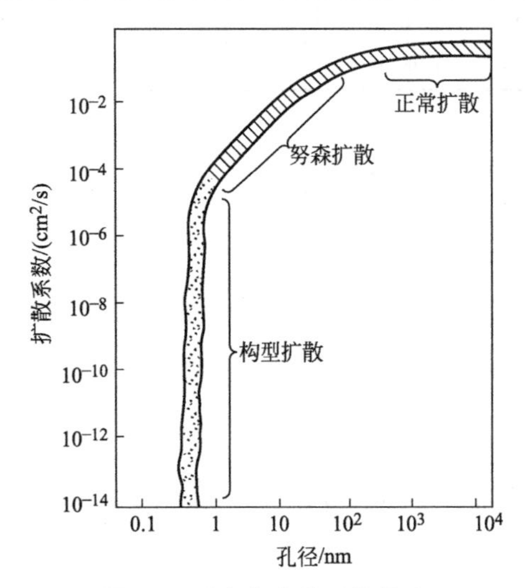

图 5-6 孔径与扩散系数关系

(2) 有效扩散系数

在固体催化剂颗粒内，由于内孔的大小和形状各异，不仅扩散方式不同，而且扩散系数也不一样，很难用某一种方式的扩散系数来描述孔内的扩散，从而提出了有效扩散系数问题。颗粒内的有效扩散系数 D_e 要比一般的分子扩散系数复杂得多，它源于正常扩散，并与颗粒孔隙率、孔径、孔分布的孔结构参数以及反应过程中分子数的变化都有着密切的关系。有效扩散系数 D_e 是综合扩散系数 D_z、实验测定的孔曲折因子 δ 和催化剂孔隙率 ε_p 的综合表达，即

$$D_e=\frac{\varepsilon_p}{\delta}D_z \tag{5-39}$$

其中，综合扩散系数是对不同孔径下组分的分子扩散系数 D_m 和努森扩散系数 D_k 的综合表达，即

$$D_z=\frac{1}{\frac{1}{D_m}+\frac{1}{D_k}} \tag{5-40}$$

其中努森扩散系数正比于分子平均运动速度，与分子运动平均自由程和压力无关，可由下式求得，即

$$D_k=\frac{2r_a}{3}\left(\frac{8RT}{M}\right)^{1/2} \quad (cm^2/s) \tag{5-41}$$

或

$$D_k=9700r_a\sqrt{\frac{T}{M}} \quad (cm^2/s) \tag{5-42}$$

式中，r_a 为催化剂颗粒内孔的平均半径，cm，$r_a=\frac{2V_g}{a_g}$；V_g 为催化剂孔容，cm^3/g；a_g 为催化剂比表面积，cm^2/g；T、M 分别为扩散温度和扩散气体的分子量。

对于多组分物系，其中组分 A 的平均分子扩散系数为：

$$D_{Am}=\left(\sum_{j\neq A}^{n}\frac{y_j-y_A N_j/N_A}{D_{Aj}}\right)^{-1} \tag{5-43}$$

式中，N_j/N_A 为分子扩散通量之比，其比值等于多组分系统中 A 组分的相对分子质量和 j 组分的相对分子质量之比的平方根，即与分子量的平方根成反比

$$\frac{N_j}{N_A}=\sqrt{\frac{M_A}{M_j}} \tag{5-44}$$

分子扩散、努森扩散 } 综合扩散系数（圆筒孔）⟶有效扩散系数（用孔结构因素修正）

D_{Aj} 为多组分系统中 A 组分与其他任何一个 j 组分构成双组分的等分子反方向的分子扩散系数，它与压力成反比。同双组分分子扩散系数一样，也可以用式(5-45) 计算

$$D_{Aj}=\frac{0.001T^{1.75}\left(\frac{1}{M_A}+\frac{1}{M_j}\right)^{1/2}}{\frac{p}{0.1013}(V_A^{1/3}+V_j^{1/3})^2} \quad (cm^2/s) \tag{5-45}$$

式中，压力 p 的单位为 MPa；V_A、V_j 分别为 A、j 组分的摩尔扩散体积，cm^3/mol，它们是与压力有关的热力学参数；M_A、M_j 分别为 A、j 组分的分子量。

对于有化学反应的多组分系统，其中惰性组分 i 的扩散通量 $N_i=0$。如果组分系统中只有组分 A 扩散，其余各组分均为不流动组分，$N_j=0$，D_{Am} 的计算式可简化为

$$D_{Am}=\frac{1-y_A}{\sum_{j\neq A}^{n}\frac{y_j}{D_{Aj}}} \tag{5-46}$$

式(5-46) 是由 Whike 提出的多组分气体混合物中，组分 A 的分子扩散系数的简化模型，在

一般反应工程计算中经常使用。

一般在常压下必须计入分子扩散和努森扩散对综合扩散系数的影响，随着压力的升高努森扩散的贡献逐渐减小，到一定压力（>8～10MPa）后可以忽略。

【例 5-4】 某合成氨催化剂还原后比表面积 $S_g=13.1\text{m}^2/\text{g}$，孔容$V_g=0.082\text{cm}^3/\text{g}$。气体混合物中 $y_{NH_3}=0.09$，$y_{H_2}=0.57$，$y_{N_2}=0.19$，$y_{CH_4}=0.10$，$y_{Ar}=0.05$。

温度 400℃，压力 30.4MPa。催化剂的孔隙率 $\varepsilon_p=0.50$，曲折因子 $\delta=2.5$。已知计算分子扩散系数时各组分的分子扩散体积如下：氢 6.12，氮 18.5，氨 20.7，甲烷 25.14，氩 16.2。求：计入努森扩散时和不计入努森扩散时氨的有效扩散系数。

解： (1) 根据圆筒孔模型，设孔长为 L、半径为 r_a、孔数为 n，则单位质量的孔容 $V_g=n\times3.14r_a^2L$，表面积 $S_g=n\times3.14\times(2r_a)L$，则平均孔半径为

$$r_a=\frac{2V_g}{S_g}=\frac{2\times0.082}{13.1\times10^4}=1.25\times10^{-6}\ (\text{cm})$$

(2) 努森扩散

代入 NH_3 相对分子质量 $M_A=17$，$T=673.15\text{K}$，则

$$D_{Ak}=9700r_a\sqrt{T/M_A}=9700\times1.25\times10^{-6}\times\sqrt{673.15/17}=0.0764\ (\text{cm}^2/\text{s})$$

(3) 求氨与其他组分的双分子扩散系数

根据
$$D_{Aj}=\frac{0.001T^{1.75}\left(\dfrac{1}{M_A}+\dfrac{1}{M_j}\right)^{0.5}}{\dfrac{p}{0.1013}(V_A^{1/3}+V_j^{1/3})^2}$$

代入 $p=30.4\text{MPa}$，$T=673.15\text{K}$，$M_{NH_3}=17$，$V_{NH_3}=20.7$，得

$$D_{Aj}=\frac{88.96\times\left(0.059+\dfrac{1}{M_j}\right)^{0.5}}{300.10\times(2.746+V_j^{1/3})^2}$$

其他组分的数据如下：

j	H_2	N_2	CH_4	Ar
y_j	0.57	0.19	0.10	0.05
M_j	2	28	16	40
V_j	6.12	18.5	25.14	16.2
D_{Aj}	0.010	0.003	0.003	0.003

(4) 求氨在多组分混合气中的平均分子扩散系数

在式(5-46) 中代入 $y_{NH_3}=0.09$，$\dfrac{N_j}{N_A}=\sqrt{\dfrac{M_A}{M_j}}=\sqrt{\dfrac{17}{M_j}}$，有

$$\frac{1}{D_{Am}}=\sum_{j\neq A}^{n}\frac{y_j-y_AN_j/N_A}{D_{Aj}}=\sum_{j\neq A}^{n}\frac{y_j-0.09\sqrt{\dfrac{17}{M_j}}}{D_{Aj}}$$

经计算
$$\frac{1}{D_{Am}}=3.08+39.96+2.41-2.89=42.56$$

(5) 求氨在多组分混合气中的综合扩散系数

$$\frac{1}{D_{Az}}=\frac{1}{D_{Am}}+\frac{1}{D_{Ak}}=42.56+\frac{1}{0.0764}=55.65$$

所以 $$D_{Az}=\frac{1}{55.65}=0.018\ (cm^2/s)$$

因此，计入努森扩散时氨的有效扩散系数为

$$D_{Ae}=\frac{\varepsilon_p}{\delta}D_{Az}=\frac{0.5}{2.5}\times 0.018=0.0036\ (cm^2/s)$$

不计入努森扩散时 $\frac{1}{D_{Az}}=\frac{1}{D_{Am}}$，所以

$$D_{Az}=D_{Am}=0.0234\ (cm^2/s)$$

$$D_{Ae}=\frac{\varepsilon_p}{\delta}D_{Az}=\frac{0.5}{2.5}\times 0.0234=0.00486\ (cm^2/s)$$

5.3.1.2 催化剂颗粒内组分的浓度分布

以球形催化剂颗粒为例，讨论催化剂颗粒内组分的浓度分布。如图 5-7 所示。其中图 5-7(a)表示催化剂颗粒内无死区时的反应物中 A 组分的浓度分布，显然表面浓度最大，中心浓度最小，呈球心对称形分布. 但不等于中心温度下的平衡浓度。对于圆柱形等非球形催化剂并非如此，但一定孔内浓度距催化剂外表面的距离基本相同。图 5-7(b) 表示在催化剂颗粒内存在死区时反应物 A 组分的浓度分布。死区的形成可能有三种原因，一是催化剂中心区存在催化活性死区；二是反应温度下的平衡浓度死区，即反应在距离中心某处就达到平衡状态；三是扩散死区，反应物不能扩散到颗粒中心，这时死区内反应物浓度为零。随着催化剂颗粒越大，反应速率越大；扩散能力越小，死区就越大，十分常见。

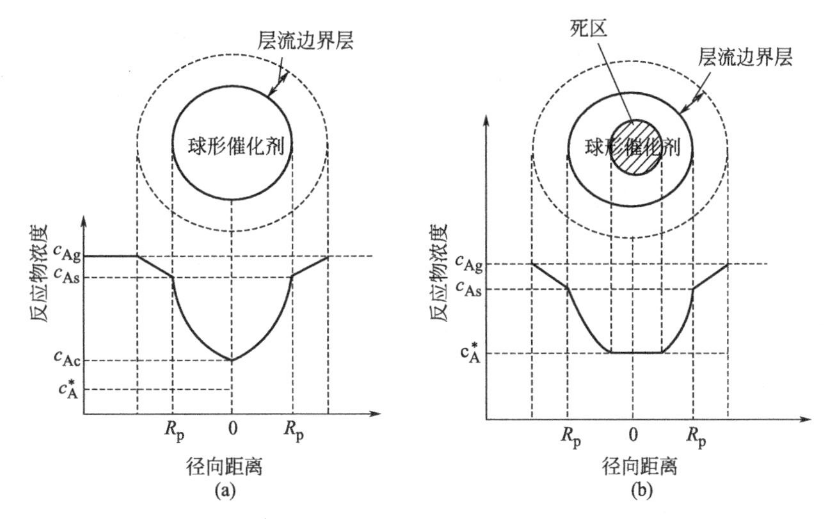

图 5-7 球形催化剂颗粒内组分浓度径向分布

为了描述任意形状的催化剂颗粒内的纳米级微孔结构内的反应物 A 的浓度分布情况，假设细小弯曲的微孔为圆筒孔，称为圆筒孔模型，如图 5-8 所示。催化剂以扩散的方式向孔内传递反应物和传出产物，孔内没有气体的流动，只有分子扩散，用非克定律方程来描述其传递量，孔内 A 的反应量要等于扩散进入量。

假设催化剂外表面的浓度为 c_{AS}，圆筒孔的横截面积为 A，孔内任意一点距离孔口为 x，对应孔内 A 的浓度为 c_A，扩散的最远距离定义为孔的特征长度 L，此时 $dc_A/dx=0$。如果进

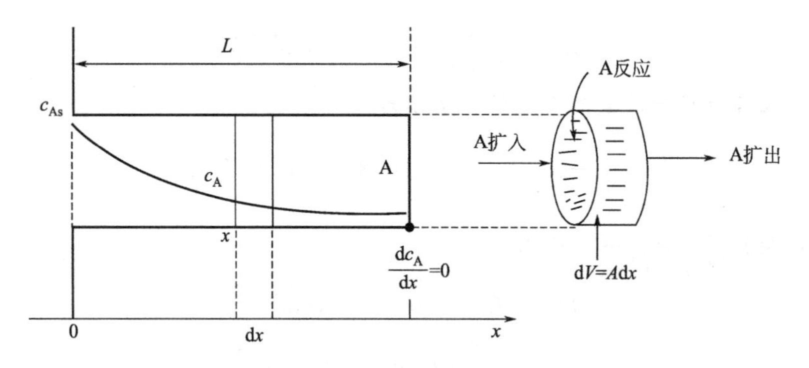

图 5-8 圆筒孔模型

行的是一级不可逆反应 A⟶R，以单位孔体积定义的反应速率方程为：

$$-r_A=k_Vc_A[\mathrm{mol/(L(孔)\cdot s)}]$$

由于在等温下孔内的浓度随孔长是连续变化的，应该取微小长度 dx 的圆筒孔作为物质衡算的基准，对限定组分 A 进行衡算，定态时，有

单位时间 A 扩散进入摩尔数＝单位时间 A 扩散出去摩尔数＋单位时间 A 反应摩尔数 简言之：入＝出＋反(molA/s)

(5-47)

当扩散进入微元孔的量用费克定律表述，反应量用动力学方程表述时，微元孔的体积为 Adx，式(5-47) 的数学表达式为

$$-AD_e\left[\frac{dc_A}{dx}\right]_x=-AD_e\left[\frac{dc_A}{dx}\right]_{x+dx}+(-r_A)Adx \tag{5-48a}$$

将式(5-48a) 代入 $-r_A=k_Vc_A$，并两端除以 D_eAdx，并移项到左端，可得式(5-48b) 和式(5-48c)

$$\frac{\left[\frac{dc_A}{dx}\right]_{x+dx}-\left[\frac{dc_A}{dx}\right]_x}{dx}-\frac{k_V}{D_e}c_A=0 \tag{5-48b}$$

即

$$\frac{d^2c_A}{dx^2}-\frac{k_V}{D_e}c_A=0 \tag{5-48c}$$

边界条件为：$x=0$ 时，$c_A=c_{As}$；　$x=L$ 时，$\frac{dc_A}{dx}=0$。

在等温下，式(5-48c) 是一个二阶常系数齐次微分方程，其通解为两个特解的线性组合，而式 (5-48c) 的特征方程为

$$r^2-\frac{k_V}{D}=0 \tag{5-48d}$$

式(5-48d) 的两个根为 $r_1=\sqrt{\frac{k_V}{D_e}}=m$，$r_2=-\sqrt{\frac{k_V}{D_e}}=-m$。

两个特解为 e^{mx} 和 e^{-mx}，通解为

$$c_A=M_1e^{mx}+M_2e^{-mx} \tag{5-49a}$$

(5-49a) 中的 M_1 和 M_2 为两个待定系数，代入式(5-48c) 的边界条件，得

$$c_{AS}=M_1+M_2 \tag{5-49b}$$

$$\left.\frac{dc_A}{dx}\right|_{x=L}=M_1 m e^{mL}-M_2 m e^{-mL}=0 \tag{5-49c}$$

联立求解式(5-49b）和式(5-49c)，可得

$$M_1=\frac{c_{AS}e^{-mL}}{e^{mL}+e^{-mL}}$$

$$M_2=\frac{c_{AS}e^{mL}}{e^{mL}+e^{-mL}}$$

将 M_1 和 M_2 代入式(5-49a）中，并整理可得催化剂孔中 A 的浓度分布方程为

$$\frac{c_A}{c_{AS}}=\frac{e^{[mL(1-\frac{x}{L})]}+e^{[-mL(1-\frac{x}{L})]}}{e^{mL}+e^{-mL}}=\frac{\cosh[mL(1-\frac{x}{L})]}{\cosh mL} \tag{5-50}$$

将式(5-50）以 mL 为参变量，x/L 为自变量，画出 c_A/c_{AS} 的变化曲线，如图 5-9 所示。

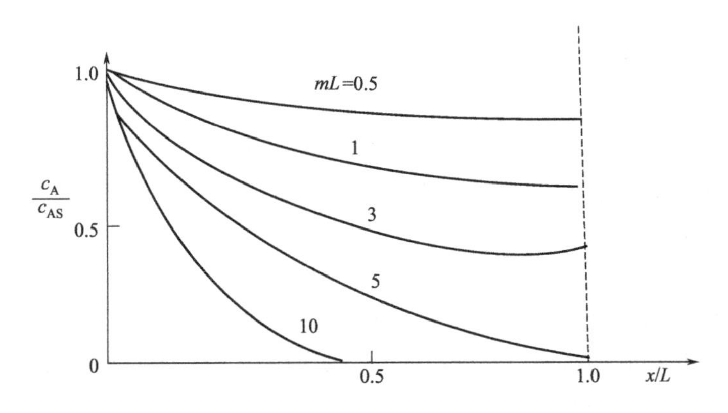

图 5-9 A在催化剂孔内的浓度分布

从图 5-9 中可以看出，当 mL 一定时，随着孔的相对长度 x/L 的增加，c_A/c_{AS}下降；当孔的相对深度不变，随着 mL 的增加，A 的相对浓度 c_A/c_{AS}下降。说明 mL 是影响催化剂孔内反应物浓度分布非常重要的参数，称为西勒模数 Φ_s，定义为

$$\boxed{\Phi_s=mL=L\sqrt{\frac{k_V}{D_e}}} \tag{5-51}$$

西勒模数是影响孔内反应物浓度分布的主要因素，从式(5-51）中可以看出，西勒模数越大，浓度下降越多，孔内扩散阻力越大；西勒模数越小，反应物浓度下降越小，孔隙扩散阻力越小。这样，可以用西勒模数大小来判别反应物在孔内的扩散阻力大小。西勒模数与三个参数有关：一个是催化剂的特征长度 L（与催化剂粒度呈正比)、一个是反应速率常数 k_V、一个是气体在催化剂孔隙中的有效扩散系数 D_e，分别与 L、$(k_V)^{0.5}$和 $D_e{}^{-0.5}$呈正比。也就是说，反应速率越快，分子扩散能力越差和催化剂粒度越大，西勒模数就越大，内扩散阻力就越大。反之，反应速率越慢、催化剂粒度越小和气体反应物的扩散能力越强，西勒模数就越小，内扩散阻力就越小，孔内反应物的浓度下降就越小。特别说明的是反应速率常数 k_V 一定是以单位催化剂孔体积为基准来定义的，在计算西勒模数时一定要将不同的反应速率定义换算过来才能代入式(5-51）中。西勒模数是一个无量纲数，计算结果应没有单位。

西勒模数是本章中最重要的参数，一定要掌握。

5.3.2 气膜两侧温差与催化剂颗粒内温差计算

当反应热效应很大时，气膜和催化剂孔隙的传热阻力也经常变大，使催化剂内部与外表面以及气膜两侧存在一定的温差，而实际测量的温度为气流主体中的温度，与实际反应的温度存在着差别，在反应的同时也伴随着传热。为了正确估算催化剂上实际反应的温度和监控最大热点温度，需要计算出气膜两侧温度差和催化剂颗粒的最大温差。

在催化剂外层气膜中的温度分布同传热边界层一样。当存在气膜的传热阻力时，对于放热反应膜内温度升高，对于吸热反应时，膜内温度降低。

气膜热阻越大，其两侧的温差越大，实际测定的气流主体温度 T_g 与催化剂表面上的温度 T_s 温差变大。当催化剂颗粒存在传热阻力时，对于放热反应，催化剂中心的温度要大于催化剂外表面温度，对于吸热反应颗粒内部的温度要小于颗粒外表面温度。当传热阻力消失时，相应的温差也要消失。因此要准确测定催化剂外表面温度 T_s（气膜内侧）的温度是不可能的，催化剂颗粒内部的温度也无法测定。如何用可测的气流主体温度来表示气膜内侧和催化剂的内部温度，有效控制催化剂内的最大温度，计算实际反应速率是研究催化剂颗粒径向温度分布的主要目的。

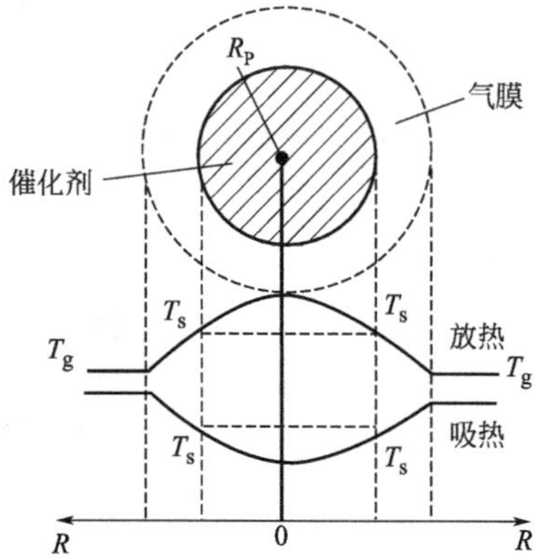

图 5-10 气膜和催化剂颗粒内部温度分布示意图

(1) 气膜传热控制

当气膜传热阻力很大，而催化剂颗粒的传热阻力较小时，会出现气膜传热控制的情况，这时热阻主要集中在气膜，而较好的催化剂颗粒内传热使整个催化剂温度均匀。如图 5-10 中的虚线所示。

若反应为放热反应，整个催化剂颗粒单位时间内放出的热量可表示为

$$Q_f=(-r'_A)V_c(-\Delta H_r) \tag{5-52}$$

式中，V_c 为催化剂颗粒的体积，L；$(-\Delta H_r)$ 为反应热，kJ/mol；$(-r'_A)$ 为单位催化剂体积定义的反应速率，mol/(L·s)。

在定态下，整个催化剂颗粒上单位时间内反应放出的热量应等于单位时间内经过气膜向外传出的热量。而经过气膜传出的热量 Q_c 可表示为

$$Q_c=hS_p(T_s-T_g) \tag{5-53}$$

式中，h 为气膜的传热系数，kJ/(m²·s·K)；S_p 为催化剂颗粒外表面的面积，m²；T_g、T_s 分别为气流主体和气膜内侧的温度，K。

利用定态条件 $Q_f=Q_c$，有下面关系式

$$\boxed{T_s-T_g=(-r'_A)V_c(-\Delta H_r)/S_ph} \tag{5-54}$$

式(5-54) 为计算气膜两侧温差的通用公式，适合于任意形状的催化剂。当反应过程不是气膜的传热控制时，式(5-54) 也同样适用。气膜传热阻力的存在会使实际的反应温度产生较大的偏差，放热反应使催化剂颗粒中心温度升高，超过一定限度会破坏催化剂的活性和结构，影响主产物的选择性，因此，必须严加控制。

(2) 催化剂颗粒内温差计算

当反应的热效应较大，而催化剂的导热较差时，往往会造成固体催化剂内的温度分布，此时，催化剂颗粒内的导热成为主要问题，若不及时传出，温度的升高会使催化剂烧毁。其催化剂内部的温度分布图如图 5-10 实线部分所示。对于放热反应，热量要从球心向外传出到催化剂的外表面，中心温度高外面温度低，传热的阻力通常与传质的阻力同时存在，反应物的浓度从外向内逐渐减小。这两个变量是连续变化的，以球心为对称点形成对称等温球壳和等浓度壳层。由于每个壳层的温度和反应物 A 的浓度都不同，因此，要对任意球半径 R 的球体进行热量衡算。对于放热反应，在定态时，任意催化剂半径球面上反应传出的热量等于该球体以内反应放出的热量，反应放出的热量与反应物扩散进入该球体以内的量有关，单位时间 A 扩散进入的反应物 A 就等于该球内反应掉的 A（图 5-11 阴影部分）。

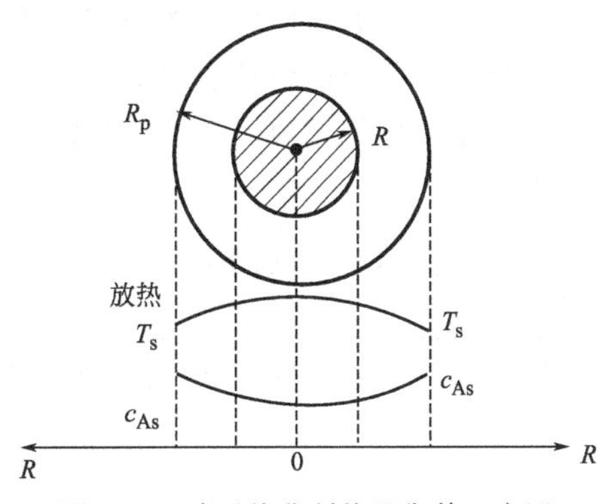

图 5-11　球形催化剂热量衡算示意图

通过任意半径 R 球面传出的热量＝A 在 R 球内反应放出的热量

根据 $Q_c=Q_f$，利用菲克定律的传质和传热方程，则

$$-D_e\frac{dc_A}{dR}(-\Delta H_r)=\lambda_e\frac{dT}{dR} \tag{5-55}$$

式中，λ_e 为催化剂的有效热导率，$kJ/(m^2\cdot K\cdot s)$，在多孔催化剂中由于孔隙的存在，其热导率要低于无孔的同类固体的热导率，其数值的大小随着孔内气体的热导率的增大而增大，随孔隙率的降低而增大；D_e 为反应物 A 在催化剂孔内的有效扩散系数，m^2/s，可按照式(5-39) 的计算方法计算；ΔH_r 为反应热，kJ/mol。
在反应热 ΔH_r、有效热导率 λ_e 和有效扩散系数 D_e 随温度的变化很小而忽略不计时，可利用式(5-55) 的边界条件。

当任意半径 R 时，反应物浓度为 c_A，催化剂内部温度为 T。

当为球体外侧的半径时

$$R=R_p，c_A=c_{As}，T=T_s$$

将式(5-55) 直接积分，可得

$$T-T_s=\frac{D_e}{\lambda_e}(-\Delta H_r)(c_{As}-c_A) \tag{5-56a}$$

式(5-56a) 表达了球形催化剂颗粒内组分浓度与温度差之间的关系。只要知道了颗粒内的浓度分布，就可以方便地知道温度分布。当颗粒中心处反应物的浓度 $C_{AC}=0$ 时，颗粒外表面温度 T_s 与颗粒中心温度 T 之差值达到最大，即

$$(T-T_s)_{max}=\frac{(-\Delta H_r)D_e}{\lambda_e}c_{As} \tag{5-56b}$$

由此可以看出，反应热的数值对于颗粒内温度分布具有很大的影响，随 De 和 Gs 增加和导热系数 λ_e 变小，最大温差增大。对于某些反应，如烃类蒸气转化、乙烯氧化、邻二甲苯氧化，其反应热相当大，此时，应计算颗粒内温度分布，将式(5-50) 和式(5-56a) 联立求解

可得。某些烃类氧化反应，伴随有深度氧化生成二氧化碳和水的副反应，且颗粒内温度愈高，副反应的反应速率常会加剧。严重时可能会出现颗粒内温度剧烈升高的情况，影响反应过程，甚至烧坏催化剂。对于大多数的无机反应，如氨合成、二氧化硫转化、一氧化碳变换和甲醇合成，反应热并非太大，可略去颗粒内温度分布。

强放热反应颗粒内的最大温差要控制在允许范围，否则易烧坏催化剂，副反应增加。

【例 5-5】 在直径为 2.4mm 的球形硅铝催化剂上，粗柴油在常压和 630℃下进行催化裂化反应。该反应为一级不可逆反应，其以催化剂体积为基准的表观速率为 10^5 mol/(m^3·h)，柴油的有效扩散系数 $D_{Ae}=7.82\times10^{-4}$ cm^2/s，有效热导率为 3.6×10^{-6} J/(cm·s·K)，反应热为 −167.5J/mol（放热反应），球周围气膜的传热系数为 332.56J/(m^2·h·K)，稳态下，试估算：(1) 催化剂表面与中心的最大温差？(2) 气膜两侧的温差？

解： 粗柴油在颗粒表面处的浓度可近似地按下式计算

$$c_{As}=\frac{p_A}{RT}=\frac{101.33}{8314\times(273+630)}=1.35\times10^{-5}(\text{mol/cm}^3)$$

则 (1)

$$(T-T_s)_{max}=\frac{(-\Delta H_r)D_{Ae}}{\lambda_e}c_{As}$$

$$=\frac{167.5\times7.82\times10^{-4}\times1.35\times10^{-5}}{3.6\times10^{-6}}=0.49\ (℃)$$

(2)

$$T_s-T_g=(-r'_A)V_c(-\Delta H_r)/S_p\cdot h=(-r'_A)(-\Delta H_r)\cdot d_p/6h$$

$$=\frac{10^5\times167.5\times0.24\times10^{-2}}{6\times332.56}=20℃$$

5.3.3 内扩散有效因子与宏观反应速率方程

由于扩散过程中的反应物浓度分布，越靠近催化剂颗粒外表面，反应物的浓度越大，反应速率由外向里，随反应物浓度的降低而会逐渐下降。显然，对等温固体催化剂颗粒而言，按外表面浓度 c_{As} 计算的反应速率并不等于催化剂颗粒的内表面上各点的反应速率。而反应结果是要给出平均的反应效果，按照催化剂外表面高浓度计算的最大反应速率要比实际转化效果差。将其两者的比值定义为内扩散有效因子，即

$$\eta=\frac{\text{实际内表面上的平均反应速率}}{\text{按外表面浓度计算的反应速率}}=\frac{\overline{-r_A}}{-r_{As}} \tag{5-57}$$

它的物理意义显而易见，就是实际内表面上的平均反应速率与按外表面浓度计算的反应速率的比，$(-\bar{r}_A)$ 和 $(-r_{As})$ 要具有相同的定义，给出的 η 与该定义无关。在等温条件下，$\eta\leqslant1$，所以，有内扩散影响的平均反应速率 $(-\bar{r}_A)=\eta(-r_{As})$。

值得一提的是，在上述处理方法中，改变的仅仅是动力学函数中的浓度，将外表面浓度替换成内表面平均浓度。但是，这一小小的改变，不仅将气-固相催化反应过程中的内扩散影响归结为内扩散有效因子来体现，而且使得复杂的催化剂颗粒内表面上反应速率的计算问题得到了科学的简化。因为在特定的气-固相催化反应系统中，外表面浓度几乎是一个常量。

对于整个气固相催化反应过程，在定态条件下，单位时间内由气流主体扩散到催化剂颗粒外表面的反应组分量必等于催化剂颗粒内的实际反应量，若催化反应为一级不可逆反应，以催化剂颗粒体积来定义，其宏观速率为 $(-r_A)_H = k_c c_{As}$，mol/(L·s)，则有

$$(-r_A)_H = k_g a (c_{Ag} - c_{As}) = \eta k_c c_{As} \tag{5-58a}$$

式中，$(-r_A)_H$ 为将内、外传递过程影响考虑在内的气-固相催化反应宏观反应速率；c_{Ag} 为气相主体浓度；k_g 为外扩散传质系数，m/s；a 为单位体积催化剂所具有的外表面积（比表面），m^2/m^3；k_c 为以催化剂体积定义的速率常数，s^{-1}。

方程（5-58）中含有不可测量变量 c_{As}。为了确定速率方程，必须要消去方程中不测的气膜内侧催化剂表面上的浓度 c_{As}，将式(5-58a) 变为繁分式

$$(-r_A)_H = \frac{c_{Ag} - c_{As}}{\dfrac{1}{k_g a}} = \frac{c_{AS}}{\dfrac{1}{\eta k_c}} \tag{5-58b}$$

分子、分母分别相加，

$$\boxed{(-r_A)_H = \frac{c_{Ag}}{\dfrac{1}{k_g a} + \dfrac{1}{\eta k_c}} = K_{表} c_{Ag}} \tag{5-58c}$$

式(5-58c) 为一级不可逆反应时的宏观速率方程，式中

$$\frac{1}{K_{表}} = \frac{1}{k_g a} + \frac{1}{\eta k_c} \tag{5-58d}$$

当 $k_g \gg \eta k_V$ 时气膜传质远快于催化剂内的反应与扩散，可忽略气阻。

将式(5-58c) 改写为传递过程的宏观反应过程速率一般式，应为

$$宏观速率 = \frac{推动力}{过程阻力} \tag{5-59}$$

由式(5-58b) 和式(5-58c) 可以看出，推动力大、过程阻力小，反应速率就快，推动办小，过程阻力大、反应速率就慢。气固相催化反应过程的推动力是气相主体浓度 c_{Ag}；过程阻力为外扩散过程阻力$\dfrac{1}{k_g a}$与内扩散阻力 $1/\eta$ 和表面反应阻力$\dfrac{1}{k_c}$的乘积之和。两个分母项谁的数值大，谁的阻力就大，大的过程阻力意味着它的传质系数或速率常数项就小，在数值相当时就由外扩散和内扩散及表面反应阻力同时控制着化学反应速率。

对于其他反应级数，如二级不可逆反应，要将 $(-r_A) = k_c c_A^2$ 代入式(5-58a) 右边，然后从第二个等式中解出 c_{As}，再代回该式中并给出宏观反应速率方程，非一级反应求 c_{As} 要繁琐些。式(5-58a) 联立求解的目的是消去相界面间不可测的反应物浓度项，用可测的浓度项表达宏观反应速率方程。

【例 5-6】 在固体催化剂上进行的气-固相催化反应为二级不可逆反应，本征反应速率 $-r_A = kc_A^2$，试推导内外扩散同时存在时的宏观速率方程。

解： 对于二级不可逆反应

$$(-r_A)_H = k_g a (c_{Ag} - c_{As}) = \eta k_c c_{As}^2$$

从上面的方程可以解得

$$c_{As} = \frac{1}{2k_c a \eta}\left[\sqrt{k_g^2 a^2 + 4k_g k_c \eta a c_{Ag}} - k_g a\right]$$

将 c_{As} 带入外扩散速率方程，可得宏观速率方程

$$(-r_A)=k_g a\left[c_{Ag}-\frac{k_g a}{2k_c\eta}\left(\sqrt{1+\frac{4k_c c_{Ag}\eta}{k_g a}}-1\right)\right]$$

5.3.4 外扩散控制与宏观速率方程

在进行气固相催化反应时，将不可避免受到气固边界层外扩散阻力的影响。由于边界层的存在，使得颗粒外表面上的反应物浓度小于气相主体的反应物浓度，致使反应速率减慢。若不计入气流主体与颗粒外表面间的温度差，对于一级不可逆反应，当无外扩散影响时，催化剂外表面浓度与气流主体的浓度相等，即 $c_{As}=c_{Ag}$，与之对应的反应速率为$(-r_A)_1=k_V c_{Ag}$
当有外扩散影响时，催化剂颗粒外表面浓度小于气流主体浓度，对应的反应速率为$(-r_A)_2=k_V c_{As}$，此时 $c_{As}<c_{Ag}$。

特别是外扩散阻力很大而起到决定作用时，式(5-58c) 中的 $1/k_g a \gg 1/\eta k_c$ 可忽略 $1/\eta k_c$ 项，也就是说 $k_g a$ 远小于 ηk_c，说明在催化剂孔隙的扩散阻力和表面反应阻力要比气体反应物经过气膜的扩散阻力小得多。经气膜的传质与内扩散和表面反应阻力为串联关系，经气膜的传质慢到足可以控制着整个扩散与反应的全过程，称为气膜控速。此时，方程 (5-58c) 可简化为

$$(-r_A)=k_g a c_{Ag} \tag{5-59}$$

式(5-59) 虽然是物理的传质速率方程，可代表了整个宏观反应速率方程，此时，因为气膜内的气体经催化剂的孔隙扩散和表面反应速率太快，反应物只要过了气膜就被反应掉，而使催化剂外表面的浓度 c_{AS}降为零，即式(5-58a) 中 $c_{AS}=0$ 时的传质方程，如果反应为可逆反应，则要降到平衡浓度 c_{Ae}。

如果宏观反应为外扩散控制的反应机理，宏观反应速率一定为一级，反过来，一级反应不一定为扩散控制。由于外扩散阻力大小与所经过的气膜厚度有关，呈正比，即 $k_g=D/\delta$ (D 和 δ 分别为气体经过气膜的分子扩散系数和膜的厚度)，气膜阻力为其倒数关系。催化剂周围气膜的厚度 δ 与流经的气体流速有关，随着气体流速的提高，膜厚减薄，δ 变小，气膜阻力变小，传质系数 k_g 增加，这就是工业上反应气速不能太低的原因。当气体流速增加到一定数值时，反应速率不随气体的流速而变化，这证明外扩散阻力已经消失，反应物经过气膜的传质速率已经足够快，不影响整个宏观反应过程。在其他条件不变时，通过气体流速的改变与宏观反应速率的关系，可以辨别外扩散阻力是否存在，在实验上很容易做到，见图 5-12。

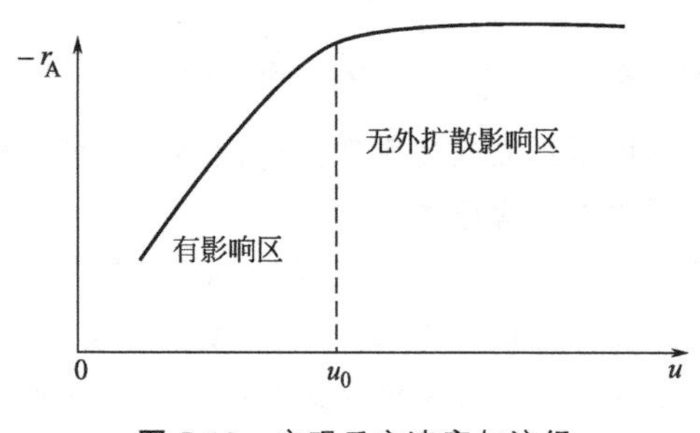

图 5-12 宏观反应速率与流经催化剂气体流速的关系

反过来，当反应气体流经催化剂的要求反应时间较长，气体流经催化剂的流速较慢，而无法消除外扩散阻力时就要充分考虑气膜阻力对反应的影响，要用式(5-58c) 来表达宏观反应速率方程。

当已经证明气膜阻力完全消失的情况下，反应阻力已经发生了转移，为内扩散与表面反应控制过程。由于反应气体经催化剂孔隙的内扩散和表面反应为交替进行，在催化剂孔内一

边扩散一边在孔的内表面上反应，对于整个宏观反应过程没有完整和清晰的先后次序，因此不存在内扩散控速问题，只能定量计算内扩散阻力的大小。

5.3.5 内扩散有效因子与西勒模数

由式(5-57)可知，只要求得内扩散的有效因数就可以催化剂外表面的浓度下的反应速率方程相乘来表达有内扩散阻力存在时在催化剂上的平均反应速率。而有效因数与该催化剂上的西勒模数又有什么关系？如何建立这个重要的关系？是这一专题要解决的主要问题。

5.3.5.1 关系式的建立

对于图 5-8 的单个圆筒孔模型来说，特征长度为 L，孔的横截面积为 A，从孔口扩散进入孔内的反应物 A 都要在孔内反应掉，既不能向相反方向扩散，又不能从圆筒孔中穿过，因为没有扩散的推动力。因此，可以根据非克定律和反应速率方程对 L 长度的特征孔建立 A 的扩散量与反应量相等的物质衡算方程，即

$$-AD_e\frac{dc_A}{dx}\bigg|_{x=0}=AL(-\bar{r}_A)\ (\text{molA/s}) \tag{5-60}$$

这里，$\frac{dc_A}{dx}\Big|_{x=0}$是式(5-50)的左端点导数值，即催化剂外表面处和圆筒孔入口处的导数值。D_e 为催化剂的有效扩散系数（m^2/min），($-\bar{r}_A$) 为有内扩散影响时孔内的平均反应速率，为以单位孔体积定义的反应速率，molA/[L(孔)min]。

经对式(5-50)求导，并令 $x=0$，可得

$$\begin{aligned}\frac{dc_A}{dx}\bigg|_{x=0}&=\frac{c_{AS}}{2}\frac{m}{\cosh(mL)}\left[e^{m(x-L)}-e^{-m(x-L)}\right]\bigg|_{x=0}\\&=\frac{-mc_{AS}}{\cosh(mL)}\frac{(e^{mL}-e^{-mL})}{2}=-mc_{AS}\text{th}(\text{mL})\end{aligned} \tag{5-61}$$

将式(5-61)代入式(5-60)中，整理可得

$$(-\bar{r}_A)=\frac{D_e}{L}mc_{AS}\text{th}(\text{mL}) \tag{5-62}$$

根据有效因数定义式(5-57)，代入一级不可逆反应速率方程、式(5-62)和式(5-51)，有

$$\boxed{\eta=\frac{(-r_A)}{(-r_{As})}=\frac{D_e mc_{AS}\text{th}(mL)}{Lk_V c_{AS}}=\frac{\text{th}(mL)}{mL}=\frac{\text{th}\Phi_s}{\Phi_s}} \tag{5-63}$$

式(5-63)代表了内扩散阻力存在时的西勒模数与有效因数之间非常重要的关系，当求得某一条件下的西勒模数 Φ_s 时，就可以求得对应的有效因数 η，进而就可以求得有内扩散阻力时的平均反应速率（$-\bar{r}_A$）。式(5-63)是继式(5-51)之后又一个非常重要的公式。根据数学原理，当 $\Phi_s<0.5$ 时，$\Phi_s\approx\text{th}\Phi_s$，此时有效因数 $\eta=1$，内扩散阻力可以忽略；当 $\Phi_s>3$ 时，$\text{th}\Phi_s\approx1$，此时有效因数 $\eta=1/\Phi_s$，具有很强的内扩散阻力。

从解析解中不难看出，催化剂颗粒内扩散有效因子最终可归结为无量纲特征数——西勒模数 Φ_s 的函数。也就是说，要求解催化剂颗粒内扩散有效因子 η，必须首先解决西勒模数的确定问题。

> 外扩散阻力在工业上随气速增加减小甚至可以排除掉，但内扩散阻力因催化剂颗粒不能太小而存在。

【例 5-7】 用直径 6mm 的球形催化剂进行 A 的一级不可逆分解反应，已知单位催化剂体积的反应速率常数为 $0.333s^{-1}$，催化剂孔隙率 ε_p 为 0.5，组分 A 在粒内有效扩散系数为 $0.00296cm^2/s$。试计算催化剂内扩散有效因子 η。

解：西勒模数 $\Phi_s=L\sqrt{\dfrac{k_V}{D_e}}$，$k_V$ 为以单位孔体积定义的速率常数，首先变换速率常数

$$(-r'_A)=-\frac{1}{V_c}\frac{dn_A}{dt}=k_c c_{AS}$$

$$(-r_A)=-\frac{1}{V_K}\frac{dn_A}{dt}=k_V c_{AS}$$

$V_c k_c=V_K k_V$，则 $k_V=k_c V_c/V_K=2\times0.333s^{-1}=0.666s^{-1}$。

$$\Phi_s=\frac{R_p}{3}\sqrt{\frac{k_V}{D_e}}=\frac{0.6}{6}\times\sqrt{\frac{0.666}{0.00296}}=1.5$$

则内扩散有效因子为

$$\eta=\frac{\text{th}\Phi_s}{\Phi_s}=\frac{e^{\Phi_s}-e^{-\Phi_s}}{e^{\Phi_s}+e^{-\Phi_s}}\times\frac{1}{\Phi_s}=\frac{e^{1.5}-e^{-1.5}}{e^{1.5}+e^{-1.5}}\times\frac{1}{1.5}=0.6$$

5.3.5.2 公式应用说明

(1) 孔的特征长度 L

虽然几十到几百纳米的圆筒孔甚至更小的几纳米微孔与几毫米的催化剂粒径来比，相差几十万倍到几万倍，催化剂的形状呈宏观状态，对孔的结构不产生干扰，但是不同催化剂的形状有不同的特征孔的长度，它与催化剂的粒度关系密切。为了一般性地讨论催化剂颗粒形状对西勒模数的影响，定义特征长度，即

$$L=\frac{\text{催化剂颗粒体积}}{\text{催化剂颗粒外表面积}}=\frac{V_p}{S_p} \tag{5-64a}$$

对于球形催化剂颗粒

$$L=\frac{V_p}{S_p}=\frac{\frac{4}{3}\pi R_p^3}{4\pi R_p^2}=\frac{R_p}{3}=\frac{d_p}{6} \tag{5-64b}$$

对于短圆柱形催化剂颗粒：设端面的半径为 R_p，长度为 h，按式(5-64a) 定义，则

$$L=\frac{\pi R_p^2 h}{2\pi R_p^2+2\pi R_p h}=\frac{1}{2}\times\frac{R_p h}{R_p+h} \tag{5-64c}$$

当 $2R_p=h$ 时 $\qquad L=\dfrac{R_p}{3}=\dfrac{d_p}{6}$ （直径与高相同的短圆柱体与球体相同）

对长径比很大的圆柱体、挤条催化剂条长为 h 时

$$L=\frac{\pi R_p^2 h}{2\pi R_p h}=\frac{R_p}{2}=\frac{d_p}{4} \tag{5-64d}$$

若为只计入两端面向里扩散的圆形薄片催化剂，则

$$L=\frac{\pi R_p^2 h}{2\pi R_p^2}=\frac{h}{2} \quad (h\text{ 为薄片厚度}) \tag{5-64e}$$

(2) 有效因数 η

虽然西勒模数包含了影响内扩散与反应过程的各种因素，由它构成的函数关系将能反映内扩散有效因子的数值大小。图 5-13给出了一级不可逆反应内扩散有效因子与西勒模数的关系曲线。

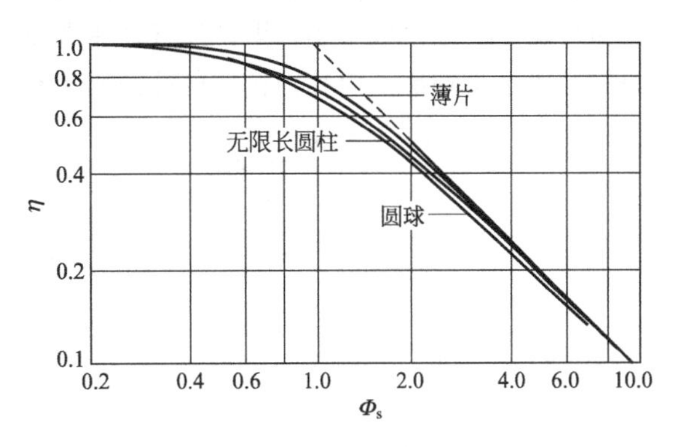

图 5-13 一级不可逆反应内扩散有效因子与西勒模数的关系曲线

由图 5-13 可以看出，不论颗粒是圆球、薄片（无限大）或圆柱体（无限长或两端封闭），内扩散对反应的影响明显可划分为三个区域，即：

① 动力学控制区。$\Phi_s<0.4$ 时，颗粒内的扩散阻力可忽略不计，内扩散有效因子几乎为 1，即 $\eta=1$。颗粒的形状、粒度和孔结构对反应速率的影响很小，三条曲线汇合成一条。

② 强内扩散阻力区。$\Phi>3$ 时，内扩散阻力很大，这一区域的三个线段几乎化为一直线，内扩散有效因子与西勒模数成线性的反比关系，即 $\eta=\dfrac{1}{\Phi_s}$。

③ 过渡区。$0.4<\Phi<3$ 时，内扩散有影响，但不起制约作用，内扩散阻力与反应阻力有可比性，要用式(5-63) 来计算有效因子。

(3) 非一级不可逆反应的 Φ_s 和 η

前面讨论的都是一级不可逆反应时的内扩散有效因子。当为零级反应时，反应速率与浓度无关，只要催化剂颗粒内反应物的浓度大于零，内扩散有效因子均为 1。当催化剂颗粒内存在死区（$c_A=0$）时，内扩散有效因子等于颗粒内进行反应区域体积与整个颗粒体积之比，即

$$\eta=\frac{V_c-V_d}{V_c} \tag{5-65}$$

式中，V_c 为催化剂颗粒体积；V_d 为催化剂的死体积。

对于 n 级反应，$-r_A=k_V c_A^n$，其中 $n>0$，且 $n\neq1$ 时，反应物浓度分布微分方程无解析解，只能通过简化求近似解。求近似解的方法有 Satterfiled 法、Kjaer 法、BiSchoff 普遍化法等。这里只介绍 Satterfiled 法。

Satterfiled 法近似地将任意浓度的（$n-1$）次幂转换为表面浓度的值，从而将 n 级反应转化为一级反应求解，即 $-r_A=(k_V c_{As}^{n-1})c_A$，其相应的西勒模数写成

$$\Phi_s=L\sqrt{\frac{k_V c_{As}^{n-1}}{D_e}\cdot\frac{n+1}{2}} \tag{5-66}$$

将 Φ_s 代入式(5-63) 求 η 值。对于一级可逆反应

$$\Phi_s=L\sqrt{\frac{k_V}{D_e X_{Ae}}}=L\sqrt{\frac{k_{V1}+k_{V2}}{De}} \tag{5-67}$$

式中，X_{Ae}为 A 的平衡转化率，k_{V1}、k_{V2}分别为以单位催化剂孔体积定义的正、逆反应速率常数。

(4) 分子数改变的影响

在大多数气固相催化反应中，反应前后分子数都有改变，与等摩尔反应来比，反应后分

子数增加，产物气体分子越接近催化剂的中心就越多，向内的扩散阻力增加，有效因子变小。如果反应后分子数减小，因产物气体主要集中在催化剂的孔隙内部，总的分子数在催化剂的中心要小于外部，向孔内扩散的孔隙阻力相对减小，有效因数变大。见图 5-14 所示。

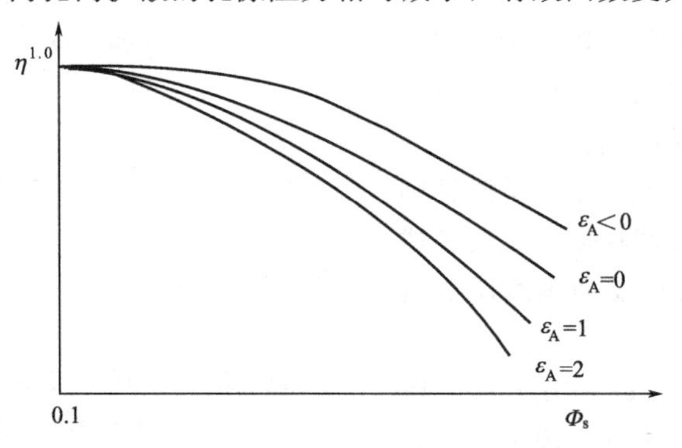

图 5-14 分子数改变对有效因子的影响

5.3.5.3 内扩散阻力对本征动力学参数的影响及传质阻力实验判别

从式(5-51) 的西勒模数定义可知，催化剂颗粒的粒度增大，西勒模数增大，其中心部分与外表部分的反应组分的浓度差增大，相应的内扩散有效因子降低。反应速率常数和扩散系数都随温度升高而增大，但因反应活化能远大于扩散活化能，所以温度对反应速率常数的影响要大于扩散系数，所以提高反应温度，西勒模数值增大，内扩散有效因子降低。本征反应速率常数与内扩散有效因子的乘积也称为宏观速率常数 k_T。根据 $\ln k_T$ 与 $1/T$ 关系绘图，见图 5-15。在低温范围内，过程为化学反应控制，此时的宏观活化能就是本征化学反应活化能 E。当温度增加并计入内扩散影响时，以一级不可逆反应为例，此时球形催化剂的宏观反应速率可表示为

$$(-r_A)_H=\eta k_V c_{As} \tag{5-68}$$

在强内扩散阻力时，将 $\eta=\dfrac{1}{\Phi_s}$代入式(5-68) 和式(5-51)，整理得

$$(-r_A)_H=\frac{3}{R_p}\sqrt{k_V D_e}\,c_{As} \tag{5-69}$$

(1) 活化能改变（变小）

$$令宏观速率常数=\frac{3}{R_p}\sqrt{k_V D_e} \tag{5-70}$$

再将反应速率常数和扩散系数与温度的关系

$$k_V=k_V^0\exp\left(-\frac{E}{RT}\right) \tag{5-71a}$$

$$D_e=D_e^0\exp\left(-\frac{E_D}{RT}\right) \tag{5-71b}$$

代入式(5-70) 并取对数得 $\ln k_T=\ln\dfrac{3}{R_p}+\dfrac{1}{2}(\ln k_V+\ln D_e)$

$$\tag{5-72}$$

又因为$\dfrac{d\ln k_i}{dT}=\dfrac{E_i}{RT^2}$，所以，对式(5-72) 求导后得出宏观活化能

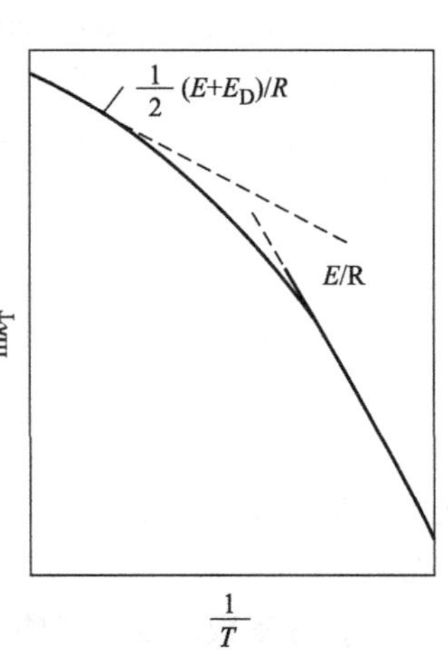

图 5-15 $\ln k_T$-$1/T$ 关系曲线

$$E_T=\frac{1}{2}(E+E_D)\approx\frac{1}{2}E \tag{5-73}$$

由于扩散活化能 E_D 比本征活化能 E 小很多，所以在强内扩散时宏观活化能近似为本征活化能的一半，如图 5-13 所示的高温区。

(2) 反应级数改变

对于 n 级反应的强内扩散过程，将式(5-66) 代入式 $\eta=\frac{1}{\Phi_s}$中，再代入式(5-68) 中，可将式变为

$$(-r_A)_H=\frac{3}{R_p}\sqrt{D_e k_V}\,c_{As}^{(n+1)/2} \tag{5-74}$$

即在强内扩散阻力时，由本征的 n 级反应，变为$\frac{n+1}{2}$级，就是说由 0 级变为 0.5 级，由 2 级变为 1.5 级，1 级反应不变。

(3) 催化剂粒度实验判别内扩散阻力

在实验中可利用活化能的改变和反应级数的改变来判别内扩散阻力的强弱，但需要做很多实验。另外，也可以利用催化剂的颗粒度改变实验来直接判别内扩散阻力的大小，如果同一反应在两个粒度下的反应速率之比与催化剂粒度成反比，即

$$\frac{(-r_{A1})}{(-r_{A2})}=\frac{-r_A(R_1)}{-r_A(R_2)}=\frac{\eta_1 k_1 c_{As}}{\eta_2 k_1 c_{As}}=\frac{\eta_1}{\eta_2}=\frac{\Phi_{s2}}{\Phi_{s1}}=\frac{R_2}{R_1} \tag{5-75}$$

证明是强内扩散阻力。若$\frac{\eta_1}{\eta_2}=1$，说明 R_1 和 R_2 粒度下都已排除了内扩散阻力，如图 5-16 所示。R_0 为内扩散阻力影响的临界粒度，当粒度小于 R_0 时已排除了内扩散阻力影响。

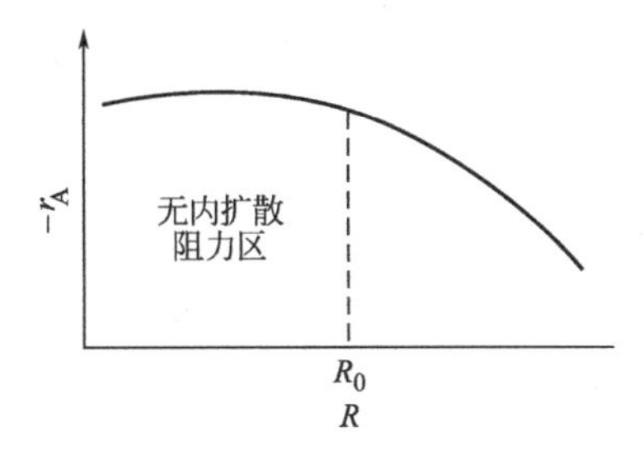

图 5-16 内扩散阻力的实验判别

(4) 无量纲判别式判别内扩散阻力

在没有外扩散阻力时，可通过测定宏观反应速率来判别内扩散阻力的大小。根据一级不可逆反应的宏观速率方程，经变形整理，并代入西勒模数的定义式(5-51)

$$(-r_A)_H=\eta k_V c_{Ag}=\eta\frac{L^2(\sqrt{k_V/D_e})^2 c_{Ag} D_e}{L^2}=\frac{\eta\Phi_s^2 c_{Ag} D_e}{L^2}$$

所以

$$\boxed{\frac{(-r_A)_H L^2}{c_{Ag} D_e}=\eta\Phi_s^2} \tag{5-76}$$

式中，$(-r_A)$ 为没有外扩散时实际测定的反应速率，mol/($m^3_{孔}$ · s)；L 为催化剂的特征长度，m；c_{Ag}为催化剂气膜处气流主体 A 的浓度，mol/m^3；D_e 为反应物在催化剂孔隙中的有效扩散系数，m^2/s。式(5-76) 为无量纲数群，计算结果应没有单位。以上四个参数在实

验中都容易得到，只需要测定一定反应物浓度下的反应速率，就可以判别催化剂内扩散阻力的大小，省去了催化剂的粒度试验，是一个非常实用便捷的内扩散阻力判别式。

当$\Phi_s<0.5$时，$\eta=1$，$\dfrac{(-r_A)L^2}{c_{Ag}D_e}<0.5$，此时可认为没有内扩散阻力的影响；当$\Phi_s>3$时，$\eta=1/\Phi_s$，$\dfrac{(-r_A)L^2}{c_{Ag}D_e}>3.0$，此时可认为有强内扩散阻力的影响；当$0.5<\Phi_s<3$时，$\eta\approx0.3-1.0$，$\dfrac{(-r_A)L^2}{c_{Ag}D_e}=0.5-3.0$，此时可认为有内扩散阻力的影响，但影响不强。

【例 5-8】 在 0.1MPa、336℃时，在球形催化剂上进行 A ⟶ R 的气相一级不可逆反应，催化剂粒径 2.4mm，气体在催化剂孔内的有效扩散系数为 $5\times10^{-5}m^2/h$，气膜的传质系数为 300m/h。气流主体 A 的浓度为 $20mol/m^3$，测得以催化剂体积定义的宏观反应速率为 $1\times10^5 mol/(h\cdot m^3)$，催化剂的孔隙率为 0.5。

求：(1) 判别内扩散阻力的大小？(2) 计算气膜和孔内与表面反应阻力？

解：(1) 用式(5-76) 判别

$$(-r_A)L^2\times/D_e c_{Ag}=10^5\times(2.4/6)^2\times10^{-6}/(5\times10^{-5}\times20)=1673$$

为强内扩散阻力。

(2) 根据式(5-58c)

$$(-r_A)=c_{Ag}/[1/k_g a+1/\eta k_V]$$

气膜阻力为 $1/k_g a=d_p/6k_g=2.4\times10^{-3}/6\times300=1.33\times10^{-6}h$

因为 $(-r_A)=\eta k_c c_{Ag}$，所以 $\eta k_c=(-r_A)/c_{Ag}=10^5/20=5\times10^3$。

内扩散与表面反应阻力为 $1/\eta k_c=2\times10^{-4}$ (h)

内扩散阻力和表面反应阻力远大于气膜阻力，可以忽略气膜阻力的影响。

---

(5) 宏观反应速率的实验测定

实验室常用无梯度反应器测定气固相催化反应的宏观反应速率。

无梯度反应器又名循环微分反应器，属于全混流气固相催化反应器。根据式(3-10) 全混流反应器设计公式，当反应速率定义改为以催化剂质量 W 来定义时，则

$$\boxed{(-r_{Af})'=\frac{F_{A0}-F_{Af}}{W}=\frac{F_{A0}x_{Af}}{W}} \tag{5-77}$$

只要测出反应器的入口和出口 A 的 mol 流量或出口处 A 的转化率，就可以求出对应反应器出口浓度和宏观反应速率。显然，要在高速气体流速下排除外扩散的影响，只进行不同粒度下的催化反应实验，还要使催化剂通过快速循环达到全混状态才可应用式(5-77) 计算。

根据气体循环的方式，无梯度反应器又分为外循环和内循环两种。操作比较简单的是内循环无梯度反应器，如图 5-17(a) 及 (b) 所示，图 5-17(a) 反应器中有一高速回转的气体涡轮，催化剂装于固定筐中；图 5-17(b) 反应器中催化剂装在高速回转筐中。内循环反应器可选用适当的材质和进行合理的机械设计，可在高温、高压下操作。

> 消除内扩散影响的有效途径是尽量减小粒径；消除外扩散影响的有效途径是尽量提高操作气速。

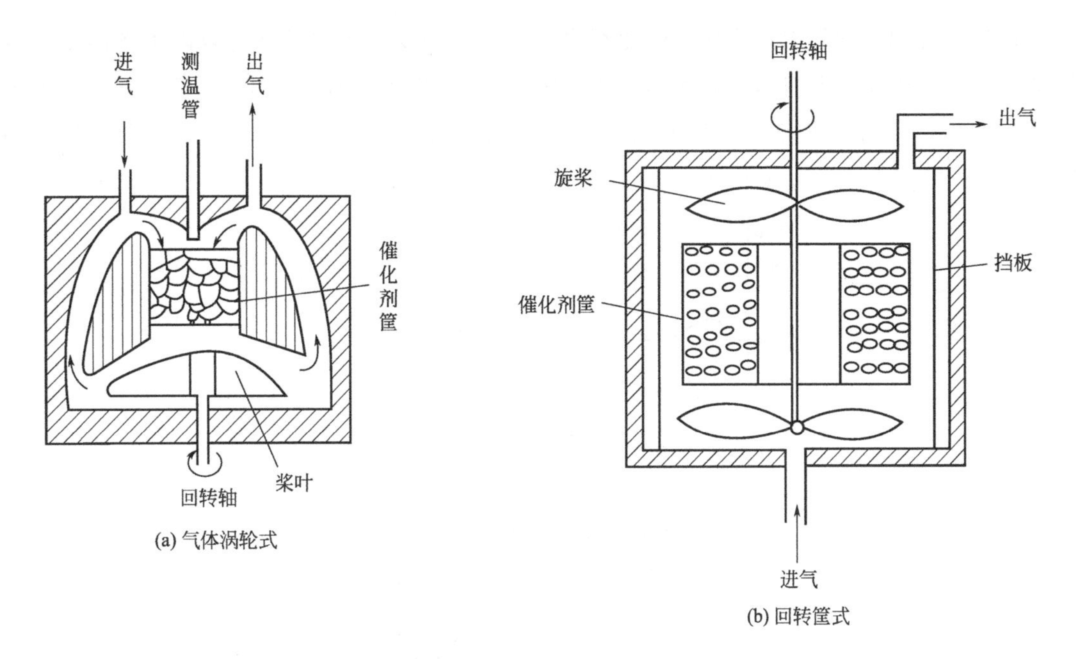

图 5-17 内循环无梯度反应器

5.3.6 非等温催化剂内扩散有效因子

在气-固相催化反应过程中，催化剂内部的传热机理与气-固边界层的传热机理不同。催化剂颗粒内的反应热只有一部分是通过毛孔中的气体传递的，而大部分则是依靠固体介质进行传递的，传热效果的好坏取决于催化剂的导热性能，尤其是对强放热反应更是如此。金属催化剂属于热的良导体，内部容易传热，整个催化剂颗粒容易处在等温状态。然而，金属氧化物催化剂，或以硅、铝氧化物为载体的催化剂属于不良导体，反应时释放的热量不会迅速排出，形成局部的热量积累，催化剂颗粒处于非等温状态，反应也是在非等温状况下进行的。当然颗粒孔隙率的大小也影响催化剂的导热性。

前面的讨论都是假设整个催化剂颗粒处于等温状态，而事实上，催化剂颗粒的中心与外表面之间，也存在不同程度的温度差。式(5-56a) 表示了催化剂颗粒内部的温度和浓度与外表面温度和浓度的关系。可见，反应热效应愈大或颗粒热导率愈小，颗粒内部与外表面的温差将愈大。由于该关系式中浓度项不受局限，所以适用于各种反应动力学过程。

由于颗粒内部传热很差导致了颗粒内的温度分布，影响了反应速率大小，也就改变了内扩散有效因子的大小。当存在内传热的影响时，内扩散有效因子的变化规律集中体现在与三个无量纲特征数的变化关系上。它们分别如下。

① 西勒模数 Φ_s，这是孔扩散对反应影响大小的表征。

② 无量纲特征数 β，定义为

$$\beta=\frac{(T-T_s)_{max}}{T_s}=\frac{D_e(-\Delta H_r)c_{As}}{\lambda_e T_s} \tag{5-78}$$

表示催化剂颗粒内与外表面的最大温度差同外表面温度之比。其实 β 也是反应热效应及固体催化剂传热系数和组分的扩散系数对反应速率综合影响的表征。

③ 无量纲特征数 γ，定义为 $\gamma=\dfrac{E}{RT_s}$，这是对反应速率温度敏感度的表征。

图 5-18 给出了非等温球形颗粒催化剂中一级不可逆反应的内扩散有效因子随西勒模数的变化关系。由图 5-18 看出，在相同的西勒模数时，β 愈大，有效因子也愈大。当 Φ_s 大于 3 时，不论 β 为何值，η 与 $1/\Phi$ 成直线关系。当 Φ_s 小于 0.3，$\beta<0$ 时，$\eta=1$，与 β 的大小几乎无关。当 $\beta>0.1$ 时，η 可超过 1，甚至大于 10。

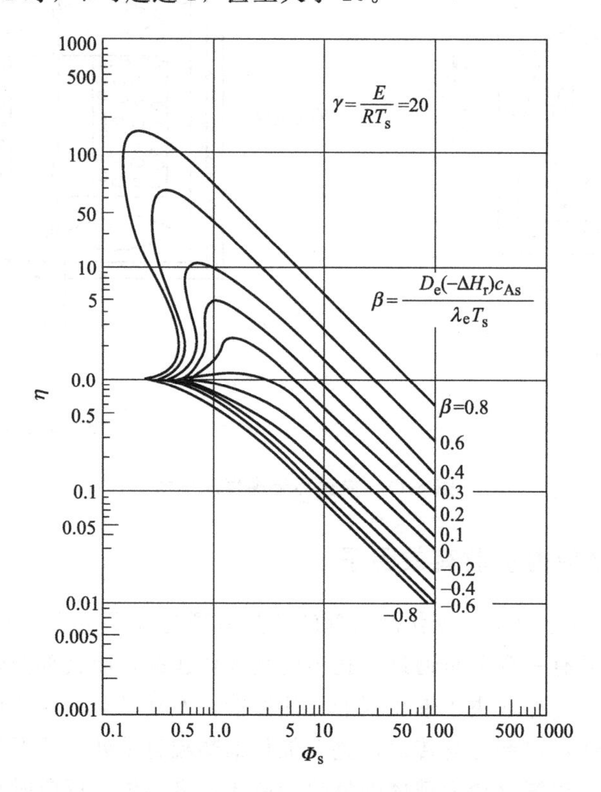

图 5-18 非等温球形颗粒催化剂中一级反应的内扩散有效因子

当 $\beta<0$ 时，在催化剂颗粒上进行吸热反应，颗粒内反应物浓度及温度都小于或等于颗粒外表面上的浓度和温度。非等温内扩散有效因子永远小于或等于 1，具体大小视西勒模数的大小而定。

当 $\beta>0$ 时，在催化剂颗粒上进行放热反应时，颗粒内部的反应物浓度小于颗粒外表面上的浓度，而使反应减慢。但颗粒内温度大于 T_s 时，则使反应加快。两种效应是相反的。如温度效应超过浓度效应，则 η 大于 1，反之则 η 小于 1。往往温度的影响超过浓度的影响，而使 η 远大于 1。

5.3.7 传质和传热对复杂反应选择性的影响

考察内扩散影响复杂反应选择性的依据仍然是浓度效应，即高浓度有利于高级数的反应，低浓度有利于低级数的反应。在等温条件下，如果浓度对选择性的影响可以忽略，那么，内扩散也就对复杂反应的选择性没有影响，否则，就会有影响。例如，乙醇同时发生脱氢、脱水而生成乙醛与乙烯的反应，其反应方程式和相应的速率方程式如下

$$A \xrightarrow{k_1} B \quad r_B=k_1c_A^{n_1}, n_1>0 \text{（主反应）}$$

$$A \xrightarrow{k_2} D \quad r_D = k_2 c_A^{n_2}, n_2 > 0$$

显然，这是一个平行反应体系，其瞬时选择率可表达为

$$s = \frac{r_B}{r_D} = \frac{k_1}{k_2} c_A^{n_1 - n_2} \tag{5-79}$$

当 $n_1 = n_2$ 时，选择性与浓度无关，内扩散对浓度无影响；当 $n_1 > n_2$ 时，由于内扩散使孔内的 c_A 值低于外表面的浓度 c_{As}，内扩散使主产物的选择性降低；同理可推得，当 $n_1 < n_2$ 时，降低了 c_A 数值，内扩散使主产物的选择性提高。

又如丁烯脱氢生成丁二烯又进一步变成聚合物，许多加氢、氧化、卤化等反应都属于此类，即

$$A \xrightarrow{k_1} B(\text{目的产物}) \xrightarrow{k_2} D$$

显然，这是一个连串反应体系，其瞬时选择性为

$$s = \frac{r_B}{-r_A} = \frac{k_1 c_A - k_2 c_B}{k_1 c_A} = 1 - \frac{k_2 c_B}{k_1 c_A} \tag{5-80}$$

由于催化剂颗粒内 c_B/c_A 值因位置不同而不同，将随催化剂在反应器中的位置而变化，将引起瞬时选择性 s 值各处不一。在内扩散过程的影响下，反应物浓度从颗粒外表面向里扩散，使反应物浓度 c_A 降低，而产物浓度 c_B 因扩散途径相反而向内增大，在 A 转化即将结束时 c_B 最高，选择性也最小。因此，越往粒内，产物 B 的瞬时选择性越小。只有将颗粒内组分 A 和 B 在催化剂孔内的浓度分布求出以后，才能得出整个颗粒催化剂的瞬时选择性。

传热对复杂反应选择性的影响规律仍遵循第 2 章的反应温度对复杂反应选择性的影响规律，即高温有利于高活化能的反应，低温有利于低活化能的反应。对于式(5-78) 的平行反应，若为放热反应，会使催化剂内部温度升高，而主反应的活化能 E_1 大于副反应的活化能 E_2 时，对选择性的提高是有利的。假如，$E_1 < E_2$ 时，催化剂的传热不好造成的内部温度高于外表面温度时，会使主产物的选择性下降。同理，对于连串反应和可逆反应的化学平衡的移动也是如此。

【例 5-9】 平行反应 $A \xrightarrow{k_1} R$（目的），$A \xrightarrow{k_2} S$，都为一级不可逆反应，$k_1/k_2 = 10$。今在较大催化剂颗粒上反应，存在较强内扩散阻力，求 R 的瞬时选择性如何变化？

解：

$$\Phi_{S1} = L\sqrt{\frac{k_1}{D_e}}, \qquad \Phi_{S2} = L\sqrt{\frac{k_2}{D_e}}$$

$$a = \frac{\bar{r}_R}{\bar{r}_s} = \frac{\eta_1 k_1 c_{As}}{\eta_2 k_2 c_{AS}} = \frac{\Phi_{s2} k_1}{\Phi_{s1} k_2} = \sqrt{\frac{k_1}{k_2}} = \sqrt{10} = 3.16$$

$$a' = \frac{r_R}{r_S} = \frac{k_1 c_{As}}{k_2 c_{AS}} = \frac{k_1}{k_2} = 10$$

因为选择性与选择率的关系为 $s = a/(a+1)$，所以，小颗粒无内扩散阻力，选择性为

$$s = a'/(a'+1) = \frac{10}{10+1} = 0.909$$

大颗粒有强内扩散阻力影响时，选择性为

$$s = a/(a+1) = \frac{3.16}{3.16+1} = 0.76$$

下降了 16.4%

本章重要内容小结

(1) 在气固催化反应中，反应速率可用催化剂体积和它的孔体积、质量和外表面积来定义，存在相互关系。

(2) 催化剂颗粒孔结构的表征参数主要有：孔容（孔体积）、比表面积、孔隙率、平均孔径。

(3) 朗缪尔理想吸附等温方程（计算不可测的平衡浓度）

覆盖率 $\theta_i=\dfrac{K_i p_i^*}{1+\sum\limits_i^n K_i p_i^*}$；$(1-\sum\theta_i)=\dfrac{1}{1+\sum\limits_i^n K_i p_i^*}=\theta_V$ 空位率

(4) 单中心和双中心机理方程可用平衡和一步控速假设来建立，属于双曲线型本征动力学方程。

A 吸附控速时反应速率与 A 分压基本呈单调线性增加关系，反应控速时存在最大值或渐近线，脱附控速时与反应物分压无关。

(5) 对任意形状催化剂可用圆筒孔模型求得一级不可逆反应孔内浓度分布方程：

其西勒模数定义为

$$\Phi_s=L\sqrt{\frac{k_V}{D_e}}$$

有效因数定义与 Φ_s 的关系为

$$\eta=\frac{(-\overline{r_A})}{(-r_{As})}=\frac{\text{th}\Phi_s}{\Phi_s}$$

随反应级数增加或 mol 数增加，η 下降。

$\Phi_s<0.5$，可忽略内扩散阻力，$\eta=1$；$\Phi_s>3$ 时，为强内扩散阻力，$\eta=\dfrac{1}{\Phi_s}$。

(6) 颗粒外表面温度 T_s 与颗粒中心温度 T 的最大温差

$$(T-T_s)_{max}=\frac{(-\Delta H_r)D_{Ae}}{\lambda_e}c_{As}$$

(7) 气膜两侧温差计算公式为

$$T_s-T_g=\frac{V_p}{S_p}\frac{(-r_A)(-\Delta H_r)}{h}$$

(8) 在定态下，宏观反应速率为

$$(-r_A)_H=k_g a(c_{Ag}-c_{As})=\eta k_c f(c_{As})$$

$$=\frac{c_{Ag}}{\dfrac{1}{k_g a}+\dfrac{1}{\eta k_c}}=\frac{\text{推动力}}{\text{气阻}+\text{孔隙与反应阻力}}$$

(9) 气膜控速特征

$(-\bar{r}_A)=k_g a c_{Ag}$，$c_{As}\to 0$，$(-\bar{r}_A)$ 与 c_{Ag} 成正比。

判别：气速提高 $(-\bar{r}_A)$ 增加，$u>u_0$ 时，$(-r_A)$ 不变。

（10）强内扩散阻力时

$$E_T=\frac{1}{2}(E+E_D)\approx\frac{1}{2}E,\quad n_T=\frac{n+1}{2},\quad \frac{(-r_{A1})}{(-r_{A2})}=\frac{R_2}{R_1}$$

（11）内扩散阻力的实验判别：$\frac{(-r_A)\ L^2}{L^2\cdot D_e}<1$ 时，无内阻，$\frac{(-r_A)\ L^2}{L^2\cdot D_e}>3$ 时，强内阻。

（12）非等温球形催化剂内扩散有效因子对于放热使催化剂内部升温的反应，η 可大于1；吸热反应 η 总小于1。

（13）催化剂内传质和传热对复杂反应选择性的影响规律，符合高浓度有利于高级数的反应，高温有利于高活化能的反应。

习　题

一、计算题

5-1　在0.1013MPa及30℃下，二氧化碳气体向某催化剂中的氢气进行扩散，该催化剂孔容及比表面积分别为0.36cm^3/g及150m^2/g，颗粒密度为1.4g/cm^3。CO_2 和 H_2 的摩尔扩散体积分别为26.9cm^3/mol，406.12cm^3/mol，试估算有效扩散系数。该催化剂的曲折因子为3.9。

5-2　某圆片状催化剂，圆直径 $d=2.54$cm，厚 $L=0.635$cm，单颗粒重 $m_p=3.15$g，实验测得该催化剂具有双重孔结构，颗粒中大孔的体积为 $V_a=0.645$cm^3，小孔的体积为 $V_i=1.260$cm^3，试计算颗粒密度 ρ_p，真密度 ρ_t，大孔和小孔的体积分数 ε_a 和 ε_i，以及总的孔隙率 ε_p。

5-3　在510℃进行异丙苯的催化分解反应：

$$\underset{(A)}{C_6H_5(C_3H_7)_3}\longrightarrow \underset{(R)}{C_6H_6}+\underset{(S)}{C_3H_6}$$

测得总压 P_t 与初反应速率的关系如下：

P_t/kPa	99.3	265.5	432.7	701.2	1437
$-r_{A0}$/[mol/(g·h)]	4.3	6.5	7.1	7.5	8.1

若该分解反应属于单活性中心机理，（1）试推导出反应机理和控速步骤？（2）求本征方程参数。

5-4　某一级不可逆气-固相催化反应，当 $c_A=10^{-2}$mol/L、0.1013MPa（即1atm）及400℃时，其以孔容定义的反应速率为 $-r_A=kc_A=1\times10^{-6}$mol/(s·cm^3)　。如要求催化剂内扩散对总速率基本上不发生影响，问催化剂粒径如何确定，已知 $D_e=1\times10^{-2}$cm^3/s。

5-5　某等温下的一级不可逆反应，以单颗粒催化剂体积为基准的反应速率常数 $k=2$s^{-1}，催化剂为直径与高均为5mm的圆柱体，催化剂孔隙率为 $\varepsilon_p=0.4$，测得内扩散有效因子 $\eta=0.672$，试计算当催化剂颗粒改为直径和高均为3mm的圆柱体时，宏观反应速率常数 k。

5-6 用空气在常压下烧去球形催化剂上的积炭，催化剂颗粒直径为 5mm，热导率 λ_e 为 0.35J/(m·s·K)，每燃烧 1kmol 氧释放出热量 3.4×10^8J，燃烧温度为 760℃时，氧在催化剂颗粒内的扩散系数 D_e 为 $5\times10^{-7}m^2/s$，试估计稳态下，催化剂颗粒表面与中心的最大温差。

5-7 用直径 5mm 球形催化剂进行一级不可逆反应 A ⟶ P，颗粒外部传质阻力可忽略不计，气流主体温度 500℃，p=0.1013MPa，反应组分为纯 A，已知以催化剂颗粒体积为基准的反应速率常数为 $k=5s^{-1}$，催化剂孔隙率为 0.5，组分 A 在颗粒内的有效扩散系数 $D_e=0.004cm^2/s$，试计算颗粒内扩散有效因子 η 与宏观反应速率。

5-8 某催化剂上的气固相催化反应，在 500℃下完成，已知反应速率方程为 $-r_A=3.8\times10^{-9}p_A^2$，mol/(s·g)，式中，$p_A$ 的单位为 kPa，催化剂为短圆柱，高与直径相等为 5mm，催化剂颗粒密度为 0.8g/mL，催化剂表面上的 A 分压为 10kPa，催化剂粒子内 A 的有效扩散系数为 0.025cm/s，计算催化剂的有效因数。催化剂孔隙率为 0.5。

5-9 用直径 6mm 的球形催化剂进行 A 的一级不可逆分解反应，气相主体中反应组分 A 的摩尔分数 $y_{Ag}=0.50$，操作压力 0.1013MPa，温度 500℃，已知单位体积催化剂的反应速率常数为 $0.333s^{-1}$，催化剂孔隙率为 0.5，组分 A 在粒内有效扩散系数为 $0.00296cm^2/s$，外扩散传质系数为 40m/h。试计算：

（1）催化剂外表面浓度 c_{As}，并判断外扩散影响是否严重；

（2）催化剂内扩散有效因子 η，并判断内扩散影响是否严重；

（3）计算宏观反应速率。

5-10 用直径 1mm 的球形颗粒催化剂进行 A 的一级不可逆反应，气流主体中 A 的浓度 $c_{Ag}=0.01kmol/m^3$，已测得单位催化剂体积的宏观反应速率为 $400kmol/(m^3\cdot h)$，催化剂孔隙率为 0.4，组分 A 在粒内有效扩散系数为 $1\times10^{-3}m^2/h$，外扩散传质系数为 50m/h，试定量计算内、外扩散的影响。

二、思考题

5-1 用催化剂质量、外表面积、催化剂孔隙体积、催化剂体积、床层堆积体积和床层空隙体积来定义的反应速率之间有何关系？

5-2 朗缪尔等温吸附方程对本征动力学方程的建立起什么作用？方程的基本假设是什么？

5-3 用单中心与双中心反应机理建立本征动力学方程的方法、步骤、方程的特点和实验判别控速步骤的方法是什么？

5-4 西勒模数与哪些因素有关？定义如何？如何用它来判别内扩散阻力的大小？

5-5 内扩散有效因子如何定义？如何建立有效因子与西勒模数的关系式？

5-6 内扩散阻力的判别方法有几种？最简便的实验判别方法是什么？

5-7 外扩散控制的特点是什么？如何判别外扩散阻力影响的大小？

5-8 气膜两侧和催化剂颗粒温差的计算公式如何建立？公式中每个符号的物理意义如何？

5-9 包含内、外扩散阻力的宏观反应速率方程如何建立？符号的物理意义？总阻力与气膜阻力和包含内扩散的表面反应阻力如何计算?

5-10 内扩散和外扩散阻力的传质阻力对平行反应和连串反应中间物质为主产物的选择性有何影响?随反应级数变化影响如何?

5-11 气膜传热阻力与催化剂传热阻力对平行反应和连串反应中间产物为主产物的选择性有何影响?与吸热和放热反应有何关系?

5-12 对于可逆反应内外扩散阻力引起的浓度差和温度差对平衡转化率和最终转化效果有何影响?

5-13 传热对可逆反应有何影响?

第6章

气-固相催化反应器设计

本章学习要求

1. 掌握气-固相催化反应器的形式与特点，对不同反应热力学和动力学特点进行反应器类型选择；

2. 了解固定床和流化床反应器的工业应用、流动特性、表征参数定义及计算，尤其是固定床；

3. 掌握固定床反应器的压力降计算方法和径向传热的计算方法和公式应用；

4. 掌握固定床反应器的经验法和数学模型法设计反应器的基本方法；

5. 学会用一维拟均相等温和绝热固定床反应器数学模型法设计反应器的方法和应用。

6.1 固定床反应器的类型

反应器内部填充有固定不动的固体催化剂颗粒或固体反应物的装置，称为固定床反应器。气态反应物通过催化剂床层进行催化反应的反应器，称为气-固相固定床催化反应器。由于气-固相催化反应器技术成熟，化工生产占绝大多数。它与流化床反应器相比，具有催化剂不易跑损或磨损、床层流体流动近呈平推流、反应速率较快、停留时间可以控制、反应转化率和选择性较高的优点。

工业生产过程使用的固定床催化反应器型式多种多样，主要为了适应不同的传热要求和传热方式。按催化床是否与外界进行热量交换来分，分为绝热式和连续换热式两大类；按反应器的操作及床层温度分布不同来分，分为绝热式、等温式和非绝热非等温式三种类型；按换热方式不同，分为换热式和自热式两种类型；按反应情况来分，分为单段式与多段式两类；按床层内流体流动方向来分，分为轴向流动反应器和径向流动反应器两类；根据催化剂装载在管内或管外、以及反应器的设备结构特征，也可以对固定床催化反应器进行分类。图6-1～图6-3分别是轴向流动式、径向流动式和列管式固定床反应器结构示意图。其中，图6-1和图6-2所示的反应器为绝热式。

图6-3为邻二甲苯氧化制苯酐的强效热反应列管式固定床催化反应器实物照片。

6.1.1 绝热式固定床催化反应器

绝热式固定床催化反应器有单段与多段之分。绝热式反应器由于与外界无热交换以及不

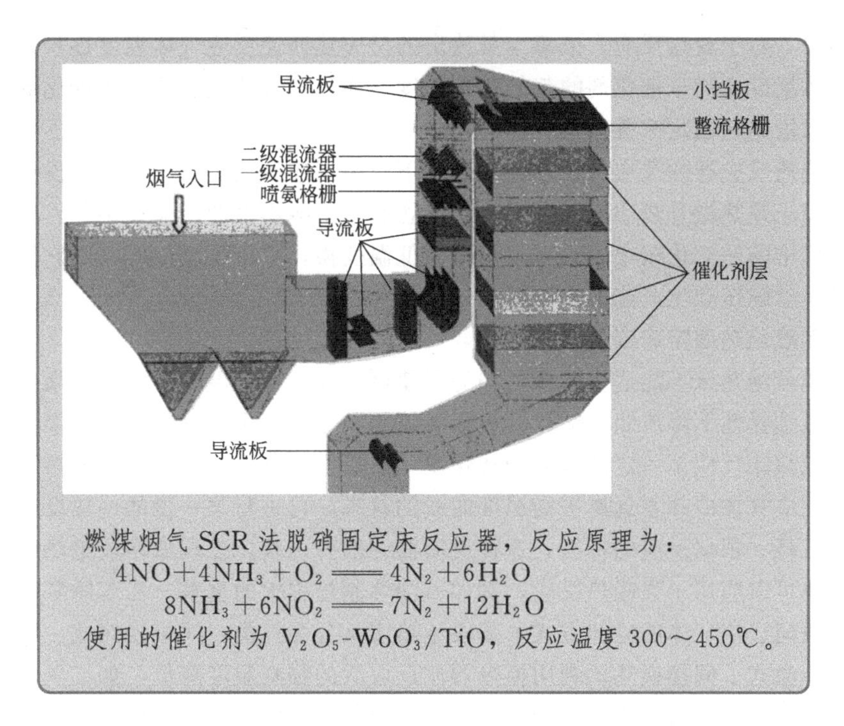

燃煤烟气 SCR 法脱硝固定床反应器，反应原理为：

$$4NO+4NH_3+O_2 \xlongequal{} 4N_2+6H_2O$$

$$8NH_3+6NO_2 \xlongequal{} 7N_2+12H_2O$$

使用的催化剂为 V_2O_5-WoO_3/TiO，反应温度 300～450℃。

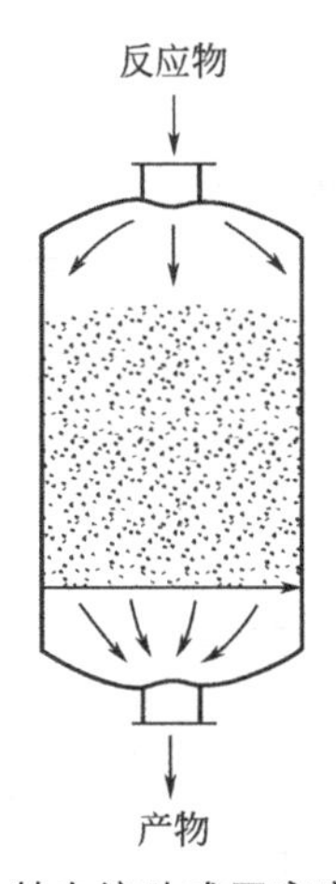

图 6-1 轴向流动式固定床反应器

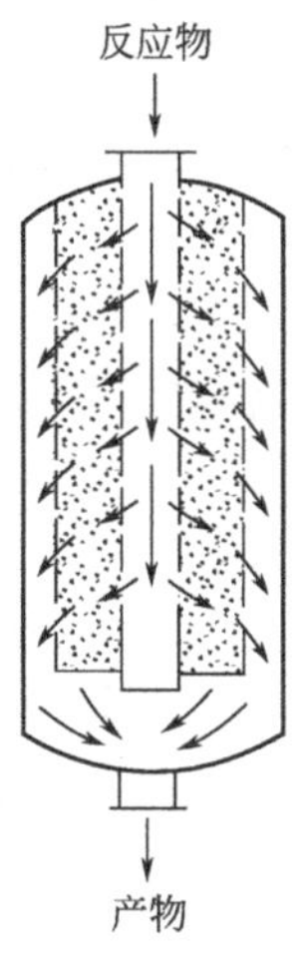

图 6-2 径向流动式固定床反应器

(a) 制造中的内部结构

(b) 反应器外形图

图 6-3 列管式固定床反应器

计入热损失，对于放热反应，依靠本身放出的反应热而使反应气体温度逐步升高；催化反应器入口气体温度要高于催化剂的起始活性温度，而出口气体温度要低于催化剂的耐热温度。

(1) 单段绝热固定床催化反应器

单段绝热反应器的反应物料在绝热条件下发生反应后流出反应器。单段绝热固定床催化反应器适用于绝热温升较小、温度对目的产物收率影响不大的反应。例如，以天然气为原料的合成氨厂中的一氧化碳中（高）温变换及低温变换，甲烷化反应等。因它能量利用好，设备结构简单、耐压和生产能力大，而优先选择。

(2) 多段绝热固定床催化反应器

如果单段绝热床不能适应要求，如为了使可逆放热反应温度更接近于最佳的温度分布或温度升高后选择性下降或超过催化剂极限温度等，则采用多段绝热固定床催化反应器。首先通过一段绝热床反应至一定的温度和转化率，然后换热降温，接近可逆放热反应平衡温度曲线时，将反应气体冷却至远离平衡温度曲线的状态，再进行下一段的绝热反应，反应和冷却过程交替进行。根据反应的特征，这种反应器一般有二段、三段或四段绝热床，多用于强放热反应，也可以应用于强吸热反应，例如石油炼制过程中的重整、乙苯脱氢制苯乙烯等。

根据段间反应气体的冷却方式，多段绝热床又分为三类：间接换热式、原料气冷激式和非原料气冷激式。间接换热式利用换热器使反应后的物料温度降低，如二氧化硫氧化、乙苯脱氢过程等；而冷激式使用补加冷物料的方法冷却，在段间用冷流体与上一段出口的热反应气体混合。如果冷激用的冷流体是尚未反应的原料气，称为原料气冷激式，如大型氨合成塔；如果冷激用的冷流体是非关键组分的反应物，称为非原料气冷激式，如一氧化碳变换反应器采用水进行冷激。图 6-4 是多段固定床绝热反应器的示意图，图中（a）是间接换热式，（b）是原料气冷激式，（c）是非原料气冷激式。用原料气冷激可使转化率下降，但不存在分离问题；用惰性物冷激换热，则其惰性物必须与体系物料容易分离，且热容要大。

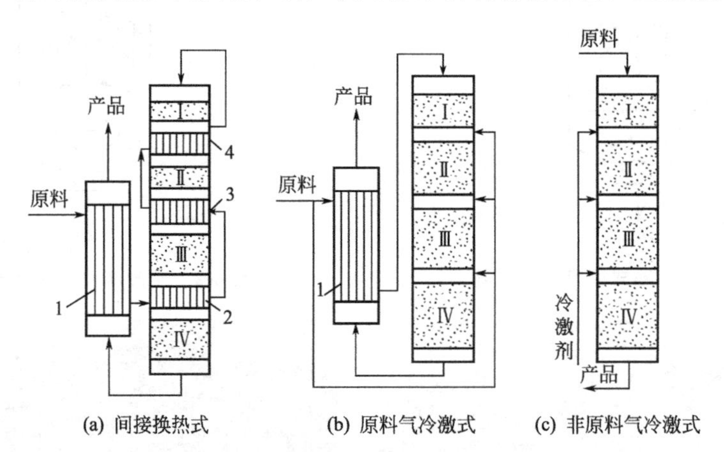

图 6-4 多段固定床绝热反应器

1,2,3,4—换热器；Ⅰ,Ⅱ,Ⅲ,Ⅳ—绝热反应器

冷激式反应器结构简单，便于装卸催化剂，内无冷管，避免由于少数冷管损坏而影响操作，特别适用于大型催化反应器。

采用多段绝热反应器可有效地控制反应体系的温度升高，特别是对于可逆放热反应过程随着温度的升高，极限转化率降低，应采取像图 3-19 的一边反应和一边在段间撤热并降温的方式，以提高其转化率。

6.1.2 连续换热式固定床催化反应器

连续换热式固定床催化反应器（或称非绝热变温反应器）的特点是进行反应的同时，床层与外界的换热过程同时进行，这样可以使催化床的温度控制在更为靠近最佳温度条件范围下进行，反应速率较快，催化剂用量较少，反应的选择性也较高。工业生产中普遍使用此类反应器，如乙烯催化氧化合成环氧乙烷、苯氧化制顺丁烯二酸酐、萘氧化制邻苯二甲酸酐、乙烯与醋酸气相合成制醋酸乙烯、氨的合成等。此类反应器包括装载在管内的外换热式和装载在管外的内热式，以前者较为常见，其结构大部分类似于列管式换热器。如果反应的热效应大，常采用管式催化床，催化剂装载在管内，以增加单位体积催化床的传热面积和缩小传热距离。载热体在管间流动或汽化以移走反应热。原料气自反应器顶部向下流动，通过催化剂颗粒床层，从底部流出；载热体则在管间，自下而上流动，两流体形成逆流。流体流经固定床时，一边反应，一边通过管壁与管间的传热介质进行热交换。根据反应的具体要求，也可以设计成并流。

载热体的温度与催化床之间的温差宜小，但又必须移走大量的反应热。不同的反应温度，应选用不同的热载体：反应温度在 200～250℃时，采用加压热水汽化作载热体；反应温度在 250～300℃时，可采用挥发性低的有机载热体如矿物油、联苯-联苯醚混合物作载热体；反应温度在 300℃以上可采用无机熔盐作载热体；烟道气则可用作 500℃以上的反应载热体。载热体的热能可以再利用，例如有机载热体和熔盐吸收的反应热都用来生产蒸汽。

自换热式固定床催化反应器适用于某些反应热不太大，而且在高压下进行的反应，如中、小型合成氨厂的氨合成，要求高压反应器内催化剂装载系数较大且使反应尽量沿最佳温度曲线进行，常采用催化床上部为绝热层，下部为催化剂装在冷管间而连续换热的催化床，反应前的气体经冷管而被预热，故称为自热式，绝热层中反应气体迅速升温，冷却层中反应气体被冷却而接近最佳温度曲线，未反应气体经过床外换热器和冷管预热到一定温度而进入催化床。

在这里介绍连续换热式固定床催化反应器的两种形式：催化剂装在管内的外热式、催化剂装在管间的内冷自热式。

6.1.2.1 外热式

外热式反应器分为外冷管式和外部供热管式两类。催化剂装在管内，管间有与反应无关的热载体冷却或加热反应床层。它广泛用于强放热或强吸热反应，多用列管式，采用强制循环进行换热。外冷管式催化床中实行可逆放热反应时，温度分布如图 6-5 所示。邻二甲苯催化氧化、低压甲醇合成反应大都采用这种反应器。

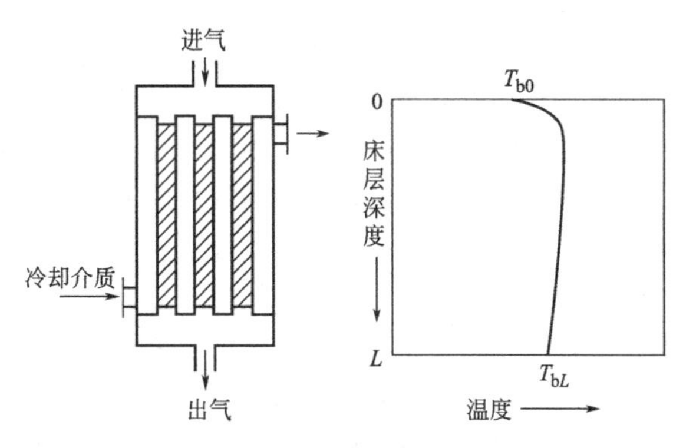

图 6-5 外冷管式催化床及反应温度分布示意

例如，低压甲醇合成反应，在 5MPa 操作压力下，反应气体经反应器外换热器预热至 235℃左右进入催化床，反应器无绝热段；管间是 4MPa 的沸腾水，水温 240℃，反应气体被管外沸腾水加热，顶端甲醇合成反应速率较大，反应气体温度升高较快，并超过沸腾水温度，此后催化床被冷却。

低压下使用的低温铜系甲醇催化剂的活性温度范围在210～260℃之间，用250℃的沸腾水作为冷却介质就可控制催化层温度不致超温。反应装置内未设置电加热器或其他加热器。

外部供热管式反应器，如用于天然气或石脑油等烃类蒸气转化或裂解为吸热反应，需外界供热，管式转化炉采用 HP-50 含铷高镍铬合金钢材料 ϕ112mm×10mm 炉管，管长10～12m，管内一般填充环柱状催化剂，在压力 3～4MPa、温度 600～800℃下操作。

6.1.2.2 内冷自热式

自热式固定床反应器以原料气作为冷却剂来冷却自身反应床层，原料气预热至反应需要的温度，再进入床层反应。整个反应器与外界绝热。显然，它只适用于热效应不大的放热反应和原料气必须预热的系统。例如，中、小型合成氨及合成甲醇多采用内冷自热式连续固定床催化反应器。根据不同的冷管结构，自热式固定床反应器主要可分为单管逆流式、单管并流式、双套管并流式及三套管并流式。对于不同的冷管结构，不同的催化床高度的传热温度差数值不同，这就影响到催化床实际温度分布与最佳温度曲线间的偏离，因而影响到催化床的生产强度或空时产率。

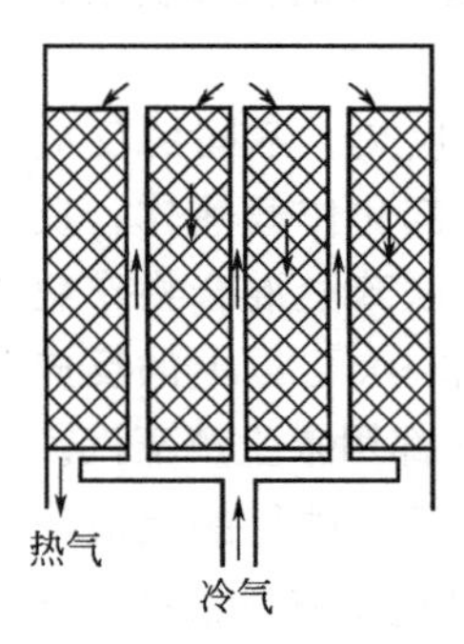

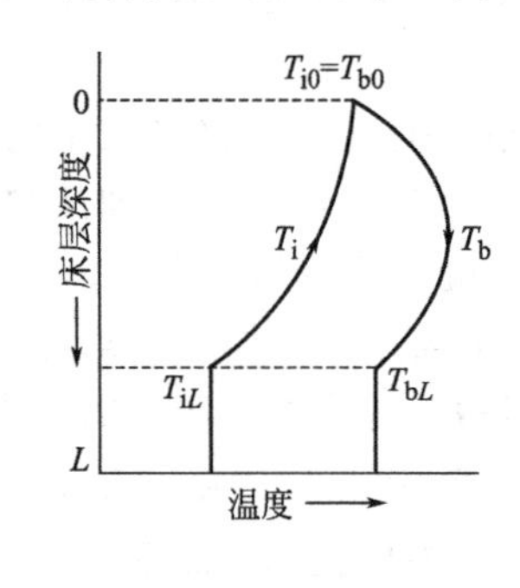

图 6-6 单管逆流式催化床及温度分布示意

(1) 单管逆流式

单管逆流式反应器的结构和气体流动路线都最简单，其基本形式和催化床内温度分布如图 6-6 所示。冷管内冷气体自下而上流动时，温度一直在升高，冷管上端气体温度即为催化床进口气体温度。催化床上部处于反应前期，反应混合物组成远离平衡组成，反应速率大，单位体积催化床反应放热量大；催化床上部冷管内气体温度 T_a 与催化床温度 T_b 相差不大，传热温度差小，故排热速率小，升温速率较大，这是符合使反应温度尽快靠近最佳温度曲线的要求的。催化床中部，反应基本在最佳温度附近进行，反应速率较大，放热较多，此时传热温度差较大，故排热速率大，能满足使反应维持在最佳温度曲线附近进行的要求。催化床下部处于反应后期，反应物浓度较低，反应速率减慢，放热量变小，传热温度差大，结果形成催化床下部降温速率过大，使催化床温度过低，偏离最佳温度曲线较远。

(2) 单管并流式

反应气体经催化床外换热器换热后经升气管至上环管，气体在上环管分配至多根并联冷管，向下流动，并流冷却催化床，冷管是单管。冷管气体经下环管集气，再经中心管向上，然后进入催化床，其温度分布见图 6-7 所示。催化床上部处于反应前期，反应速率大，单位体积催化床反应放热量大，冷管内气体温度 T_a 较低，传热温度差大，故排热速率大，升温速率较小，反应温度不能尽快靠近最佳温度曲线。催化床中部，放热速率与排热速率大约相等，反应能够维持在最佳温度曲线附近进行。催化床下部处于反应后期，反应速率下降，放热量变小，传热温度差较小，因此反应温度能维持在最佳温度。这种反应器如能在催化床上部设置绝热段，则可克服反应前期床层升温慢而不能尽快靠近最佳温度的缺点。与三套管并流式相比较，两者的传热过程相同，气体流动路径不同，而且单管并流式催化床还具有下列优点：①气流通过单管并流催化床的压力降较小；②催化剂装填系数较高；③冷管的排列不受分气盒直径的限制，催化床内径向温度较均匀；④可采用扁平管作冷管，同样的传热面积，扁平管所占体积较小，又可增加催化剂装填系数。

(3) 双套管并流式

在双套管反应器中，由于气体先进入内冷管吸取部分热量后再进入外冷管与内冷管之间的环隙与床层换热，因此温度分布得到了改善。根据内外管间环隙的气流方向与催化剂层中气流的方向相同还是相反又可区分为并流或者逆流两类。这里主要分析并流式反应器的情况。冷管是同心的双重套管，冷气体经催化床外换热器加热后，经冷管内管向上，再经内、外冷管间环隙向下，预热至所需催化床进口温度后，经分气盒及中心管翻向催化床顶端。经中心管时，气体温度略有升高。气体经催化床顶部绝热段，进入冷却段，被冷管环隙中气体所冷却，而环隙中气体又被内冷管内气体所冷却，反应器内气体温度分布如图 6-8 所示。

与单管逆流式相比较，双套管有绝热段，故催化床上部升温速率大于单管逆流式，合乎上部迅速升温的要求。另一方面，双套管式催化床下部冷管环隙内气体温度较高，接近于进入催化床的温度，故下部催化床的传热温差比单管逆流式小，比较接近最佳温度曲线，因而比单管逆流式优越。双套管式催化反应器中经过催化床外下部换热器预热的冷气体流入双套管，然后利用分气盒再进入中心管，图 6-9 表示了双套管氨合成塔的内件结构及高压筒体。

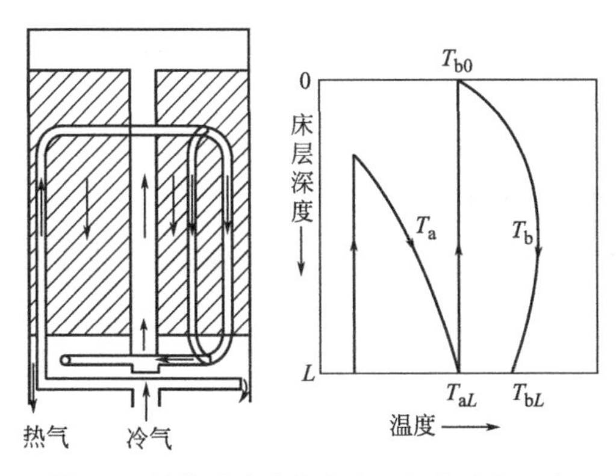

图 6-7 单管并流式催化床及温度分布示意

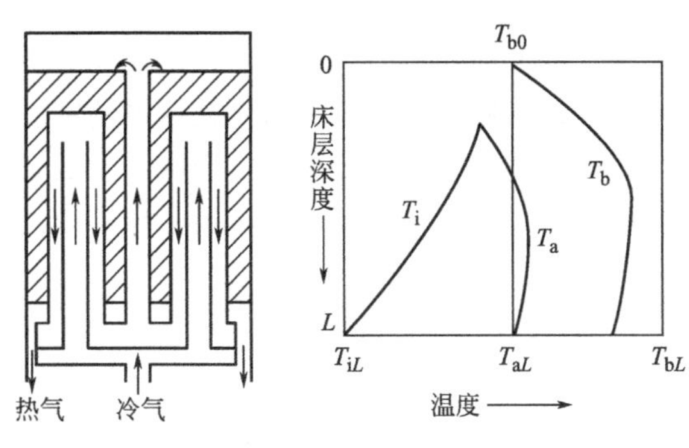

图 6-8 双套管并流式催化床及温度分布示意

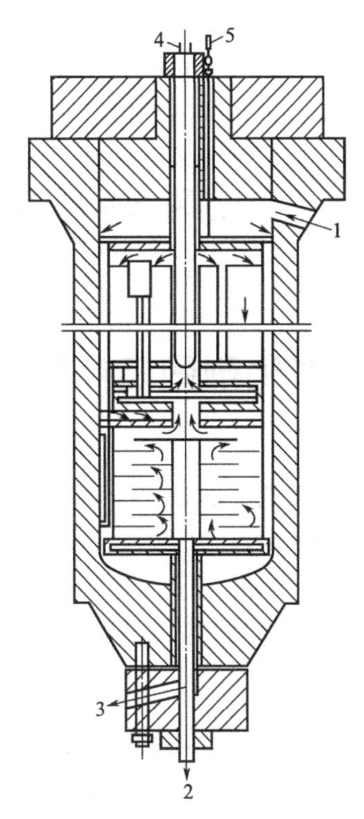

图 6-9 双套管氨合成塔内件结构及高压筒体

1—气体入口；2—冷气旁路；3—合成气出口；4—电加热器；5—热电偶

(4) 三套管并流式

三套管并流式催化床及温度分布如图 6-10所示。由于内衬管的作用，冷气体自上而下地流经内衬管的温升很小，这样冷气体只是流经内、外冷管之间环隙时才受热，内衬管仅起气体通道的作用。而双套管并流式内、外冷管间环隙的温度与三套管式不同，由于环隙向内冷管传热，气体从催化床外换热器进入内冷管下端向上流动时，沿途先被环隙中较热的气体

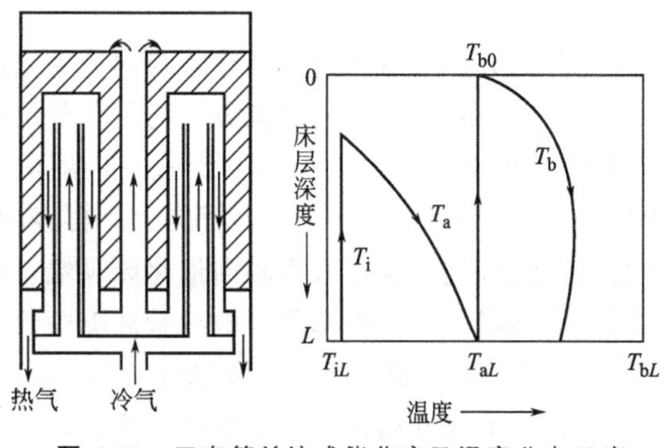

图 6-10 三套管并流式催化床及温度分布示意

所加热，到冷管上端折流处，已达较高的温度。折流后，气体在环隙中向下流动而冷却催化床时，从折流处较高的温度开始继续受热，而使得催化床与环隙中气体间的传热温度差减小。

比起单管并流式催化床，三套管并流式反应器上部有绝热段，它具有更大的上部升温速率，反应温度能更迅速靠近最佳温度曲线。比起双套管并流式催化床，其床层中部有更大的传热温度差，能满足大量排热的要求；其床层下部排热能力比双套管并流式催化床小，更能保证床层下部不至于过冷。总之，同样的外冷管面积，三套管并流式可达到更高的反应率。

连续换热式反应器应用于反应器对反应热较大和允许操作温度范围较窄的反应，能够及时移走或补充热量以控制反应温度。此外，连续换热式反应器应用于某些复杂反应，能够提高选择性和收率。当然这种反应器的结构较为复杂，反应器内催化剂的装填系数较小，床层的压降也较大，因此它也不能完全取代绝热式催化反应器。

近年来，为了使用小颗粒催化剂，提高催化剂的有效系数，又要降低催化床压力降，发展了径向流动式固定床反应器，其流体流动如图 6-2 所示。

反应器形式选择与反应热效应大小关系极为密切，还要考虑选择性、催化剂、压力、温度、物料等。

6.2 催化剂固定床特性

固定床反应器的床层由众多固体颗粒堆积而成。在反应器中，进行化学反应的同时，伴随有传热及传质过程的发生，它们受到颗粒层内流体流动状况的影响。特别是床层的密度和空隙率，不但影响反应速率，还影响床层的压降和传热速率。在固定床中压力降涉及能量消耗大小，床层的导热情况涉及反应效果和反应器设计的成败。这两项非常重要。床层内的传质问题相对可忽略不计。

6.2.1 催化剂颗粒当量直径

颗粒特性对颗粒层中流动通道的形成及其特征有重要影响，而讨论颗粒特性，主要通过对颗粒的大小（体积）、形状和表面积进行描述和表征。

对于球形颗粒，可以方便地用直径表示，但是工业生产所遇到的颗粒大多数是非球形的，要用当量直径来表示。

常用的有：① 体积当量直径 d_p，即与非球形颗粒等体积的球形颗粒直径，$d_p=\left(\frac{6V_p}{\pi}\right)^{1/3}$；

② 比表面积当量直径 d_s，即与非球形颗粒等比表面积的球形颗粒直径，$d_s=\frac{6V_p}{S_p}$。

其中，V_p 为非球形催化剂体积，而非球形颗粒的外表面积 S_p 一定大于等体积的圆球的外表面积 S_s，两者的比值称为颗粒的形状系数 $\phi_s=\frac{S_s}{S_p}$

对于球形颗粒，$\phi_s=1$；对于非球形颗粒，$\phi_s<1$。形状系数说明了非球形颗粒接近球形的程度。

对于混合颗粒群，各单颗粒的大小不等，形状是不规则的，从而形成一定的尺寸（粒度）分布。为了研究颗粒分布对颗粒层内流动的影响，必须测量并定量这一分布，考虑混合颗粒的平均粒度及形状系数的问题。平均直径可以由筛分的分析数据来决定，如果颗粒直径为 d_i，其质量分率为 x_i，则算术平均直径 $\overline{d_p}$ 为

$$\overline{d_p}=\sum_{i=1}^{n}x_i d_i \tag{6-1a}$$

调和平均直径 $\overline{d}_p$ 为

$$\frac{1}{\overline{d}_p}=\sum_{i=1}^{n}\frac{x_i}{d_i} \tag{6-1b}$$

在固定床的流体力学计算中，相对而言，用调和平均直径较符合实验数据。具体计算实例请见［例 6-7］。

6.2.2 床层空隙率及压力降

6.2.2.1 固定床的空隙率

空隙率是固定床的重要特性之一，它是指催化剂颗粒之间的空隙与整个床层体积之比。床层空隙率 ε_B 的大小与颗粒的形状、粒度分布、颗粒表面的粗糙度、充填方式、颗粒直径与床层直径之比等有关。颗粒形状系数越大，充填越紧密，空隙率就越小。颗粒越光滑，表面摩擦阻力较小，易于颗粒紧密接触，空隙率就越小。固定床的空隙率可以从有关文献中查取，空隙率对流体通过床层的压力降、床层的有效热导率及比表面积都有重大的影响。

催化剂床层空隙率可以由实验测定的床层堆积密度 ρ_B 和颗粒密度 ρ_p，用式(6-2a) 计算

$$\varepsilon_B=1-\frac{\rho_B}{\rho_p} \tag{6-2a}$$

如果固定床由均匀球形催化剂颗粒组成，则床层空隙率可用式(6-2b) 计算

$$\varepsilon_B=0.38+0.073\times\left[1+\frac{\left(\frac{d_t}{d_p}-2\right)^2}{\left(\frac{d_t}{d_p}\right)^2}\right] \tag{6-2b}$$

式中，d_t 是反应管内的床层直径；d_p 为催化剂直径。固定床中同一截面上的空隙率也是不均匀的，近壁处空隙率较大，而中心处空隙率较小，其值随径向距离而变化，在近壁 1～2 个颗粒直径处，局部床层空隙率变化较大。器壁对空隙率的影响，会造成对流动、传热和传质的影响，这就是壁效应。

当管径与催化剂颗粒比 d_t/d_p 小于 8～10 时，必须考虑壁效应对床层中径向空隙率分布和径向流速分布及催化反应性能的影响，一般选择在 $d_t/d_p=8$～40 之间，管径一般选 25～50mm，粒径在 2～6mm 之间。

6.2.2.2 流动特性

气体在气固相催化反应器床层内的流动比在空管内的流动情况复杂得多，流体在催化剂颗粒所组成的孔道中流动，这些孔道相互交错，弯弯曲曲，形状各异，长短不一，床层各个横截面上的孔道横截面不规则，截面积也不相等，数目也不相同。

床层中孔道的特性主要取决于颗粒度及分布、形状及粗糙度，颗粒的粒度越小，则构成的孔道数目越多，孔道的截面积也越小。颗粒度越不均匀，形状越不规则，表面越粗糙，则构成的孔道越不规则，各个孔道间的差异也就越大。随意堆积的床层，一般要求床层直径比颗粒平均直径大 8 倍以上，这时床层任何部分的空隙率大致相同。床层中的空隙体积内并非所有孔道都有流体流动，而是存在部分死角，死角内的流体处于不流动的状态。流体在床层内畅通的孔道内流动时，经常碰撞前面的颗粒，加上孔道截面在空间位置上的不均匀，时而扩大，时而缩小，以致流体作轴向流动时，往往在颗粒间产生再分布，流体的旋涡运动不如在空管中那么自由，旋涡运动的范围要受到流动空间的限制。在固定床内流动的流体旋涡的数目比在与床层直径相等的空管中流动时要多得多。空管中流体的流动状态由层流转入湍流时是突然改变的以及有明显的转折，而固定床中流体的流动状态由层流转入湍流是一个逐渐过渡的过程，这意味着床内某一部分孔道内流体处于层流状态，而另一部分孔道内流体则已转入湍流状态，计算时取其平均流速。

6.2.2.3 固定床的压力降

流体在固定床中的流动与在空圆管中流动相似，经过对空圆管中流体的压力降修正后，有厄根（Ergen）公式

$$\boxed{\Delta p = f_M \frac{\rho_f u_0^2}{d_s}\left(\frac{1-\varepsilon_B}{\varepsilon_B^3}\right) L} \tag{6-3}$$

式中，L 为管长，m；d_s 为催化剂当量直径，ρ_f 为流体的密度，kg/m^3；Δp 为压力降，N/m^2（Pa）；u_0 为以空床层截面积计算的流体平均流速，m/s；f_M 为修正摩擦系数，无量纲。

修正的摩擦系数 f_M 与修正雷诺数 Re_M分别为

$$f_M = \frac{150}{Re_M} + 1.75 \tag{6-4}$$

$$Re_M = \frac{d_s \rho_f u_0}{\mu_f}\left(\frac{1}{1-\varepsilon_B}\right) = \frac{d_s G}{\mu_f}\left(\frac{1}{1-\varepsilon_B}\right) \tag{6-5}$$

式中，μ_f 为流体的黏度，kg/(m · s)；G 为流体的质量流率，$kg/(m^2 \cdot s)$。

当 $Re_M < 10$ 时，处于层流状态，式(6-4) 中的$\frac{150}{Re_M} \gg 1.75$，式(6-3) 可简化为

$$\Delta p = 150\,\frac{(1-\varepsilon_B)^2}{\varepsilon_B^3} \times \frac{\mu_f u_0}{d_s^2} L \tag{6-6}$$

当 $Re_M > 1000$ 时，处于湍流状态，式(6-4) 中的$\frac{150}{Re_M} \ll 1.75$，式(6-3) 中的$f_M = 1.75$。由式(6-3)～式(6-6) 可以看出，影响固定床压力降的因素可以分为两个方面：一方面是属于流体的，如流体的黏度、密度等物理性质和流体的质量流率；另一方面是属于床层的，如床层的高度和流通截面积、床层的空隙率和颗粒的物理特性，如粒度、形状、表面粗糙度

等。如果容器直径与颗粒直径之比值较小，还应计入壁效应对压力降的影响。

由于压力降与气体流速的1～2次方成正比，随气速增加，床层压力降增大。对于一定的催化床体积，在可能范围内采用加大床层直径，减小气速，减小床层高度的方法，有利于降低床层压力降。如果催化反应在高压下进行，从高压容器的角度，采用减小容器内径、相应地增加容器高度的方法，有利于减小高压容器壁厚及便于制造，但压力降偏大将使能耗升高。如果将反应气体在催化床内的流动由轴向流动改为径向流动，此时因为气流在催化床内流动的路程缩短、通气截面积增加和气流速度减小，可以使床层的压力降减小，这样有利于使用小颗粒催化剂、提高反应速率及催化床的生产强度。

颗粒粒度和形状是影响床层压力降的另一重要因素。形状相同的颗粒，减小颗粒的相当直径，会导致固定床压力降增加。床层空隙率的大小与颗粒的形状、粒度分布、填充方法、直径大小等因素有关。颗粒疏松填充时，床层空隙大于紧密填充；环柱状颗粒组成的床层空隙率大于圆柱状颗粒；混合颗粒的粒度越不均匀，小颗粒填充在大颗粒之间，所组成的床层空隙率越小。催化剂在使用过程中逐渐破碎、粉化、当质量流率不变时，由于空隙率减小，床层压力降相应地逐步增大。催化剂使用后期床层压力降较前期压力降增加的程度随催化剂的机械强度而定，即便不计入破损，操作一段时期后，由于床层中颗粒填实，使床层下沉，空隙率降低而增高压力降。

若床层中发生空隙率不均匀的现象，则空隙率降低的局部区域中反应气体流速较高，由此产生床层中径向截面上流速、温度及反应速率都不均匀，恶化了反应器的操作性能。

【例6-1】 有一轴向氨合成塔，其内筒内径730mm，通气截面积0.362m²，催化床高度8.23m，装催化剂3.0m³，进塔气含氨3.8%，相对分子质量11.66，空间速度25000/h，催化床内平均操作状态下混合气体密度$\rho_f=53.7\text{kg/m}^3$，黏度$\mu_f=318\times10^{-7}\text{kg/(m·s)}$，使用4.7～6.7mm催化剂，其形状系数$\phi_s=0.33$，床层空隙率$\varepsilon_B=0.38$。

(1) 求反应气体通过催化床的压力降；

(2) 若催化剂颗粒粒径改为3.3～4.7mm，ϕ_s及ε_B不变，操作情况不变，求压力降；

(3) 将上述轴向氨合成塔改为径向塔，催化剂的装载量不变，如果径向催化床内圈直径$d_2=216\text{mm}$，外围直径$d_1=720\text{mm}$，轴向高度$L=8.23\text{m}$，催化剂颗粒粒径为3.3～4.7mm，其他条件与轴向塔相同，求径向催化床的压力降。

解：(1) 进入催化床混合气体的质量流量

$$W=\frac{25000}{3600}\times\frac{3.0}{1+0.038}\times\frac{11.66}{22.4}=10.45\ (\text{kg/s})$$

混合气体的质量流率 $G=\dfrac{10.45}{0.362}=28.87\ [\text{kg/(m}^2\cdot\text{s)}]$

颗粒筛析平均直径 $\overline{d_p}=\sqrt{4.7\times6.7}=5.612\ (\text{mm})$

颗粒当量直径 $d_s=\overline{d_p}\phi_s=5.612\times10^{-3}\times0.33=1.852\times10^{-3}\ (\text{m})$

$$Re_M=\frac{d_sG}{\mu_f}\left(\frac{1}{1-\varepsilon_B}\right)=\frac{1.852\times10^{-3}\times28.87}{318\times10^{-7}}\left(\frac{1}{1-0.38}\right)=2711\quad(>1000)$$

$$\Delta p=1.75\frac{G^2}{\rho_f d_s}\left(\frac{1-\varepsilon_B}{\varepsilon_B^3}\right)L=1.364\times10^6\text{kg/(m·s}^2)=1.364\times10^6\text{Pa}$$

(2) 如果催化剂颗粒改为3.3～4.7mm，其他条件不变，重新计算

$$\overline{d_p}=\sqrt{3.3\times4.7}=3.94\ (\text{mm})$$

$$d_s=\overline{d_p}\phi_s=3.94\times10^{-3}\times0.33=1.30\times10^{-3}\ (\text{m})$$

$$Re_M=\frac{d_sG}{\mu_f}\left(\frac{1}{1-\varepsilon_B}\right)=\frac{1.30\times10^{-3}\times28.87}{318\times10^{-7}}\left(\frac{1}{1-0.38}\right)=1903\qquad(>1000)$$

很明显，此时压力降

$$\Delta p'=\frac{1.852}{1.30}\times\Delta p=1.943\times10^6\ (\text{Pa})$$

(3) 在径向塔内气流通道截面积随截面距中心轴的半径 r 而改变，因此质量流速 G 也随之改变，$G=W/(2\pi rL)$，将径向床压力降写成微分式

$$d(\Delta p)=\left[\frac{150(1-\varepsilon_B)\mu_f}{d_sG}+1.75\right]\times\frac{G^2}{\rho_f d_s}\left(\frac{1-\varepsilon_B}{\varepsilon_B^3}\right)dr$$

或

$$d(\Delta p)=\left[\frac{150\mu_f}{\rho_f d_s^2}\times\frac{(1-\varepsilon_B)^2}{\varepsilon_B^3}\times\frac{W}{2\pi rL}+\frac{1.75}{\rho_f d_s}\left(\frac{1-\varepsilon_B}{\varepsilon_B^3}\right)\left(\frac{W}{2\pi rL}\right)^2\right]dr$$

此时，径向距离变化由 $r_1=0.108\text{m}$ 增至 $r_2=0.360\text{m}$，故将数据代入下式计算

$$\begin{aligned}\Delta p&=\frac{150\mu_f}{\rho_f d_s^2}\times\frac{(1-\varepsilon_B)^2}{\varepsilon_B^3}\times\frac{W}{2\pi L}\ln\frac{r_2}{r_1}+\frac{1.75}{\rho_f d_s}\left(\frac{1-\varepsilon_B}{\varepsilon_B^3}\right)\left(\frac{W}{2\pi L}\right)^2\left(\frac{1}{r_1}-\frac{1}{r_2}\right)\\&=\frac{150\times318\times10^{-7}}{53.7\times(1.30\times10^{-3})^2}\times\frac{(1-0.38)^2}{0.38^3}\times\frac{10.45}{2\times3.142\times8.23}\ln\frac{0.36}{0.108}+\\&\quad\frac{1.75}{53.7\times1.30\times10^{-3}}\left(\frac{1-0.38}{0.38^3}\right)\left(\frac{10.45}{2\times3.142\times8.23}\right)^2\left(\frac{1}{0.108}-\frac{1}{0.36}\right)\\&=164.5\text{Pa}\end{aligned}$$

由计算可知，在轴向氨合成塔中，使用的催化剂颗粒减小，催化床压力降增大；但改为径向塔之后，催化床压力降大为减小。

6.2.3 固定床反应器的径向传热

在固定床气固相反应器中，传热的主要方向在径向，由于气体的比热很低，流体带走的热量有限，而固体催化剂都为热的不良导体，反应热在此类反应器中传递较困难。反应热造成的床层和颗粒催化剂内部温度的变化轻者会使反应效果变差，重者在高温放热时会使高温下的催化剂烧毁、变质，甚至无法控制，使装置发生爆炸。因此，固定床反应器热量传递是其软肋，也是这种反应器设计和放大的关键因素和重点。

在气固相催化固定床反应器中的传热现象很多，包括催化剂粒子内的导热、催化剂粒子与粒子之间以及粒子与器壁之间导热、流体自身的对流传热、流体对器壁的传热、反应器内热辐射等，这些传热现象交织在一起共同作用于整个反应器，形成整体的最终传热效果。其中影响比较大的是气体与催化剂之间的传热和催化剂粒子的导热。为了便于反应器的传热计算，将整个反应器（管）的导热情况整体考虑，根据催化剂床层自身的导热实际温度状态，如果床层温度均匀，只涉及整个床层对反应器壁的两侧传热就称为一维床；若催化剂自身的导热不好，放热量较大，使床层温度不均，出现了床层中心与管壁的温度差，再由反应器壁传出，这时的床层称为二维床。根据传热计算的基本公式，传热量等于传热系数、传热面积

和传热温差三者的乘积。传热计算的关键是求得传热系数。对于传热系数的计算公式已发表了大量的经验公式，这些公式都是在没有反应参加的冷模实验测定装置中测定的，相互之间产生较大的误差，目前还没有普遍使用的公式。下面就一维床的传热计算，将床层和反应器内壁膜的热阻一起考虑，用床层的传热系数 h_t 来表达。

对于球体催化剂

$$\frac{h_t d_t}{\lambda_g}=2.03Re^{0.8}e^{(-6d_p/d_t)} \tag{6-7a}$$

式中，$20<Re<600$，$0.05<d_p/d_t<0.3$。

对于圆柱催化剂：

$$\frac{h_t d_t}{\lambda_g}=1.26Re^{0.95}e^{(-6d_p/d_t)} \tag{6-7b}$$

式中，$20<Re<800$，$0.03<d_p/d_t<0.2$。

式(6-7a) 和式(6-7b) 中，λ_g 为气体的热导率；d_t 为反应管径；d_p 为催化剂粒径，雷诺数$Re=\dfrac{d_t u \rho_g}{\mu_g}$。

一般情况下，h_t 值为 61～320kJ/(m^2·h·K)。

6.3 固定床反应器设计

固定床反应器的设计包括工艺设计和机械设计。化学反应工程的重点是工艺设计，在一般设计方法与原则中的工艺设计包括反应器类型选择、操作方式选择和工艺计算。首先根据反应热效应情况选择合适的反应器类型，其优选次序是绝热、换热和自热，绝热的段数越少越好，对于热效应较小的反应适合于绝热式，而对于热效应较大的反应应选择换热式，对于高压反应的强放热反应要选择自热式。其次，要选择合适的加热与冷却介质和走向，保持反应器催化剂床层换热平稳、温度均匀。在工艺计算中，包括催化剂体积计算、床层压力降计算、传热计算、气体组成计算、转化效果计算等，给出设备体积和结构尺寸、换热面积、动力消耗等。根据计算的工艺参数，最后进行设备强度计算，给出设备加工和安装图纸。

在工艺计算中，应该先求得在该反应条件和流动条件下的宏观动力学方程，还要掌握包括反应热、所有的物料和加热与冷却介质的比热、平衡转化率等热力学数据，以及催化剂物性参数，包括催化剂的密度、孔隙率、颗粒度、机械强度、热导率等，以及催化剂床层特征，包括堆积密度、床层空隙率、床层压力降、导热情况等。

工业固定床反应器的设计主要有两种方法：经验或半经验方法和数学模型方法。

6.3.1 空间时间法

该方法属于半经验法，它是以整个催化剂床层作为一个整体，通过实验室的小实验找到特定催化剂不变条件下的最佳工艺参数，特别是反应温度、反应压力、物料组成、反应空时、催化剂粒度、空隙率、气体流速等，最好是经过中试放大后的参数，尤其是单管试验。然后，根据这些参数都保持不变，尤其保持反应空时不变，利用空时的定义（$\tau_B=V_B/v_0$），

给定生产能力 v_0 时，成比例地求得催化剂床层体积 V_B。如果催化剂的装填方式有改变，床层空隙率要发生变化，床层体积有所改变，这时可用实际的空隙率进行校核，方法是：要保持实际的接触反应时间一定，因床层的催化剂体积不变，即 $V_c=V_{B1}(1-\varepsilon_{B1})=V_{B2}(1-\varepsilon_{B2})$，所以用 $V_{B2}\varepsilon_{B2}$ 来计算实际空时 $\left(\tau=\frac{V_{B2}\varepsilon_{B2}}{v_0}\right)$。空间速度法和空间时间法是一个道理，空速的倒数为空时。

同样，亦可根据催化剂负荷或催化剂空时收率相等的方法计算催化剂用量或床层体积。催化剂负荷为单位体积或单位质量催化剂在单位时间内处理的原料量。催化剂空时收率为单位体积或单位质量催化剂在单位时间内获得的产品量。

不管是空间时间法（空间速度法），还是催化剂负荷法均属于经验法，并未计入反应器结构和气体在催化剂床层中的流动情况对反应的影响，对于同类型反应器并以工业反应器数据为基础进行设计和计算时较为准确。在直接依据实验室的动力学数据进行工业反应器放大设计时可能会有较大的误差，需要谨慎采用。

空时法与空速法放大的关键在于保持实际的反应时间相同。

当获得催化剂体积后，在确定催化剂床层的横截面积后，可以给出反应器（管）的高度。

通过物料衡算，得到原料气体体积流量 v_0，选择合适的空床气体流速 u_0，催化剂床层截面积由式(6-8a) 确定

$$A=\frac{v_0}{u_0} \tag{6-8a}$$

床层高度、床层截面积之间的关系为

$$L=\frac{V_R}{A} \tag{6-8b}$$

床层空床气速的选择，需要考虑两方面的因素，一是在床层空床气速情况下是否足以消除外扩散阻力的影响提高反应速率；二是根据床层空床气速确定的床层高度和截面积，对具体催化剂颗粒大小的床层，床层的压降是否符合允许范围，压降的大小将影响生产过程的能耗和反应物的浓度。所以，选定空床气速，并直接计算得床层截面积和床层高度后，需要根据固定床压降计算关系计算床层压降，如果超过允许范围，则要对空床气速作相应的调整。

根据已确定的催化剂床层截面积和床层高度，可以选择合适的反应器结构型式。例如，对苯氧化这类强放热反应需采用小管径的连续换热式反应器，因此，设计的关键是确定反应管直径。确定管径后，从已知床层截面积可求得管子数，然后按一般列管式换热器的设计方法选定管间距及排列方法，确定反应器壳体尺寸。

【例 6-2】 乙烯在银催化剂上氧化制环氧乙烷，年产环氧乙烷 1×10^6kg，采用二段空气氧化法。主要反应为

$$C_2H_4+1/2O_2 \longrightarrow C_2H_4O \qquad \Delta H_1=-103.4\text{kJ/mol}\ (25℃) \tag{1}$$

$$C_2H_4+3O_2 \longrightarrow 2CO_2+2H_2O \qquad \Delta H_2=-1323\text{kJ/mol}\ (25℃) \tag{2}$$

根据下列给出的中试数据，估算第一反应器尺寸。

(1) 进入第一反应器的原料气组成为：

组成	C_2H_4	O_2	CO_2	N_2	$C_2H_4Cl_2$
摩尔分数/%	3.5	6.0	7.7	82.8	微量

(2) 第一反应器内进料温度为210℃，反应温度为250℃，反应压力为980.0665kPa，转化率为20%，选择性为66%，空速为5000/h。

(3) 第一反应器采用列管式固定床反应器，列管为ϕ27mm×2.5mm，管长6m，催化剂充填高度5.7m。

(4) 管间采用导生液强制外循环换热。导生液进口温度230℃，出口温度235℃，导生液对管外壁传热系数α_2可取2721kJ/(m^2·h·℃)。

(5) 催化剂为球形，直径d_p为5mm，床层空隙率ε_B为0.48。

(6) 年工作7200h，反应后分离，精制过程回收率为90%，第一反应器所产环氧乙烷占总产量的90%。

(7) 250℃、1MPa下，反应混合物有关物性数据如下：

有效热导率λ_e=0.1273kJ/(m·h·℃)，黏度$\mu=2.6\times10^{-5}$kg/(m·s)，密度ρ_f=7.17kg/m^3。

各组分在25～250℃范围内平均气体热容如下表。

组成	C_2H_4	O_2	N_2	CO_2	H_2O	C_2H_4O
平均气体热容/[kJ/(kg·℃)]	1.97	0.96	1.05	0.96	1.97	1.38

解：(1) 物料衡算（结果见表6-1），根据环氧乙烷年产量，考虑过程损失，每小时应生产环氧乙烷量为

$$\frac{1\times10^6}{0.90\times7200}=154.32\ (\text{kg/h})$$

第一反应器生成环氧乙烷的量

$$154.32\times0.9=139\ (\text{kg/h})=3.16\ (\text{kmol/h})$$

第一反应器应加入乙烯的量

$$\frac{3.16}{0.66\times0.20}=23.94\ (\text{kmol/h})$$

原料气中其余各组分的量

O_2　　$23.94\times\frac{6.0}{3.5}=41.04$ (kmol/h)

CO_2　　$23.94\times\frac{7.7}{3.5}=52.67$ (kmol/h)

N_2　　$23.94\times\frac{82.8}{3.5}=566.35$ (kmol/h)

计算反应器出口气体中各组分量：乙烯转化率20%，选择性66%。

反应 (1)

消耗乙烯量　　23.94×0.2×0.66=3.16 (kmol/h)

消耗氧气量　　3.16×0.5=1.58 (kmol/h)

生成环氧乙烷量　　3.16 (kmol/h)

反应 (2)

消耗乙烯量　　23.94×0.2×0.34=1.63 (kmol/h)

消耗氧气量　　1.63×3=4.89 (kmol/h)

生成二氧化碳量　　　　$1.63\times2=3.26$（kmol/h）

生成水量　　　　　　　$1.63\times2=3.26$（kmol/h）

所以反应器出口气体中各组分量为：

C_2H_4　　　　$23.94-(3.16+1.63)=19.15$（kmol/h）

O_2　　　　$41.04-(1.58+4.89)=34.57$（kmol/h）

CO_2　　　　$52.67+3.26=55.93$（kmol/h）

N_2　　　　566.35（kmol/h）

C_2H_4O　　　　3.16（kmol/h）

H_2O　　　　3.26（kmol/h）

物料衡算结果见表6-1。

表 6-1　物料衡算

组　分	进　料		出　料	
	/(kmol/h)	/(kg/h)	/(kmol/h)	/(kg/h)
C_2H_4	23.94	670.32	19.15	536.2
O_2	41.04	1313.28	34.57	1106.24
CO_2	52.67	2317.48	55.93	2460.92
N_2	566.35	15857.80	566.35	15857.80
C_2H_4O			3.16	139.04
H_2O			3.26	58.68
总计	684	20158.88	682.42	20158.88

（2）计算催化剂床层体积 V_R　已知进入反应器的气体总流量为684kmol/h，空速为5000/h。

$$V_R=\frac{684\times22.4}{5000}=3.06\ (\mathrm{m^3})$$

（3）计算反应器管数 n　已知管子规格为 ϕ27mm×2.5mm，管长为6m，催化剂充填高度 L 为5.7m。

$$n=\frac{V_R}{\frac{\pi}{4}\times d_t^2L}=\frac{3.06}{0.785\times0.022^2\times5.7}=1413\ (\text{根})$$

设计采用正三角形管子排列方式，实际管数1459根。

（4）热量衡算（基准温度25℃）

a. 原料气带进热量 Q_1

$$Q_1=(670.32\times1.97+1313.28\times0.96+2317.48\times0.96+15857.8\times1.05)\times(210-25)=3.9695\times10^6\ (\mathrm{kJ/h})$$

b. 反应后气体带出热量 Q_2

$$Q_2=(536.2\times1.97+1106.24\times0.96+2460.92\times0.96+15857.8\times1.05+139.04\times1.38+58.68\times1.97)\times(250-25)=4.8238\times10^6\ (\mathrm{kJ/h})$$

c. 总的反应放热量 Q_r 已知各反应的反应热 ΔH_i，通过主要反应物的实际消耗量的摩尔流量计算得到

$$Q_{r,i}=1000F_{A,0}\Delta H_i$$

$$Q_r=1000\times(3.16\times103.4+1.63\times1323)=2.4832\times10^6\ (kJ/h)$$

d. 换热量 Q_c

$$Q_c=Q_1+Q_r-Q_2=(3.9695+2.4832-4.8238)\times10^6=1.6289\times10^6\ (kJ/h)$$

(5) 床层换热面积核算

流体的质量流率 $$G=\frac{20158.88}{1459\times\frac{\pi}{4}\times0.022^2}=36366\ [kg/(m^2\cdot h)]$$

床层对壁总传热系数 $$h_t=\frac{\lambda_e}{d_t}3.5\left(\frac{d_pG}{\mu}\right)^{0.7}\exp(-4.6d_p/d_t)$$

$$=\frac{0.1273}{0.022}\times3.5\times\left(\frac{0.005\times36366}{3600\times2.6\times10^{-5}}\right)^{0.7}\exp\left(-4.6\times\frac{0.005}{0.022}\right)$$

$$=1426.63\ [kJ/(m^2\cdot h\cdot ℃)]$$

近似计算总传热系数 K_q

$$K_q=\frac{1}{\frac{1}{h_t}+\frac{1}{\alpha_2}}=\frac{1}{\frac{1}{1426.63}+\frac{1}{2721}}$$

$$=935.89\ [kJ/(m^2\cdot h\cdot ℃)]$$

因转化率低，故整个反应器床层可近似地看成等温（250℃）。平均传热温差为

$$\Delta t_m=\frac{(250-230)+(250-235)}{2}=17.5\ (℃)$$

理论计算的传热面积为

$$A=\frac{Q_c}{K_q\Delta t_m}=\frac{1.6289\times10^6}{935.89\times17.5}=99.46\ (m^2)$$

实际传热面积为

$$A_{实}=\pi d_tLn=3.14\times0.022\times5.7\times1459=574.49\ (m^2)$$

可知实际传热面积远大于理论计算的传热面积，能满足传热要求。

(6) 计算床层压降

$$Re_M=\frac{d_sG}{\mu}\left(\frac{1}{1-\varepsilon_B}\right)=1943\times\left(\frac{1}{1-0.48}\right)=3736\ (床层内流体流动属于湍流)$$

$$\Delta p=1.75\frac{G^2}{\rho_fd_s}\left(\frac{1-\varepsilon_B}{\varepsilon_B^3}\right)L=1.75\times\frac{\left(\frac{36366}{3600}\right)^2\times0.52\times5.7}{7.17\times0.005\times0.48^3}=1.335\times10^5\ (Pa)$$

6.3.2 数学模型法

通过建立反应器数学模型实现反应器的设计和放大的方法被称为数学模型法。根据是否考虑相间传递过程，固定床反应器数学模型可分为非均相与拟均相两类；根据是否考虑垂直于气流方向的温度差和浓度差，可分为一维模型和二维模型；根据流体的流动状况又可分为理想流动模型（包括平推流和全混流）和非理想流动模型。

非均相模型，考虑气流主体与催化剂颗粒外表面的相间传质和传热，须对流体和催化剂分别列出物料和热量衡算式。拟均相模型，不考虑流体与催化剂间的浓度差和温度差，即不考虑流体与催化剂间的传热和传质阻力，催化剂颗粒外表面上反应组分的浓度及温度都与气流主体一致。

一维模型，只考虑反应器中沿着气流方向的浓度差及温度差。在一些情况下，考虑反应器中沿着气流方向的浓度差及温度差的同时，也要考虑垂直于气流方向的浓度差或温度差，这就是二维模型。表 6-2 给出催化反应器数学模型的分类。

表 6-2 催化反应器数学模型分类

	A:拟均相模型	B:非均相模型
一维模型	AⅠ:基础模型(平推流)	BⅠ:基础模型+相间浓度分布及温度分布
	AⅡ:AⅠ+轴向返混	BⅡ:BⅠ+轴向返混
二维模型	AⅢ:AⅠ+径向浓度差或温度差	BⅢ:BⅠ+径向浓度分布或温度分布
	AⅣ:AⅢ+轴向返混	BⅣ:BⅢ+轴向返混

建立模型时考虑的问题越多，所需的传递过程参数也越多，其数学表达式也越复杂，求解也十分费时。处理具体问题时，一定要针对具体反应过程及反应器的特点进行分析，选用合适的模型。如果通过检验认为可以进行合理的假定而选用简化模型时，则采用简化模型进行模拟设计和模拟放大。下面只介绍一维拟均相理想流动模型（AⅠ），即均相反应的平推流模型。

该模型假设：①在垂直于流体流动方向的截面上，不存在径向速度梯度和浓度梯度；②轴向传热和传质只是由平推流的总体流动所引起；③在反应管的径向与外界进行换热。建立模型，最基本的是物料衡算方程式、热量衡算方程式和反应动力学方程式。在不同的情况下，上述三个方程可作适当的改写、简化和忽略。根据平推流假设，可利用第 3 章均相反应平推流反应器的基本设计公式(3-35)、式(3-36) 和式(3-37) 的物料衡算方程式。此时需将式中反应速率定义改写为：单位时间、单位催化剂体积（而不用均相体积 V）反应掉的 A mol 数即可，式(3-35) 改写为式(6-9)

$$\boxed{F_{A0}\mathrm{d}x_A=(-r_A)\mathrm{d}V_B=(-r_A)A\mathrm{d}l} \tag{6-9}$$

而热量衡算方程式(3-65b) 改写成

$$v_0 C_{pV}\mathrm{d}T=F_{A0}\mathrm{d}x_A(-\Delta H_A)-K_q(T-T_c)S\mathrm{d}l$$

式中 A——床层截面积；

v_0——总气体进气量，m^3/h；

F_{A0}——反应物 A 在反应器入口的进料量，kmol/h；

$-\Delta H_A$——反应热，kJ/kmol；

V_B——催化剂的体积，m^3；

T——反应器内温度，K；

S——反应管周长，m；

$\mathrm{d}x$——微元转化率；

K_q——总传热系数，kJ/(m^2·h·℃)；

C_{pV}——总物料平均比热容，kJ/(m^3·℃)；

T_c——载热体温度,℃或 K；

$(-r_A)$——宏观反应速率，kmol/[m^3(催化剂)·h]；

$\mathrm{d}l$——床层任意长度距离的微元段反应器，m。

对于式(6-9) 积分，并令 $\tau_B=\frac{V_B}{v_0}$为催化剂体积空时，同样可得：

$$\boxed{\frac{V_B}{F_{A0}}=\int_0^{x_{Af}}\frac{dx_A}{(-r_A)}=\frac{\tau_B}{c_{A0}}} \tag{6-10}$$

要明确气固相反应速率定义及应用尤为重要，掌握物料和热量衡算式的建立方法。

式(6-10) 与式(3-36) 和式(3-37) 的均相反应器平推流设计公式极为相似，不同的是这里的反应速率$(-r_A)$为气-固非均相反应的宏观反应速率方程，是以单位催化剂床层体积为基准定义的；而式(3-36) 的反应速率 $(-r_A)$ 为均相反应的本征反应速率方程，是以单位反应体积定义的。这里的空间时间 $\tau_B=V_B/v_0$，是以催化剂床层体积与进料体积流量之比定义的空时。式(6-10) 同样适合于任何的气固相催化反应过程。

6.3.2.1 等温反应固定床的设计

在等温等容和等温变容反应条件下所获得的一级和二级不可逆反应平推流反应器的设计公式与式(3-41)、式(3-42) 和式(3-43)、式(3-44) 形式完全一样，只是将左边的空时 τ 改为 τ_B 即可。对于复杂反应的平行反应、连串反应、可逆反应等其他反应也同第 3 章的均相平推流反应器的设计公式完全相同。公式形式与第 2 章的间歇反应等温等容过程动力学的积分公式雷同，只是时间的表述不同，由间歇时间 t 改换为空时 τ_B。

对于等温固定床恒容和变容过程催化剂质量的计算，完全可以先求出催化剂的体积 V_B，然后乘以催化剂床层的堆积密度求得，即 $W=V_B\rho_B$。当然，也可以重新定义宏观反应速率，当用催化剂质量定义时，直接可以得到催化剂的质量。不同定义之间反应速率的换算为

$$W(-r_{Aw})=V_B(-r_{AB})=V_c(-r_{Ac}) \tag{6-11}$$

相应的空时定义之间关系为

$$\tau_W=\frac{W}{v_0};\quad \tau_B=\frac{V_B}{v_0};\quad \tau_c=\frac{V_c}{v_0} \tag{6-12}$$

式中，W、V_B 和 V_C 分别为催化剂的质量、催化剂床层体积和催化剂体积；v_0 为入口进料体积流量；τ_w、τ_B 和 τ_c 分别为以催化剂的质量、催化剂的床层体积和催化剂体积定义的空时；$(-r_{Aw})$ $(-r_{AB})$ 和 $(-r_{Ac})$ 分别为以催化剂的质量、催化剂的床层体积和催化剂体积定义的反应速率。

对于变温过程反应器的设计，同均相反应平推流反应器设计公式一样，需要用到式(3-65b)的热量衡算式。特殊强调的是，对于流体的温变热，平均热容 C_{pV}为混合气体的平均热容，而且要以单位体积来定义，即 $kJ/(m^3\cdot K)$。当用摩尔数和质量来定义时，热量衡算式的热容前面修正系数要做相应的改变，分别乘以总的流体摩尔流量和总的质量流量。对于反应器没有与外界热交换时，式(3-65b) 中的传热项等于零，即 $K_qS(T-T_c)=0$，经整理可得同式(3-32b) 同样的绝热温升定义式和式(3-32c) 的温度与转化率关系式，所不同的是反应器的形式变了。

当选定反应器的横截面积 A 以后，就可以根据式(6-9) 找到反应管长与转化率之间关系，联立热量衡算方程 (3-65b) 就可以计算拟均相一维模型变温过程的反应器体积。

【例 6-3】 在常压不变和等温条件下，在粒径为 5mm 的催化剂固定床反应器中进行 A $\longrightarrow$R 一级不可逆气相催化反应，催化剂的有效扩散系数为 0.005cm^2/s，以单颗粒催化剂体积定义的反应速率常数为 2.0s^{-1}，催化剂的孔隙率为 0.5，进气体积流量为 20m^3/min，求当 A 转化 95%时催化剂的质量和床层堆积体积。床层堆积密度为 1000kg/m^3，床层空隙率为 0.48，忽略外扩散影响。

解：该题属于等温等压恒容过程。

（1）求宏观反应速率

$$\Phi_s=L\sqrt{\frac{k_V}{D_e}}=\frac{d_p}{6}\sqrt{\frac{k_V}{D_e}}=\frac{0.5}{6}\sqrt{\frac{2.0}{0.005\times0.5}}=2.36$$

为强内扩散阻力 $\eta=1/\Phi_s=1/2.36=0.424$

所以，宏观反应速率方程为

$$(-r_A)=\eta k_c c_{As}=0.424\times2.0c_{As}=0.848c_{As}[mol/(L\cdot s)]$$

（2）$(k_c)\tau_c=-\ln(1-x_A)=-\ln(1-0.95)=3.0$，其中，$\tau_c=\frac{V_c}{v_0}$，$k_c=k_v\varepsilon_p$，$k_v$ 为以孔体积定义的反应速率常数；k_c 为以催化剂体积定义的反应速率常数；ε_p 为催化剂的孔隙率。

$$\tau_c=3/k_c=3/0.848=3.54s=V_c/v_0$$

所以，催化剂体积为

$$V_c=3.54\times20/60=1.18m^3$$

床层堆积体积为 $V_B=V_c/0.48=1.18/0.48=2.46m^3$

催化剂质量为 $W=V_B\rho_B=2.46\times1000=2460kg$

数学模型法设计固定床的关键在于反应速率定义的清晰转换；物质衡算方程和能量衡算方程与均相反应平推流的形式相同；计算的复杂程度在于动力学方程。

【例 6-4】 若在［例 6-3］中，将反应改为 A$\longrightarrow$3R，原料气中含有 0.5 的 A，求催化剂的质量和床层的堆积体积。其他条件不变。

解：该题属于等温等压变容过程。

其膨胀因子 $\delta_A=(3-1)/1=2$，A 的初始摩尔分数为 $y_{A0}=0.5$，所以，体系的膨胀率为 $\varepsilon_A=\delta_A y_{A0}=2\times0.5=1$。

根据等压变容计算公式，对于一级不可逆反应式(3-43)

$$(k_c)\tau_c=-(1+\varepsilon_A)\ln(1-x_A)-\varepsilon_A x_A$$

而 k_V 为以催化剂体积定义的宏观反应速率常数，τ_c（催化剂体积空时）$=V_c/v_0$，因此

$$(k_c)\tau_c=-(1+1)\ln(1-0.95)-0.95=5.04$$

$$\tau_c=5.04/(k_c)=5.04/0.848=5.945s=V_c/v_0$$

$$V_c=5.945v_0=5.945\times20/60=1.982m^3$$

催化剂床层体积为 $V_B=V_c/0.48=1.982/0.48=4.129m^3$

催化剂质量为 $W=V_B\rho_B=4.129\times1000=4129kg$

从［例 6-3］和［例 6-4］的计算比较来看，在其他条件不变时只改变体系反应前后的摩尔数变化，当使其增加且含惰性组分时，实际需要的催化剂质量增加，是由于体系的膨胀和惰性气体都会使反应物浓度下降，反应速率减慢造成的。从计算结果看等容时计算空时为 3.54s，含惰性气体和变容时为 5.945s，也就是说，要想达到同样的转化率，低反应速率下需要更长的接触反应时间。

6.3.2.2 拟均相轴向变温固定床反应器设计

对于变温固定床反应器的计算，反应速率常数随温度而变化，反应速率（$-r_A$）随转化率 x_A 而变化。在对式(6-10) 进行积分时不能将宏观反应速率方程中的速率常数提取到积分号外面，因为宏观反应速率常数与温度符合阿伦尼乌斯关系，随着反应床高的变化，转化率 x_A 就发生变化，这时必须利用式（3-65b）的热量衡算式，找到转化率与温度的关系，然后利用物料衡算式(6-9) 和热量衡算式(3-65b) 联立求解微分方程，常用差分代替微分来迭代计算，初始变量可以取管长或转化率，计算的过程稍有差异。计算的精度与差分的步长有关，取的步长越小，计算精度越高，计算也越麻烦；取的计算步长较大时，计算相对简单，误差也较大。

特别是绝热反应过程，传热项为零，式(3-65b) 可简化为式(3-32b) 和式(3-32c)，它的物料衡算按式(3-35) 改写为差分式(6-13a)，热量衡算差分式(3-32c) 改写为式(6-13b)：

$$F_{A0}\Delta x_{A_i}=(-r_A)_i A\Delta l_i \tag{6-13a}$$

$$\Delta T_i=\lambda\Delta x_{Ai} \tag{6-13b}$$

当以转化率为自变量时，给定进料摩尔流量 F_{A0}、反应管横截面积 A 和初始浓度 c_{A0}，对于特定反应，假设绝热温升 λ 不随反应温度变化时，可以先给出每一步转化率的数值，最后的转化率数值为反应器最终转化率 x_{Af}，作为计算结束数值，此时的反应管总长度为 ΣL_i，每一步的床层温度为 T_i。其计算过程如图 6-11 所示。

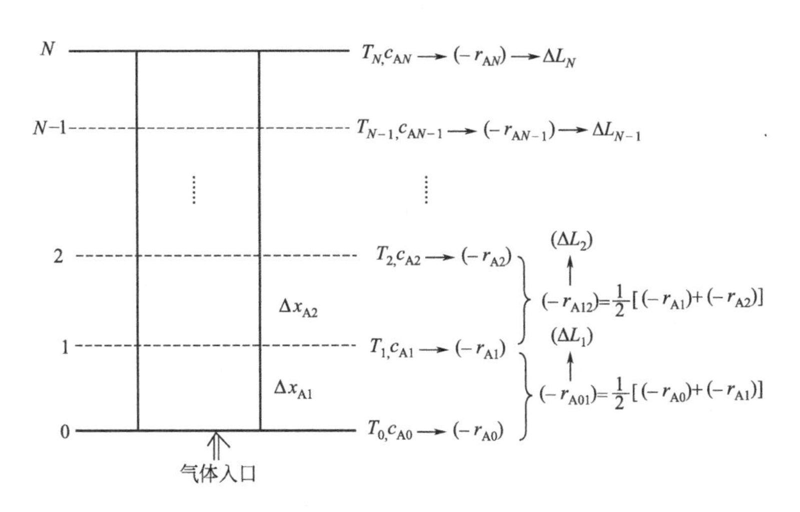

图 6-11 绝热反应过程反应管长计算过程

具体计算过程如下：

第一步，用反应器入口的温度和反应物 A 的浓度计算反应管入口反应速率（$-r_{A0}$），此时，$T=T_0$，$x_{A0}=0$；

第二步，给定 Δx_{A1}，认为 $(-r_{A0})$ 在此段不变，代入式(6-13a) 中，用 $(-r_{A0})$ 和 $F_{A0}\Delta x_{A1}=(-r_{A0})A\Delta L_1$ 计算 ΔL_1，用式(6-13b) $\Delta T_1=\lambda\Delta x_{A1}$计算 $T_1=T_0+\lambda\Delta x_{A1}$，然后计算 T_1 和 x_{A1}下的反应速率 $(-r_{A1})$；

第三步，取 $(-r_{A01})=0.5[(-r_{A0})+(-r_{A1})]$，用此段的平均反应速率代替$(-r_{A0})$，再重复第二步的计算，用式(6-13a、b) 求出新的 $\Delta L'_1$和 T'_1，作为第一段的真值，计算出第一段出口处 $(T'_1$、$x_{A1})$ 下的反应速率 $(-r'_{A1})$；

第四步，以第三步求得的 T'_1和 $(-r'_{A1})$ 作为初值，重复第二步和第三步的计算，继续求第二段出口温度 T_2 和 $(-r_{A2})$ 以及 $(-r_{A12})$，得到 ΔL_2……以此类推。

将求得的 $\Delta L_1+\Delta L_2+\cdots+\Delta L_n=\Sigma\Delta L_i=L$ 为最终转化率为 x_{Af}的反应管长度。

求解上述方程组需要确定初始条件，可以用常规差分法，得到反应物浓度（或转化率）、温度和压力沿反应器管长度方向各截面上的分布，也可以作管径、管长和冷却介质温度变化的计算。作为反应器的模拟计算，需掌握固定床反应器设计中的一些重要问题，要求达到给定转化率时所需的反应器长度、管径、管数、换热介质温度、换热面积、反应器床层轴向浓度分布和温度分布等。

在一维模型描述管式反应器内的行为时，尚不能详细正确地表达反应器内的温度和浓度分布。但由于拟均相一维的理想流动模型不仅具有足够的代表性，而且模型参数少，计算也较简单，所以在大多数实际反应器的预设计工作时采用。

【例 6-5】 单段绝热床反应器设计。乙苯脱氢制苯乙烯，日产量为 13500kg。采用直径 d_t 为 1.215m 的单段绝热式反应器。用一维理想流动基础模型计算：(1) 绝热操作，转化率达 45%时所需床层高度和反应器台数；(2) 如床层漏热，环境温度为 294K，总传热系数 K_q 为 32.66kJ/(m² · h · ℃)，所需床层高度有何改变。

主反应方程式（略去副反应）

$$C_6H_5C_2H_5 \longrightarrow C_6H_5CH{=}CH_2+H_2$$

$$\text{E} \qquad\qquad \text{S} \qquad\qquad \text{H}$$

宏观反应速率方程式为

$$(-r_E)=k_T(p_E-p_Sp_H/K)$$

$$k_T=12590\exp(-11000/T)$$

式中，p_E、p_S、p_H 分别为乙苯、苯乙烯和氢的分压，atm（1atm=101325Pa)。

平衡常数 K 与温度的关系如下。

T/℃	400	500	600	700
K	1.7×10^{-3}	2.5×10^{-2}	2.3×10^{-1}	1.4

已知条件和数据为：

进料量	乙苯 6.11kmol/h，水蒸气 122.2kmol/h
进料温度	$T_0=625℃=898K$
床层平均压力	$p=1.2159\times10^5$ Pa
催化剂床层堆积密度	$\rho_B=1450kg/m^3$
反应热	$\Delta H_E=1.3984\times10^5$ kJ/kmol

解：(1) 物料衡算式为

$$F_{E0}\mathrm{d}x_E=\rho_B(r_E)\left(\frac{\pi}{4}d_t^2\right)\mathrm{d}l$$

$$\mathrm{d}l=\frac{6.11\mathrm{d}x_E}{1450\times0.785\times1.215^2\times(r_E)}=\frac{0.00364}{(r_E)}\mathrm{d}x_E \tag{1}$$

绝热操作，热量衡算式为

$$F_t\overline{M}\bar{c}_{pm}\mathrm{d}T=F_{E0}\mathrm{d}x_E(-\Delta H_E)$$

蒸汽大为过量，近似以水蒸气比热容代替反应物料比热容，$\bar{c}_{pm}=2.177\mathrm{kJ/(kg\cdot ℃)}$，将数据代入热量衡算式得

$$(6.11\times106+122.2\times18)\times2.177\mathrm{d}T=6.11\mathrm{d}x_E(-1.3984\times10^5)$$

$$-\mathrm{d}T=138\mathrm{d}x_E \tag{2}$$

反应速率方程式为

$$(r_E)=k_T(p_E-p_Sp_H/K)$$

上式中，各温度的 K 值可以根据已知数据求出。以1kmol乙苯为基础，当转化率为 x_E 时，各组分的量 (kmol) 分别为：水蒸气 20 (按进料量比例确定)，乙苯 $1-x_E$，苯乙烯 x_E，氢 x_E，体系内物质总量 $21+x_E$，得出各组分的分压并代入反应速率方程式

$$p_E=1.2\times\frac{1-x_E}{21+x_E},\quad p_S=p_H=1.2\times\frac{x_E}{21+x_E}$$

$$(-r_A)=[12590\times\exp(-11000/T)]\frac{1.2}{21+x_E}\times\left[(1-x_E)-\frac{1.2}{K}\times\frac{x_E^2}{21+x_E}\right] \tag{3}$$

将式(3) 代入式(1) 得

$$\mathrm{d}l=\frac{21+x_E}{4.2\times10^6}\mathrm{e}^{11000/T}\times\left[(1-x_E)-\frac{1.2}{K}\times\frac{x_E^2}{21+x_E}\right]^{-1}\mathrm{d}x_E \tag{4}$$

将式(4) 与式(2) 联立，求数值解。设

$$\frac{21+n\Delta x_E}{4.2\times10^6}\mathrm{e}^{11000/T_n}\times\left[(1-n\Delta x_E)-\frac{1.2}{K}\frac{(n\Delta x_E)^2}{21+n\Delta x_E}\right]^{-1}=B_n$$

式中，n 为计算区间数。

式(4) 的差分形式为

$$l_n-l_{n-1}=\frac{1}{2}\left(B_n+B_{n-1}\right)\Delta x_E \tag{5}$$

式(2) 的差分形式为

$$T_n-T_{n-1}=-138\Delta x_E \tag{6}$$

取 $\Delta x_E=0.1$，逐步计算各计算区间，结果见表 6-3。

$n=1$，由式(6) 得到

$$T_1=898-138\times0.1=884\ (\mathrm{K})$$

$$B_0=\frac{21}{4.2\times10^6}\mathrm{e}^{12.25}\ (1)^{-1}=1.04$$

$$B_1=\frac{21+0.1}{4.2\times10^6}\mathrm{e}^{12.44}\left[(1-0.1)-\frac{1.2}{0.28}\times\frac{(0.1)^2}{21+0.1}\right]^{-1}=1.41$$

$$l_1=\frac{1}{2}\times(1.04+1.41)\times0.1=0.123\ (\mathrm{m})$$

按同样方法进行第二区间计算，仍取 $\Delta x_E=0.1$，$n=2$。

$$T_2=884-138\times0.1=870(\text{K})$$

$$B_2=\frac{21+2\times0.1}{4.2\times10^6}e^{12.64}\left[(1-2\times0.1)-\left(\frac{1.2}{0.22}\right)\times\frac{(2\times0.1)^2}{(21+2\times0.1)}\right]^{-1}=2.01$$

$$l_2=0.123+\frac{1}{2}\times(1.41+2.01)\times0.1=0.294\ (\text{m})$$

可以计算得到，当 $x_E=0.45$ 时，床层高度为 1.16m。每一台反应器苯乙烯产量为

$$6.11\times24\times0.45\times104=6862.752\ (\text{kg/d})$$

生产任务要求每天产量为 13500kg，故所需反应器台数：13500/6862.752＝1.97，取 2 台。

(2) 对于非绝热反应，热量衡算式与绝热反应不同，应为

$$F_t\overline{M}\,\overline{C}_{pm}\text{d}T=F_{E0}\text{d}x_E(-\Delta H_E)-K_q(T-T_s)\pi d_t\text{d}l$$

$$\text{d}T=-138\text{d}x_E-0.0201(T-294)\text{d}l$$

差分式为

$$T_n-T_{n-1}=-138\Delta x_E-0.0201\left[\left(\frac{T_n+T_{n-1}}{2}\right)-294\right](l_n-l_{n-1}) \tag{7}$$

按式(5) 和式(7) 进行计算。需采用试差法，即先假设计算区间末端温度，由式(5) 计算出 l_n-l_{n-1}值，然后代入式(7)，校验原假设温度是否正确。

假设 $T_1=883\text{K}$，$B_0=1.04$，$B_1=1.43$，$l_1=0.124\text{m}$，代入式(7) 得

$$T_1=898-138\times0.1-0.0201\times\left(\frac{898+883}{2}-294\right)\times(0.124-0)=884.9\text{K}$$

此温度数值与原假设误差不大，可继续利用式(5) 和式(7) 进行其余区间计算，计算结果列于表 6-3。

表 6-3 计算结果

转化率 x_E	温度 T/K		催化剂床层高度 l/m	
	绝 热	非绝热	绝 热	非绝热
0	898	898	0	0
0.1	884	883	0.122	0.123
0.2	870	867	0.294	0.33
0.3	857	851	0.533	0.69
0.4	843	—	0.893	—
0.45	—	822	—	1.4
0.50	829	810	1.48	1.8

6.4 气固流化床反应器

在实际生产中，有些反应的热效应很大，采用固定床反应器时床层温度难以控制，尤其是很难防止床层的局部过热。另外，当反应物和产物是固体物料，或者参加反应的催化剂由于活性的变化需要再生和更换时，常常需要将固体物料连续地从反应器中取出，涉及固体物

料的输送，如果采用固定床反应器就很难达到这一要求。流化床反应器就是以固体颗粒的流态化为特征，使得固体颗粒在流体的作用下像流体一样地流动，从而解决床层温度控制和固体输送问题。

6.4.1 流态化现象

当流体自下而上通过固体颗粒床层时，随着流体的表观（或称空塔）流速变化，床层的空隙率会发生不同变化，如图 6-12 所示。

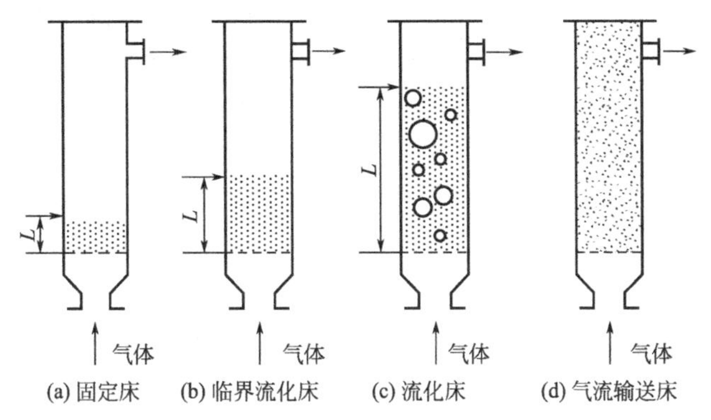

图 6-12 床层高度随流体流速的变化

流速较低时，颗粒静止不动，流体从颗粒之间的缝隙穿过，床层的摩擦压降随流速的增大而增大，空隙率为一常数 ε_B，此时的床层为固定床，见图 6-12(a)。当流速增大到某一临界值时，床层的摩擦压降刚好等于单位床层截面积的颗粒表观重量（重量减去浮力）时，颗粒不再由分布板所支撑，而是全部由流体的摩擦力所承托。对单个颗粒而言，它不再依靠与临近颗粒的接触而维持它的空间位置，而是在床层中作自由运动。此时整个床层处于临界流态化，具有流体的性质，床层上部具有一个水平的界面，见图 6-12(b)，其表观流速称为临界流化速度 u_{mf}，其高度称为临界流化床高度 L_{mf}。当流速继续增大，床层摩擦压降不变，但床面膨胀上升，空隙率增大，并伴有气泡的形成，此时的床层处于常见的流态化状态，为工业上所常用，见图 6-12(c)。如果进一步增大流速，颗粒将被流体带离床层，此时的床层为输送床，见图 6-12(d)，多用于快速流化床和颗粒物料的输送。

体系发生流态化现象后，表现出类似于单一液体的特性，如具有浮力、液面和压降，会发生泄漏，两个相通设备间会表现出连通器的特性等，如图 6-13 所示。

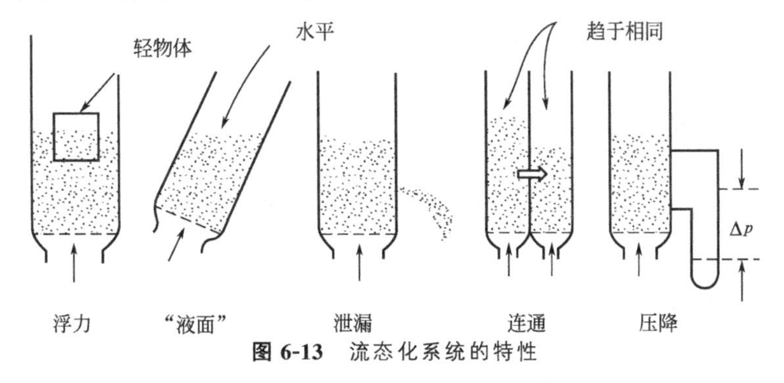

图 6-13 流态化系统的特性

固体颗粒的流态化性能与流体的性质和颗粒的特性有直接的关系。对于没有内构件的流化

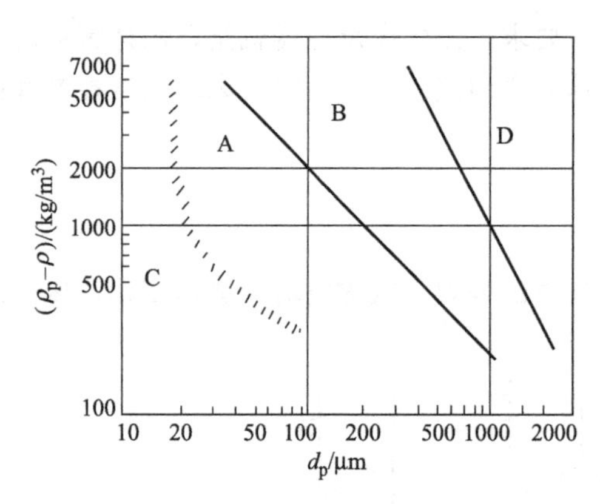

图 6-14 按流化特性对固体颗粒的分类

床反应器，**Geldart** 在 1973 年以颗粒的平均直径 d_p，对颗粒与流体的密度差作图，把颗粒分为四类，见图 6-14。其中 C 类是很难流化的易黏结粒子；D 类是大而重的粒子，容易产生很大的气泡，一般也不适宜流化。A 类是细粒子（如催化裂化催化剂），常常在出现气泡之前床层就显著膨胀，气流停止后，床层缓慢塌落。B 类属较粗的颗粒，当操作气速大于临界流化速度后就会出现气泡，当气流停止后，床层便迅速塌落。A、B 两类颗粒都可以实现较好的流化。

6.4.2 流态化特征参数

(1) 流化床中的压降

理想情况下，克服流化床层的流动阻力而产生的压强降与表观流速的关系如图 6-15 所示。

在固定床阶段，颗粒床层静止不动，气体从颗粒空隙中穿流而过，随着气速的增加，气体通过床层的摩擦阻力也相应增加，见图 6-15 中的 AB 段。对于随意充填的粒度均匀的颗粒床层，可用厄根（Ergun）固定床压强降半经验公式［参见式(6-3)］进行计算。

在流化床阶段，床层压强降保持不变（如图 6-15 中的 BC 段），其值等于单位面积床层的净重力，可根据颗粒与流体间的摩擦力恰与其净重力平衡的关系求出

$$\text{气固摩擦力}=\text{净重力}=\text{重力}-\text{浮力}$$

因此有
$$\Delta pA=W=AL(1-\varepsilon_B)(\rho_s-\rho_f)g$$

即
$$\Delta p=L(1-\varepsilon_B)(\rho_s-\rho_f)g \tag{6-14}$$

当流速进一步增大时，床层空隙率和高度均增加，$L(1-\varepsilon_B)$ 不再变化，因此 Δp 维持不变。由于气固系统中，气体的密度和固体相比可以忽略，故 Δp 约等于单位面积床层的重力。

【例 6-6】 在内径为 1.2m 的丙烯氨氧化制丙烯腈流化床反应器中堆放了 3.62t 磷钼酸铋微球催化剂，其颗粒密度为 1100kg/m^3，堆积高度为 5m，流化后床层高度为 10m，操作条件下混合气体的密度为 1.2kg/m^3，黏度为 0.30×10^{-4} Pa·s。试求：(1) 固定床空隙率；(2) 流化床空隙率；(3) 流化床的压降。

解： 按空隙率定义，有

$$\varepsilon_B=\frac{V_{空隙}}{V_{床层}}=\frac{V_{床层}-V_{颗粒}}{V_{床层}}=1-\frac{V_{颗粒}}{V_{床层}}$$

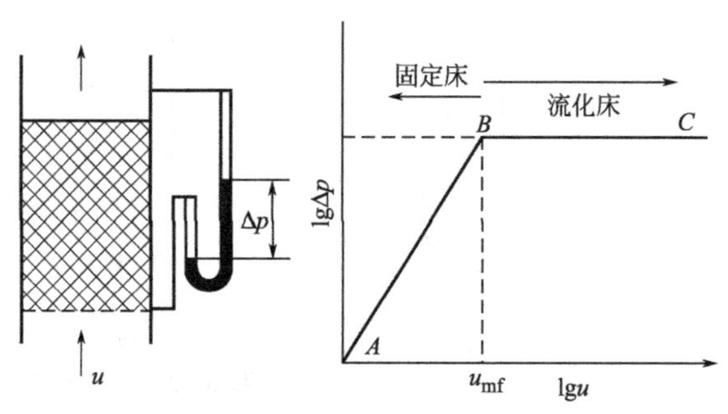

图 6-15 流化床压降-流速关系

颗粒体积 $V_{颗粒}=\frac{M}{\rho_s}=\frac{3.62\times10^3}{1100}=3.29\ (m^3)$

固定床床层体积 $V_1=\frac{\pi}{4}d_t^2L_1=\frac{\pi}{4}\times1.2^2\times5=5.65\ (m^3)$

流化床床层体积 $V_2=\frac{\pi}{4}d_t^2L_2=\frac{\pi}{4}\times1.2^2\times10=11.31\ (m^3)$

因此有：

固定床空隙率 $\varepsilon_B=1-\frac{3.29}{5.65}=0.42$

流化床空隙率 $\varepsilon_f=1-\frac{3.29}{11.31}=0.71$

流化床压降可按式(6-14) 进行计算：

$$\Delta p=L(1-\varepsilon_f)(\rho_s-\rho_f)g=10\times(1-0.71)\times(1100-1.2)\times9.81=31259.7\ (N/m^2)$$

(2) 临界流化速度及起始鼓泡速度

正如在 6.4.1 中所述，临界流化速度是指颗粒层由固定床转为流化床时流体的表观速度，也称起始流化速度和最低流化速度，用 u_{mf}表示，如图 6-15 中的 B 点。对于气-固系统而言，当固体颗粒较粗时，气速一旦超过 u_{mf}后，就出现气泡。而对于较小和较轻的细颗粒，当气速超过 u_{mf}后，还会经历一个无气泡的散式流态化阶段，然后床层才开始出现明显的膨胀并出现气泡。床层开始出现气泡时的表观气速称为起始鼓泡速度 u_{mb}。

临界流化速度对流化床的研究、计算与操作都是一个重要参数，它与流固两相的物理性质如流固两相的密度、流体的黏度和固体的粒度等有关。确定临界流化速度最好采用实验测定。实验测定时，采用减气速的方法，测取从流化床回到固定床过程中一系列压强降与气体流速的对应数值。将这些数值标在对数坐标上，得到图 6-15 中 ABC 曲线，B 点对应的流速即为所测的临界流化速度。

测定时常用空气作为流化介质，并根据实际生产的条件用下式加以校正

$$u_{mf}=u'_{mf}\frac{(\rho_s-\rho_f)\mu_{air}}{(\rho_s-\rho_{air})\mu_f} \tag{6-15}$$

式中，u'_{mf}为用空气测定的临界流化速度。另外，也可用公式计算的方法确定临界流化速度。由于临界点是固定床与流化床的共同点，此时的床层压降既符合流化床的规律也符合固定床的规律，因此，理论上把固定床压力降式(6-3) 和流化床压降式(6-14) 联立，ε_{mf}表示临界床层空隙率，即可解出 u_{mf}。

$$\frac{\Delta p}{L}=150\frac{(1-\varepsilon_{mf})^2}{\varepsilon_{mf}^3}\times\frac{\mu_f u_0}{d_s^2}+1.75\frac{(1-\varepsilon_{mf})}{\varepsilon_{mf}^3}\times\frac{\rho_f u_0^2}{d_s}$$

$$\Delta pA=W=AL(1-\varepsilon_{mf})(\rho_s-\rho_f)g$$

解得

$$Ar=150\frac{(1-\varepsilon_{mf})}{\varepsilon_{mf}^3}Re_{mf}+1.75\frac{Re_{mf}^2}{\varepsilon_{mf}^3} \tag{6-16}$$

其中，$Ar=\frac{\rho_f\ (\rho_s-\rho_f)\ gd_s^3}{\mu_f^2}$称为阿基米得数，$Re_{mf}=\frac{\rho_f u_{mf}d_s}{\mu_f}$为临界流化雷诺数。

针对不同的流型可适当简化上式。

对于小颗粒（图 6-14 中的 A 类颗粒），当 $Re_{mf}<20$ 时，式(6-16) 中右边第二项可略

去，即

$$u_{mf}=\frac{d_s^2(\rho_s-\rho_f)g}{150\mu_f}\times\frac{\varepsilon_{mf}^3}{1-\varepsilon_{mf}} \tag{6-17}$$

对于极大颗粒（图 6-14 中的 D 类颗粒），当 $Re_{mf}>1000$ 时，式(6-16) 中右边第一项可略去，即

$$u_{mf}=\sqrt{\frac{d_s(\rho_s-\rho_f)g}{1.75\rho_f}\varepsilon_{mf}^3} \tag{6-18}$$

上述近似的计算方法只适用于颗粒分布较为均匀的混合颗粒床层，不能用于颗粒粒度差异很大的混合颗粒床层。

上述两种得到 u_{mf} 的方法以实测法为准，当缺乏实验条件时，可用计算法进行估算。

【例 6-7】 对于［例 6-4］中的磷钼酸铋微球催化剂，经测定，其粒度分布如下：

目数	120～150	100～120	80～100	60～80	40～60	20～40
直径 d_{pi}/mm	0.121～0.100	0.147～0.121	0.175～0.147	0.246～0.175	0.360～0.246	0.841～0.360
质量分数 x_i/%	10	12	13	35	25	5

其他条件同［例 6-4］，求临界流化速度。

解： 因存在粒径分布，故应采用调和平均直径 $\overline{d_p}=\dfrac{1}{\sum\limits_{i=1}^{n}\dfrac{x_i}{d_{pi}}}$ 来代替颗粒直径 d_p，计算结果如下。

目数	120～150	100～120	80～100	60～80	40～60	20～40
直径 d_{pi}/mm	0.111	0.134	0.161	0.211	0.303	0.601
质量分数 x_i/d_{pi}	0.90	0.90	0.81	1.66	0.83	0.08

$$\overline{d_p}=\frac{1}{0.90+0.90+0.81+1.66+0.83+0.08}=0.19\ (\text{mm})$$

由于催化剂颗粒为球形 $d_s=d_p\varphi_s=0.19\times1.0=0.19$ (mm)

临界流化状态时的床层空隙率 $\varepsilon_{mf}=\varepsilon_B$

假设 $Re_{mf}<20$，由式(6-17) 得

$$u_{mf}=\frac{d_p^2(\rho_s-\rho_f)g}{150\mu_f}\times\frac{\varepsilon_{mf}^3}{1-\varepsilon_{mf}}=\frac{(0.19\times10^{-3})^2\times(1100-1.2)\times9.81}{150\times0.30\times10^{-4}}\times\frac{0.42^3}{1-0.42}=0.011\ (\text{m/s})$$

因此，采用式(6-17) 是合适的，临界流化速度计算结果正确。

> 临界流化速度是最重要的流态化特征参数，它反映了颗粒特征，又为操作气速的确定提供依据。

---

(3) 带出速度

气固流化床中的气体流量，一方面受 u_{mf} 的限制，另一方面也受到固体颗粒被气体夹带的限制。当流化床中上升的气体流速 u 等于颗粒的自由沉降速度时，颗粒就会悬浮于气流中而不会沉降。当气流的速度稍大于这一沉降速度时，颗粒就会被推向上方而被带出，因而流化床中颗粒的带出速度等于颗粒在静止气体中的沉降速度。

$$u_t=\sqrt{\frac{4gd_s(\rho_s-\rho_f)}{3\rho_f\xi}} \tag{6-19}$$

式中，ξ 为阻力系数。流化床操作时，除快速流化床外，应使气流速度小于此沉降速度，以防止颗粒被带出床层。

需要注意的是，临界流化发生在床层底部，而达到带出速度的最大流化则发生在床层顶部。因此，在计算 u_{mf} 时，必须采用流化床底部的温度、压力、组成来确定气体的密度和黏度，而且此时的颗粒直径要用实际存在于床层中不同粒度颗粒的平均直径 d_p。但在计算 u_t 时，必须根据流化床顶部的温度、压力、组成来确定气体的黏度和密度，而此时的颗粒直径应采用具有相当数量的最小颗粒的直径，具体计算过程可参考相关著作。

流化床反应器中的操作气速介于临界流化气速与带出速度之间，一般情况下操作气速约为临界气速的 10 倍。

6.4.3 流化床的优缺点

流态化技术特别适合于自由流动的、非黏性的粉状颗粒与气体接触的情况，尤其是有固体催化剂参与的气-固相催化反应，与固定床反应器相比，气固流化床反应器具有以下优点。

> 流化床反应器适合于易失活催化剂和强放热反应。

① 催化剂的生产强度高。考虑到气体流动压力降不能太大，固定床所用的固体颗粒粒径较大，一般在 3～10mm；而流化床采用细小颗粒，粒径为 0.03～0.2mm，且在悬浮状态下与流体接触，因此流化床中流-固相接触面积大（可高达 3000～16000m^2/m^3），催化剂的利用率和单位质量催化剂的生产强度比固定床反应器要大得多。

② 床层温度、浓度分布均匀。虽然每个颗粒由于反应活性不同可能存在温度和反应物浓度的差异，然而由于流化床反应器内颗粒物料的剧烈搅动和混合，使整个床层的温度和浓度分布均匀一致；同时颗粒的剧烈运动，使得气体与颗粒之间的传热传质速率也较固定床高。

③ 能够很方便地连续供给或移走反应热。流化态颗粒与内浸换热部件表面的激烈碰撞，强化了固体颗粒与换热部件表面热传导，同时也减薄了表面的气体边界层厚度，降低了传热阻力，使得床层与内浸换热表面的传热速度加快，传热系数高达 200～400W/($m^2 \cdot K$)，因此床层的热容量大，热稳定性好，有利于强放热反应的等温操作。

④ 能够实现固体颗粒的连续移出和引入。大多数催化剂在使用过程中由于催化剂中毒或活性表面为副产物所覆盖，会出现活性降低的现象，需要更换。由于流化床中的颗粒群具有类似流体的性质，很容易实现部分催化剂连续取出和新鲜的催化剂的连续加入，使整个床层内可维持一定的且均匀的催化剂活性；也可以采用在超出带出速度下操作的快速流化床，将带出的失去活性的催化剂颗粒在反应器外的伴床中进行再生，然后再回到反应器中，从而实现催化剂的连续再生。这在固定床反应器中是无法实现的。

⑤ 可以在气体爆炸极限内操作。由于处于流化状态的颗粒可以作为气体爆炸快速反应链终止的介质，虽然反应气体组成处于爆炸极限范围之内，但在固体颗粒流化床内不会发生爆炸。但是需要在反应气体进入反应器的设计上严格设计，使可燃气体与助燃气体分别进入颗粒流化床中，两者绝对不能在进入颗粒床之前混合。例如萘与空气发生氧化反应制苯酐的

流化床反应器和丙烯、氨与空气反应生成丙烯腈的流化床反应器等。对于新开发的处于爆炸极限内的反应过程，在选择流化床反应器前，仍需要做严格的预试验，确认是否可行。

基于以上诸多优点，流化床反应器在气-固相催化和非催化反应体系中受到了广泛的关注，并在多个重要化工领域逐渐得到了应用。但由于流化床中良好的传热和传质性能是靠气体和固体颗粒间的剧烈搅动而实现的，这就不可避免地产生了一些不足，主要表现在以下几个方面。

① 颗粒的剧烈搅动易使气体发生返混，气体的停留时间分布变宽，导致反应物浓度下降，转化率降低，尤其对于以中间生成物为目的产物的连串反应，将影响到反应的选择性。

② 在流化过程中由于固体颗粒间互相撞击，会造成催化剂粉碎，生成细粉被气流带走而造成催化剂的损失。

③ 流化床内的部件会被运动的颗粒逐渐磨损，甚至造成换热器冷管磨穿，使冷却剂流入床中，引起催化剂失活。

④ 若气体分布装置设计或操作不好，容易发生沟流与短路，严重降低气固相接触效率，使反应转化率下降。

工业装置究竟选用固定床还是流化床，应在综合比较两类反应器的优缺点及动力学特性后决定。一般而言，流化床反应器适用于热效应较大、要求温度控制均匀或催化剂需要频繁再生的场合，不适用于要求有较高转化率和催化剂床层有温度分布的反应。

在设计流化床反应器时应考虑的基本问题主要有：

① 床层的膨胀过程与压降以及压降与流速的关系；

② 颗粒的流动特性，如颗粒的尺寸、形状、密度以及粒度分布对流化特性的影响等；

③ 气泡的行为和影响，气泡的结构、尺寸和上升速度；气泡的聚并与破裂；床层的气含率；气泡与周围介质间的传递现象等；

④ 流化态物料间的热、质传递；

⑤ 气体的分布、内部构件及气固的分离问题。

6.4.4 流化床反应器的分类

根据操作气速和固体颗粒是否带出反应器，可以将流化床分为低速流化床和高速流化床。低速流化床的操作气速介于临界流化速度和带出速度之间。根据操作气速的大小和床层内气泡的行为，低速流化床又可分为鼓泡流化床和湍动流化床。高速流化床的操作气速远大于颗粒的带出速度，根据气速的大小，高速流化床可分为循环流化床和稀相输送流化床。

(1) 鼓泡流化床

对于细粒床，气速达到 u_{mb}后，床层内会出现气泡。而对较粗颗粒系统，则在气速超过 u_{mf}后，就可出现气泡，这两种情况通称为鼓泡流化床。研究表明，不受干扰的单个上升气泡的顶是呈球形的，尾部略微内凹，在尾部区域，由于压力比近旁稍低，颗粒被卷了进来，形成局部涡流，这一区域称为尾涡。在气泡上升途中，不断有一部分颗粒离开这一区域，另一部分颗粒又补充进来，这样就把床层下部的颗粒夹带上去而促进了全床颗粒的循环与混合。在气泡小、气泡上升速度低于乳化相中气速时，乳化相中的气流可穿过气泡上流，但当气泡大到其上升速度超过乳相气速时，就有部分气体穿过气泡形成环流，在泡外形成一层所谓的气泡云。云层及尾涡都在气泡之外，且都伴随着气泡上升，其中所含粒子浓度也与乳化相中几乎都是相同的，二者浑然一体，因此将它们总称为气泡晕。

气泡离开分布板后，在床层中上升，其运动情况如何，决定了气固两相接触与反应的结果。气泡越小，上升越慢，气固接触的时间也越长。气泡的大小与很多因素有关，如速度、气泡占床的体积分率、接触时间和相间交换系数等。关于气泡的大小的关系式较多，但目前只能作出粗略估计而已，这里从略。

(2) 湍动流化床

随着表观气速的进一步提高，鼓泡床中气泡的破裂速度逐渐超过气泡的聚并速度，导致床层内的气泡尺寸变小。这种小气泡通常称为气穴，气穴与密相或乳化相间的边界变得较为模糊，此时床层称为湍动流化床。在鼓泡流化床中，增加表观气速，床层压力波动幅度增大，到某一表观气速时，压力的波动幅度达到最大值，此时的表观气速称为起始湍动流化速度 u_c。研究表明，湍动流化床中存在着中心区及壁面区。在床层中心处气量最大，气体带动颗粒向上流动；而在近壁处，大量颗粒循环下落，带动气体也一起向下流动，在整个床层内形成了一个颗粒大循环。

由于操作气速不同，湍动流化床与鼓泡流化床有很大区别：①鼓泡流化床中，气泡尺寸较大，且沿床高而增大，与操作气速大体上呈线性关系；对于湍动流化床，气穴尺寸较小，且几乎不随床高而变化，也不随操作气速而变；②气穴不像鼓泡床中的气泡一样有明显的上升轨迹，而是在不断的破裂和聚并过程中无规律上升，气穴尺寸小使其上升速度减慢，增加了床层的膨胀；③气穴的运动膨胀，使湍动流化床中气、固接触加强，气体短路现象减小，因此湍动流化床中气、固相间传热、传质效率较高，反应速度也较快，生产强度提高；④压力波动幅度小于鼓泡床，操作较平稳；⑤气速的提高使床层上部的稀相自由空间内有大量颗粒固体存在，其中有可能发生副反应；⑥固体返混程度大于鼓泡床，气体返混程度小于鼓泡床。

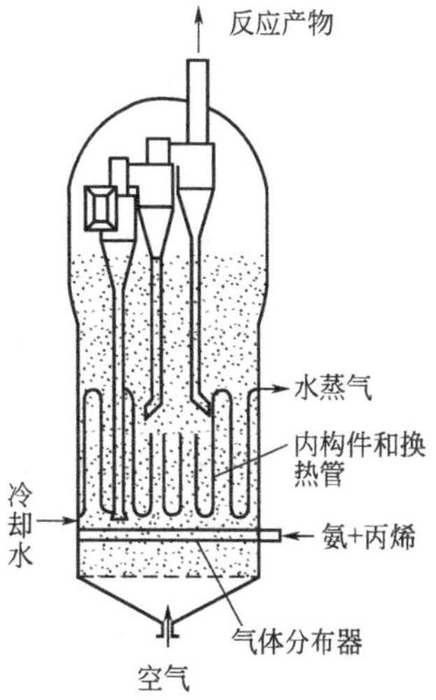

反应产物
水蒸气
内构件和换热管
冷却水
氨+丙烯
气体分布器
空气

图 6-16 典型低速流化床反应器示意图

工业流化床催化反应器，在 20 世纪中叶以前主要以鼓泡床为主，其后，逐渐转向了气、固接触良好，传热、传质效率高，且气体短路极少的湍动床。典型的鼓泡和湍动流化床结构如图6-16所示。

(3) 循环流化床

如果湍动流化床中继续增加表观气速，床层表面变得更加模糊，颗粒夹带速率随之增加，颗粒不断地被气流夹带离开密相床层；继续增加气速，颗粒夹带明显提高，如果没有外来颗粒补充，床层颗粒则很快被吹空。如果有新的颗粒不断补充进入床层内，或通过气-固分离设备回收带出的颗粒并使其返回床内，操作则可以不断维持下去，此时的流化床被称为循环流化床，或者快速流化床。在快速流化床中，浓相区和稀相区的界面变得非常不明显，床层中已没有明显的气泡存在。

气固并流上行是循环流化床的主要操作形式，通常由提升管和伴床组成，见图 6-17。提升管主要用作反应器，而伴床可用作调节颗粒流率的储存设备、热交换器或催化剂再生器。流化气体从提升管底部引入，携带由伴床来的颗粒向上流动。提升管顶部装有气固分离装置，如旋风分离器，颗粒分离后，返回伴床并向下流动，通过颗粒循环控制装置后，再进入提升管。工业上，石油的催化裂化反应器即为气固并流上行循环流化床反应器。

近年来，研究人员在气固上行床的基础上，开发了气固并流下行床反应器，或称为气固顺重力场流化床，见图 6-18。由于此类流化床中颗粒和气体的运动方向与重力场相同，颗粒和气体的返混几乎为零，局部颗粒浓度、气-固速度的径向分布更均匀，有利于提高连串反应中间生成物的选择性；受反应器高度的限制，该种反应器特别适用于一些需要接触时间短的反应过程，如石油裂解过程。

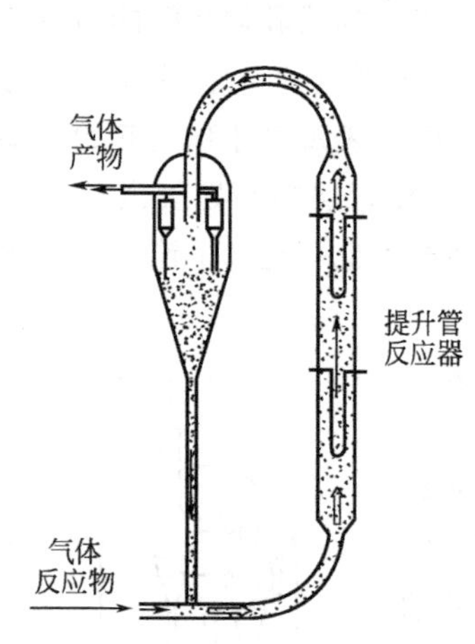

图 6-17 气固并流上行循环流化床

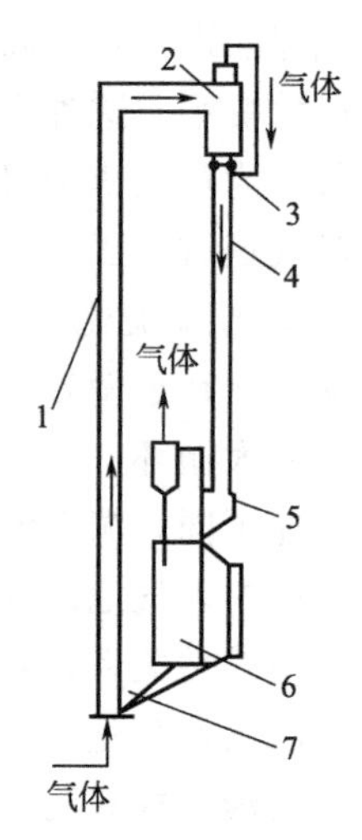

图 6-18 气固并流下行循环流化床

1—提升管；2—气固混合器；3—下行管分布器；4—下行管反应器；5—气固分布器；6—储罐；7—蝶阀

(4) 各种流化床反应器操作特性的比较

各类流化床操作特性的比较见表 6-4。

表 6-4 各类流化床操作特性的比较

<table>
<tr><th>流化床类型</th><th>鼓泡流化床</th><th>湍动流化床</th><th>上行快速流化床</th><th>下行快速流化床</th></tr>
<tr><td>颗粒的历程</td><td colspan="2">在床内的停留时间为几分钟至几小时；部分颗粒有可能被带到旋风分离器，经料腿返回床层</td><td>周期性地在提升管和伴床之间循环，每次循环在提升管中的停留时间为几秒</td><td>周期性地在下行管和伴床之间循环，每次循环在下行管中的停留时间为几十毫秒至 1s</td></tr>
<tr><td>两相流动结构</td><td>气体呈鼓泡或气节状通过床层</td><td>气体以气穴的形式通过床层，在床内形成中心区向上、边壁区向下的内环流流动特征</td><td>气相转变为连续相，气流将颗粒群大量带出，底层内为中间稀边壁浓的环-核流动结构</td><td>气相为连续相，颗粒浓度较低，而且很少聚集成颗粒群，颗粒在床层中分布相对均匀</td></tr>
<tr><td>气速/(m/s)</td><td>0.1～0.5</td><td>0.5～1.5</td><td>1.5～16</td><td>3～16</td></tr>
<tr><td>颗粒平均直径/mm</td><td>0.05～3</td><td>0.05～0.5</td><td>0.05～0.5</td><td>0.05～0.5</td></tr>
<tr><td>颗粒的外循环量/[kg/(m^2·s)]</td><td>0.1～5</td><td>0.1～10</td><td>15～2000</td><td>15～2000</td></tr>
<tr><td>空隙率</td><td>0.6～0.8</td><td>0.6～0.8</td><td>0.85～0.98</td><td>0.95～0.99</td></tr>
<tr><td>气体返混</td><td>由于存在乳相和泡相的相间交换而部分返混</td><td>部分返混</td><td>返混大大减小，少量气体可能被器壁附近的下行颗粒夹带而返混</td><td>轴向返混很小</td></tr>
<tr><td>床内颗粒返混</td><td>完全返混</td><td>完全返混</td><td>由颗粒在器壁处的下流引起的返混仍较严重</td><td>轴向返混很小</td></tr>
<tr><td>气固相对速度</td><td>低</td><td>低</td><td>高</td><td>较低</td></tr>
</table>

6.4.5 流化床反应器的工业应用

流化床反应器在工业中的应用可分为催化过程和非催化过程两大类。催化过程的主要特点是固体物料为催化剂，在反应过程中除因机械磨损使颗粒大小分布变化外，颗粒的其他物理性能大抵上是不变的。但催化剂的活性随反应而下降，需要取出再生或补充新的催化剂以维持反应器内催化剂的平均活性在一定的水平上。采用流化床反应器的催化反应很多，例如丙烯氨氧化制丙烯腈、石油催化裂化制汽油、乙炔醋酸催化制醋酸乙烯、顺丁烯二酸酐的生产、丁烯氧化脱氢制丁二烯等。采用流化床反应器的非催化过程主要集中在煤炭加工工业、冶金工业和矿物加工等领域，如粉煤的燃烧，煤和页岩的流态化干燥和造气，煤矸石的利用，铁矿石的直接还原为铁，贫铁矿流态化磁化焙烧，氧化铂的氮化焙烧，氢氧化铝的焙烧，石灰、水泥、陶粒等建筑材料的生产等都可以用流化床反应器。下面列举三个典型的流化床工业应用实例。

(1) 丙烯氨氧化制丙烯腈

丙烯腈是制造腈纶、ABS 工程塑料的重要原料，工业上以丙烯、氨和空气为原料，通过丙烯氨氧化反应生产丙烯腈

$$CH_3CH{=}CH_2+O_2+NH_3 \xrightarrow{\text{Bi-Mo 催化剂}} CH_2{=}CHCN+H_2O$$

该反应是一个强放热反应，在反应过程中需要及时将热量移出，由于流化床传热效率高，通过内置换热器的方法可以方便地加以解决；另外该过程的反应物丙烯和空气在原料气中分别占 6.16%和 67.7%，两者之比为 9.1%，处于丙烯的爆炸极限（2%～11%）范围内，采用固定床反应器无法解决这一问题，因此工业上采用流化床反应器。早期的反应器在低速（约 0.3m/s）下操作，后来将操作气速提高到大于 0.6m/s，使床层处于湍动流化状态，改善了固体催化剂颗粒与气体之间的接触效果，提高了反应器的生产强度。所采用的反应器结构见图 6-19，为了避免可燃气体丙烯和氨与空气混合发生爆炸，空气通过底部分布器进入反应器，而丙烯和氨混合后通过另一个分布器直接进入催化床，在流化的颗粒床层中与丙烯氨混合并发生反应。

(2) 重质油催化裂化制汽油

催化裂化是在高温下，通过催化剂将长碳链的石油裂化为短碳链的汽油的过程。早期采用固定床反应器，由于裂化反应时需要吸收大量的热，同时生成大量焦炭，催化剂在连续运行 20～30min 后活性便消失，需要用空气把焦炭烧掉以恢复活性，这称为再生。烧焦过程是一个很强的放热反应，也需要及时把反应热取出。为此，在裂化反应器和再生器中都要放置一个很大的换热器，利用熔盐提供裂化时吸收的热量和除去再生时放出的热量。固定床催化裂化每组有 3～4 个反应器，在同一时间内只有一个反应器进行裂化反应，其他几个反应器则用来进行烧焦再生、吹水蒸气以除去油气或空气等辅助工作。反应器的结构很复杂，生产规模小，操作也很麻烦。重油催化裂化生产汽油是强吸热反应，由于裂解产生的炭会覆盖在催化剂表面，会造成催化剂迅速失活，因此需要不断将催化剂再生。此反应若在固定床中进行，只能采用间歇操作，而且床层温度不易控制，不适于大规模生产。第二次世界大战期间，对高辛烷值航空汽油的需求量大大增加，促生了流化床催化裂化工艺。

流化床催化裂化由反应器和再生器组成。利用流态化颗粒的流动特性，实现催化剂颗粒在反应器和再生器之间的循环。重质油汽化后，在反应器中与灼热的催化剂微粒接触发生裂

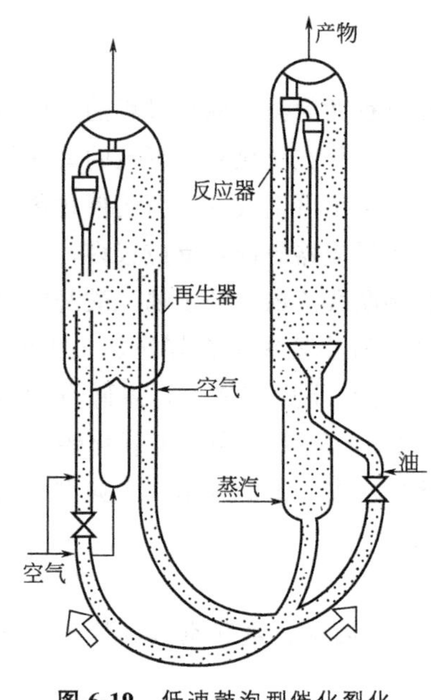

图 6-19　低速鼓泡型催化裂化流化床反应器

化反应。由于流态化的催化剂颗粒剧烈运动，床层内温度均匀；且床层与换热元件间的传热系数远远高于固定床，温度易于控制；另外采用细小颗粒催化剂使得气-固接触面积大，催化剂的生产强度得到提高，因而可大大地增加单位体积反应器的加工能力。催化剂的烧焦再生则在再生器中完成，焦炭燃烧产生的热量加热了催化剂粒子，加热后催化剂所带的显热又成为裂化过程中的热源。催化剂在反应器和再生器之间不断循环，使催化裂化反应可以连续进行。

早期的催化裂化流化床反应装置中的反应器和再生器均为鼓泡流化床。由于低速流化床的返混很大，生成的部分汽油被返混到催化床的下部，进一步被裂化为更短碳链的烷烃，降低了汽油的产率。随着对高速流态化的研究，循环流化床被引入石油催化裂化。由于循环流化床中的反应器采用高气速下操作（3～10m/s），气体和固体颗粒返混大大减少，提高了汽油的选择性和产率，很快得到广泛的采用。由于操作气速高，反应器变成了一个高达20～30m的细长型，因此又被称为提升管反应器，见图6-19。提升管催化裂化反应装置随后经过不断的改进，目前已成为石油烃类加工中的一种重要方法，同时也是利用流化床反应器的规模最大的工业生产过程。

（3）煤的流化床燃烧

煤的流化床燃烧是20世纪60年代初开始发展起来的一种新型煤燃烧技术，40多年来发展很快，世界上许多国家包括我国都十分重视这项燃煤技术的开发，应用范围也从工业流化床锅炉发展到电站锅炉。流化床燃烧技术本身也由第一代鼓泡流化床发展到第二代循环流化床。由于采用细煤粉燃烧并加强了燃后颗粒的循环，循环流化床比燃烧块煤锅炉的燃烧效率普遍较高。与其他燃煤炉如发电厂的喷粉煤高温燃烧炉相比，循环流化床的操作温度较低

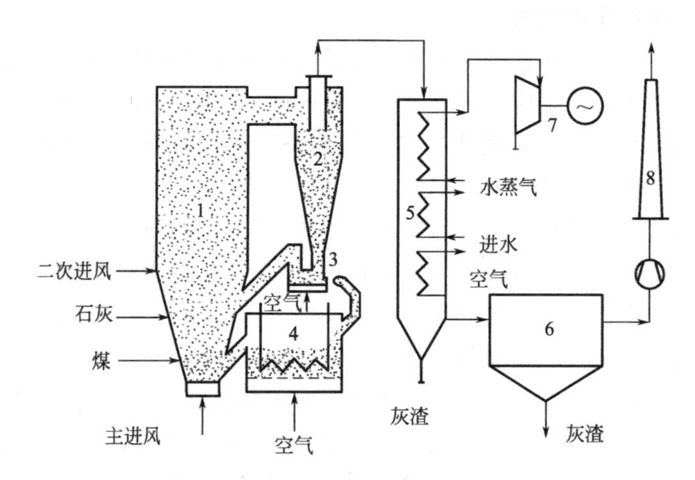

图 6-20　Lurgi公司循环流化床锅炉流程示意

1—循环流化床；2—旋风分离器；3—虹吸管；4—流化床换热器；5—对流段；6—灰斗；7—透平机；8—烟囱

（800～900℃），此温度下正好是碳酸钙的分解温度，分解后生成的石灰可以与燃气中的 SO_2 反应生成亚硫酸钙和硫酸钙，并且在该温度下固体生成物不会被分解，因此可以采用炉内喷入石灰石粉的方法实现炉内固硫。此外，由于高温燃烧气中 N_2 和 O_2 会发生反应生成氮氧化物，排入大气造成空气环境污染，而在循环流化床操作温度范围内，N_2 和 O_2 反应生成氮氧化物的可能性较小，因此循环流化床能够实现高效、清洁煤的燃烧，世界各国都在大力推广循环流化床燃煤锅炉技术。现在世界上已商业化生产并投入运行的循环流化床锅炉最大单台蒸发量已达 700t/h。图 6-20 是鲁奇（Lurgi）公司采用的循环流床锅炉示意图。

本章重要内容小结

（1）工业固定床催化反应器分类：绝热式、连续换热式和自热式；等温式和非绝热非等温式；单段与多段绝热式；轴向流动式和径向流动式。

（2）固体颗粒和床层表征参数：

体积当量直径 d_p；比表面积当量直径 d_s；催化剂孔隙率 ε_p，床层空隙率 ε_B，床层堆积密度 ρ_B。

（3）固定床的压力降计算

$$\Delta p = f_M \frac{\rho_f u_0^2}{d_s}\left(\frac{1-\varepsilon_B}{\varepsilon_B^3}\right)L；\quad f_M=\frac{150}{Re_M}+1.75$$

$$Re_M=\frac{d_s\rho_f u_0}{\mu_f}\left(\frac{1}{1-\varepsilon_B}\right)=\frac{d_s G}{\mu_f}\left(\frac{1}{1-\varepsilon_B}\right)$$

（4）空时法是半经验方法，进行反应器设计时，要以实验室采用相同催化剂和粒度时实测的最佳条件和空时不变作为计算放大的依据。空床气体流速 u_0，床层截面积 A，床层高度 L，催化剂床层体积 V_B 是一些关键量。

（5）一维拟均相平推流模型可借用第 3 章均相反应器平推流模型应用，将单颗粒催化剂体积定义转化为求催化剂床层体积；将本征动力学方程改为宏观动力学方程。

① 物料衡算方程式　$F_{A0}\mathrm{d}x_A=(-r_A)A\mathrm{d}l=(-r_A)\mathrm{d}V_B$，$(-r_A)$ 要以催化剂堆积体积来定义。

② 热量衡算方程式　$v_0 C_{pV}\mathrm{d}T=F_{A0}\mathrm{d}x_A(-\Delta H_A)-K_q(T-T_c)S\mathrm{d}l$

一维绝热反应器时，绝热温升

$$\lambda=\frac{(-\Delta H_r)\ c_{A0}}{c_{pV}}，\quad T=T_0+\lambda x_A$$

（6）当流体自下而上通过固体颗粒床层流化时

床层压力降　$\Delta p=L(1-\varepsilon_f)(\rho_s-\rho_f)g$

初始流化速度　$Ar=150\frac{(1-\varepsilon_{mf})}{\varepsilon_{mf}^3}Re_{mf}+1.75\frac{Re_{mf}^2}{\varepsilon_{mf}^3}\left(Ar=\frac{\rho_f(\rho_s-\rho_f)gd_s^3}{\mu_f^2}\right)$

带出速度　$u_t=\sqrt{\frac{4gd_s(\rho_s-\rho_f)}{3\rho_f\xi}}$

习　题

一、计算题

6-1　为了测定形状不规则的合成氨用铁催化剂的形状系数，将其充填在内径为 98mm 的容器中，填充高度为 1m。然后连续地以流量为 $1m^3/s$ 的空气通过床层，相应测得床层的压力降为 101.3Pa，实验操作温度为 298K。试计算该催化剂颗粒的形状系数。

已知催化剂颗粒的等体积相当直径为 4mm，堆密度为 $1.45g/cm^3$，颗粒密度为 $2.6g/cm^3$。

6-2　由直径为 3mm 的多孔球形催化剂组成的等温固定床，在其中进行一级不可逆反应，基于催化剂颗粒体积计算的反应速率常数为 0.8/s，有效扩散系数为 $0.013cm^2/s$。当床层高度为 2m 时，可达到所要求的转化率。为了减小床层的压力降，改用直径为 6mm 的球形催化剂，其余条件均保持不变，流体在床层中的流动均为层流。试计算：(1) 催化剂床层高度；(2) 床层压力降减小的百分率。

6-3　拟设计一多段间接换热式二氧化硫催化氧化反应器，每小时处理原料气 $35000m^3$（标准状态），原料气中 SO_2、O_2 和 N_2 的摩尔分数分别为 7.5%、10.5%和 82%。采用直径 5mm、高 10mm 的圆柱形钒催化剂共 $80m^3$。试决定反应器的直径和高度，使床层的压力降小于 4052Pa。

为了简化，取平均操作压力为 0.1216MPa，平均操作温度为 733K。混合气体的黏度等于 $3.4\times10^{-5}Pa\cdot s$，密度按空气计算。

6-4　在绝热催化反应器中进行二氧化硫氧化反应，入口温度为 420℃，入口气体中二氧化硫摩尔分数为 7%；出口温度为 590℃，出口气体中二氧化硫的摩尔分数为 2.1%。在催化剂床层内 A、B、C 三点分别进行测定。

(1) 测得 A 点的温度为 620℃，你认为正确吗？为什么？

(2) 测得 B 点的转化率为 80%，你认为正确吗？为什么？

(3) 测得 C 点的转化率为 50%，经再三检验结果正确无误，估算一下 C 点的温度。

6-5　在充填 $10m^3$ 催化剂的等温固定床发生如下反应

$$C_6H_5CH_3+H_2 \longrightarrow C_6H_6+CH_4$$

原料气的摩尔组成为 3.85% C_6H_6，3.18% $C_6H_5CH_3$，23% CH_4，69.97% H_2；温度为 863K。操作压力为 6.08MPa。若采用标准状态的空速为 $1000m^3/(h\cdot m^3\cdot$催化剂$)$，试计算反应器出口的气体组成。该反应的速率方程如下

$$-r_T=5.73\times10^6\exp\ (-17800/T)\ c_Tc_H^{0.5}$$

式中，c_T 和 c_H 分别为甲苯和氢的浓度，$kmol/m^3$，甲苯反应速率 $-r_T$ 的单位为 $kmol/(m^3\cdot s)$。反应热效应$=-49974J/mol$。为简化计，反应气体可按理想气体处理，平均定压摩尔比热容为常数，等于 $42.3J/(mol\cdot K)$。

6-6　乙炔水合成生产丙酮的反应式为

$$2C_2H_2+3H_2O \longrightarrow CH_3COCH_3+CO_2+2H_2$$

在 ZnO-Fe_2O_3 催化剂上乙炔水合成反应的速率方程为

$$-r_A=7.06\times10^7\exp(-7413/T)c_A\quad [kmol/(h\cdot m^3\ 床层)]$$

式中，c_A 为乙炔的浓度（mol/L）。拟标准状态在绝热固定床反应器中处理3%（摩尔分数）C_2H_2 的气体 $1000m^3/h$，要求乙炔转化68%。若入口气体温度为380℃，假定扩散影响可忽略，试计算所需催化剂量。反应热效应为 $-178kJ/mol$，气体的平均恒压摩尔比热容按36.4 J/(mol·K) 计算。

6-7 在氧化铝催化剂上于常压下进行乙腈的合成反应

$$C_2H_2+NH_3 \longrightarrow CH_3CN+H_2 \qquad \Delta H_r=-92.2kJ/mol$$

设原料气的摩尔比为 $C_2H_2:NH_3:H_2=1:2.2:1$，采用三段绝热式反应器，段间间接冷却，使每段出口温度均为550℃，而每段入口温度亦均相同，已知反应速率式可近似地表示为

$$-r_A=3.08\times10^4\exp(-7960/T)\times(1-x_A)$$

式中，x_A 为乙炔的转化率。流体的平均摩尔比热容为 $\bar{c}_p=128J/(mol\cdot K)$。如要求乙炔转化率达92%，并且日产乙腈20t，问需催化剂量多少？

6-8 试分析下列说法是否正确。

(1) 在绝热反应器中的无热效应零级反应，其转化率与反应器长度的关系是线性的。

(2) 在绝热反应器中，仅当进行一级反应时，其反应温度和转化率的关系才呈线性。

(3) 多段绝热反应器最优化的结果是各段的催化剂量相等。

6-9 在一列管式固定床反应器中进行邻二甲苯氧化制苯酐反应，管内充填高及直径均为5mm的圆柱形五氧化二钒催化剂，壳层以熔盐作冷却剂，熔盐温度为370℃，该反应的动力学方程为

$$-r_s=0.04017p_Ap_B^0\exp(-13636/T) \quad [kmol/(kg\cdot h)]$$

式中，p_A 为邻二甲苯分压，Pa；p_B^0 为 O_2 的初始分压，Pa。反应热效应 $\Delta H_r=-1285kJ/mol$，反应管内径为25mm，原料气以 $9200kg/(m^2\cdot h)$ 的流速进入床层。其中邻二甲苯摩尔分数为0.9%，空气为99.1%，混合气平均相对分子质量为29.45，平均定压比热容为1.072kJ/(kg·K)，床层入口温度为370℃，床层堆密度为 $1300kg/m^3$，床层操作压力为0.1013MPa（绝压）。总传热系数为 $251kJ/(m^2\cdot h\cdot K)$，试按拟均相一维平推流模型计算床层轴向温度分布，并求最终转化率为73.5%时的床高。计算时可忽略副反应的影响。

6-10 充填新鲜催化剂的绝热床反应器当进口原料的温度控制为460℃时，出口物料温度为437℃，转化率符合要求。操作数月后由于催化剂的活性下降，为了保持所要求的转化率，将原料进口温度提高至470℃，出口物料温度相应升至448℃。若反应的活化能为83.7kJ/mol，试估算催化剂活性下降的百分率。

6-11 在350℃附近以工业 V_2O_5-硅胶作催化剂进行萘的空气氧化以制取邻苯二甲酐的反应为

$$C_{10}H_8+4.5O_2 \longrightarrow C_8H_4O_3+2H_2O+2CO_2$$

其动力学方程式可近似地表示为

$$-r_A=3.05\times10^5p_{C_{10}H_8}^{0.38}\exp\left[-\frac{12500}{1.987(t+273)}\right]$$

反应热 $\Delta H_r=-14700J/g$，但由于考虑到有完全氧化的副反应存在，放热量还要更多。如进料含萘0.1%，空气99.9%，而温度不超过400℃，则可取 $\Delta H_r=-20100J/g$ 来进行计算，反应压力为0.2MPa（表压）。今有在内径为2.5cm，长为3m的列管式反应器中，以预热到340℃的原料气，按 $1870kg/(m^2\cdot h)$ 的质量流量

通入，管内壁温度由于管外强制传热而保持在340℃，所用催化剂直径为0.5cm，高为0.5cm的圆柱体，堆积密度为0.80g/cm^3，试按一维模型计算床层轴向的温度分布。提示：列管式反应器以一根管计算，气体的平均恒压热容以350℃为定性温度计，$C_p=1.059\times29$J/(mol·℃)，传热系数取$K_{q1}=25$J/(m^2·s·℃)和$K_{q2}=25$J/(m^2·s·℃)二值进行计算，以进行比较。将管长分为10段计算，只要计算截面0-0至截面3-3即可。

6-12 已知催化剂颗粒的平均直径为0.05mm，密度为2200kg/m^3，在反应条件下，进入流化床反应器的气体密度为1.2kg/m^3，黏度为0.5×10^{-4}Pa·s，试求此条件下的临界流化速度。

6-13 某化工厂的流化床反应器直径为3m，催化剂负荷为1.0kg物料/(kg催化剂·h)，已知处理的物料量为3000kg/h，催化剂颗粒密度为1250kg/m^3，流体密度为1.35kg/m^3，求流化床的床层压降。

二、思考题

6-1 平推流假设的固定床反应器物质衡算式与第3章理想流动均相反应器设计平推流反应器物质衡算式有何区别与联系？

6-2 平推流假设固定床反应器的热量衡算式与第3章理想流动均相反应器设计平推流反应器的热量衡算式有何区别与联系？

6-3 床层的堆积密度、催化剂质量和催化剂体积如何定义？关系如何？所定义的反应速率之间关系如何？

6-4 床层压力降大小主要受哪些因素影响？管径d_t与催化剂粒径d_p的比值影响床层压力降和床层径向热导率吗？

6-5 固定床反应器的经验放大方法的原则是什么？

6-6 固定床反应器的分类有几种？各自的特点是什么？优先选型的次序是什么？

6-7 拟均相一维模型的等温固定床反应器设计公式与第3章理想流动均相反应器设计的平推流设计的一级和二级不可逆反应设计公式有何异同？对于复杂反应又如何？

6-8 拟均相一维模型绝热过程的物质衡算和热量衡算微分方程与差分方程计算式如何？反应管的长度计算方法和步骤如何？

6-9 请绘出原料气冷激和非原料气冷激的多段绝热气固相反应器和连续换热式反应器的T-x_A图，适用特点？

6-10 工业上一氧化碳变换反应的操作压力为0.8MPa，温度为250～370℃，采用的是多段绝热反应器（见图6-4）。而合成氨反应的操作压力为15～32MPa，温度400～470℃，采用的是连续换热式反应器，且采用内件换热结构和高压外筒相结合的结构（见图6-10），也称为自热式，为什么？

6-11 流化床反应器适用特点是什么？操作特点是什么？

6-12 流化床反应器如何分类？操作条件如何？

6-13 流化床反应器的临界流化速度和起始鼓泡速度如何确定和计算？

6-14 请举出三个流化床应用的典型案例？石油催化裂化反应过程的提升管反应器有何优缺点？

第7章

气-液及气-液-固相反应器设计

本章学习要求

1. 了解气-液反应器和气液固反应器型式、特点和应用；

2. 掌握气-液和气液固反应宏观动力学方程的建立方法、过程和影响因素；

3. 掌握 Hatta（八田）数和增强因子的物理意义及应用，包括判断化学吸收过程和计算吸收速率；

4. 了解和掌握鼓泡和填料反应器的计算方法和过程，了解滴流床和浆态床三相反应器的特点和计算方法。

7.1 气-液反应器的类型

多相反应过程是指同时存在两个或更多相态的反应系统所进行的反应过程。在实际化工生产中涉及的反应多数为多相反应体系，除第6章介绍的气-固相反应器外，还有涉及液相的化学反应过程，如气-液、液-固、液-液以及气-液-固等多种多相反应器，其中气-液反应和气-液-固催化反应在工业生产中占有十分重要的地位。

气-液反应主要目的有：①用于气体的净化和分离过程，例如合成氨工业中用热钾碱、铜氨液、改良的碳酸钠分别脱除合成氨原料气中的二氧化碳、一氧化碳和硫化氢，醇胺法脱除天然气中的硫化氢，硝酸尾气用碱液吸收制亚硝酸盐等，这些过程又称为化学吸收过程；②用于生产化工产品，如液态烃与氯气反应生产氯代烃，氨与磷酸反应制磷铵，烃类选择性氧化反应，如乙烯和氧在含有$PdCl_2$的醋酸水溶液中氧化制取乙醛，生化过程中好气性微生物发酵过程等。

气-液反应过程都需要在一定条件下，在特定反应设备中实现，本节讨论几种常用的气-液反应器的类型和特点。

气-液反应器按气-液相接触形式可分为：①气体为分散相，液体为连续相，气体以气泡形式分散在液相中的鼓泡反应器、搅拌鼓泡反应器和板式反应器；②液体为分散相，气体为连续相，液体以液滴状分散在气相中的喷雾、喷射和文氏反应器等；③气-液两相均为连续相，液体以膜状运动与气相进行接触的填料反应器和降膜反应器等。

几种主要的气-液反应器的简图见图 7-1，其各自的特点分述如下。

(1) 填充床反应器

如图 7-1(a) 所示。它是工业上最常见的气-液反应器形式之一，液体在填料表面借重力以液膜的形式向下流动，气体与液体成逆流或并流接触，视具体反应而定。其特点是气相流动的阻力小，气-液接触面积大但持液量较小。适用于瞬间、快速和中速反应吸收过程；气-液相流型均接近平推流，轴向返混小，可用于要求高转化率的反应；结构简单、选用不同填料，适应各种腐蚀介质和不易造成溶液起泡的特点，特别是在常压和低压下吸收过程，当气体流动的压降成为主要矛盾时，此类反应器尤为合适。它广泛地应用于带有化学反应的气体净化过程，如用乙醇胺、碳酸钾、氢氧化钠等碱性溶液吸收 CO_2、H_2S 等酸性气体过程。

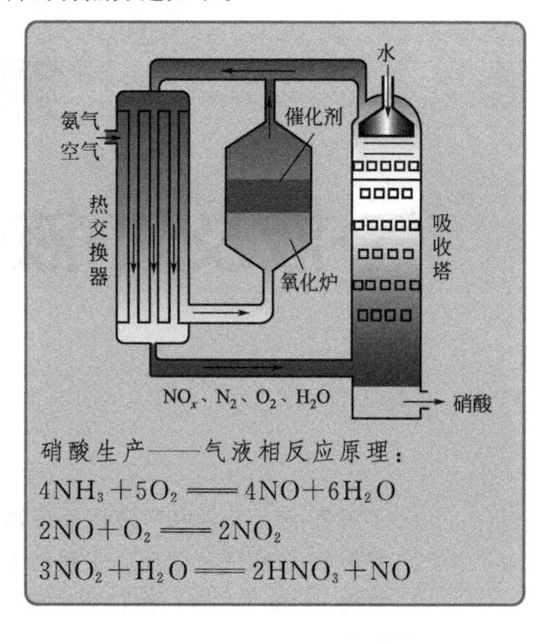

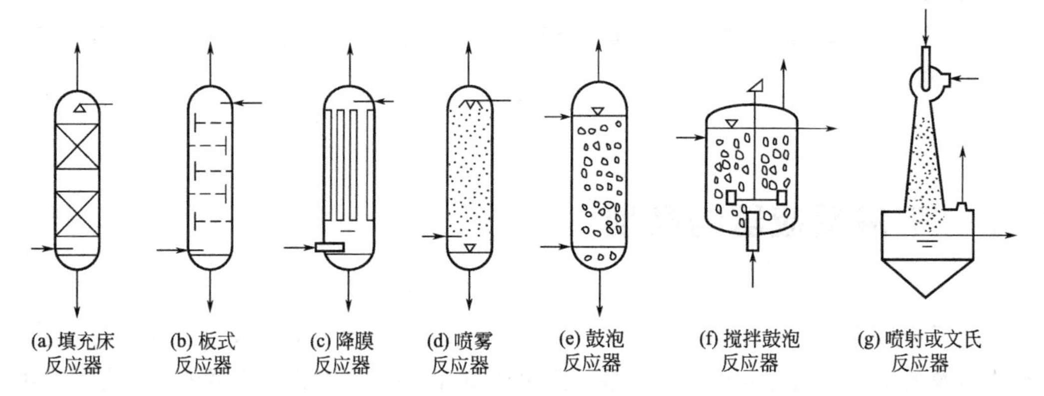

图 7-1　气-液反应器的型式

填充床的主要缺点是：①液相持液小，停留时间短，不适合慢反应吸收过程；②填料容易被固体颗粒堵塞，不适合含有固体悬浮物的反应体系；③为保证填料表面全部润湿，不能用于液体流率太低的场合，并且存在壁流现象与气体均匀分布等问题，其效率不如板式反应器；④传热性能差，不宜用于反应热效应大的场合。

(2) 板式反应器

如图 7-1(b) 所示，塔板可以是筛板、泡罩板等精馏塔用塔板，持液量较大，适用于快速和中速反应过程。多层塔板可以降低轴向返混，并且它可以在很小的液体流率下进行操作，因此可以在单塔中直接获得极高的液相转化率；板式反应器还可用于生成沉淀或结晶的气-液反应；在板上可以安置冷却或加热元件，以维持所需的反应温度，例如在用水吸收 NO_2 生产浓硝酸时会产生大量的热量，需及时移去；板式反应器中气体与液体一般呈逆流，气体需要克服塔板的液层阻力，因此其压降要远大于填充反应器，并且传质表面较小和结构较复杂。一般多用于加压操作。

(3) 降膜反应器

如图 7-1(c) 所示，是液体在重力作用下沿壁面下降形成液膜并与气体逆流或并流接触的一种吸收设备。具有如下特点：使用载热流体导人或导出反应的热量。特别适宜于较大热效应的气-液反应过程，是一种高效的直接利用反应热的设备；降膜反应器持液量很小，适用于瞬间和快速的反应过程；具有气相流动阻力小和无轴向返混的优点。然而，由于降膜塔中液体停留时间很短，它不适宜于慢反应和有固体物质生成的过程；液体成膜和均匀分布是降膜反应器的关键问题。

(4) 喷雾反应器

如图 7-1(d) 所示，通过塔顶的喷嘴将液相雾化后与气体并流或逆流接触的吸收设备。其特点是设备结构简单，塔内无构件，不存在设备堵塞的问题，可适用于有污泥、沉淀和生成固体产物的场合；由于持液量小，适用于瞬间快速反应和过程受气膜控制的情况；气相流动压降小，适合于压降成为主要矛盾的场合；例如，碱性溶液脱除 H_2S、磷酸和氨生成磷铵的过程。喷雾反应器存在储液量过低和液侧传质系数过小的缺点；同时由于雾滴在气流中的浮动和气流沟流的存在，气相和液相的返混都比较严重。

(5) 鼓泡反应器

如图 7-1(e) 所示，鼓泡反应器内充满液体，气体自反应器下方通入，通过气体分布器均布后呈气泡向上流动。其特点是结构简单，可内置换热元件，具有极高的储液量，因此适合于慢反应和放热量大的场合。鼓泡反应器液相轴向返混很严重，在不太大的高径比情况下，可认为液相处于理想混合状态，因此较难在单一连续反应器中达到较高的液相转化率，在高径比比较大时，气泡合并速度明显增加，相际接触面积迅速减小。为了解决这一问题，处理量较少的情况通常采用半间歇操作方式，处理量较大的情况则采用多级鼓泡反应器串联的操作方式，并且出现了多种鼓泡塔的改进形式——环流反应器，除此以外，鼓泡反应器尚有压降较大的缺点。

(6) 搅拌鼓泡反应器

如图 7-1(f) 所示，搅拌鼓泡反应器亦适用于慢速反应过程，尤其对高黏性的非牛顿型液体更为适用。它与鼓泡反应器的差别在于利用机械搅拌使气泡破碎成更小气泡，从而增加气-液接触面积，借助搅拌作用减弱了传质系数对流体的本身性质的依赖，使高黏性流体气-液反应以较快的速率进行。例如，生物化工中广泛使用的通气发酵罐就是典型的例子。主要缺点是反应器气-液两相均呈全混流，有时会严重降低反应器的体积效率；搅拌需消耗一定的动力，特别在高压操作时转动轴的密封往往是个难题。

(7) 高速湍动反应器

如图 7-1(g) 所示，喷射反应器、文氏反应器等属于高速湍动接触过程，由于持液量很小，气相传质系数较大，适合于瞬间反应并处于气膜控制的情况，如在文氏喷射器中用水吸收 NH_3 的过程。此时，由于湍动的影响，加速了气膜传递过程的速率。高速湍动反应器（例如喷射和文氏反应器）属于并流气-液接触设备，宜使用于不可逆反应的场合。各种反应器的特征参数汇总于表 7-1 中。

针对上述众多的气-液反应器，不能简单地套用化工原理课程中学习的气体吸收的计算方法。化学反应的存在对气-液两相的质量传递过程具有明显的影响。下面首先讨论气-液反应的特点、化学反应对气-液相际质量传递过程的影响和宏观动力学方程的建立，然后介绍鼓泡塔和填料塔反应器的设计计算。

表 7-1 气-液反应器的主要传递性能指标

型式		单位液相体积相界面积 a /(m^2/m^3)	液相体积分率 /ε_L	相界面积/反应器容积 $/\left(\frac{m^2}{m^3}\right)$	液相传质系数 /(m/s)	液相体积/膜体积 $\left(\frac{\varepsilon_L}{a\delta}\right)$
液膜型	填料塔	约 1200	0.05～0.1	60～120	$(0.3\sim2)\times10^{-4}$	40～100
	降膜塔	约 350	约 0.15	约 50		10～50
气泡型	泡罩塔	约 1000	0.15	150	$(1\sim4)\times10^{-4}$	40～100
	筛板塔(无降液管)	约 1000	0.12	120	$(1\sim4)\times10^{-4}$	40～100
	鼓泡塔	约 20	0.6～0.98	约 20	$(1\sim4)\times10^{-4}$	4000～10000
	通气搅拌釜	约 200	0.5～0.9	100～180	$(1\sim5)\times10^{-4}$	150～500
液滴型	喷雾反应器	约 1200	约 0.05	约 60	$(0.5\sim1.5)\times10^{-4}$	2～10
	文氏反应器	约 1200	0.05～0.1	60～120	$(5\sim10)\times10^{-4}$	

注：表中的数据是水-空气体系的实测值范围，若体系的黏度、表面张力等物性和水-空气体系差别较大，使用上述数据应慎重。

7.2 气-液反应的特点

对于气-液反应 $A(g)+\nu B(l)\rightarrow P$，其宏观历程为：①气体组分 A 从气相主体经气膜向气-液界面扩散并在界面处溶解；②溶解的组分 A 在继续向液相内部扩散的同时，与来自液相主体的组分 B 反应；③产物 P 若为液相则向低浓度方向扩散，若为气相则向气-液界面扩散。所以气-液反应过程既涉及传质又涉及反应过程，用于描述气-液两相间传质的模型有稳态扩散和非稳态扩散模型，前者具有代表性的是双膜模型，后者具有代表性的是溶质渗透模型和表面更新模型。双膜模型假定在气-液界面两侧各存在一个静止的膜，气侧称为气膜，液侧称为液膜，反应物的质量传递是通过膜的分子扩散过程，并且气-液传质阻力都集中在两膜之中。但在任何吸收过程中，由于流体流动，绝对静止的膜是不存在的，非稳态模型虽比稳态模型更能真实反映实际传质过程，但数学表达和处理比较烦琐。此外对实际过程用不同模型处理结果相差并不大（误差在 10%以内），因此下面仍以熟悉的双膜模型来描述气-液反应过程。根据扩散速率与反应速率的相对比值大小，气-液反应可分为瞬间反应、快速反应、中速反应和慢速反应四种类型，按照化学反应可分为不可逆和可逆反应两类。

(1) 瞬间反应

当组分 A 与 B 反应速率很大，它们在接触的瞬间即可反应完毕，其浓度变化趋势如图 7-2(a) 所示，反应仅需在液膜内某一平面（因反应极快，反应带的厚度趋于零）就可完成，此面称为反应面。由于反应产生浓度梯度，被吸收组分 A 和吸收剂中的活性组分 B 分别从气-液界面和液流主体扩散到反应面，以提供反应面反应物（A 和 B）的需要，当液流主体 B 的浓度逐步增加时，其反应面向气-液界面移动，当 B 的浓度达到一定值时，反应面与气-液界面重合，吸收速率达到最大，此时吸收速率受气膜传质控制，如图 7-2(b) 所示。

(2) 快速反应

当 A 与 B 的反应速率大于传递速率时，反应在液膜内完成，其典型的浓度分布如图 7-2(c) 所示，由于在液膜内的快速反应，使得 A 和 B 的浓度迅速降低，A 组分的浓度在液膜

内的某一位置 $c_{AL}=0$；当 B 组分的浓度较高时，在液膜中的扩散量远大于消耗量，在液膜中的浓度变化很小，如图 7-2(d) 所示，可近似按照浓度不变处理，化学反应动力学看成只与 A 组分浓度有关，按照拟一级或假一级反应处理，这在气-液反应动力学研究中经常使用，可使问题的处理大大简化。对于快速反应最重要的标志就是 $\left.\frac{dc_A}{dx}\right|_{x=\delta_L}=0$，其物理意义是在液膜边界处 A 组分的浓度梯度等于零，表明在液膜内反应进行完毕，不需要通过液膜扩散到液流主体。

(3) 中速反应

当组分 A 与 B 在液膜中的反应速率小于 A 通过气-液界面的传递速率时，反应不能在液膜中完成，需继续扩散到液流主体中进行，如图 7-2(e) 所示，此时 $\left.\frac{dc_A}{dx}\right|_{x=\delta_L}\neq0$；当 B 浓度很高时，浓度分布如图 7-2(f) 所示。

(4) 慢速反应

当组分 A 与 B 的反应速率很慢，在液膜中的反应量很少，以至于可以忽略，反应主要在液流主体中进行，可以分为两种情况，如果反应器的持液量很大，反应能够在液流主体中进行完毕，其浓度分布如图 7-2(g) 所示。根据双膜论的概念，此时 $c_{AL}\rightarrow0$；当反应器持液量很小，$c_{Ai}\approx c_{AL}$，浓度分布如图 7-2(h) 所示。

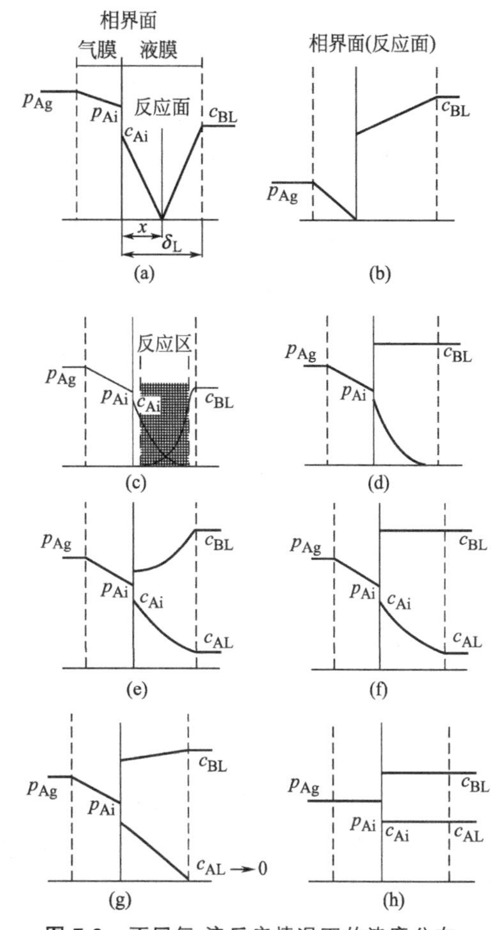

图 7-2 不同气-液反应情况下的浓度分布

7.3 化学反应对气-液传质的影响

对于带有化学反应的吸收过程，被吸收气体组分与来自液流主体的反应物在液膜中边扩散边反应，与物理吸收不同，其浓度随膜厚的变化为一向下弯的曲线，如图 7-3 所示。由于扩散速率可以用浓度梯度与扩散系数的乘积来表示，当扩散系数为常量时，液膜中的浓度梯度就可以间接度量扩散速率的大小。若液膜中没有反应发生（物理吸收），液膜中浓度变化为直线 DE（虚线），在气-液界面 D 点的斜率表示为$\overline{DE}$。若在液膜中有化学反应，曲线 DE（实线）在气-液界面 D 点的斜率表示为$\overline{DD'}$。很明显，$\overline{DD'}$的斜率大于$\overline{DE}$的斜率（绝对值），因此在液膜中进行化学反应将使吸收速率比纯物理吸收速率增大，若以 β 表示带有化学反应气-液吸收速率增强因子，则

$$\beta=\frac{\overline{DD'}\text{的斜率}}{\overline{DE}\text{的斜率}}>1 \tag{7-1}$$

或定义为：

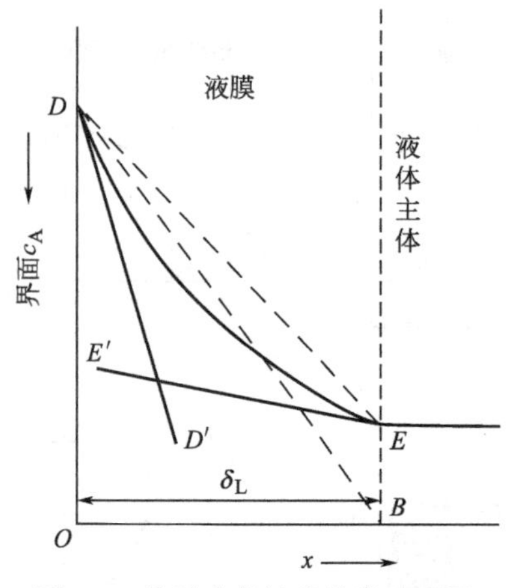

图 7-3　液膜中的浓度梯度示意图

$$\beta=\frac{\text{液膜内有化学反应时通过界面的传质速率}}{\text{单纯物理吸收时的传质速率}}$$

如果化学反应进行得很快，则被吸收组分在液膜中的浓度变化曲线将变得更向下弯曲，此时增强因子将会提高；反之，化学反应进行得慢，浓度曲线将更直一些，增强因子将会降低。

由 β 的定义可知，化学吸收增强因子确定后，带有化学反应的气-液吸收速率即可按物理吸收为基准进行计算

$$N_A=\beta k_L(c_{Ai}-c_{AL}) \tag{7-2}$$

气膜传质速率

$$N_A=k_g(p_{Ag}-p_{Ai}) \tag{7-3}$$

将式(7-2) 与气膜传质速率式(7-3) 及界面条件 $c_{Ai}=Hp_{Ai}$联解得

$$N_A=K_G(p_{Ag}-p_A^*)=K_L(c_A^*-c_{AL}) \tag{7-4}$$

此时

$$\frac{1}{K_G}=\frac{1}{k_g}+\frac{1}{\beta Hk_L},\quad p^*=\frac{c_{AL}}{H} \tag{7-5}$$

$$\frac{1}{K_L}=\frac{H}{k_g}+\frac{1}{\beta k_L},\quad c_A^*=Hp_{Ag} \tag{7-6}$$

由此可知，化学吸收增强因子的作用，将降低液相传质阻力的比例。如果反应足够快，β 足够大，液相传质阻力将降低至很小的数值，此时总传质阻力将由气膜阻力所决定。

当反应进行很快，在液膜中进行完毕，β 是大于 1 的。当反应进行得缓慢，在液流主体中的气体浓度比较高时，虽然按实际 c_{AL} 为基准计算的 β 值仍大于 1，但与按液流主体中 $c_{AL}=0$计算的物理吸收速率相比，可能出现 $\beta<1$ 的情况。在气-液反应宏观动力学研究中一般采用液流主体中 $c_{AL}=0$ 的纯物理吸收为比较基准。

7.4　气-液反应宏观动力学

对于气-液反应 A(g)＋νB(l)→P，实际表现出来的反应速率是包含扩散因素影响的反应速率，因此称为反应宏观动力学。

现以被吸收气体 A 和溶液中组分 B 进行不可逆反应为例，建立微分方程。

在离界面深度为 x 处取单位面积的微元液膜，如图 7-4 所示，其厚度为 dx。

从 x 处扩散进入的量　　$-D_{AL}\frac{dc_A}{dx}$

从 $x+dx$ 处扩散出的量　　$-D_{AL}\frac{dc_A}{dx}\Big|_{x+dx}$

反应消耗 A 的量　　$r_A dx$

定态时，对微元液膜内 A 组分进行物料衡算（单位时间进入 A 的量＝单位时间流出 A

的量＋单位时间反应 A 的量）

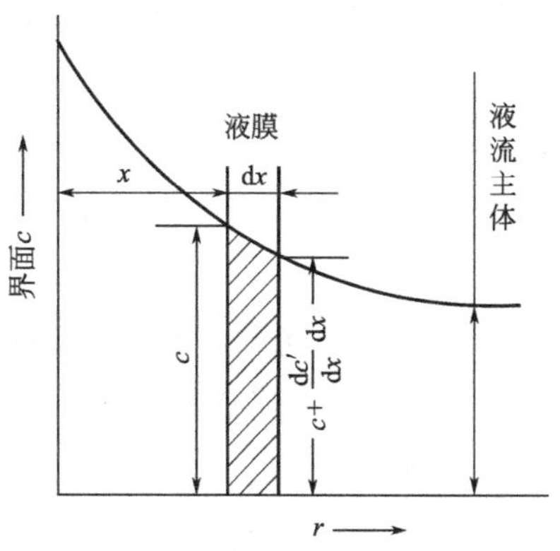

图 7-4 液膜中反应扩散微元简图

$$-D_{AL}\frac{dc_A}{dx}=-D_{AL}\frac{dc_A}{dx}\bigg|_{x+dx}+r_A dx \tag{7-7a}$$

当 $dx\to 0$ 时

$$\lim_{dx\to 0}\frac{\left(\frac{dc_A}{dx}\Big|_{x+dx}-\frac{dc_A}{dx}\Big|_x\right)}{dx}=\frac{r_A}{D_{AL}} \tag{7-7b}$$

即

$$\frac{d^2c_A}{dx^2}=\frac{r_A}{D_{AL}} \tag{7-7c}$$

同样，对于溶液中反应组分 B 在微元液膜内也可建立如下微分方程

$$\frac{d^2c_B}{dx^2}=\frac{\nu r_A}{D_{BL}} \tag{7-8}$$

上述微分方程的边界条件为：

当 $x=0$ 时，$c_A=c_{Ai}$，且 $\frac{dc_B}{dx}=0$（B 组分不挥发）

当 $x=\delta_L$ 时，$c_B=c_{BL}$，且组分 A 向液流主体扩散的量应等于在主体中反应的量，即

$$-D_{AL}\frac{dc_A}{dx}\bigg|_{x=\delta_L}=r_A(V-\delta_L)$$

式中，V 为单位传质表面的积液体积，m^3/m^2；$(V-\delta_L)$ 为传质表面的液流主体体积。显然，界面上 A 组分向液相扩散的速率即吸收速率为

$$N_A=-D_{AL}\frac{dc_A}{dx}\bigg|_{x=0} \tag{7-9}$$

为讨论问题方便，下面分以下几种情况讨论化学吸收速率表达形式。

7.4.1 一级不可逆反应

反应对 A 组分为一级，对 B 组分为零级，由式(7-7) 可得

$$\frac{d^2c_A}{dx^2}=\frac{k_1c_A}{D_{AL}} \tag{7-10a}$$

将上式无量纲化处理，并令 $\bar{c}_A=c_A/c_{Ai}$，$\bar{x}_A=x_A/\delta_A$，则式(7-10a) 变为

$$\frac{d^2\bar{c}_A}{d\bar{x}_A^2}=\delta_L^2\frac{k_1}{D_{AL}}\bar{c}_A=M\bar{c}_A \tag{7-10b}$$

根据式(7-8) 的边界条件，$\bar{x}_A=0$ 时，$\bar{c}_A=1$；$\bar{x}_A=1$ 时

$$-D_{AL}\frac{dc_A}{dx}\bigg|_{x_A=\delta_L}=k_1c_A(V-\delta_L) \tag{7-10c}$$

式(7-10b) 中

$$M=\delta_L^2\frac{k_1}{D_{AL}}=\frac{\delta_Lk_1}{k_L}=\frac{D_{AL}k_1}{k_L^2} \tag{7-11}$$

解方程得

$$N_A=\frac{k_Lc_{Ai}\sqrt{M}\left[\sqrt{M}(a_L-1)+\text{th}\sqrt{M}\right]}{(a_L-1)\sqrt{M}\,\text{th}\sqrt{M}+1} \tag{7-12}$$

若以纯物理吸收 $N_A=k_L c_{Ai}$ 为基准，根据式(7-1) 定义，增强因子 β 为

$$\beta=\frac{\sqrt{M}[\sqrt{M}(a_L-1)+\mathrm{th}\sqrt{M}]}{(a_L-1)\sqrt{M}\,\mathrm{th}\sqrt{M}+1} \tag{7-13}$$

式中，$V/\delta_L=a_L$，它代表了单位传质表面的液相容积（或厚度）与液膜容积（或厚度）之比。

由式(7-11) 可知，无量纲特征数 $\sqrt{M}$ 具有明确的物理意义，为液膜内的化学反应速率与纯物理吸收速率之比。它是气-液反应的重要参数，又称为八田数（Hatta 数），可作为气-液反快慢程度的判据：当 $\sqrt{M}>3$ 时，属于在液膜内进行的瞬间或快速反应过程；当 $\sqrt{M}<0.02$ 时，属于在液相主体中进行的慢反应过程；当 $0.02<\sqrt{M}<3$ 则为在液膜和液相主体中的反应都不能忽略的中速反应过程。

与处理气固相催化反应时所用的方法一样，如果把此吸收速率与液相均处于界面 c_{Ai} 浓度下的反应速率相比较，可得液相反应利用率 η。

$$\eta=\frac{N_A}{k_1 c_{Ai} V}=\frac{[\sqrt{M}(a_L-1)+\mathrm{th}\sqrt{M}]}{a_L\sqrt{M}[(a_L-1)\sqrt{M}\,\mathrm{th}\sqrt{M}+1]} \tag{7-14}$$

η 值的大小是对液相利用的程度的一种度量，如果液相反应利用率低，表示由于受传递过程限制而使液相主体 A 浓度比气-液界面低。对快速反应而言，液膜扩散往往不能满足反应的要求，液相主体 A 的浓度接近或等于零，此时 η 亦必然接近于零。如果反应进行较慢，组分 A 需扩散至液流主体中，借液相主体使反应进行完毕，此时，液相反应利用率 η 值较大。

由式(7-13) 和式(7-14) 可知，β 和 η 均为 a_L 和 $\sqrt{M}$ 的函数，下面将根据 a_L 和 $\sqrt{M}$ 值的大小，分别讨论几个特殊情况。

① 当反应速率很大，即 $\sqrt{M}>3$ 时，由双曲正切函数的性质可知，$\mathrm{th}\sqrt{M}\to 1$，在此条件下，式(7-13) 简化为

$$\beta=\sqrt{M}$$

代入式(7-12) 得

$$N_A=\sqrt{M}k_L c_{Ai}=\sqrt{k_1 D_{AL}}\,c_{Ai} \tag{7-15}$$

代入式(7-14) 得

$$\eta=\frac{1}{a_L\sqrt{M}} \tag{7-16}$$

由于液相体积远大于液膜体积，故 $\alpha_L\gg 1$，a_L 通常在 $10\sim10^4$ 之间，如填料塔 a_L 为 $10\sim100$，鼓泡塔 a_L 为 $100\sim10^4$，因 $\sqrt{M}$ 也远大于 1，故 η 是很小的数值，通常接近于零。这说明化学反应在液膜中进行完全，液相主体反应浓度即 $c_{AL}\to 0$。

② 虽尚未达快速反应（即 $\sqrt{M}$ 未大于 3)，但 a_L 很大，以至于从液膜中扩散到液流主体的 A 实际上已在液相主体中反应完毕（即 $c_{AL}=0$)，即当 $(a_L-1)\gg 1/\sqrt{M}\,\mathrm{th}\sqrt{M}$ 时，式(7-13) 则可简化为

$$\beta=\frac{\sqrt{M}}{\mathrm{th}\sqrt{M}} \tag{7-17}$$

此时 $\eta=1/(a_L\sqrt{M}\,\text{th}\sqrt{M})$，由于 a_L 很大，且 $c_{AL}\to 0$，故 η 值通常很小。应该指出：这里 $c_{AL}=0$ 的情况与快速反应 $c_{AL}=0$ 的情况不同，前者 $\left.\frac{dc_A}{dx}\right|_{x=\delta_L}\neq 0$，而后者 $\left.\frac{dc_A}{dx}\right|_{x=\delta_L}=0$。

③ 当反应速率很小，即 $M\ll 1$ 时，反应将在液流主体中进行，此时 $\text{th}\sqrt{M}\to\sqrt{M}$，则式(7-13)、式(7-14) 分别简化为

$$\beta=\frac{a_LM}{a_LM-M+1} \tag{7-18}$$

$$\eta=\frac{1}{a_LM-M+1} \tag{7-19}$$

式中，$a_LM=(\nu/\delta_L)(k_1\delta_L/k_L)=\nu k_1/k_L$，表示液相反应速率与液膜传递速率的相对大小。对于 $M\ll 1$ 的慢反应，但 a_L 值可能又很大，出现 a_LM 值可能远大于 1，也可能远小于 1 的两种极端情况。

如果反应器持液量很大，即使因反应速率很小以至于 M 值也很小，但 a_L 很大，也会使 $a_LM\gg 1$，例如鼓泡反应器，$M=0.05$，$a_L=1000$，$a_LM=50$，则 $\beta=0.98$，$\eta=0.0914$，这表示虽然是慢反应，但在液流主体化学反应已进行完全。$\beta\to 1$ 表示过程的宏观反应速率由物理吸收所决定。

如果 M 值和 a_L 值都小，使 $a_LM\ll 1$，例如，$M=0.01$，$a_L=10$，$a_LM=0.1$，则 $\beta=0.0917$，$\eta=0.917$，这表示液流主体远不能满足此反应的要求，过程的宏观速率由液相的化学反应速率决定，此时主体 c_{AL} 接近于 c_{Ai}，从而 $\beta\to a_LM$ 为很小的数值，$\eta\to 1$。

综上所述，不同反应速率的化学吸收过程，具有不同的特征。对化学反应速率大的吸收过程，反应常在邻近界面的液膜中进行完毕，其宏观吸收速率由式(7-15) 所决定。由该式可知，吸收速率仅取决于反应速率常数、扩散系数和界面被吸收组分的浓度，因此，欲提高吸收速率需从提高反应温度（反应速率常数和扩散系数增大）、降低气膜阻力以提高界面浓度 c_{Ai} 值，另外由吸收速率 N 的单位 [$\text{kmol}/(\text{m}^2\cdot\text{s})$] 可知，增大单位体积反应器的气-液接触面积也能有效地提高吸收速率，但加剧液相的湍动，减小液膜厚度，提高液膜传质分系数 k_L 以提高吸收速率效果不大；对慢速反应吸收过程，其反应主要在液流主体中进行。此时，采用持液量大的反应器是比较有利的。如果液流主体中的反应已能适应传递过程的要求（即 $a_LM\gg 1$），此时，吸收速率的表达形式为 $N_A=k_Lc_{Ai}$，一切有利于强化传质的措施，都会提高吸收速率；如果液流主体中的反应速率远较传递速率小（即 $a_LM\ll 1$），吸收速率可简化为 $N_A=\nu k_1c_{Ai}$，此时，改善反应条件、尤其是增加液相反应容积将是增大吸收速率的主要措施。

不同反应速率的化学吸收过程，具有不同的特征，强化吸收速率的方法和措施也不同。

7.4.2 不可逆瞬间反应

当 A 与 B 的反应速率远远大于 A 和 B 由液膜两侧向膜内的传质速率时，因反应极快，将导致 A 和 B 在液膜内不可能同时共存的情况，反应仅在液膜内的某一平面上完成，此平面称为反应面。被吸收组分 A 从界面方向扩散而来，吸收剂中活性组分 B 由液流主体扩散

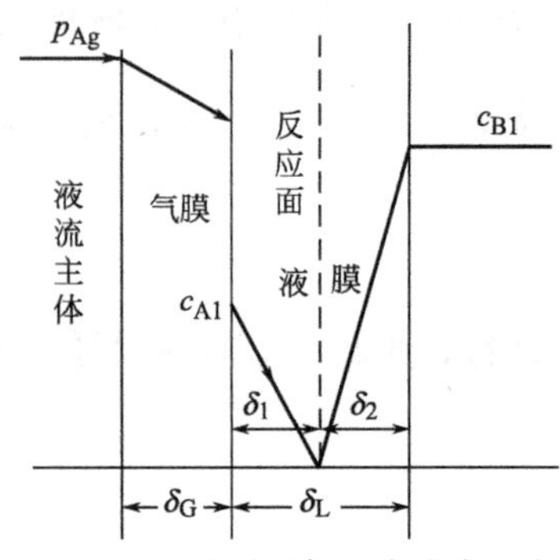

图 7-5 不可逆瞬间反应浓度分布

而来，其典型的浓度分布见图 7-5。

假设在反应面上进行如下反应

$$A+\nu B \longrightarrow Q$$

被吸收组分 A 扩散至反应面的速率为

$$N_A=\left(\frac{D_{AL}}{\delta_1}\right)c_{Ai}=\left(\frac{\delta_L}{\delta_1}\right)k_L c_{Ai} \tag{7-20}$$

式中，δ_1 为自界面至反应面的距离，m；δ_L 为液膜厚度，m。

反应物 B 由液流主体向反应面扩散速率为

$$N_B=\left(\frac{D_{BL}}{\delta_L}\right)c_{BL}=\left(\frac{\delta_L}{\delta_2}\right)\left(\frac{D_{BL}}{\delta_L}\right)c_{BL} \tag{7-21}$$

式中，δ_2 为反应面至液流主体的距离，m。

扩散至反应面的 A 和 B 的量必满足化学计量，即 $\nu N_A=N_B$，利用 $\delta_1+\delta_2=\delta_L$ 的关系，消去 δ_1 和 δ_2，可得

$$N_A=\left(1+\frac{D_{BL}c_{BL}}{\nu D_{AL}c_{Ai}}\right)k_L c_{Ai} \tag{7-22}$$

根据前面介绍的增强因子定义，可得

$$\beta=1+\frac{D_{BL}c_{BL}}{\nu D_{AL}c_{Ai}} \tag{7-23}$$

由式(7-23) 可以看出，对于瞬间反应过程，增强因子实质上表示吸收组分和被吸收组分相对扩散速率大小。

比较式(7-20) 和式(7-22)，增强因子也可表示为 $\beta=\delta_L/\delta_1$。

由式(7-23) 可知，增大 c_{BL} 可提高吸收速率，这是由于随着组分 B 浓度的增大，使反应面往气-液界面移动，减少了被吸收组分的扩散距离，因此增大了吸收速率。

但当 c_{BL} 增加到一定值时，一定会出现 $c_{Ai}=0$ 的极限情况，此时反应面与相界面重叠，在这种情况下，吸收速率完全受气膜传质控制，吸收过程将以最大速率 $N_A=k_g p_{Ag}$ 进行。与此相对应的 B 组分的浓度称为临界浓度，用 $(c_{BL})_c$ 表示。由化学计量关系可知，在定态条件下有

$$N_B=\left(\frac{D_{BL}}{\delta_L}\right)[(c_{BL})_c-0]=\nu N_A=\nu k_g p_{Ag}$$

可得

$$(c_{BL})_c=\left(\frac{\nu k_g}{k_L}\right)\left(\frac{D_{AL}}{D_{BL}}\right)p_{Ag} \tag{7-24}$$

当 $c_{BL}\geqslant(c_{BL})_c$ 时，过程完全受气膜传递控制，吸收速率为

$$N_A=k_g p_{Ag} \tag{7-25}$$

当 $c_{BL}<(c_{BL})_c$ 时，吸收速率由气膜和液膜传质共同决定，利用气膜传递速率式 $N_A=k_g(p_{Ag}-p_{Ai})$，结合界面平衡条件 $c_{Ai}=Hp_i$ 与式(7-22) 联解，消去界面条件 c_{Ai}、p_{Ai} 得

$$N_A=\frac{p_{Ag}+\dfrac{D_{BL}}{\nu HD_{AL}}c_{BL}}{\dfrac{1}{Hk_L}+\dfrac{1}{k_g}} \tag{7-26}$$

7.4.3 二级不可逆反应

假设被吸收组A与吸收剂活性组分B发生二级不可逆反应，反应为$A+\nu B\rightarrow Q$，此时必须考虑吸收剂活性组分B在液膜中的变化。其浓度变化见图7-6。

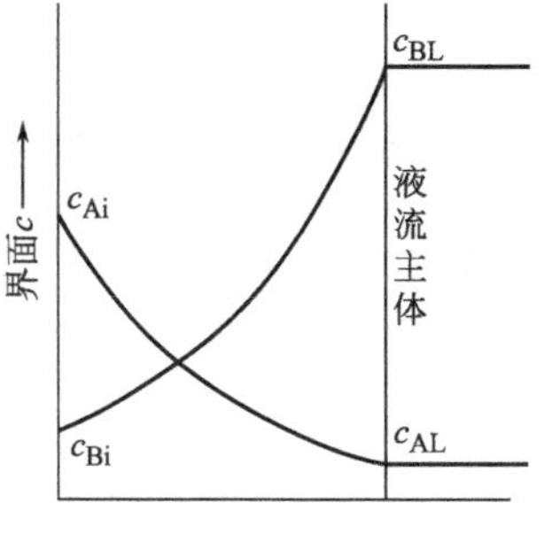

图 7-6 二级不可逆反应浓度分布示意图

在液膜内同时对A和B进行物料衡算，得到两个微分方程，它们是

$$D_{AL}\frac{d^2c_A}{dx^2}=k_2c_Ac_B \tag{7-27}$$

$$D_{BL}\frac{d^2c_B}{dx^2}=\nu k_2c_Ac_B \tag{7-28}$$

边界条件　　$x=0$，$c_A=c_{Ai}$；$c_B=c_{Bi}$；$\frac{dc_B}{dx}=0$

$x=\delta_L$，$c_A=0$；$c_B=c_{BL}$

上述方程无解析解，但当$c_{AL}=0$时，即液流主体反应进行完毕，并且在近界面反应区内B浓度可近似认为不变，取界面c_{Bi}数值的情况下可得近似解（误差在10%以内）。

$$\beta=\frac{\sqrt{M\frac{\beta_i-\beta}{\beta_i}}}{\text{th}\sqrt{M\frac{\beta_i-\beta}{\beta_i}}} \tag{7-29}$$

式中，八田数$\sqrt{M}=\sqrt{D_{AL}k_2c_{BL}}/k_L$；$\beta_i=1+D_{BL}c_{BL}/(\nu D_{AL}c_{Ai})$，$\beta_i$为瞬间反应增强因子，它表征了吸收组分A与活性组分B的扩散速率的相对大小。

由于β［式(7-29)］是一个隐函数形式，求解不便，作以β_i为参变量的β-$\sqrt{M}$图，见图7-7。只要知道M和β_i的数值，从图可直接读取β的数值。

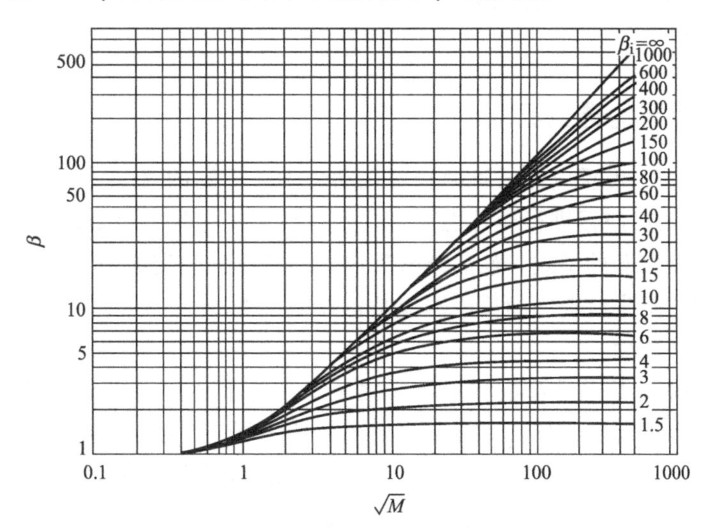

图 7-7 二级不可逆反应的增强因子

由图7-7可见两种极端情况。

① 如果液膜中B的扩散远大于反应的消耗量，则液膜中组分B的浓度可认为恒定值，

这就成为拟一级快反应。由图 7-7 可见，当$\beta_i>2\sqrt{M}$时，其增大因子β落在图 7-7 中 45°斜线之上，$\beta=\sqrt{M}$，所以$\beta_i>2\sqrt{M}$即为二级反应按拟一级速反应处理的必要条件。

② 如果反应速度常数k_2很大，而组分 B 的供应又很不充分时，若$\sqrt{M}>10\beta_i$，由图 7-7可见，此时所有曲线都与横坐标平行，落在水平线上，这时$\beta=\beta_i$，所以二级反应过程可按瞬间反应来处理的必要条件为$\sqrt{M}>10\beta_i$。

【例 7-1】 以 NaOH 溶液吸收 CO_2，NaOH 浓度 $0.5kmol/m^3$，界面上 CO_2 浓度为 $0.04kmol/m^3$，$k_L=1\times10^{-4}m/s$，$k_2=1\times10^4m^3/(kmol\cdot s)$，$D_{AL}=1.8\times10^{-9}m^2/s$，$D_{BL}/D_{AL}=1.7$。试求吸收速率，若假设界面 CO_2 浓度保持不变，NaOH 浓度为多少时可按拟一级反应来处理，多少时可作瞬间反应来处理。

解
$$\sqrt{M}=\sqrt{D_{AL}k_2c_{BL}}/k_L=\sqrt{0.5\times10^4\times1.8\times10^{-9}}/10^{-4}=30$$
$$\beta_i=1+D_{BL}c_{BL}/(\nu D_{AL}c_{Ai})=1+1.7\times0.5/(2\times0.04)=11.6$$

查图 7-7 得$\beta=9$，则吸收速率为

$$N_A=\beta k_Lc_{Ai}=9\times10^{-4}\times0.04=3.6\times10^{-5}kmol/(m^2\cdot s)$$

可作一级反应来处理的条件为

$$\beta_i>2\sqrt{M}\text{，即 }1+D_{BL}c_{BL}/(\nu D_{AL}c_{Ai})>2\times30$$

代入数据得$1+1.7c_{BL}/(2\times0.04)>60$，故$c_{BL}>2.78kmol/m^3$。

可作瞬间反应来处理的条件为$\sqrt{M}>10\beta_i$，即$30>10[1+1.7c_{BL}/(2\times0.04)]$，可得$c_{BL}<0.09kmol/m^3$。

7.5 气-液反应器选型和设计

7.5.1 气-液反应器的选型原则

前面已经介绍了气-液反应器的类型和宏观动力学。不同的气-液反应，需在不同的反应设备中实现。对气-液反应器进行设计之前，首先应根据工业生产的要求和气-液反应系统的特征来选择正确的反应器的型式，然后结合反应器的特性来确定能满足生产任务要求的反应器的几何尺寸。归纳起来所选择的反应器应具备以下条件。

(1) 较高的生产强度

生产强度是气-液反应器选型的主要依据之一，它是单位时间内单位体积反应器所能生产的产品量。首先要求反应器型式适合反应系统特性的要求，吸收反应的控制步骤不同，采取的过程强化措施也不同，例如：①对于βH很大的瞬间反应，过程阻力主要集中在气相，属于气膜控制的系统，应该选择气相容积传质系数大的反应器，即采用液体分散成微细的液滴并与高速的气体相接触的设备，如喷射和文氏反应器较为适用；②对于快速反应系统，反应是在近气-液界面的反应带中进行，选择具有气-液接触比表面大的反应器，同时也应具备一定的液相传质系数，如填料反应器和板式反应器比较适合；③对于慢反应过程，反应主要

在液相主体完成，气-液反应属于化学动力学控制，选用液相反应容积较大的设备，如鼓泡和搅拌鼓泡反应器为宜。

(2) 选择性高

反应器的选型应有利于抑制副反应的发生。例如，如果是平行副反应，副反应较主反应为慢，则可采用储液量较少的设备，以抑制液相主体进行的副反应发生。如果副反应为连串反应，则应在采用液相返混程度较少的设备（如填料和板式反应器）进行反应，或采用半间歇（液体间歇加入和取出）反应器。

(3) 能量综合利用合理

反应器选型和设计应该考虑能量综合利用并尽可能回收系统能量。考虑反应热和过程显热的回收和利用将是一个重要问题，如采用降膜塔到回收尿素生产中。NH_3 和 CO_2 生成氨基甲酸的反应热。如果气-液反应在加压下进行，则应考虑反应过程的压力能的综合利用。如大型合成氨脱碳工段产生压力为 2.7MPa 富液来驱动水利涡轮机。

(4) 良好的操作稳定性和维修方便

气-液反应绝大部分是放热的，如何控制反应温度，是经常碰到的实际问题。可采用搅拌鼓泡反应器、板式塔和鼓泡反应器内安装冷却盘管来实现。但在填料反应器中，排除反应热比较困难；如果希望气相反应物反应完全，宜选用填充床和多级鼓泡等反应器型式；如果希望液相转化率高，宜采用能在较低液体流率操作的反应器，如鼓泡反应器、搅拌鼓泡反应器和板式反应器。但填充床反应器、降膜反应器和喷射型反应器不能适应这种工况的要求。例如，当喷淋密度低于 $3m^3/(m^2 \cdot h)$ 时，填料就不会全部润湿，造成反应器不能正常操作。另外有固体物质生成的反应宜选用鼓泡反应器、搅拌鼓泡反应器和板式反应器及喷雾反应器。

上述条件的实现与气-液反应的动力学特征和气-液反应器的特性及其经济性密切相关。在工业生产中，反应器选型和设计需放在整个工艺系统综合考虑，达到最佳型式的选择。

7.5.2 气-液反应器设计

反应器设计主要解决的问题之一就是在已知的工艺参数如温度、压力、进出口组成、气-液流量及气-液反应宏观动力学的前提条件下，计算反应器体积，若塔径一定，实际上就是求气-液混合物的高度。和其他化工装置相同，气-液反应器的设计也包括两个方面内容：首先根据气-液反应体系的动力学特征和体系的特点来选择合适的反应器型式，然后根据反应器的传递特性、吸收动力学以及给定的生产任务确定反应器的几何尺寸。目前最常用的方法之一是根据气相和液相在反应器中的流体力学、动力学、传质和传热特性结合参与反应的各个组分在气-液两相分别进行物料和热量衡算，建立设计方程，其基本原理和方法与均相反应体系是相同的，只是需要对参与反应的各个组分进行物料和能量衡算。就流动模型建立的设计方程可以分为如下三种类型。

① 气-液两相均为全混流的设计方程（CSTR）；

② 气-液两相均为平推流的设计方程（PFR）；

③ 气相为平推流（PFR）、液相为全混流的设计方程（CSTR）。

在综上所述的各种气-液反应器中，鼓泡反应器和填充床反应器是工业生产中较普遍使用的类型，具有一定的代表性，下面着重介绍这两类气-液反应器的设计。

7.5.2.1 鼓泡反应器设计

鼓泡反应器具有结构简单，操作和维修费用低等优点。在反应器内气体通过鼓泡反应器底部的分布器以气泡的形式穿过液层，以此形成气-液反应需要的相界面并对液体起着强烈的搅拌作用，使液体呈湍动状态。

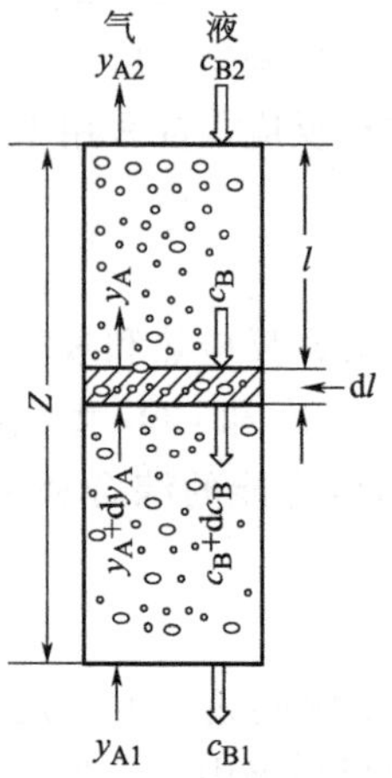

图 7-8 鼓泡反应器示意

图 7-8 示出了计算所用的符号。为简化计算起见，提出如下计算依据：①设塔内气体呈平推流，液体呈全混流；②假定单位体积气-液混合物的相界面积 a 不随位置而变，在操作过程中液体物性参数保持不变；③当鼓泡床层阻力大于总压 30%时，必须考虑压力随塔高而变，设鼓泡反应器塔顶气相压力为 p_t，气含率为 ε_G，鼓泡床层总高度为 Z，则离气相出口高度 l 处的压力为

$$p=p_t+\rho_L g(1-\varepsilon_G)L \tag{7-30}$$

若气-液反应为 $A(g)+\nu B(l)\longrightarrow P$

设气体空塔摩尔流量为 G，是一个随塔内不同高度变化的量，惰性气体空塔摩尔流量为 G'，y_A 为气相中组分 A 的摩尔比，y_A^* 为液相主体中反应达到平衡时组分 A 的平衡摩尔分率，a 为单位体积气-液相界面积，由物料衡算得

$$G'=G(1-y_A)$$

组分 A 流量
$$G_A=Gy_A=\frac{G'}{1-y_A}y_A$$

在距上界面 l 处取一单元高度 dl，对于微元体作组分 A 的物料衡算可得

$$dG_A=d\left(\frac{G'}{1-y_A}y_A\right)=(N)a\,dl \tag{7-31}$$

由式(7-4) 与式(7-31) 可得

$$-G'd\left(\frac{y_A}{1-y_A}\right)=K_G ap(y_A-y_A^*)dl$$

式中，$\frac{1}{K_G}=\frac{1}{k_g}+\frac{1}{\beta Hk_L}$。对其积分得

$$\int_0^Z p\,dl=\int_{y_{A2}}^{y_{A1}}\frac{G'dy_A}{K_G a(1-y_A)^2(y_A-y_A^*)} \tag{7-32}$$

将式(7-29) 代入式(7-32) 中，若为不可逆反应 $y_A^*=0$。积分得

$$Z\left(1+\frac{\alpha_p}{2}\right)=\frac{G'}{p_t}\int_{y_{A2}}^{y_{A1}}\frac{dy_A}{K_G a(1-y_A)^2 y_A} \tag{7-33}$$

式中，$\alpha_p=\rho_L g(1-\varepsilon_G)L/p_t$。

若为不可逆反应 $y_A^*=0$，且 $K_G a$ 为常量，则式(7-33) 可分部积分得

$$p_t Z\left(1+\frac{\alpha_p}{2}\right)=\frac{G'}{K_G a}\left[\ln\frac{y_{A1}(1-y_{A2})}{y_{A2}(1-y_{A1})}+\frac{1}{1-y_{A1}}-\frac{1}{1-y_{A2}}\right] \tag{7-34}$$

若当鼓泡反应器高度较低而操作压力又较高，最大静压头与塔顶压力之比小于 0.3，可视为等压反应过程，则式(7-32) 变为

$$Z=\frac{G'}{K_{G}ap_{t}}\left[\ln\frac{y_{A1}(1-y_{A2})}{y_{A2}(1-y_{A1})}+\frac{1}{1-y_{A1}}-\frac{1}{1-y_{A2}}\right] \tag{7-35}$$

若为不可逆反应，且气体中组分 A 的浓度较小，则 $G\approx G'$，$1-y_{A1}\approx 1$，$1-y_{A2}\approx 1$，式(7-35) 简化成

$$Z=\frac{G}{pK_{G}a}\ln\frac{y_{A1}}{y_{A2}} \tag{7-36}$$

式(7-36) 表示了气相浓度与鼓泡塔高度的关系。

鼓泡塔内除气-液混合物所占的空间外，还应包括气-液分离空间及传热元件所占的体积。实际的塔高应按这三部分体积之和求得。气-液分离空间一般可按气-液混合物体积的1/3计算。如操作气速甚高，则需装设气-液分离器，这时气-液分离空间要相应加大。

鼓泡反应器一般适用于慢反应过程，如果溶解度系数 H 也较小时，则气膜传质阻力可以忽略，此时 $K_{G}=\beta Hk_{L}$。

通过以上讨论可知，在鼓泡反应器计算时需要一些参数，如比相界面积 a，气含率 ε_{G}，液相传质系数 k_{L} 等，可用下列经验式计算。

(1) 气泡直径

当空塔气速在"安定区"操作时，此时对于空气-水体系，空气的空塔气速在 $(5\sim6)\times 10^{-2}$ m/s 时，气体通过分布器小孔时首先在孔口上形成小气泡，而后逐渐长大直至所形成气泡的浮力刚能克服液体表面张力时，气泡离开分布器并在液相内作向上的浮升运动。此时气泡直径可以用式(7-37) 计算

$$d_{b}=1.82\left[\frac{d_{o}\sigma}{(\rho_{L}-\rho_{G})\ g}\right] \tag{7-37}$$

式中，d_{b} 为气泡直径，cm；d_{o} 为分布器孔直径，cm；σ 为表面张力，mN/m；ρ_{L}、ρ_{G} 为液体和气体密度，g/cm^3。

实际上大气泡并非球形，而是笠帽状，并且是螺旋式摆动上升，在鼓泡塔内大小不一，在计算时采用平均直径及当量比表面积平均直径（d_{vs}），其计算公式如下

$$\frac{d_{vs}}{D_{R}}=26\left(\frac{gD_{R}^{2}\rho_{L}}{\sigma_{L}}\right)^{-0.5}\left(\frac{gD_{R}{}^{3}\rho_{L}^{2}}{\mu_{L}^{2}}\right)^{-0.12}\left(\frac{u_{OG}}{\sqrt{gD_{R}}}\right)^{-0.12} \tag{7-38}$$

式中，D_{R} 为鼓泡塔内径；u_{OG}为鼓泡塔表观气速；σ_{L} 为液体表面张力。

(2) 气含量

气-液鼓泡反应器的气含量是指塔内气-液混合物中，气体所占的平均体积分率。

对于直径大于 15cm 的鼓泡塔，气含率关联式为

$$\frac{\varepsilon_{G}}{(1-\varepsilon_{G})^{4}}=C\left(\frac{u_{OG}\mu_{L}}{\sigma_{L}}\right)\left(\frac{\rho_{L}\sigma_{L}^{3}}{g\mu_{L}^{4}}\right)^{7/24} \tag{7-39}$$

对于纯水和非电解质 $C=0.2$，对电解质 $C=0.25$。

(3) 液膜传质系数

液膜传质系数可用式(7-40) 计算

$$\frac{k_{L}d_{b}}{D_{AL}}=0.5\left(\frac{\mu_{L}}{D_{AL}\rho_{L}}\right)^{0.5}\left(\frac{gd_{b}^{3}\rho_{L}^{2}}{\mu_{L}^{2}}\right)^{0.25}\left(\frac{gd_{b}^{2}\rho_{L}}{\sigma_{L}}\right)^{0.375} \tag{7-40}$$

(4) 气-液传质比表面积

气-液传质比表面积可用式(7-41) 计算

$$a=\frac{6\varepsilon_G}{d_{vs}} \tag{7-41}$$

【例 7-2】 邻二甲苯在鼓泡塔中用空气进行氧化，反应温度为160℃，压力为1.378MPa（绝），已知鼓泡塔直径2m，氧加料速率51.5kmol/h，氧与邻二甲苯的反应速率常数 $k_1=1s^{-1}$，出口气相氧分压0.0577MPa，氧在邻二甲苯中的扩散系数为 $1.44\times10^{-9}m^2/s$，氧的溶解度系数为 $7.88\times10^{-2}kmol/(m^3\cdot MPa)$，若视为等压过程，求反应器高度（不考虑气膜阻力）。邻二甲苯的基础数据：$\rho_L=750kg/m^3$，$\sigma_L=16.5\times10^{-3}N/m$，$\mu_L=0.23\times10^{-3}Pa\cdot s$。

解： 按气相为平推流、液相为全混流的简化模型考虑，反应条件下空气的加料速率为

$$(51.5/0.21)\times22.4\times(433/273)\times(0.1013/1.378)=640\ (m^3/h)$$

表观气速
$$u_{OG}=\frac{640}{3600\times\pi\times1^2}=0.0566\ (m/s)$$

气泡直径按式(7-38) 计算

$$d_{vs}=26\times2\times\left(\frac{9.81\times2^2\times750}{16.5\times10^{-3}}\right)^{-0.5}\left[\frac{9.81\times2^3\times750^2}{(0.23\times10^{-3})^2}\right]^{-0.12}\times\left[\frac{0.0566}{(9.81\times2)^{0.5}}\right]^{-0.12}$$
$$=1.064\times10^{-3}\ (m)$$

由式(7-39) 计算气含率

$$\frac{\varepsilon_G}{(1-\varepsilon_G)^4}=0.2\left(\frac{0.0566\times0.23\times10^{-3}}{16.5\times10^{-3}}\right)\left[\frac{750\times(16.5\times10^{-3})^3}{9.81\times(0.23\times10^{-3})^4}\right]^{7/24}=0.2706$$

经试差解得
$$\varepsilon_G=0.1447$$

比表面积
$$a=\frac{6\varepsilon_G}{d_{vs}}=\frac{6\times0.1447}{1.064\times10^{-3}}=816\ (m^2/m^3)$$

液膜传质系数可由式(7-40) 计算

$$k_L=\frac{1.44\times10^{-9}}{1.064\times10^{-3}}\times0.5\times\left(\frac{0.23\times10^{-3}}{750\times1.44\times10^{-9}}\right)^{0.5}\times$$
$$\left[\frac{9.81\times(1.064\times10^{-3})^3\times750^2}{(0.23\times10^{-3})^2}\right]^{0.25}$$
$$\left[\frac{9.81\times(1.064\times10^{-3})^2\times750}{16.5\times10^{-3}}\right]^{0.375}$$
$$=2.67\times10^{-4}\ (m/s)$$

$$M=\frac{D_{AL}k_1}{k_L^2}=\frac{1.44\times10^{-9}\times1}{(2.67\times10^{-4})^2}=2.02\times10^{-2}$$

由 M 值可知，此反应为慢反应

$$a_L=\frac{V}{\delta_L}=\frac{k_L}{D_{AL}a}=\frac{2.67\times10^{-4}}{1.44\times10^{-9}\times816}=226.5$$

$$\beta=\frac{a_LM}{a_LM-M+1}=\frac{226.5\times0.0202}{226.5\times0.0202-0.0202+1}=0.82$$

将上述值代入式(7-35) 计算鼓泡塔高度。

$$G'=51.5\times\frac{0.79}{0.21}\times\frac{1}{3600\times\pi\times1^2}=0.0171\ [kmol/(m^2\cdot s)]$$

$K_G \approx \beta H k_L = 0.82 \times 7.88 \times 10^{-2} \times 2.67 \times 10^{-4} = 1.725 \times 10^{-5}$ [kmol/(m² · MPa · s)]

进口气相浓度 $y_{A1}=0.21$（空气），出口气相浓度 $y_{A2}=0.0577/1.378=0.042$，故

$$Z = \frac{0.0171}{1.378 \times 1.725 \times 10^{-5} \times 816}\left[\ln\frac{0.21(1-0.042)}{0.042(1-0.21)} + \frac{1}{1-0.21} - \frac{1}{1-0.042}\right]$$

$$= 0.882 \times 2.024$$

$$= 1.79\text{m}$$

鼓泡层高度 $L' = 1.79 \times (1+0.1447) = 2.05$ (m)

7.5.2.2 填料塔设计

填料塔式反应器是工业生产过程中进行气-液反应最常见的反应器类型之一，通常用于中、快速和瞬间吸收过程，在压降成为主要矛盾的常、低压系统和具有腐蚀性介质的体系和反应介质容易起泡时采用填料塔尤为合适。填料塔作为反应器时，其过程设计的主要任务是选择合适的填料，在此基础上确定为了达到生产能力所需要的填料层高度和直径。

建立填料塔式反应器的模型时通常假定气-液两相为平推流，虽然有些学者发现轴向返混影响不能忽略。但是由于尚未有较好的模型加以预测，因此在填料塔实际设计过程中基本上沿用平推流模型，并且这种假设在大多数情况下是成立的。因此这一简化模型得到了广泛的应用。

有关填料塔径的计算与化工原理中介绍的填料塔的计算相同，首先计算出液泛空塔气速，然后取液泛气速的 0.6～0.8 倍作为填料塔的空塔气速，由此计算出塔径。

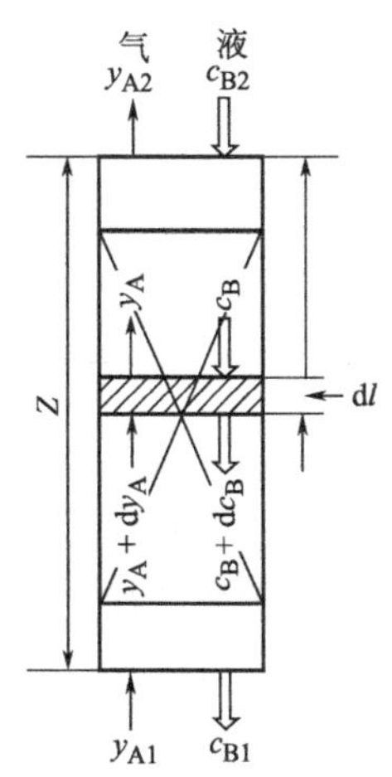

图 7-9 填料塔示意图

由于填料塔（图 7-9）压降较小，可以忽略反应器压力的变化，视为等压过程。

若气-液反应为

$$A(g) + \nu B(l) \rightarrow P$$

设气体空塔摩尔流量为 G，是一个随塔内不同高度变化的量，惰性气体空塔摩尔流量为 G'，液体摩尔流率为 L，y_A 为气相中组分 A 摩尔分数，y_{A1}、y_{A2} 分别为进出口组分 A 摩尔分数，y_A^* 为液相主体中反应达到平衡时组分 A 的平衡摩尔分数，c_t 为液相总摩尔浓度，c_{B2}、c_{B1} 分别为液相进出口吸收剂组分 B 摩尔浓度，c_B 为液相组分 B 摩尔浓度，a 为单位体积气-液传质比表面积，由物料衡算

$$G' = G(1-y_A)$$

组分 A 摩尔流量 $$G_A = G y_A = \frac{G'}{1-y_A} y_A$$

对塔顶到塔内任意截面作物料衡算

$$G(y_A - y_{A2}) = \frac{L}{\nu c_t}(c_{B2} - c_B) \tag{7-42}$$

$$G \mathrm{d} y_A = \frac{L}{\nu c_t} \mathrm{d} c_B \tag{7-43}$$

在距上界面 l 处取一微单元，高度为 $\mathrm{d}l$，对于微元体作组分 A 和 B 的物料衡算可得

$$\mathrm{d}G_A = \mathrm{d}\left(\frac{G'}{1-y_A} y_A\right) = \frac{L}{\nu c_t} \mathrm{d} c_B = (N)\ a \mathrm{d}l \tag{7-44}$$

由式(7-4) 与式(7-44) 可得

$$-G'\mathrm{d}\left(\frac{y_A}{1-y_A}\right)=\frac{L}{\nu c_t}\mathrm{d}c_B=K_G a p\ (y_A-y_A^*)\ \mathrm{d}l \tag{7-45}$$

式中，$\frac{1}{K_G}=\frac{1}{k_g}+\frac{1}{\beta H k_L}$。对其积分得

$$Z=\frac{G'}{p}\int_{y_{A1}}^{y_{A2}}\frac{\mathrm{d}y_A}{K_G a(1-y_A)^2(y_A-y_A^*)}=\frac{L}{\nu c_t p}\int_{c_{B1}}^{c_{B2}}\frac{\mathrm{d}c_B}{K_G a(y_A-y_A^*)} \tag{7-46}$$

从式(7-46) 可以看出，由于在整个塔内随着化学反应的进行，塔内的温度和浓度一般均有变化，可根据式(7-42) 计算出气相组分与液相组分间的沿定量关系；如果反应热效应比较大，作为非等温处理，在建立组成定量关系的基础上，进行热量衡算，确定液相温度的相应变化；根据液相组分浓度和温度及不同的吸收模型，确定沿塔高不同点的增强因子 β 和相应的气-液膜传质系数，从而按式(7-4) 可以计算相应的 K_G，然后根据式(7-46) 进行图解积分或数值积分，得到塔高。在计算填料塔塔高时涉及组分 A 在气相和液相的传质系数，可通过实验确定，也可用以下两式计算

$$\frac{k_g p}{G}=\frac{5.33}{M_A}(d_0)^{-1.7}\left(\frac{G d_0}{\mu_G}\right)^{-0.3}\left(\frac{\mu_G}{\rho_G D_{AG}}\right)^{-2/3} \tag{7-47}$$

$$k_L\left(\frac{\rho_L}{\mu_L g}\right)^{1/3}=0.005\left(\frac{G_L}{\alpha_W \mu_L}\right)^{2/3}\left(\frac{\mu_L}{\rho_L D_{AL}}\right)^{-1/2}(d_0)^{0.4} \tag{7-48}$$

式中，G、G_L 分别为气体和液体质量流速；M_A 为 A 组分分子量；d_0 为填料当量直径；D_{AG}、D_{AL}为 A 组分在气相和液相中的扩散系数；α_W 为单位填料堆积体积的浸润面积，它与填料层的比表面积 α_t 有如下关系

$$\frac{\alpha_W}{a_t}=1-\exp\left[-1.45\left(\frac{\sigma_c}{\sigma_L}\right)^{0.75}\left(\frac{G_L}{\sigma_t \mu_L}\right)^{0.1}\left(\frac{\alpha_t G_L^2}{\rho_L^2 g}\right)^{-0.05}\left(\frac{G_L^2}{\rho_L \sigma_L \mu_L}\right)^{0.2}\right] \tag{7-49}$$

式中，σ_L、σ_c 分别为液相表面张力和临界表面张力。

对于某些复杂系统，由于气-液反应动力学、化学平衡及扩散系数等数据的缺乏，尚不能作完善的计算，目前仅能对一些比较简单的体系进行计算，现分述如下。

(1) 液体 βH 很大而全塔处于气膜控制

当反应为瞬间反应，如多数碱液的脱硫过程等，液相中 B 的浓度大于临界值时；或快速反应 β 值很大，因而 $\beta H k_L \gg k_g$，如果气相中组分 A 较低时，则式(7-46) 可以简化为

$$Z=\frac{G}{p k_g a}\int_{y_{A2}}^{y_{A1}}\frac{\mathrm{d}y}{y_A-y_A^*} \tag{7-50}$$

如果进行不可逆反应 $y_A^*=0$，则

$$Z=\frac{G}{p k_g a}\ln\frac{y_{A1}}{y_{A2}} \tag{7-51}$$

(2) 快速拟一级不可逆反应

对于快速一级不可逆反应体系，反应在液膜内进行完毕，增强因子 $\beta=\sqrt{M}=\sqrt{k_2 c_{BL} D_{AL}}/k_L$，$c_{BL}$沿塔高有变化，$\beta$ 值不能认为常量的等温逆流过程的塔高计算式

$$Z=\frac{G}{k_g a p}\ln\frac{y_{A1}}{y_{A2}}+\frac{G}{H\sqrt{k_2 c_{BL} D_{AL}}\,a p}\times\frac{1}{e}\ln\frac{(e+1)(e-b)}{(e-1)(e+b)} \tag{7-52}$$

式中 $e=\sqrt{1+z(y_{A2}/y_{A1})}$，$b=\sqrt{1+z(y_{A2}/y_{A1})-z}=\sqrt{c_{B2}/c_{B1}}$，$z=\dfrac{\nu G y_{A1}}{V_L c_{B1}}$。$c_{B1}$、$c_{B2}$分别为进出反应器组分B的浓度；$V_L$ 为塔中液体喷淋密度，$m^3/(m^2\cdot s)$。

从式(7-52) 可以看到，如果 $\beta H k_L \gg k_g$，即 $H\sqrt{k_2 c_{BL} D_{AL}} \gg k_g$，则式(7-52) 的第二项可以忽略，简化为气膜控制式(7-51)。

【例 7-3】 温度20℃，压力1.5MPa下，用1.5kmol/m³浓度的NaOH溶液在填料塔式反应器中逆流吸收1%含量的CO_2气体。已知塔径为0.8m，每日处理气量为80000m³(STD)，碱液流量为3m³/h，$k_g=23.5\text{kmol}/(m^2\cdot\text{MPa}\cdot h)$，$a=110m^2/m^3$，$1/H=4.5(m^3\cdot\text{MPa})/\text{kmol}$，$D_{AL}=1.77\times10^{-9}m^2/s$，$k_2=5700m^3/(\text{kmol}\cdot s)$。若反应过程按虚拟一级不可逆反应考虑，求出口气中$CO_2$含量为0.002%时所需填料层高度。

解：

$$S=\frac{\pi}{4}D^2=0.785\times(0.8)^2=0.502\ (m^2)$$

$$M_g=\frac{80000}{22.4\times24}=148.8\ (\text{kmol/h})$$

气体空塔流量

$$G=\frac{M_g}{S}=\frac{148.8}{0.502}=296.4\ [\text{kmol}/(m^2\cdot h)]$$

$$G_L=\frac{3}{0.502}=5.971\ [m^3/(m^2\cdot h)]$$

$$\frac{y_2}{y_1}=0.002$$

NaOH吸收CO_2的反应式为 $CO_2+2NaOH=Na_2CO_3+H_2O$，$\nu_B=2$，入塔的NaOH浓度$c_{B1}=1.5\text{kmol}/m^3$，出塔浓度 c_{B2} 可由塔内物料衡算确定

$$\frac{5.971}{2}(1.5-c_{B2})=296.4(0.01-2.0\times10^{-5})$$

$$c_{B2}=0.509\text{kmol}/m^3$$

$$z=\frac{2\times296.4\times0.01}{5.971\times1.5}=0.662$$

$$e=\sqrt{1+z\ (y_2/y_1)}=\sqrt{1+0.662\times0.002}=1.0007$$

$$b=\sqrt{c_{B2}/c_{B1}}=\sqrt{\frac{0.509}{1.5}}=0.5825$$

把数据代入式(7-52) 中得

$$Z=\frac{296.4}{23.5\times110\times1.5}\ln\frac{0.01}{0.00002}+\frac{296.4\times4.5}{\sqrt{5700\times1.5\times1.77\times10^{-9}}}\times\frac{1}{110}\times\frac{1}{1.5}\times\frac{1}{1.0007}\times\frac{1}{3600}\ln\frac{(1.0007+1)\ (1.0007-0.5825)}{(1.0007-1)\ (1.0007+0.5825)}=4.3\ (m)$$

即需要的填料层高度为4.3m。

7.6 气-液-固三相反应器的型式和特点

在化工过程中，经常遇到气体、液体和固体同时参加的反应的过程，称为气-液-固反

应，反应体系中存在气-液-固三相的反应过程包括以下三种类型：①同时存在气、液、固三相，或是反应物或是产物的反应，如氨水与二氧化碳反应生成碳酸氢铵及碳化钙与水反应生成乙炔等；②气相和液相进行反应，而固相为催化剂的催化反应过程，许多催化加氢反应属于此类，如 Raney 镍为催化剂液态苯与氢气反应生产环己烷，钯催化剂存在下，甲基亚油酸酯加氢等；③气-液-固三相中，有一相为惰性物料，虽然不参与化学反应，但从工程的角度考虑仍属于三相反应的范畴，如合成气制甲醇，惰性载热体为液体石蜡，采用固体催化剂；合成气采用具有双功能固体催化剂制二甲醚，惰性液相为热载体。对于第三类反应，由于很多在固体催化剂上进行的气相反应一旦在液体介质中进行时，可以借助于具有较大热容量的液体而有效地控制放热反应的温度条件，从而使操作条件趋于缓和，催化剂寿命得到延长。可以选择合适的溶剂使反应选择性有所提高，特别是对于高热敏感性产品的生产，另外，由于液体的热容量大，且可通过部分液体汽化而移走热量，因而，反应温度容易控制，传热速率快且效率高，反应器热稳定性好，不会出现飞温。

对于第二类三相反应，即气-液-固三相催化反应，化工过程中气-液-固三相催化反应多为加氢反应、氧化反应、加氢精制反应等。属于加氢反应的有苯、脂肪酸、葡萄糖、苯胺、巴豆醛、丁炔二醇及硝基化合物等的加氢；氧化反应有乙烯、异丙苯、苯酚水溶液等的氧化；石油炼制中加氢精制如粗苯加氢脱硫等。

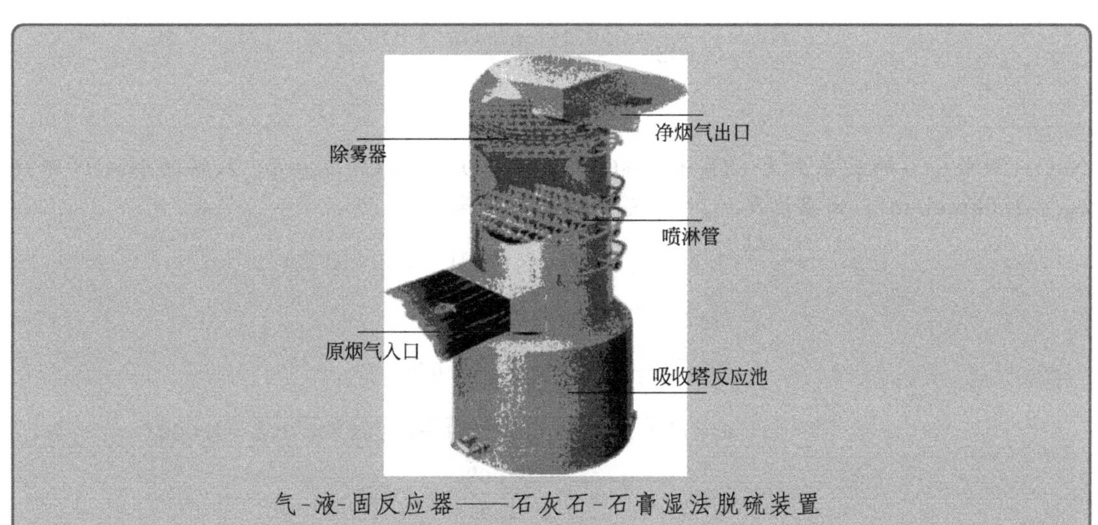

气-液-固反应器——石灰石-石膏湿法脱硫装置

工艺原理：石灰与水混合后打成浆液作为吸收剂，用泵送入吸收塔顶部浆料池，再用循环泵向下喷淋从底部进入塔内的烟气，同时从底部鼓入空气。产生的石膏产物浆液排出塔外，经过滤后得到固体石膏，或使用或弃掉，上层清液返回塔顶浆料池循环使用。脱硫后的烟气由烟囱排出。

总反应原理

$$2CaCO_3(s)+nH_2O(l)+O_2(g)+2SO_2(g)=\!=\!=2CaSO_4(s)+2CO_2(g)+nH_2O$$

7.6.1 气-液-固三相催化反应器的型式

气-液-固三相催化反应器按固体催化剂在反应器中所处的状态可以划分为两大类，即催化剂处于静止不动状态中的滴流床反应器以及催化剂颗粒悬浮在液体内呈浆状的浆态（slurry）反应器。

滴流床反应器按气流和液流的方向可分为三种操作方式，如图 7-10 所示。

气-液并流向下、气-液并流向上以及液流向下而气流向上的逆流。其中液流向下的并流或逆流操作的滴流床又称涓流床，液流向下流动，以一种很薄的液膜通过催化剂，是应用最广泛的三相催化反应器之一，对石油化工中的加氢反应特别适合。使用时液速最低为 3m/h，对应的气速为 540～2700m/h；液速最高为 90m/h，对应气速为 16000～81000m/h。滴流床反应器的优点有：①流动形式对气、液两相都接近于平推流，可以用单一的反应器取得较高的转化率；②液固比（或液体滞留量）很小，当反应过程中存在液相的均相副反应时，不会对反应选择性产生明显影响，这一点对于加氢脱硫反应非常重要，可以最大限度地降低油的热裂化和加氢裂化；③液体呈膜状流动，气相反应物向催化剂固相表面扩散的阻力很小；④气-液向下操作的滴流床不存在液泛问题；⑤压降小，在整个反应器内反应物分压分布均匀；⑥气相与液相的分布均匀，固体催化剂的润湿率也较高而均匀。

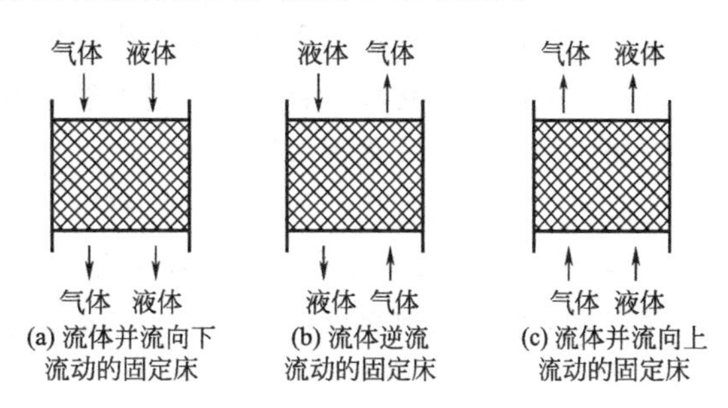

(a) 流体并流向下流动的固定床 (b) 流体逆流流动的固定床 (c) 流体并流向上流动的固定床

图 7-10 滴流床反应器

但是，它也存在一些缺点：①操作时径向传热效率较差；②对于大型滴流床径向液体流速分布不均，可能产生沟流、短路乃至催化剂表面不能完全润湿等操作状态，引起径向温度不均匀，造成局部过热导致催化剂迅速失活并使液层过量汽化，不利于反应器操作；③因压降制约催化剂颗粒不能太小，而大颗粒催化剂存在明显的内扩散效应，内扩散影响比气固相反应器更为严重，这主要是由于反应组分在液相中的扩散系数比在气相中的扩散系数低许多倍；④还可能存在明显轴向温升，形成热点，有时可能飞温。

浆态反应器是一种新型反应器。主要有四种不同类型，即机械搅拌釜、环流反应器、鼓泡塔（又称为鼓泡淤浆反应器）、三相流化床反应器，如图 7-11 所示。环流反应器、鼓泡淤浆反应器和三相流化床反应器中的催化剂的悬浮全靠液体的作用力，而机械搅拌釜则是靠机械搅拌的作用使催化剂颗粒悬浮。环流反应器的特点是在塔内安装导流筒，使液体以高速度在反应器内循环，一般速度在 20m/s 以上，大大强化了传质；三相流化床反应器液体从下部分布板进入，使固体催化剂处于流化状态。与气固流化床一样，随着液速的增加，床层膨胀，床层上部存在一清液区，清液区与流层间存在明显界面。气-液反应是通过悬浮于液相

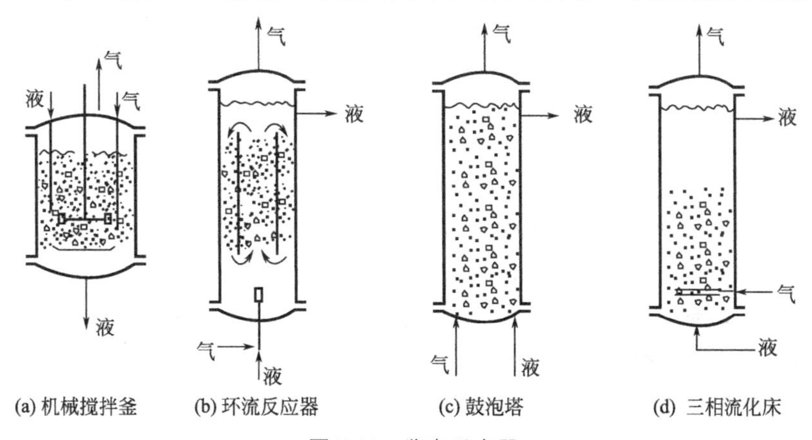

(a) 机械搅拌釜 (b) 环流反应器 (c) 鼓泡塔 (d) 三相流化床

图 7-11 浆态反应器

中的固体催化剂微粒进行反应而完成的。

浆态反应器常用在石油和化工生产中，例如不饱和油类的加氢、加氢裂解人造石油、烯烃的氧化、醛的乙炔化和聚合反应等过程经常采用此种反应器。最近，它也用于氧化除去液相污染物质和催化煤液化等过程。

与滴流床反应器相比，此反应器具有以下优点。

① 该反应器的液体持液量大，且有良好的传热、传质和混合性能，反应温度均匀而无热点存在，即使在强放热反应的条件下也不会发生超温现象。

② 可以使用微粒催化剂，它有利于高活性催化剂反应能力的发挥。尤其对于反应在内扩散控制条件下催化剂会迅速失活或丧失选择性的情况更为合适。

③ 由于气-液的剧烈搅动，气-液悬浮催化反应器的外扩散阻力也较淌流床反应器小，导致了催化剂的更好利用。

④ 反应器易于排除热量，可内置或外置冷却设施。

⑤ 可以在不停止生产条件下从反应器内排出和添加催化剂，因此不存在填充层堵塞的问题。即使对于催化剂很快失活的反应系统，也可通过不断排除失活催化剂，待再生后加入的方法使反应得以实现。

但是，浆态床气-液-固催化反应器亦存在如下缺点。

① 需增设固体催化剂从产物中分离的设备，如采用操作费用较昂贵的过滤设备。

② 气-液悬浮催化反应器具有较高的逆向混合程度，在通常情况下液相可视为理想混合。为了获取高反应产率，只能采用间歇分批反应的方式，或采用连续多级串联操作的方式。

③ 液体中的催化剂微粒常会使搅拌器、泵壳、泵轴和反应器壳体造成磨损及催化剂磨损。

④ 反应器具有高液荷量，难以避免在液相中进行的均相副反应发生。

7.6.2 三相催化反应宏观动力学

对于气-液-固三相催化反应：

$$A(g)+\nu B(L)\xrightarrow{\text{催化剂(s)}}P$$

气-液-固三相催化反应宏观动力学分颗粒级和床层级两个层次。颗粒级宏观反应动力学，简称宏观动力学，是指在固体颗粒被液体包围而完全润湿的情况下，以固体为对象的宏观动力学，其中包括气-液相间、液-固相间传质过程和固体颗粒内部传质的宏观反应速率。床层级宏观动力学，又称床层宏观动力学，是在颗粒宏观反应动力学的基础上，考虑三相反应器内气相和液相的流动状况对宏观反应过程的影响。

其反应过程如图 7-12 所示，三相床中颗粒催化剂的宏观反应过程包括下列几个过程：①气相反应物 A 从气相主体通过气膜扩散到气-液界面的传质过程；②气相反应物 A 从气-液界面经液膜扩散到液相主体的传质过程；③气相反应物 A 和组分 B 从液相主体经液膜扩散到催化剂颗粒外表面的传质过程；④两组分在固相催化剂表面反应，若为多孔载体还包含在催化剂孔内的扩散，同时进行反应和内扩散过程；⑤产物从催化剂颗粒内表面脱附并扩散到外表面，然后从催化剂外表面经液膜扩散到液相主体的传质过程；⑥产物从液相主体经液膜扩散到气-液界面的传质过程；⑦产物从气-液界面经气膜扩散到气相主体的传质过程。上述过程中没有考虑到液相主体中的混合和扩散过程，显然，它是以双膜论为基础的。

为反应器计算的方便，以单位体积计算各步速率，宏观反应速率 $(r_A)_g$ 仍为单位床层体积内气相组分 A 的摩尔流量的变化，即 kmol/(m³·h)，单位床层体积内的颗粒外表面积为 S_e，m²/m³（床层），S_e 即液-固相传质面积；S_i 为单位床层催化剂内表面积；单位床层体积气-液相传质面积为 a，m²/m³（床层）。组分 A 从气相主体向气-液界面传递速率

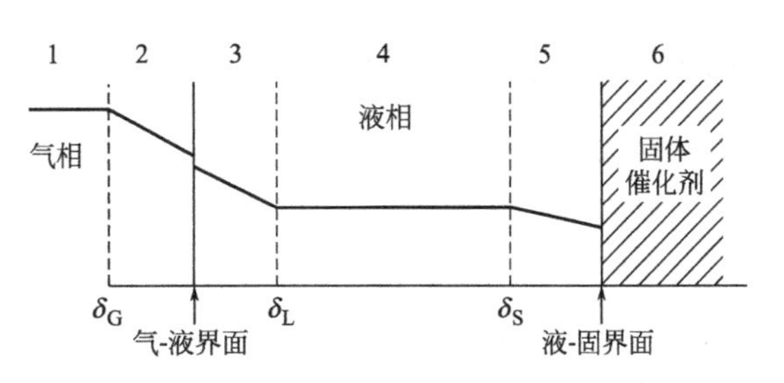

图 7-12 三相反应器中气相反应物的浓度分布

1—气相主体；2—气膜；3—液膜（气液间）；4—液相主体；5—液膜（液固间）；6—固体催化剂

$$(-r_A)_g = k_{Ag}a(p_{Ag} - p_{Ai}) \tag{7-53}$$

气-液相界面处的相平衡

$$c_{Ai} = Hp_{Ai} \tag{7-54}$$

组分 A 从气-液界面向液相主体的传递速率

$$k_{AL}a(c_{Ai} - c_{AL}) \tag{7-55}$$

组分 A 从液相主体向催化剂外表面传递速率

$$k_{AS}S_e(c_{AL} - c_{AS}) \tag{7-56}$$

多数情况下液相组分 B 的浓度比气相组分 A 的浓度大很多，B 组分浓度变化较小，因此反应可按对 A 组分的拟一级反应处理。根据前面介绍内扩散效率因子的概念，可得考虑内扩散影响的反应速率

$$k_sS_ic_{AS}\eta \tag{7-57}$$

令

$$k_sS_i = k_v$$

定态情况下，各过程串联，各步速率相等，由式(7-53)～式(7-57) 消去浓度项求得

$$(r_A)_g = k_Tp_{Ag} \tag{7-58}$$

则

$$\frac{1}{k_T} = \frac{1}{k_{Ag}a} + \frac{1}{H}\left(\frac{1}{k_{AL}a} + \frac{1}{k_{AS}S_e} + \frac{1}{k_v\eta}\right) \tag{7-59}$$

以上各式中 k_{Ag} 是以压力为推动力的组分 A 的气相传质分系数，m/s；k_{AL} 是气-液相间组分 A 的液相传质分系数，m/s；k_{AS} 是液-固相间组分 A 的液相传质分系数，m/s；k_s 是以单位催化剂反应表面为基准的本征反应速率常数；k_v 为以单位催化剂体积为基准的本征反应速率常数；p_{Ag}、p_{Ai}、c_{Ai}、c_{AL} 和 c_{AS} 分别是组分 A 在气相主体中、气-液界面、液相主体中和颗粒外表面上的分压和浓度（kmol/m³）；H 是溶解度系数；k_T 是以气相主体中反应物 A 分压计算的单位体积床层宏观反应速率常数。

式(7-58) 为宏观反应速率方程，k_T 计入了所有传质步骤的阻力和化学反应阻力，$1/(k_ga)$ 代表气膜传质阻力；$1/(Hk_La)$ 代表液膜传质阻力；$1/(Hk_{AS}S_e)$ 代表液固界面的液膜传质阻力；$1/(Hk_v\eta)$ 代表内扩散和化学反应阻力。

需要指出的是，前面推导虽然是按照拟一级反应为例来分析气-液-固催化反应过程，对于非一级反应，宏观速率难以用类似式(7-58) 的表达式，但串联过程总是成立的，所用的处理问题的方法及建立起的概念对其他级数的反应也同样适用。

7.6.3 三相反应器设计

(1) 滴流床反应器

工业滴流床反应器高度通常为3～6m，直径最大为3m，催化剂直径范围0.8～3mm之间，有关滴流床反应器流体力学特性如压降、持液率、气-液间气膜传质系数、液膜传质系数、液固传质系数及床内传热等可参考有关文献，通常滴流床反应器的模型可分为拟均相和多相两种，这里仅对拟均相作一介绍，拟均相模型有平推流模型、持液率模型和催化剂有效润湿模型，这里只介绍平推流模型。

为讨论问题方便假定：两相处于滴流区，气-液两相分布均匀，不存在径向浓度梯度，固体催化剂完全润湿液体，液体不挥发，气-液-固三相温度相同。由于是多相反应体系，需分别对各相反应组分作物料衡算：在任意截面位置l上，反应器截面积为A_c，取微单元dl，气体摩尔流量为G；u_{OG}和u_{OL}分别表示气体和液体空塔流速；y_A为组分A的摩尔分数；操作压力为p。

对组分A进行物料衡算

气流主体中组分A的减少量等于通过气-液侧液膜的传递量

$$-G\mathrm{d}y_A=k_{AL}a\ (c_{Ai}-c_{AL})\ A_c\mathrm{d}l \tag{7-60}$$

根据理想气体方程

$$y_A=\frac{c_A}{p}RT \tag{7-61}$$

$$G=\frac{pu_{OG}A_c}{RT} \tag{7-62}$$

将式(7-61)和式(7-62)代入式(7-60)并假设气膜阻力忽略不计，则$c_{Ag}=c_{Ai}$得

$$-u_{OG}\frac{\mathrm{d}c_{Ag}}{\mathrm{d}l}=k_{AL}a(c_{Ag}-c_{AL}) \tag{7-63}$$

在液流主体中组分A的累计量等于通过气-液膜侧液膜传递量减去固液膜侧液膜的传递量

$$u_{OL}\frac{\mathrm{d}c_{AL}}{\mathrm{d}l}=k_{AL}a(c_{Ag}-c_{AL})-k_{AS}S_e(c_{AL}-c_{AS}) \tag{7-64}$$

对于组分B进行物料衡算

液流主体中的减少量等于通过固液膜侧液膜的传递量

$$-u_{OL}\frac{\mathrm{d}c_{BL}}{\mathrm{d}l}=k_{BS}S_e(c_{BL}-c_{BS}) \tag{7-65}$$

在定态下，组分A在液流主体中累计量等于零，通过气-液膜侧液膜传递量等于固液膜侧液膜的传递量并等于在催化剂中的反应量，假定化学反应对A和B均为一级，则

$$k_{AL}a(c_{Ag}-c_{AL})=k_{AS}S_e(c_{AL}-c_{AS}) \tag{7-66}$$

$$k_{AS}S_e(c_{AL}-c_{AS})=\eta k_v c_{AS}c_{BS} \tag{7-67}$$

同样，对于组分B从液流主体经固液侧液膜的传递量等于在催化剂中的反应量，根据化学计量关系得

$$k_{BS}S_e(c_{BL}-c_{BS})=\nu\eta k_v c_{AS}c_{BS} \tag{7-68}$$

有关内扩散有效因子的计算在前面章节已经作过阐述。

根据边界条件：$l=0$，$c_{Ag}=c_{Ag}^0$；$c_{AL}=0$；$c_{BL}=c_{BL}^0$，联立式(7-63)、式(7-65)～式(7-68)求解，可求出达到规定转化率所需要的催化剂高度。显然，只能用数值法计算。

当反应器长径比较大时，反应流体的流动可以认为是平推流。对于 n 级不可逆反应，判断能否使用平推流模型的判据为

$$\frac{L}{d_p} \geqslant \left(\frac{20}{Pe}\right) n \ln[1/(1-x)] \tag{7-69}$$

式中，L 为床层高度，m；d_p 为颗粒直径，m；n 为反应级数；Pe 为 Peclet 数。

$$Pe = \frac{u_{OL} d_p}{D_{aL}} \tag{7-70}$$

式中，D_{aL}为液体轴向扩散系数。

当 $(L/d_p) \leqslant (4/Pe)$ 时，反应体系可以采用全混流设计模型。

如果反应对 A 为一级，对 B 为零级或 B 的浓度很大，在反应过程中变化很小，则可按拟一级反应处理，问题可大大简化为一个模型方程。

$$-\frac{d(u_{OG} c_{Ag})}{dl} = \rho k_T c_{Ag} \tag{7-71}$$

或

$$-\frac{dF_A}{dl} = \rho A_c k_T c_{Ag} \tag{7-72}$$

【例 7-4】 在 400K 等温滴流床反应器中进行不饱和加氢反应，氢气的纯度为 90%（其余为惰性气体）于 3.0MPa 下进入反应器，流量为 30mol/s。该反应对氢为一级，对不饱和烃为零级，反应速率常数等于 $2.5\times10^{-5}\text{m}^3/(\text{kg}\cdot\text{s})$，反应器直径为 2m，床层压降为 2×10^{-2}MPa/m。已知氢在液相中扩散系数 $D_L=7\times10^{-9}\text{m}^2/\text{s}$，气膜阻力可以忽略，$k_La=5\times10^{-6}\text{m}^3/(\text{kg}\cdot\text{s})$，$k_{AS}S_e=3\times10^{-5}\text{m}^3/(\text{kg}\cdot\text{s})$；内扩散有效因子 $\eta=0.27$，氢气的溶解度系数 $H=0.167\text{kmol}/(\text{m}^3\cdot\text{MPa})$，催化剂堆积密度 $\rho=960\text{kg/m}^3$，试计算氢的转化率达 7%时所需催化剂床层高度。

解：由于该反应为一级反应，但按照题意可知，氢气转化率较高，不能把 u_{OG}视为不变。设 F_0、F_{A0}、F_A 分别进口气体总摩尔流量、氢气进口摩尔流量及在床层高度 l 处氢气摩尔流量。

床层高度 l 处的压力为

$$p=3.0-2\times10^{-2}l \tag{1}$$

$$y_A=\frac{F_A}{F_0-(F_{A0}-F_A)} \tag{2}$$

根据理想气体状态方程

$$c_{Ag}=\frac{py_A}{RT}=\frac{F_A(3.0-2\times10^{-2}l)}{RT(F_0-F_{A0}+F_A)} \tag{3}$$

把式(3) 代入式(7-72) 得

$$\frac{dF_A}{dl}=-\rho A_c k_T \frac{F_A(3.0-2\times10^{-2}l)}{RT(F_0-F_{A0}+F_A)} \tag{4}$$

$$\frac{\rho A_c k_T}{RT}\int_0^L (3.0-2\times10^{-2}l)dl=-\int_{F_{A0}}^{F_{Af}}\left(1+\frac{F_0-F_{A0}}{F_A}\right)dF_A \tag{5}$$

积分式(5) 得

$$\frac{\rho A_c k_T}{RT}(3.0L-2\times10^{-2}L^2)=(F_0-F_{A0})\ln\frac{F_{A0}}{F_{Af}}+F_{A0}-F_{Af} \tag{6}$$

式中，L 为催化剂床层高度，由式(6) 可以看出，要想求出 L，首先计算 k_T 值，宏观反应速率常数 k_T 可由式(7-59) 求得（忽略气膜阻力）

$$\frac{1}{k_T}=\frac{1}{0.167}\left(\frac{1}{5.0\times10^{-6}}+\frac{1}{3\times10^{-5}}+\frac{1}{0.27\times2.5\times10^{-5}}\right)=2.13\times10^6$$

$$k_T=4.69\times10^{-7}\text{m}^3/(\text{kg}\cdot\text{s})$$

根据题意知 $F_0=0.03\text{kmol/s}$，$F_{A0}=0.03\times0.9=0.027$ (kmol/s)，要求转化率 7%，所以 $F_{Af}=0.027\times(1-0.07)=0.0251(\text{kmol/s})$，$A_c=(\pi/4)\times2^2=\pi(\text{m}^2)$。将上述各值代入式(6) 得

$$\frac{960\times\pi\times4.69\times10^{-7}}{400\times8.314\times10^{-3}}(3L-2\times10^{-2}L^2)=(0.03-0.027)\ln\frac{0.027}{0.0251}+0.03-0.0251$$

整理后得 $$2\times10^{-2}L^2-3L+12.04=0$$

解得催化剂床层高度为 4.1m。

---

(2) 带搅拌的浆态床反应器

带搅拌的浆态床反应器是一种常用的三相反应器，所用的催化剂颗粒粒度约在 100～200μm 之间，催化剂大致浓度 10～20kg/m³，主要靠机械搅拌提供催化剂悬浮所需能量。搅拌器必须保持一定转速，使催化剂颗粒全部悬浮并处于运动状态，均匀地分布于液相中。这一临界转速取决于搅拌器的类型及尺寸、反应器的高径比、液体性质（如密度和黏度）、催化剂颗粒大小及密度、液固比等，搅拌器的作用一方面可以使催化剂悬浮，另外还可以促使气体在液相中分散，从而获得较大的气-液接触面积。

机械搅拌反应器中气体负荷有一定限制，超过此极限，搅拌器对气体分散不再起作用，气含率下降，平均直径增大，气-液接触面积减少。通常使用的气速为 0.5m/s，气含率在 0.2～0.4。当搅拌器的转速足够高时，气速和气体分布器型式对流体力学状态影响不大，反之则作用明显。

一般情况下，搅拌反应器的高径比等于 1，搅拌器的直径为反应器直径的 1/3。搅拌器的位置与反应器底部的间距等于反应器直径的 1/6 为宜。在实际生产中有些高径比大于 1 时，需要根据情况在同一搅拌轴上安装多层搅拌器。

在搅拌反应器设计时，由于流动情况非常复杂，影响因素很多，目前的研究工作还很不充分，数据的积累十分有限，只能作近似计算。在搅拌良好的情况下，通常假定液相为全混流，对于气相如果搅拌剧烈，按全混流处理，如搅动不剧烈可按平推流处理。

假设气膜阻力可以忽略，对气相中 A 组分作物料衡算

$$-u_{OG}\frac{dc_{Ag}}{dl}=k_{AL}a(c_{Ag}-c_{AL}) \tag{7-73}$$

由于假定液相为全混流，因此在液相中 A 组分浓度 c_{AL} 可视为常量，不随反应器的高度而变化。

积分式(7-73) 可得反应器混合层高度 Z 与气相进出口浓度关系

$$Z=\frac{u_{OG}}{k_La}\ln\frac{c_{Ag0}-c_{AL}}{c_{Agf}-c_{AL}} \tag{7-74}$$

式中，c_{Ag0} 和 c_{Agf} 分别为进出口气体中 A 组分浓度，积分时假设 u_{OG} 为常数，对于微溶气体，这一假设是成立的，但对于易溶气体则不成立。

对于式(7-74) 在计算床层高度时，需要知道液相中A组分的浓度，这要对反应器进行物料衡算，并假设进口液体中不含A组分且对A和B分别为m和n级反应，则气相中组分A的减少量等于液相中A的量加上在催化剂中反应掉A的量，可用式(7-75) 表示

$$\frac{V}{Z}u_{OG}(c_{Ag0}-c_{Agf})=v_Lc_{AL}+V\varepsilon_S\eta kc_{AS}^mc_{BS}^n \tag{7-75}$$

式中，V、v_L 分别为反应体积和液相流量；ε_S 为反应混合物中催化剂的体积分数。

假定组分B不挥发，对组分B进行物料衡算

$$v_L(c_{BL0}-c_{BL})=\nu V\varepsilon_S\eta kc_{AS}^mc_{BS}^n \tag{7-76}$$

在液固界面处下列两式成立

$$k_{AS}S_e(c_{AL}-c_{AS})=V\varepsilon_S\eta kc_{AS}^mc_{BS}^n \tag{7-77}$$

$$k_{BS}S_e(c_{BL}-c_{BS})=\nu V\varepsilon_S\eta kc_{AS}^mc_{BS}^n \tag{7-78}$$

式(7-75)～式(7-78) 的四个方程中包含c_{AL}、c_{AS}、c_{BL}、c_{BS}四个变量，联立可以求得c_{AL}，代入式(7-74) 便可计算反应器高度。

式(7-74)～式(7-78) 为浆态床反应器的设计方程，只要符合液相为全混流，气相为平推流且液体与催化剂颗粒间相对运动甚弱的浆态床反应器，都可采用这些设计方程。应该指出，由于浆态床反应器使用的催化剂颗粒很小，一般情况下内扩散有效因子可取$\eta=1$。

本章重要内容小结

(1) 对于气-液相反应过程总的吸收速率，通过引入增强因子β这一重要概念，可以很方便计算出来，比相同条件下物理吸收速率相比增加了β倍，即

$$N_A=\beta k_La(c_{Ai}-c_{AL})$$

不同的气-液反应过程具有不同的特征，化学吸收增强因子有不同的计算关系。

(2) 通过无量纲特征数$\sqrt{M}$又称为八田数（Hatta数），它是气-液反应的重要参数，可以判断气-液反应过程特征，它明确的物理意义是液膜内的反应速率与传递速率之比，它是选择气-液反应器的重要依据。

(3) 对于一级不可逆反应$\sqrt{M}=\sqrt{k_1D_{AL}}/k_L$

① 慢反应过程$a_LM\gg1$，$\beta\to1$；$a_LM\ll1$，$\beta\approx a_LM$。

② 一级中速反应过程

$$\beta=\frac{\sqrt{M}}{\text{th}\sqrt{M}}$$

③ 一级快速反应过程　$\beta=\sqrt{M}$

④ 一级瞬间反应过程

$$\beta=\frac{1+D_{BL}c_{BL}}{\nu D_{AL}c_{Ai}}$$

对于二级不可逆反应$\sqrt{M}=\sqrt{D_{AL}k_2c_{BL}}/k_L$，分为两种极端情况：

① 当$\beta_i>2\sqrt{M}$时，按拟一级反应处理，$\beta=\sqrt{M}$；

② $\sqrt{M}>10\beta_i$时，$\beta=\beta_i$。

对于二级反应按拟一级反应处理的条件非常重要，尤其是在实验室测定动力学方面，可以使处理的问题大大简化。

(4) 介绍了气-液反应器的特点，针对不同的气-液反应特征，强化吸收速率的方式和方法各有不同，所选择气-液反应器的类型也不同。

(5) 在忽略压力沿高度变化和 $K_G a$ 为常量情况下，若为不可逆反应，鼓泡反应器静液层高度可用下式计算

$$Z=\frac{G'}{K_G a p_t}\left[\ln\frac{y_{A1}(1-y_{A2})}{y_{A2}(1-y_{A1})}+\frac{1}{1-y_{A1}}-\frac{1}{1-y_{A2}}\right]$$

(6) 填料塔式反应器高度计算

$$Z=\frac{G'}{p}\int_{y_{A2}}^{y_{A1}}\frac{dy_A}{K_G a(1-y_A)^2(y_A-y_A^*)}=\frac{L}{\nu c_t p}\int_{c_{B1}}^{c_{B2}}\frac{dc_B}{K_G a(1-y_A)^2(y_A-y_A^*)}$$

(7) 对气-液-固三相反应的宏观速率常数为

$$\frac{1}{k_T}=\frac{1}{k_{Ag}a}+\frac{1}{H}\left(\frac{1}{k_{AL}a}+\frac{1}{k_{AS}S_e}+\frac{1}{k_v\eta}\right)$$

(8) 滴流床反应器及悬浮床是典型的气-液-固三相催化反应器，它们的设计方程可通过理想流动假设来简化计算。

习　　题

一、计算题

7-1 试述物理吸收与化学吸收的区别。

7-2 解释下列参数的物理意义：无量纲特征数 M、增大因子 β 及液相利用率 η。分别写出一级不可逆和二级不可逆反应无量纲特征数 M 的计算式。

7-3 纯二氧化碳与氢氧化钠水溶液进行反应，假定液相上方水蒸气分压可不计，试按双膜模型绘出气相及液相二氧化碳浓度分布示意图。

7-4 应用双模理论对下列情况分别绘出气相及液相中反应物及反应产物浓度分布示意图：

(1) 反应两种气体 A、B 被同一吸收剂 S 同时吸收，A 的吸收是 $c_{AL}=0$ 的中速反应，B 的吸收是 $a_L M\ll 1$ 的慢速反应；

(2) 反应的两种气体 A、B 被同一吸收剂 S 同时吸收，A 的吸收是气膜控制的瞬间反应，B 的吸收是 $a_L M\gg 1$ 的慢速反应。

7-5 一级不可逆反应过程，已知 $k_L=10^{-4}$m/s，$D_L=1.5\times10^{-9}$m²/s，试讨论：

(1) 反应速率常数 k_1 高于什么数值时，将是膜中进行的快反应过程；k_1 低于什么数值时，将是液流主体中进行的慢反应。

(2) 如果 $k_1=0.1\text{s}^{-1}$。试问 a_L 达到多大以上反应方能在液流主体中反应完毕，此时传质表面上的平均液膜厚度将是多少？

(3) 如果 $k_1=10\text{s}^{-1}$，$a_L=30$，试求 η 和 β。

7-6 对于一级不可逆快速反应过程，试讨论温度和浓度对吸收速率的影响。

7-7 在20℃下用 pH=9 的缓冲溶液吸收二氧化碳分压力为 0.01MPa 的气体，已知 $k_L=10^{-4}$m/s，$k_1=10^4 c_{OH}\text{s}^{-1}$，$D_{CO_2,L}=1.4\times10^{-9}$m/s。若反应可视为拟一级不可逆反应，气膜传质阻力可以忽略不计，$a=1000$，$H_{CO_2}=0.0014$kmol/(m³·MPa)，试求吸收速率。

7-8 用 H_2SO_4 来吸收压力 0.005MPa 的 NH_3，该反应为极快的不可逆反应，为了使吸收过程以最快的速率进行。试问吸收时 H_2SO_4 的浓度最低应为多少？试求吸收速率。已知数据：$k_g=8.0\times10^{-4}\mathrm{kmol/(m^2\cdot MPa\cdot s)}$，$k_L=3\times10^{-5}\mathrm{m/s}$，$D_{NH_3,L}/D_{H_2SO_4,L}=1$。

7-9 用 NaOH 吸收气体中的 NO_2，NO_2 分压为 0.005MPa，溶液中的 NaOH 浓度为 0.5mol/L，如果 $k_g=5.0\mathrm{kmol/(m^2\cdot MPa\cdot h)}$，$k_L=5\times10^{-5}\mathrm{m/s}$，二级反应速率常数 $k_2=10^4\mathrm{m^3/(kmol\cdot s)}$，$H_{NO_2}=0.25\mathrm{kmol/(m^3\cdot MPa)}$，$D_{CO_2,L}=1.8\times10^{-9}\mathrm{m^2/s}$，$D_{NaOH,L}/D_{CO_2,L}=1.7$，试求吸收速率；并判断是否可用拟一级反应模型计算？

7-10 气体中 CO_2 在 ϕ2000mm 塔中被 30℃的氨水鼓泡吸收，CO_2 含量由 10%降低至 1%，气量（STP）为 $6500\mathrm{m^3/h}$，设氨水游离氨为 0.3mol/L，操作压力 0.56MPa，反应过程可视为虚拟一级不可逆反应，试求鼓泡层的 ε、a、d_{VS}和该塔所需净有效高度。

已知：$H_{CO_2}=0.146\mathrm{kmol/(m^3\cdot MPa)}$，$D_{CO_2,L}=1.5\times10^{-9}\mathrm{m^2/s}$，$k_L=3\times10^{-4}\mathrm{m/s}$，$k_g=1.0\mathrm{kmol/(m^2\cdot MPa\cdot h)}$，氨水物性：$\rho_L=960\mathrm{kg/m^3}$，$\mu_L=0.9\times10^{-3}\mathrm{Pa\cdot s}$，$\sigma_L=6\times10^{-2}\mathrm{N/m}$。

7-11 在 400K 等温滴流床反应器中进行加氢脱硫反应，氢气的纯度为 90%（其余为惰性气体）于 3.0MPa 下进入反应器，流量为 36mol/s。该反应对氢气为一级，对含硫化合物为零级，反应速率常数等于 $2.5\times10^{-5}\mathrm{m^3/(kg\cdot s)}$，所用催化剂直径 4mm，曲折因子为 1.9，颗粒密度为 $1600\mathrm{kg/m^3}$，空隙率为 0.45，堆密度为 $960\mathrm{kg/m^3}$。反应器直径为 2m，床层压降为 $2\times10^{-2}\mathrm{MPa/m}$。已知氢在液相中扩散系数 $D_L=7\times10^{-9}\mathrm{m^2/s}$，气膜阻力可以忽略，$k_La=5\times10^{-6}\mathrm{m^3/(kg\cdot s)}$，$k_{AS}S_e=3\times10^{-5}\mathrm{m^3/(kg\cdot s)}$，氢气的溶解度系数 $H_{H_2}=6.0\mathrm{kmol/(m^3\cdot MPa)}$。试计算氢的转化率达 5%时所需催化剂床层高度。若不考虑反应器内压力变化，而按进口压力计算，催化剂床层高度为多少？

二、思考题

7-1 请举出所遇见的气液吸收反应，该吸收过程采用何种型式的反应器？并说明理由。

7-2 增强因子和八田数如何定义？物理意义如何？两者之间关系如何？

7-3 对于动力学过程，液膜扩散阻力控制及气膜扩散阻力控制的气液反应如何选择吸收器？

7-4 气液吸收反应，气液分布器问题一直是技术难题，反应器大型化后，问题尤为突出，气液分布器不好会出现什么问题？如何解决？

7-5 气体的 A 组分和液体的 B 组分进行反应，假设为二级反应，反应速率常数为 $0.05\mathrm{m^3/(kmol\cdot s)}$，B 组分在液相中的浓度为 6mol/L，A 组分在液相中的扩散系数 D_{AL}为 $2\times10^{-9}\mathrm{m^2/s}$，试推荐一个合适的气液反应器，并说明理由？

7-6 请举出所遇见的工业上应用的三相反应器实例？

7-7 在存在气液界面上的气液膜和液固界面上的液膜传质阻力时，对于一级不可逆反应如何建立宏观三相反应动力学方程？

7-8 滴流床、溢流床、三相流化床和浆态搅拌釜是常见的三相催化反应器，请描述其流动特性和适应的反应特性？

第 8 章

聚合反应及反应器设计

本章学习要求

1. 了解和掌握聚合物的平均分子量、平均聚合度以及分子量分布的定义与计算方法；
2. 掌握自由基聚合和缩聚反应过程动力学规律；
3. 掌握间歇釜和全混釜的设计放大方法，应用与实际；
4. 掌握聚合反应过程传热分析与计算。

高分子材料虽然仅经历了几十年的发展，但是它的发展速度之快，应用范围之广已经超过人类历史上任何一种其他材料，成为人们日常生活中不可缺少的材料。由于化学反应工程、高分子化学和高分子物理等学科的发展，使得聚合物的产量和质量都提高到一个新的水平，作为连接化学工艺与工程的聚合反应工程正是在这种背景下产生和发展的。聚合反应工程是研究各种客观动力学因素（温度、压力、浓度及催化剂等）及物理因素（流动混合与传质传热）对聚合结果的影响，产生了反应器的最佳设计、最佳控制以及工程放大等问题，也是研究聚合物制备过程中的化学反应工程问题。

8.1 聚合反应工程概述

8.1.1 聚合反应特点

聚合反应是把低分子量的单体转化成高分子量聚合物的过程，向聚合物中加入各种助剂或添加剂可得到各种性能优异的高分子材料，而这些性能是小分子物质所不具备的。高分子材料的结构单元中含有一种或一种以上的单体。由单体经不同的聚合反应机理制备高分子化合物与低分子间反应相比，聚合反应和聚合物的生产有以下特点。

① 聚合反应速率很快且放热量大。不便于取样做动力学分析，由于聚合反应为放热反应，反应速率快，因而放热量大，而且大量聚合物的传热能力差，即使有大量的水或溶剂作为传热介质，由于反应器设计或操作控制不当，也会在聚合的高峰时期造成釜内压力骤增的危险。因此，了解反应的放热规律，并采取妥善措施传出热量，是反应技术的关键问题。

② 反应机理多样。由于聚合反应是由若干个连串反应构成，所以得到的动力学关系式复杂，重现性差，杂质的影响比较大。这些都增加了研究工作的难度。

③ 多数聚合物体系黏度高而且黏度随产物的分子量增加而增加。对于多相的聚合物体系，它们的流动、混合及传质、传热与低分子体系不同，产生一系列新问题，根据物系特性和产品性能的要求，反应器的结构往往需要特殊考虑，这导致聚合物中的传递过程更为复杂。

④ 缺乏各种化工基础数据。由于聚合体系及聚合产品种类繁多，要测不同体系与不同产品的数据工作量非常大。所以要进一步研究物料的流动、混合及传质、传热等过程十分困难，使得聚合反应装置的设计、放大受到一定限制。

⑤ 聚合反应过程的随机性。聚合物是由分子量不同的一组同系物组成，不能像低分子物质靠纯度来衡量质量，一般是以平均分子量和分子量分布作为控制聚合物使用性能和加工性能的重要参数。但是这种方法不能完全准确地反映聚合物的质量，对于如何通过反应器设计来控制聚合物的质量问题，还没有建立起明确的关系，还有许多工作要做。

通过上述分析可知，高聚物的反应工程问题要比低分子量的反应工程问题难度大。尤其是面对当代中国科技发展所需要的高分子材料其品种之多、数量增加之快、要求之高，而有时又缺少一些化工基础数据，很难建立合适的数学模型，使得聚合反应器由数学模型来进行设计、放大受到一定的限制，正是由于上述的特点和难点，造成聚合反应工程还不能圆满地、定量解决工程装置的设计、放大问题。因此需要工程技术人员、研究人员做大量基础实验研究工作，积累化工基础数据，不断完善发展有关理论。

聚合物的生产过程包括三个主要过程，首先是预处理过程，包括原料的精制、粉碎、加热以及引发剂（催化剂）的配制，接下来是聚合反应过程，最后是后处理过程，包括产品的分离与精制，单体的回收再利用等过程。在上述三个过程中，聚合过程是整个工艺过程的核心。而聚合反应器更是聚合过程的心脏。反应器的操作情况对整个生产起决定性作用，它决定聚合反应进行的进程，决定工艺过程的繁简，还在相当程度上决定新产品、新技术、新工艺能否工业化。

半个世纪以来，为满足高分子材料进步发展要求，有关的工程技术人员，结合聚合物的生产实际进行研究，取得了巨大的成就，积累了丰富的生产实践经验和聚合反应工程知识，使聚合装置向大型化发展，聚合单釜容积可达 $200m^3$。单一产品的年生产能力可达 50 万吨以上，开发出了适合产品特点的各种反应器，发明了许多专利，但同国外的差距还很大。

聚合反应器的设计原则、方法和思路与其他各类反应器一样，也是从反应动力学和传递过程两方面着手。以工业规模聚合过程为研究对象，以实践数据为基础，把聚合动力学与物系的传递过程结合起来，分析其内在规律，建立实质的模型，最终解决反应器设计、放大中的各种问题。

8.1.2 聚合反应器的特点

聚合反应器按其型式可分为釜式、塔式、管式和特殊型式四种，下面主要介绍前三种反应器的特点：

(1) 釜式聚合反应器

据统计约有 70%的聚合物都是利用釜式反应器生产的，这种反应器约占聚合装置中的 90%左右，是应用最广泛的一种聚合反应器。可以进行间歇生产，也可以进行连续生产，可以单釜操作也可以多釜串联操作，釜内设有搅拌装置和传热装置，针对聚合反应放热量大的特点，釜式反应器的传热装置显得尤为重要。釜式反应器除热主要采用夹套和各种内冷物件，如蛇管和内冷挡板等。此外还可采用单体或溶剂蒸发除热或使用物料釜外循环冷却、冷进料的方式等。图 8-1 所示为 PVC 悬浮聚合反应釜。

(2) 塔式聚合反应器

它是一种长径比较大的垂直圆筒形结构，与釜式反应器相比，结构比较简单，塔内可设挡板、填料或筛板，也可以是简单的空塔，这种装置的形式也比较少，主要用于均相体系中高黏度的反应物料。在合成纤维工业中，塔式反应器所占的比例约为 30%左右，主要是缩聚反应。苯乙烯的本体聚合和己内酰胺的连续缩聚就使用这种反应器。图 8-2 所示为生产聚己内酰胺（尼龙-6）所采用 VK 塔的简单操作。

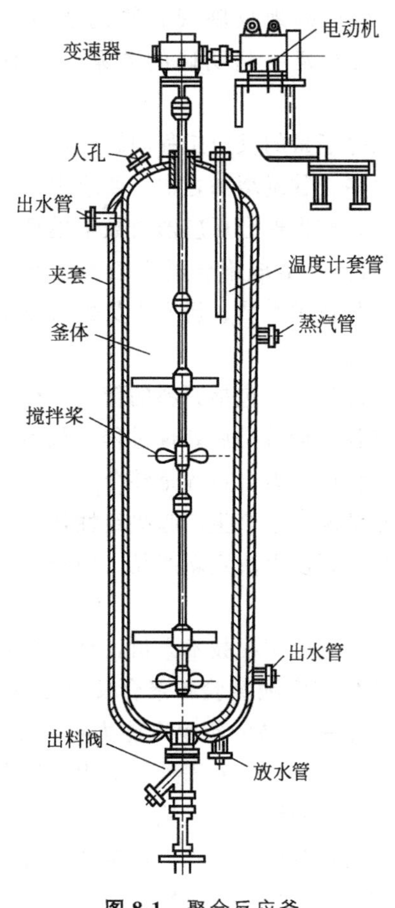

图 8-1 聚合反应釜

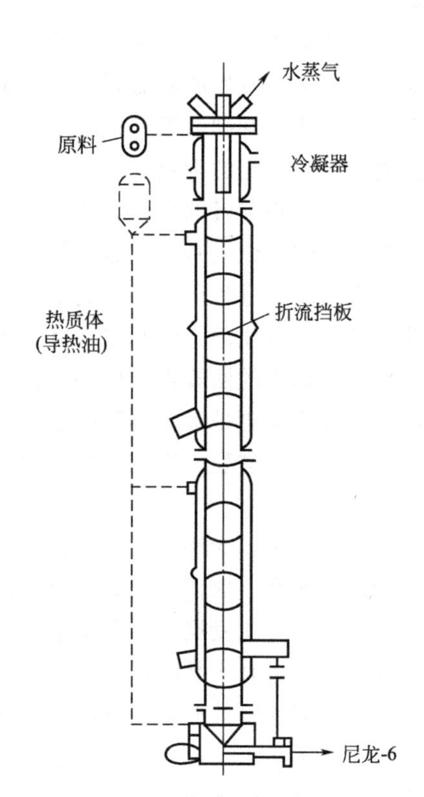

图 8-2 塔式聚合反应器

(3) 管式聚合反应器

这种反应器可以用一根管子构成，也可以用多根管子平行构成，反应器的结构简单，反应器容积小，造价低，传热面积大，传热效果好，适用于高温、高压的聚合反应。不足的是对黏度大的物料，压力损失大，消耗动力大，另外，容易发生聚合物粘壁，造成管子堵塞。在乙烯以及中压聚烯烃的生产使用管式反应器。另外，聚己二酰己二胺（尼龙-66）的熔融缩聚利用管式聚合反应器作为前聚合装置。图 8-3 所示为生产高压聚乙烯所采用管式反应器。

8.1.3 聚合反应器的选择原则

主要从以下三个方面考虑。

① 聚合反应器要满足聚合反应的特性。同一种聚合物可以用不同的聚合方法生产，不同的聚合方法对聚合反应器的选择有很大影响，如悬浮聚合、乳液聚合等低黏度体系，宜采用釜式反应器，但对本体聚合、溶液聚合等高黏度体系宜采用特殊型式反应器，考虑聚合过程中黏度变化，也可以把本体聚合过程分成几个阶段，采用不同型式反应器的组合来适应不同的操作。

② 聚合反应器的选择要考虑经济效益。经济效益是工业生产首先要考虑的问题，包括操作方式、设备容积效率、操作弹性、生产能力、开停车难易程度和设备能否大型化等。

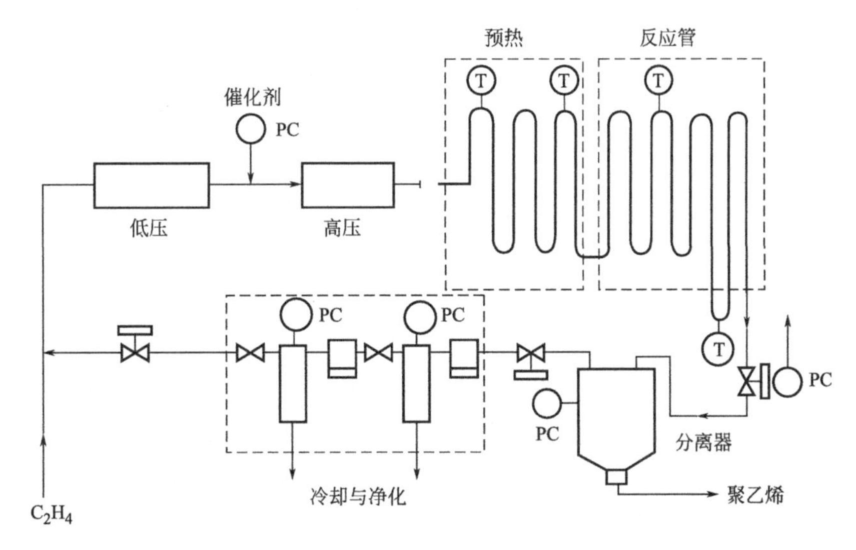

图 8-3 管式聚合反应器

③ 聚合反应器的选择要考虑反应器的特性对聚合产品质量的影响。

平均分子量和分子量分布、支化与交联等是决定聚合物性能的重要因素，不同的反应器对聚合产品质量有不同的影响，按聚合反应的特性及聚合过程控制的重点，可以将聚合反应器的选型简要归纳如下。

① 在保证反应时间的情况宜采用塔式反应器。

② 在放热量较大的情况多采用搅拌釜式反应器。

③ 在控制聚合速率和去除平衡过程中产生的小分子情况下多用搅拌釜式反应器、薄膜式表面更新反应器。

④ 在控制聚合物颗粒性状情况下多采用乳化、分散型搅拌反应器。

⑤ 在强剪切情况下可采用桨叶与壁面间隙较小的搅拌反应器。

8.2 聚合物的评价指标

聚合反应与低分子反应相比，一个重要的特点是生成的聚合物是由一系列分子量不同的同系物构成，一条聚合物链的单体分子个数，即分子链中含有重复结构单元的数目，称为聚合度。由于聚合反应过程具有随机性，聚合物存在聚合度分布，通常用平均分子量（平均聚合度）或分子量分布（聚合度分布）作为聚合物生产的控制指标。

从不同的角度出发，采用不同的测定方法，分子量（聚合度）及其分布有不同的定义。

8.2.1 聚合物的平均分子量

聚合物不像小分子物质都具有确定的分子量，它没有固定的分子量，只能以平均分子量表示。根据统计方法的不同，平均分子量可分为数均分子量、重均分子量、黏均分子量和 z 均分子量。需要用不同的统计变量对分子量加权。

(1) 数均分子量（$\overline{M}_n$）

分子量被分子数所平均，通常用端基滴定法、冰点下降法或渗透压法测定，用$\overline{M}_n$表示

$$\overline{M}_n=\frac{\sum_{j=2}^{\infty} M_j N_j}{\sum_{j=2}^{\infty} N_j}=\frac{\sum_{j=2}^{\infty} jM_1 N_j}{N}=M_1\frac{\sum_{j=2}^{\infty} jN_j}{N}=M_1\overline{P}_n=\frac{W}{N} \tag{8-1a}$$

或

$$\overline{M}_n=\frac{\sum_{j=2}^{\infty} M_j c_{pj}}{\sum_{j=2}^{\infty} c_{pj}}=\frac{\sum_{j=2}^{\infty} M_j c_{pj}}{c_p} \tag{8-1b}$$

式中，N_j 为 j 聚体的分子数；M_j 为 j 聚体的分子量；N 代表全部聚合物的分子数；W 代表全部聚合物的质量；c_{pj} 为 j 聚体的浓度；c_p 为聚合物的总浓度；$\overline{P}_n$ 为累积数均聚合度。

$\overline{M}_n$为什么会如此定义呢？其基本依据是什么呢？在其他教材和参考书中均未做说明。可从中学化学里求空气的平均分子量入手。空气中设 N_2 占 4 个体积，O_2 占一个体积，则空气的平均相对分子质量为

$$M_{空气}=\frac{M_{O_2}\times N_{O_2}+M_{N_2}\times N_{N_2}}{N_{O_2}+N_{N_2}}=\frac{28\times4+32\times1}{4+1}=28.8 \tag{8-1c}$$

依据空气的相对分子质量的求法，回过头来看聚合物数均相对分子量的表达式就很好理解了。聚合物体系是由一组同系物组成的，也就是说由 2 聚体、3 聚体、4 聚体、…、j 聚体，$j+1$聚体等组成，对应的物质的量是 N_2、N_3、N_4、…、N_j、N_{j+1}、…，所以，按求空气相对分子质量的方法，即可得出式(8-1a)。

(2) 重均分子量

分子量被聚合物的重量（质量）所平均，通常用光散射法或超速离心法测定，用$\overline{M}_w$表示。

$$\overline{M}_w=\frac{\sum_{j=2}^{\infty} M_j W_j}{\sum_{j=2}^{\infty} W_j}=\sum_{j=2}^{\infty} M_j w_j=\sum_{j=2}^{\infty} jM_1 w_j=M_1\overline{P}_w \tag{8-2}$$

式中，W_j 为 j 聚体的质量；w_j 为 j 聚体的质量分数，$\overline{P}_w$ 为累积重均聚合度。

(3) z 均分子量

沉降平衡法测定，用$\overline{M}_z$表示

$$\overline{M}_z=\frac{\sum_{j=2}^{\infty} M_j^3 N_j}{\sum_{j=2}^{\infty} M_j^2 N_j}=\frac{\sum_{j=2}^{\infty} c_{pj} M_j^3}{\sum_{j=2}^{\infty} c_{pj} M_j^2} \tag{8-3}$$

(4) 黏均分子量

黏度法测定，用$\overline{M}_\eta$表示

$$\overline{M}_\eta=\left(\frac{\sum_{j=2}^{\infty} N_j M_j^{\alpha+1}}{\sum_{j=2}^{\infty} N_j M_j}\right)^{\frac{1}{\alpha}}=\left(\frac{\sum_{j=2}^{\infty} c_{pj} M_j^{\alpha+1}}{\sum_{j=2}^{\infty} c_{pj} M_j}\right)^{\frac{1}{\alpha}} \tag{8-4}$$

式中，α 为黏度系数。

8.2.2 聚合物的平均聚合度

依据统计方法聚合物聚合度也分为数均聚合度、重均聚合度、z 均聚合度和黏均聚合度，需用不同的统计变量对聚合度 j 进行加权。

(1) 数均聚合度

单位数量的聚合物中含有单体的分子数，也可理解为一个聚合物分子中含有单体的个数，分为瞬时数均聚合度和累积数均聚合度。

① 瞬时数均聚合度　在某瞬间生成聚合物的数均聚合度称为瞬时数均聚合度，用$\bar{p}_n$表示

$$\overline{p_n}=\frac{\sum_{j=2}^{\infty} j r_{pj}}{\sum_{j=2}^{\infty} r_{pj}}=\frac{r_M}{r_p}=\overline{P}'_n \tag{8-5}$$

式中，r_{pj} 为 j 聚体的生成速率；r_p 为聚合物的生成总速率；r_M 为单体的消耗速率

② 累积数均聚合度　是瞬时数均聚合度的累计平均值，用$\overline{P}_n$表示

$$\overline{P}_n=\frac{\sum_{j=2}^{\infty} j c_{pj}}{\sum_{j=2}^{\infty} c_{pj}}=\frac{c_{M0} x}{c_p} \tag{8-6}$$

式中，c_{M0} 为单体的初始浓度；x 为单体的转化率。代表了一段时间内生成的聚合物中，平均一条大分子链中含有单体的个数，是聚合度对大分子数量的加权平均。

③ $\overline{P}_n$与$\bar{p}_n$之间的关系

$$\frac{x_M}{\overline{P}_n}=\int_0^{x_M}\frac{dx_M}{\bar{p}_n} \tag{8-7}$$

(2) 重均聚合度

单位重量（质量）的聚合物中含有单体的分子数，也分为瞬时重均聚合度和累积重均聚合度。

① 瞬时重均聚合度　在某一瞬间生成聚合物的重均聚合度称之为瞬时重均聚合度，用$\bar{p}_w$表示

$$\overline{P}'_w = \overline{P}_w = \frac{\sum_{j=2}^{\infty} j(r_{pj}M_i)}{\sum_{j=2}^{\infty}(r_{pj}M_j)} = \frac{\sum_{j=2}^{\infty} j^2 r_{pj}}{\sum_{j=2}^{\infty} j r_{pj}} = \frac{\sum_{j=2}^{\infty} j^2 r_{pj}}{r_M} \tag{8-8}$$

② 累积重均聚合度　是瞬时重均聚合度的累计平均值，用$\overline{P_w}$表示，代表了在一段时间内的聚合物中聚合度对大分子质量的加权平均。

$$\overline{P}_w = \frac{\sum_{j=2}^{\infty} jW_j}{\sum_{j=2}^{\infty} W_j} = \frac{\sum_{j=2}^{\infty} j^2 N_j}{\sum_{j=2}^{\infty} jN_j} = \frac{\sum_{j=2}^{\infty} j^2 c_{pj}}{\sum_{j=2}^{\infty} jc_{pj}} \tag{8-9}$$

③ 二者之间的关系

$$\overline{P}_w x_M = \int_0^{x_M} \bar{p}_w \mathrm{d}x_M \tag{8-10}$$

(3) z 均聚合度

① 瞬时 z 均聚合度

$$\bar{p}_z = \frac{\sum_{j=2}^{\infty} j^3 r_{pj}}{\sum_{j=2}^{\infty} j^2 r_{pj}} \tag{8-11}$$

② 累积 z 均聚合度

$$\overline{P}_z = \frac{\sum_{j=2}^{\infty} j^3 N_j}{\sum_{j=2}^{\infty} j^2 N_j} = \frac{\sum_{j=2}^{\infty} j^3 c_{pj}}{\sum_{j=2}^{\infty} j^2 c_{pj}} \tag{8-12}$$

(4) 黏均聚合度$\overline{P}_\eta$

$$\overline{P}_\eta = \left(\frac{\sum_{j=2}^{\infty} j^{\alpha+1} N_j}{\sum_{j=2}^{\infty} jN_j}\right)^{\frac{1}{\alpha}} = \left(\frac{\sum_{j=2}^{\infty} j^{\alpha+1} c_{pj}}{\sum_{j=2}^{\infty} j c_{pj}}\right)^{\frac{1}{\alpha}} \tag{8-13}$$

式中，α 为 Mark-Houwink 常数。

8.2.3　分子量（聚合度）分布

聚合产物是由不同聚合度的聚合物组成，所以存在分布的问题，可以用分布函数表征分子量（聚合度）分布的宽窄，分布函数分别按数量和重量（质量）作为基准而分为数基聚合度分布函数和重基聚合度分布函数。

(1) 数基聚合度分布函数

和聚合度一样，聚合度分布函数也分为瞬时数基聚合度分布函数和累积数基聚合度分布函数。

① 累积数基聚合度分布函数　用 $F_n(j)$ 表示

$$F_n(j)=\frac{N_j}{N}=\frac{c_{pj}}{c_p} \tag{8-14}$$

② 瞬时数基聚合度分布函数　用 $f_n(j)$ 表示

$$F'_n(j)=f_n(j)=\frac{r_{pj}}{r_p}=\frac{r_{pj}}{\dfrac{r_M}{\overline{\overline{p}}_n}}=\frac{r_{pj}\overline{p_n}}{r_M} \tag{8-15}$$

③ 二者之间的关系

$$\frac{F_n(j)x_M}{\overline{P_n}}=\int_0^{x_M}\frac{f_n(j)}{\overline{p}_n}\mathrm{d}x_M \tag{8-16}$$

(2) 重基聚合度分布函数

① 累积重基聚合度分布函数

$$F_w(j)=\frac{W_j}{W}=\frac{N_jM_j}{\sum\limits_{j=2}^{\infty}N_jM_j}=\frac{N_jjM_1}{\sum\limits_{j=2}^{\infty}N_jjM_1}=\frac{jc_{pj}}{\sum\limits_{j=2}^{\infty}jc_{pj}}=\frac{jc_{pj}}{c_{M0}x_M} \tag{8-17}$$

② 瞬时重基聚合度分布函数

$$F'_w(j)=f_w(j)=\frac{jr_{pj}}{r_M}=\frac{jf_n(j)}{\overline{p}_n} \tag{8-18}$$

③ 二者之间的关系

$$F_w(j)x_M=\int_0^{x_M}f_w(j)\mathrm{d}x_M \tag{8-19}$$

(3) 重基聚合度分布函数与数基聚合度分布函数之间的关系

① 瞬时重基聚合度分布函数与瞬时数基聚合度分布函数的关系

$$\bar{p}_nf_w(j)=jf_n(j) \tag{8-20}$$

② 累积重基聚合度分布函数与累积数基聚合度分布函数的关系

$$\overline{P}_nF_w(j)=jF_n(j) \tag{8-21}$$

(4) 平均聚合度与聚合度分布函数之间的关系

① 数均聚合度

a. 瞬时数均聚合度与瞬时数基聚合度分布函数之间的关系

$$r_Mf_n(j)=r_{pj}\overline{p_n} \tag{8-22}$$

b. 累积数均聚合度与累积数基聚合度分布函数之间的关系

$$\overline{P}_n=\sum_{j=2}^{\infty}jF_n\ (j) \tag{8-23}$$

② 重均聚合度与重基聚合度分布函数之间的关系

a. 瞬时重均聚合度与瞬时重基聚合度分布函数之间的关系

$$\bar{p}_w=\sum_{j=2}^{\infty}jf_w(j) \tag{8-24}$$

b. 累积重均聚合度与累积重基聚合度分布函数之间的关系

$$\overline{P}_w=\sum_{j=2}^{\infty}jF_w(j) \tag{8-25}$$

【例 8-1】 已知某聚合物的重基聚合度分布函数 $F_w(j)$ 如下所示

$j\times10^{-3}$	0	0.2	0.4	0.6	0.8	1.0	1.5	2.0	2.5	3.0	3.5	4.0
$F_w(j)\times10^4$	0	2.8	5.1	6.4	6.65	6.2	4.1	2.2	0.8	0.25	0.1	0

试求此聚合物的数均、重均以及 z 均聚合度。

解：由式(8-18) 可知 $F_w(j)=\dfrac{jN_j}{\sum\limits_{j=2}^{\infty}jN_j}$，先求出$\overline{P}_n$、$\overline{P}_w$、$\overline{P}_z$与 $F_w(j)$ 之间的关系。

由定义

$$\overline{P}_n=\frac{\sum\limits_{j=2}^{\infty}jN_j}{\sum\limits_{j=2}^{\infty}N_j}=\frac{1}{\sum\limits_{j=2}^{\infty}\dfrac{jN_j\Big/\sum\limits_{j=2}^{\infty}jN_j}{j}}=\frac{1}{\sum\limits_{j=2}^{\infty}\dfrac{F_w(j)}{j}}\tag{1}$$

重均聚合度：由式(8-25) 得

$$\overline{P}_w=\sum_{j=2}^{\infty}jF_w(j)\tag{2}$$

z 均聚合度：由式(8-12) 得

$$\overline{P}_z=\frac{\sum\limits_{j=2}^{\infty}j^3N_j}{\sum\limits_{j=2}^{\infty}j^2N_j}=\frac{\sum\limits_{j=2}^{\infty}j^2F_w(j)}{\sum\limits_{j=2}^{\infty}jF_w(j)}\tag{3}$$

若将 $F_w(j)$ 作为连续函数，采用数值积分代替 $\sum\limits_{j=2}^{\infty}$ 来进行计算。现以 $\overline{P}_n$ 的计算为例，将积分区间分为 $j=0\sim1.0\times10^3$ 及 $j=1\times10^3\sim4.0\times10^3$ 两个区域，分别用梯形法则进行数值积分。由表中数据可计算相应的所需数据。

$j\times10^{-3}$	0	0.2	0.4	0.6	0.8	1.0	1.5	2.0	2.5	3.0	3.5	4.0
$F_w(j)\times10^4$	0	2.8	5.1	6.4	6.65	6.2	4.1	2.2	0.8	0.25	0.1	0
$\dfrac{F_w(j)}{j}\times10^7$	0	14.0	12.75	10.67	8.31	6.2	2.73	1.10	0.32	0.083	0.029	0
$jF_w(j)\times10$	0	0.56	2.04	3.84	5.32	6.2	6.15	4.4	2.0	0.75	0.35	0
$j^2F_w(j)\times10^{-2}$	0	0.112	0.816	2.304	4.256	6.2	9.225	8.8	5	2.25	1.225	0

所以，由式(1) 可写为

$$\overline{P}_n=\frac{1}{\int_0^{4.0}\dfrac{F_w(j)}{j}\mathrm{d}j}=\left[\int_0^{1.0\times10^3}\frac{F_w(j)}{j}\mathrm{d}j+\int_{1.0\times10^3}^{4.0\times10^3}\frac{F_w(j)}{j}\mathrm{d}j\right]^{-1}$$

$$=\left[0.2\times10^3\times\left(\frac{0+6.2}{2}+14.00+12.75+10.67+8.31\right)\times10^{-7}+0.5\times10^3\times\left(\frac{6.20+0}{2}+2.73+1.10+0.32+0.083+0.029\right)\times10^{-7}\right]^{-1}$$

$$=744$$

同样可求得

$$\overline{P}_w=\int_0^{4.0} jF_w(j)\mathrm{d}j=\int_0^{1.0\times10^3} jF_w(j)\mathrm{d}j+\int_{1.0\times10^3}^{4.0\times10^3} jF_w(j)\mathrm{d}j$$

$$=0.2\times10^3\left(\frac{0+6.2}{2}+0.56+2.04+3.84+5.32\right)\times10^{-1}+$$

$$0.5\times10^3\left(\frac{6.20+0}{2}+6.15+4.4+2.0+0.75+0.35\right)\times10^{-1}$$

$$=1.14\times10^3$$

$$\overline{P}_z=\int_0^{4.0}\frac{j^2F_w(j)}{jF_w(j)}\mathrm{d}j=\int_0^{1.0\times10^3}\frac{j^2F_w(j)}{jF_w(j)}\mathrm{d}j+\int_{1.0\times10^3}^{4.0\times10^3}\frac{j^2F_w(j)}{jF_w(j)}\mathrm{d}j$$

$$=\frac{0.2\times10^3\left(\frac{0+6.2}{2}+0.112+0.816+2.304+4.256\right)\times10^2}{0.2\times10^3\left(\frac{0+6.2}{2}+0.56+2.04+3.84+5.32\right)\times10^{-1}}$$

$$\frac{+0.5\times10^3\left(\frac{6.20+0}{2}+9.225+8.8+5.0+2.25+1.225\right)\times10^2}{+0.5\times10^3\left(\frac{6.20+0}{2}+6.15+4.4+2.0+0.75+0.35\right)\times10^{-1}}$$

$$=1488$$

由式(8-1a) 得 $\overline{M}_n=\dfrac{\sum_{j=2}^{\infty}M_jN_j}{\sum_{j=2}^{\infty}N_j}=\dfrac{M_1\sum_{j=2}^{\infty}jN_j}{\sum_{j=2}^{\infty}N_j}=M_1\overline{P}_n=28\times744=20832$

由式(8-2) 得 $\overline{M}_w=\dfrac{\sum_{j=2}^{\infty}M_jW_j}{\sum_{j=2}^{\infty}W_j}=\dfrac{M_1\sum_{j=2}^{\infty}jW_j}{\sum_{j=2}^{\infty}W_j}=M_1\overline{P}_w=28\times1140=31920$

式中，M_1 为单位分子量。

8.3 聚合反应过程的动力学分析

聚合反应动力学描述了反应速率与反应的温度、压力、浓度、催化剂等参数间的定量关系。它反映物质化学变化的本性（内因），而这种本性在具有不同的传递特性（外因）的反应器中表现出不同的反应规律。内因是本质，起决定作用，同时动力学是反应装置开发、设计的基础，也是正确选择反应器型式、实施最佳工艺条件的基础。

首先要研究聚合反应速率，包括单体的消耗速率和聚合物的生成速率，研究聚合物的分子量（聚合度）及其分布，最后还要研究聚合物的结构组成。

对聚合反应速率进行工程分析，要以实验数据为基础，确定反应机理，定出各步基元反应速率式。再根据稳态化和聚合度很大假设，最后推导出聚合总速率，得到聚合度、聚合度分布与基元反应速率常数、组分、浓度、反应时间（转化率）等参数的函数关系式，要讨论上述问题应结合具体的聚合反应以及反应器类型。下面介绍聚合反应类型。

8.3.1 聚合反应分类

根据聚合反应机理，聚合反应分为连锁聚合和逐步聚合，连锁聚合包括自由基聚合、离子聚合及配位聚合，逐步聚合又包括缩聚、偶联聚合及聚合加成反应。在适当的条件下，化合物的价键有均裂和异裂两种情况。均裂时，共价键上一对电子分属于两个基团，带孤电子的基团呈中性，称作自由基或游离基。异裂时，共价键上一对电子全部归属于某一基团，形成自由基及阴离子、阳离子，它们都可以成为活性中心，打开烯烃单体的 π 键，使链引发、链增长，分别称为自由基聚合、阴离子聚合、阳离子聚合。配位聚合是指运用过渡金属化合物络合引发单体聚合或插入聚合。缩聚反应是缩合聚合的简称，是缩合反应多次形成缩聚物的过程。在连锁聚合中重点讨论自由基均聚反应，对自由基共聚反应、离子聚合反应以及配位聚合反应，依据反应机理及各基元反应速率方程，参照自由基均聚的动力学来分析讨论动力学，在逐步聚合反应中着重讨论缩聚反应。

8.3.2 自由基均聚反应过程动力学分析

自由基聚合反应包括链引发、链增长、链终止、链转移四种基元反应。其中链引发反应可用引发剂引发、热引发、光引发以及辐射引发；链终止反应包括歧化终止和偶合终止两种；链转移反应包括自由基向单体、溶剂、聚合物以及杂质转移等。对于实际的聚合体系应根据它的引发反应、增长反应、终止反应以及链转移反应的情况，取上述基元反应速率式加以组合进行研究。以苯乙烯在60℃间歇釜式反应器中聚合反应为例，当它由 BPO 引发，歧化终止，自由基仅向单体发生链转移时，其引发速率常数、增长速率常数、终止速率常数以及向单体转移速率常数数量级分别在 $10^{-6}\sim10^{-4}$、$10^{2}\sim10^{4}$、$10^{6}\sim10^{8}$ 及 $10^{-4}\sim10^{-2}$ 的范围内。

8.3.2.1 聚合总速率

可分别写出不同反应阶段，基元反应及其速率方程

链引发：$I\xrightarrow{k_d}2R\cdot, R\cdot+M\xrightarrow{k_i}P_1\cdot$ $\qquad r_i=2fk_dc_I$

式中，f 为引发剂分解反应速率常数；r_i 为自由基生成速率。

四个基元反应是自由基聚合必经的步骤。

链增长：$P_j\cdot+M\xrightarrow{k_p}P_{j+1}\cdot$ $\qquad r_p=k_pc_Mc_{\dot{p}}$

式中，r_p 为链增长速率；$c_{\dot{p}}$ 为生成自由基总浓度。

链终止：$P_i\cdot+P_j\cdot\longrightarrow P_{i+j}$ $\qquad r_{td}=k_{td}c_{\dot{p}}^2, c_{\dot{p}}=\sum_{j=2}^{\infty}c_{\dot{p}j}$

式中，r_{td} 为自由基歧化终止速率。

向单体链转移：$P_j\cdot+M\xrightarrow{k_{fm}}P_j+P_1\cdot$ $\qquad r_{fm}=k_{fm}c_Mc_{\dot{p}}$

式中，r_{fm} 为自由基向单体链转移速率。

如稳态假设成立时 $\frac{dc_{\dot{p}}}{dt}=0$，即 $r_i=r_{td}$，$2fk_dc_I=k_{td}c_{\dot{p}}^2$，令

$$c_{\dot{p}}=\left(\frac{2fk_dc_I}{k_{td}}\right)^{\frac{1}{2}}=D \tag{8-26}$$

单体消耗速率为 $r_M=r_i+r_p+r_{fm}$，由于链增长消耗的单体数远大于引发和向单体转移

所消耗的单体数，所以

$$r_M \approx r_p = k_p c_M c_{\dot{p}} = k_p D c_M \tag{8-27}$$

求单体转化率对时间关系。因为

$$r_M = -\frac{dc_M}{dt} = k_p D c_M \tag{8-28}$$

当 $t=0$ 时，$c_M = c_{M0}$，积分式(8-28) 得

$$\ln\frac{c_{M0}}{c_M} = k_p D t \tag{8-29a}$$

将 $c_M = c_{M0}(1-x_M)$ 代入式(8-29a) 得

$$x_M = 1-\exp(-k_p D t) \tag{8-29b}$$

【例 8-2】 在等温间歇釜式反应器中，进行某一自由基反应，其机理为引发剂引发，终止反应为歧化终止，转移反应仅向单体发生链转移。已知：$k_{td}=5.95\times10^7 L/(mol \cdot s)$；$f=0.52$，$c_I = 1\times10^{-3} mol/L$，$k_d = 8.22\times10^{-5} s^{-1}$；$k_p = 5.09\times10^2 L/(mol \cdot s)$。试求：单体转化率为 80%时，反应时间为多少？

解： 由公式(8-29b) 得

$$t = \frac{1}{k_p D}\ln\frac{1}{1-x_M} \tag{1}$$

$$D = \left(\frac{2fk_d c_I}{k_{td}}\right)^{1/2} = \left(\frac{2\times0.52\times8.22\times10^{-5}\times10^{-3}}{5.95\times10^7}\right)^{1/2} = 3.79\times10^{-8} \ (mol/L)$$

将 $x_M=0.8$，$k_p = 5.09\times10^2 L/(mol \cdot s)$，$D=3.79\times10^{-8} mol/L$ 代入式 (1)，得

$$t = \frac{1}{5.09\times10^2\times3.79\times10^{-8}}\ln\frac{1}{1-0.8} = 83429(s) = 23.2 \ (h)$$

苯乙烯、甲基丙烯酸甲酯的本体聚合转化率-时间曲线一般呈 S 形，如图 8-4 所示。整个聚合过程一般可以分为诱导期、聚合初期、中期、后期等几个阶段。在诱导期间，初期自由基被阻聚杂质所终止，无聚合物形成，聚合速率为零，如除净阻聚杂质，可以做到无诱导期。诱导期过后，单体开始正常聚合。聚合微观动力学和机理的研究常在转化率 5%～10%以下的聚合初期进行。工业上则常将转化率在 10%～20%以下的阶段称作初期。转化率在 10%～20%以后，聚合速率逐渐增加，出现自动加速现象。加速现象有时可延续到转化率达 50%～70%，这阶段叫做聚合中期。以后，聚合速率逐渐变小，进入聚合后期。最后，当转化率到达 90%～95%以后，反应速率变得很小，即可结束反应。

8.3.2.2 聚合反应速率的实验测定

在聚合反应过程中，不同的聚合物体系与聚合条件具有不同的聚合反应速率。测定聚合反应速率对于工业生产和理论研究具有重要的意义。测定聚合反应速率有多种方法，下面主要介绍利用膨胀计法测聚合反应速率。如图 8-5 所示，膨胀计由两部分组成，上部分是带有刻度的毛细管，下部分是反应瓶。

由于单体反应的量很少，体系体积近似为恒容过程。对 $nM \rightarrow P$，V_M 为单体反应掉的体积，V_P 为生成聚合物的体积，ρ_M 为单体的密度，ρ_P 为聚合物的密度，单体与聚合物的密

度不同，单体密度小，聚合物密度大，依据质量守恒定律得

$$V_M\rho_M = V_P\rho_P$$

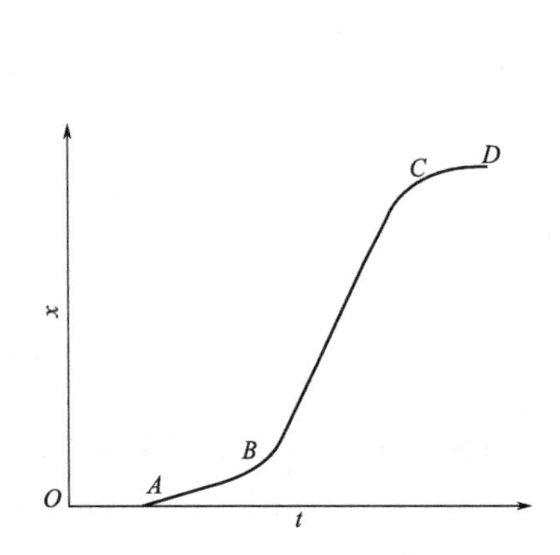

图 8-4 转化率对时间的曲线

OA—诱导期；AB—初期；BC—中期；CD—后期

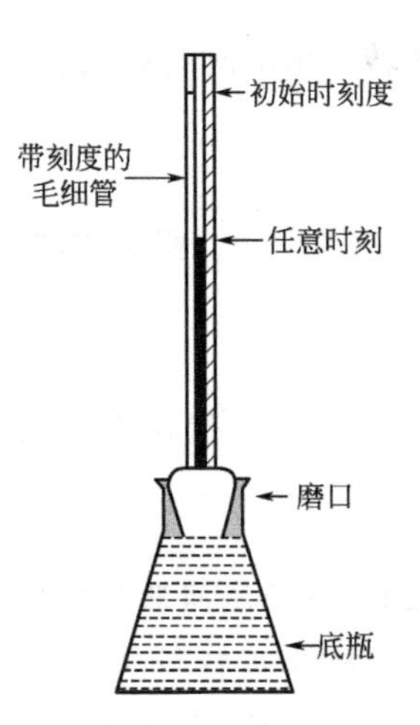

图 8-5 简易膨胀计

因为 $\rho_M < \rho_P$，所以 $V_M > V_P$，因此，毛细管的液面开始下降，体系的体积收缩。化学反应速率可用反应物表示，也可用生成物表示。同样，聚合反应速率若用反应物表示即用消耗单体的量表示

$$r_p = -\frac{dc_M}{dt} = c_{M0}\frac{dx_M}{dt} \tag{8-30}$$

式中，x_M 为单体的转化率。由式(8-30) 可知，要求 r_p，只需求 c_{M0} 和 $\frac{dx_M}{dt}$，c_{M0} 是单体的初始浓度，可由单体的密度求得，关键是求 $\frac{dx_M}{dt}$，即求单体转化率对反应时间的导数值，亦即 $x_M \sim t$ 直线的斜率值。

设 ΔV 为不同反应时间体系体积的收缩值，V_{M0} 为单体的初始体积，可由准确称量单体质量和单体密度求得，其中，$x_M = \frac{V_M}{V_{M0}}$，因此

$$\Delta V = V_M - V_P = V_M - \frac{V_M\rho_M}{\rho_P} = V_M\left(1 - \frac{\rho_M}{\rho_P}\right) = V_{M0}x_M\left(1 - \frac{\rho_M}{\rho_P}\right) \tag{8-31}$$

式(8-31) 两边对 t 求导得

$$\frac{d\Delta V}{dt} = V_{M0}\left(1 - \frac{\rho_M}{\rho_P}\right)\frac{dx_M}{dt} \tag{8-32}$$

所以，求 $x_M \sim t$ 的导数则依据上式可转化为求 $\Delta V \sim t$ 的导数，将实验所得的 $\Delta V \sim t$ 数据作一直线，求出直线的斜率即为 $\frac{d\Delta V}{dt}$，再将 V_{M0}，ρ_M 及 ρ_P 值代入式(8-32) 则可求 $\frac{dx_M}{dt}$，从而可求最终的聚合反应速率。

表 8-1 实验数据

t/min	0	2	4	6	8	10	12	14	16	18	20	22	24	26	28	30	32	34	36
$\Delta V \times 10^2$/mL	0	2	3.5	5	7	8.5	10	12	14	15.5	17	19	21	23	24.5	26	27.5	29	31

苯乙烯的本体聚合反应速率就是利用膨胀计法测定的，试验的温度为66℃，在实验的过程中精确称量苯乙烯的质量为9.352g，苯乙烯的密度$\rho_M=0.864g/cm^3$，聚苯乙烯的密度$\rho_P=1.04g/cm^3$，实验数据及体积收缩对时间的曲线见表8-1和图8-6。由实验求得$\frac{d\Delta V}{dt}=0.85\times10^{-2}mL\cdot min^{-1}$，全部代入式(8-32)中，可得$\frac{dx_M}{dt}=4.64\times10^{-3}min^{-1}$。由苯乙烯的密度以及$c_{M0}=8.31mol/L$，将单体的初始浓度及$\frac{dx_M}{dt}$代入到式(8-30)中可求得苯乙烯的聚合反应速率$r_p=3.86\times10^{-2}mol/(L\cdot min)$。

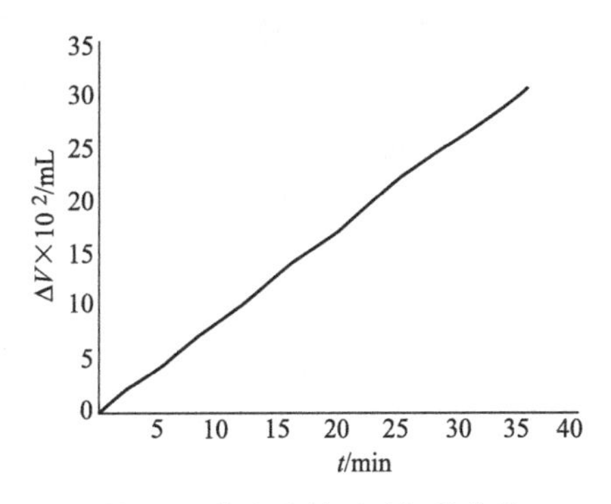

图8-6 体积收缩对时间的曲线

8.3.2.3 平均聚合度

(1) 数均聚合度

① 瞬时数均聚合度

$$\bar{p}_n=\frac{r_M}{r_p}=\frac{r_M}{r_{td}+r_{fm}}=\frac{k_p c_M c_{\dot{p}}}{k_{td}c_{\dot{p}}^2+k_{fm}c_{\dot{p}}c_M}=\frac{1}{\frac{k_{td}D}{k_p c_{M0}}\times\frac{1}{1-x_M}+\frac{k_{fm}}{k_p}}$$

$$=\frac{1}{B+\frac{A}{1-x_M}}=\frac{1-x_M}{A+B-Bx_M} \tag{8-33}$$

其中
$$A=\frac{k_{td}D}{k_p c_{M0}},\quad B=\frac{k_{fm}}{k_p}$$

② 累积数均聚合度

$$\frac{x_M}{\overline{P}_n}=\int_0^{x_M}\frac{1}{\bar{p}_n}dx_M=\int_0^{x_M}\left(B+\frac{A}{1-x_M}\right)dx_M$$
$$=Bx_M-A\ln(1-x_M) \tag{8-34}$$

由式(8-33)知$\bar{p}_n$随c_{M0}增加而增加，随c_I的增加而减少，而聚合反应速率随c_I的增加而增加。也就是说c_I增加可以提高聚合反应速率，但却使平均聚合度降低，同时，在实际工业生产中往往引发剂用量很少，一方面原因是一般产品要有较高的分子量，而另一方面反应装置又受到传热的限制，不要求反应速率过快。

(2) 重均聚合度

① 瞬时重均聚合度

$$\bar{p}_w=\frac{\sum_{j=2}^{\infty}j^2 r_{pj}}{\sum_{j=2}^{\infty}j r_{pj}}=\frac{\sum_{j=2}^{\infty}j^2(r_{fm}+r_{td})}{r_M}=\frac{\sum_{j=2}^{\infty}j^2(k_{fm}c_M c_{\dot{p}j}+k_{td}c_{\dot{p}j}c_{\dot{p}})}{k_p c_M c_{\dot{p}}}$$

$$=\frac{\sum_{j=2}^{\infty}j^2(k_{fm}c_M+k_{td}c_{\dot{p}})c_{\dot{p}j}}{k_p c_M c_{\dot{p}}} \tag{8-35}$$

欲求$\bar{p}_w$的表达式必须先求$c_{\dot{p}j}$，下面利用物料衡算法求$c_{\dot{p}j}$。$j=1$时，对$c_{\dot{p}j}$作物料衡算可得

$$\frac{\mathrm{d}c_{\dot{p}1}}{\mathrm{d}t}=2fk_{\mathrm{d}}c_{\mathrm{I}}+k_{\mathrm{fm}}c_{\mathrm{M}}c_{\dot{p}}-k_{\mathrm{p}}c_{\mathrm{M}}c_{\dot{p}1}-k_{\mathrm{td}}c_{\dot{p}1}c_{\dot{p}}-k_{\mathrm{fm}}c_{\mathrm{M}}c_{\dot{p}1}=0$$

$$c_{\dot{p}1}=\frac{k_{\mathrm{fm}}c_{\mathrm{M}}c_{\dot{p}}+2fk_{\mathrm{d}}c_{\mathrm{I}}}{k_{\mathrm{p}}c_{\mathrm{M}}+k_{\mathrm{fm}}c_{\mathrm{M}}+k_{\mathrm{td}}c_{\dot{p}}} \tag{8-36}$$

$j=2$时

$$\frac{\mathrm{d}c_{\dot{p}2}}{\mathrm{d}t}=k_{\mathrm{p}}c_{\mathrm{M}}c_{\dot{p}1}-k_{\mathrm{p}}c_{\mathrm{M}}c_{\dot{p}2}-k_{\mathrm{td}}c_{\dot{p}2}c_{\dot{p}}-k_{\mathrm{fm}}c_{\mathrm{M}}c_{\dot{p}2}=0$$

$$c_{\mathrm{p}2}=\frac{k_{\mathrm{p}}c_{\mathrm{M}}c_{\dot{p}1}}{k_{\mathrm{p}}c_{\mathrm{M}}+k_{\mathrm{fm}}c_{\mathrm{M}}+k_{\mathrm{td}}c_{\dot{p}}} \tag{8-37}$$

$$\vdots$$

当$j=j$时

$$\frac{\mathrm{d}c_{\dot{p}j}}{\mathrm{d}t}=k_{\mathrm{p}}c_{\mathrm{M}}c_{\dot{p}j-1}-k_{\mathrm{p}}c_{\mathrm{M}}c_{\dot{p}j}-k_{\mathrm{td}}c_{\dot{p}j}c_{\dot{p}}-k_{\mathrm{fm}}c_{\mathrm{M}}c_{\dot{p}j}=0$$

所以

$$c_{\dot{p}j}=\frac{k_{\mathrm{p}}c_{\mathrm{M}}c_{\dot{p}j-1}}{k_{\mathrm{p}}c_{\mathrm{M}}+k_{\mathrm{fm}}c_{\mathrm{M}}+k_{\mathrm{td}}c_{\dot{p}}} \tag{8-38}$$

上述j个式子相乘得

$$\begin{aligned}c_{\dot{p}j}&=\left(\frac{k_{\mathrm{p}}c_{\mathrm{M}}}{k_{\mathrm{p}}c_{\mathrm{M}}+k_{\mathrm{fm}}c_{\mathrm{M}}+k_{\mathrm{td}}c_{\dot{p}}}\right)^j\frac{2fk_{\mathrm{d}}c_{\mathrm{I}}+k_{\mathrm{fm}}c_{\mathrm{M}}c_{\dot{p}}}{k_{\mathrm{p}}c_{\mathrm{M}}}\\&=\left[\frac{k_{\mathrm{p}}c_{\mathrm{M}}/(k_{\mathrm{fm}}c_{\mathrm{M}}+k_{\mathrm{td}}c_{\dot{p}})}{1+k_{\mathrm{p}}c_{\mathrm{M}}/(k_{\mathrm{fm}}c_{\mathrm{M}}+k_{\mathrm{td}}c_{\dot{p}})}\right]^j\frac{k_{\mathrm{td}}c_{\dot{p}}^2+k_{\mathrm{fm}}c_{\mathrm{M}}c_{\dot{p}}}{k_{\mathrm{p}}c_{\mathrm{M}}}\end{aligned} \tag{8-39}$$

令

$$\bar{p}_n=\frac{k_{\mathrm{p}}c_{\mathrm{M}}}{k_{\mathrm{fm}}c_{\mathrm{M}}+k_{\mathrm{td}}c_{\dot{p}}}=\nu$$

式中，ν为动力学链长。所以

$$c_{\dot{p}j}=\left(\frac{\nu}{1+\nu}\right)^j\frac{1}{\nu}c_{\dot{p}}=\frac{1}{1+\nu}\left(\frac{\nu}{1+\nu}\right)^{j-1}c_{\dot{p}} \tag{8-40}$$

将式(8-40) 代入式(8-35) 中，得

$$\bar{p}_w=\frac{k_{\mathrm{fm}}c_{\mathrm{M}}+k_{\mathrm{td}}c_{\dot{p}}}{k_{\mathrm{p}}c_{\mathrm{M}}}\sum_{j=2}^{\infty}j^2\frac{1}{1+\nu}\left(\frac{\nu}{1+\nu}\right)^{j-1}=\frac{1}{\nu\ (1+\nu)}\sum_{j=2}^{\infty}j^2\left(\frac{\nu}{\nu+1}\right)^{j-1} \tag{8-41a}$$

$\sum_{j=2}^{\infty}j^2y^{j-1}=\frac{1+y}{(1-y)^3}$，式(8-41a) 简化为

$$\bar{p}_w=\frac{1}{\nu(1+\nu)}(1+2\nu)(1+\nu)^2=\frac{(1+\nu)(1+2\nu)}{\nu}\approx2\nu \tag{8-41b}$$

② 累积重均聚合度

$$\begin{aligned}\overline{P}_wx_{\mathrm{M}}&=\int_0^{x_{\mathrm{M}}}\bar{p}_w\mathrm{d}x_{\mathrm{M}}=\int_0^{x_{\mathrm{M}}}2\,\bar{p}_w\mathrm{d}x_{\mathrm{M}}=2\int_0^{x_{\mathrm{M}}}\frac{1-x_{\mathrm{M}}}{A+B-Bx_{\mathrm{M}}}\mathrm{d}x_{\mathrm{M}}\\&=\frac{2}{B^2}\left[A\ln\left(1-\frac{B}{A+B}x_{\mathrm{M}}\right)+Bx_{\mathrm{M}}\right]\end{aligned} \tag{8-42}$$

【例 8-3】 根据［例 8-2］所给的条件和数据，当$c_{\mathrm{M0}}=7.17\mathrm{mol/L}$，$k_{\mathrm{fm}}=0.079\mathrm{L/(mol\cdot s)}$时，试求：当$x_{\mathrm{M}}=80\%$时，累积数均聚合度为多少？

解： 由公式(8-34)

$$\frac{x_M}{\overline{P}_n}=Bx_M-A\ln(1-x_M) \tag{1}$$

因为 $A=\frac{k_{td}D}{k_p c_{M0}}=\frac{(2fk_d k_{td} c_I)^{\frac{1}{2}}}{k_p c_{M0}}=\frac{(2\times0.52\times8.22\times10^{-5}\times5.95\times10^7\times10^{-3})^{\frac{1}{2}}}{5.09\times10^2\times7.17}$

$=6.18\times10^{-4}$

$B=\frac{k_{fm}}{k_p}=\frac{0.079}{5.09\times10^2}=1.55\times10^{-4}$

将 A、B、x_M 值代入公式(1) 得

$$\overline{P}_n=\frac{1}{B-\frac{A\ln(1-x_M)}{x_M}}=\frac{1}{0.000155-\frac{0.000618\ln(1-0.8)}{0.8}}=715$$

8.3.2.4 聚合度分布函数

(1) 数基聚合度分布函数

① 瞬时数基聚合度分布函数

由式(8-14) 知

$$f_n(j)=\frac{r_{pj}}{r_p}=\frac{k_{fm}c_M c_{\dot{pj}}+k_{td}c_{\dot{p}}c_{\dot{pj}}}{k_{fm}c_M c_{\dot{p}}+k_{td}c_{\dot{p}}^2}=\frac{c_{\dot{pj}}}{c_{\dot{p}}}=\frac{1}{1+\nu}\left(\frac{\nu}{1+\nu}\right)^{j-1} \tag{8-43}$$

设
$$\left(\frac{\nu}{1+\nu}\right)^j=e^{-u} \tag{8-44a}$$

所以 $u=-j\ln\frac{\nu}{1+\nu}=-j\ln\left(1-\frac{1}{1+\nu}\right)$，将 $\ln\left(1-\frac{1}{1+\nu}\right)$利用泰勒公式展开，得

$$\ln\left(1-\frac{1}{1+\nu}\right)=\left(-\frac{1}{1+\nu}\right)-\frac{1}{2}\left(-\frac{1}{1+\nu}\right)^2+\frac{1}{3}\left(-\frac{1}{1+\nu}\right)^3-\cdots+(-1)^n\frac{1}{n}\left(-\frac{1}{1+\nu}\right)^n+\cdots$$

又因为 $\nu\gg1$，故从第二项开始后边各项可忽略，即

$$\ln\left(1-\frac{1}{1+\nu}\right)=-\frac{1}{1+\nu} \tag{8-44b}$$

所以
$$u=-j\left(-\frac{1}{1+\nu}\right)=\frac{j}{1+\nu}\approx\frac{j}{\nu} \tag{8-45}$$

将式(8-45) 代回式(8-44a) 中，再代入式(8-43) 中，整理得

$$f_n(j)=\frac{1}{1+\nu}\left(\frac{\nu}{1+\nu}\right)^{j-1}=\frac{1}{\nu}\left(\frac{\nu}{1+\nu}\right)^j=\frac{1}{\nu}\exp(-j/\nu) \tag{8-46}$$

② 累积数基聚合度分布函数

由 $F_n(j)=\frac{\overline{P}_n}{x}\int_0^x\frac{f_n(j)}{\bar{p}_n}\mathrm{d}x$ 把 $f_n(j)$ 表达式代入后进行积分求解。

(2) 重基聚合度分布函数

① 瞬时重基聚合度分布函数

$$f_w(j)=\frac{jf_n(j)}{\bar{p}_n}=\frac{j}{v}f_n(j)=j/v^2\exp(-j/v) \tag{8-47}$$

② 累积重基聚合度分布函数　$F_w(j)\overline{P}_n=jF_n(j)$　(8-21)

【例 8-4】 根据［例 8-2］所给的条件和数据，试求：当转化率 $x_M=80\%$ 时，瞬时数基聚合度分布函数。

解：由［例 8-3］知：$\overline{P}_n=715$，则 $\nu=715$，由瞬时数基聚合度分布函数表达式

$$f_n(j)=\frac{1}{\nu}\exp(-j/\nu)=\frac{1}{715}\exp(-j/715)$$

【例 8-5】 一引发剂引发，再结合终止的游离基溶液混合反应，已知其反应速率式为：

$$r_M=2.3\times10^{13}\exp(-11500/T)\quad [\mathrm{mol/(L\cdot min)}]$$

单体初始浓度 $c_{M0}=2.2\mathrm{mol/L}$，今在一间歇釜内进行分批聚合，求：在 65℃ 等温下反应 30min，单体转化率达多少。

解：反应温度为 65℃，即

$$T=65+273.15=338.15\ (\mathrm{K})$$

则

$$r_M=2.3\times10^{13}\exp(-11500/338.15)=0.039$$

$$t=c_{M0}\int_0^{x_M}\frac{dx}{r_M}=\frac{c_{M0}x_M}{r_M}$$

$$x_M=\frac{r_Mt}{c_{M0}}=\frac{0.039\times30}{2.2}=0.532$$

8.3.3　缩聚反应过程动力学分析

缩聚反应是最典型、最重要的逐步聚合反应，它与连锁聚合反应机理不同，原则上讲它没有引发和终止反应，在缩聚反应过程中，单体不是一个一个地加到聚合物分子上去的，而是单体先转化为低聚物，然后由低聚物转变为高聚物，所以它的动力学处理情况有所不同。这里分间歇反应器和连续反应器两种情况讨论。

8.3.3.1　间歇反应器

(1) 反应方程式及聚合速率

以 AB 型双官能团分子间（如 HO—R—COOH）进行线型缩聚反应为例，在这种情况下，一般按下述可逆反应生成聚合物

$$M_i+M_j \underset{k'_p}{\overset{k_p}{\rightleftharpoons}} M_{i+j}+W\qquad (i,j=1,2,3\cdots)\tag{8-48}$$

式中，M_j 为两端具有不同官能团的 j 聚体，以聚酯为例，M_j 为 $H[ORCO]_jOH$（$j\geqslant2$），W 为 H_2O。

在上述反应中，若副产物不断排出时，则逆反应可忽略。

① 单体 M_1 的消耗速率为

$$r_{M_1}=-\frac{dc_{M_1}}{dt}=k_pc_{M_1}\sum_{i=1}^{\infty}c_{M_i}=k_pc_{M_1}c_{M_t}\tag{8-49}$$

其中，缩聚物总浓度 $c_{M_t}=\sum\limits_{i=1}^{\infty}c_{M_i}$。

② j 聚体的生成速率

$$r_{M_j}=\frac{dc_{M_j}}{dt}=\frac{1}{2}k_p\sum_{i=1}^{j-1}c_{M_i}c_{M_{j-i}}-k_pc_{M_j}\sum_{i=1}^{\infty}c_{M_i}=\frac{1}{2}k_p\left[\sum_{i=1}^{j-1}c_{M_i}c_{M_{j-i}}-2c_{M_j}c_{M_t}\right] \tag{8-50}$$

③ 体系中全部分子的消耗速率

$$r_{M_t}=-\frac{dc_{M_t}}{dt}=\frac{1}{2}k_pc_{M_t}^2 \tag{8-51}$$

(2) 聚合度分布函数

① 利用递推法求 φ_j

缩聚反应是官能团间的反应，初始单体就已全部转化，后期转化率提高。

设 $$\varphi_j=\frac{c_{M_j}}{c_{M_{10}}} \tag{8-52a}$$

则 $$\varphi_1=\frac{c_{M_1}}{c_{M_{10}}} \tag{8-52b}$$

设 $$Y=\frac{c_{M_t}}{c_{M_{10}}}=\frac{\sum_{i=1}^{\infty}c_{M_i}}{c_{M_{10}}}=\sum_{j=1}^{\infty}\varphi_j \tag{8-53}$$

式中，$c_{M_{10}}$ 为单体的初始浓度，是两种单体初始浓度总和，由式(8-52b)、式(8-53) 可得

$$d\varphi_1=\frac{dc_{M_1}}{c_{M_{10}}} \tag{8-54a}$$

$$dY=\frac{dc_{M_t}}{c_{M_{10}}} \tag{8-54b}$$

由式(8-54a) 比式(8-54b) 得 $$\frac{d\varphi_1}{dY}=\frac{dc_{M_1}}{dc_{M_t}} \tag{8-54c}$$

由式(8-49) 比式(8-51) 得 $$\frac{dc_{M_1}}{dc_{M_t}}=\frac{2c_{M_1}}{c_{M_t}}=\frac{2\varphi_1}{Y} \tag{8-55}$$

由式(8-55)代入式(8-54c)得 $$\frac{d\varphi_1}{dY}=\frac{2\varphi_1}{Y} \tag{8-56a}$$

对式(8-56a) 作不定积分得 $$\varphi_1=(cY)^2 \tag{8-56b}$$

式中，c 为待定常数。

反应开始时，$Y=1$，$\varphi_1=1$，作为边界条件代入式(8-56b)，得 $c=1$，则

$$\varphi_1=Y^2 \tag{8-57}$$

对二聚体 $$r_{M_2}=\frac{dc_{M_2}}{dt}=\frac{1}{2}k_p(c_{M_1}^2-2c_{M_2}c_{M_t}) \tag{8-58}$$

由式(8-58) 比式(8-51) 得 $$\frac{dc_{M_2}}{dc_{M_t}}=\frac{\frac{1}{2}k_p(c_{M_1}^2-2c_{M_2}c_{M_t})}{-\frac{1}{2}k_pc_{M_t}^2} \tag{8-59}$$

由式(8-52a) 得 $$\varphi_2=\frac{c_{M_2}}{c_{M_{10}}} \tag{8-60a}$$

$$d\varphi_2=\frac{dc_{M_2}}{c_{M_{10}}} \tag{8-60b}$$

由式(8-60b) 比式(8-54b) 得

$$\frac{\mathrm{d}c_{\mathrm{M}_2}}{\mathrm{d}c_{\mathrm{M}_t}}=\frac{\mathrm{d}\varphi_2}{\mathrm{d}Y}=2\frac{c_{\mathrm{M}_2}}{c_{\mathrm{M}_t}}-\frac{c_{\mathrm{M}_1}^2}{c_{\mathrm{M}_t}^2}=2\frac{\varphi_2}{Y}-\frac{\varphi_1^2}{Y^2}=2\frac{\varphi_2}{Y}-\frac{Y^4}{Y^2} \tag{8-61}$$

变换式(8-61) 得

$$\mathrm{d}\left(\frac{\varphi_2}{Y^2}\right)=-\mathrm{d}Y \tag{8-62a}$$

积分式(8-62a) 得

$$\frac{\varphi_2}{Y^2}=-Y+c \tag{8-62b}$$

代入边界条件 $Y=1$，$\varphi_2=0$（反应开始时，没有二聚体），则 $c=1$，所以

$$\varphi_2=Y^2(1-Y) \tag{8-63}$$

同理可得

$$\varphi_3=Y^2(1-Y)^2 \tag{8-64}$$

由 φ_1、φ_2 及 φ_3 的表达式可推导出

$$\varphi_j=Y^2(1-Y)^{j-1} \tag{8-65}$$

令反应程度 $P=1-Y$，则 $Y=1-P$，代入式(8-65) 得

$$\varphi_j=(1-P)^2P^{j-1} \tag{8-66}$$

② 数基聚合度分布函数

$$F_n(j)=\frac{c_{\mathrm{M}_j}}{c_{\mathrm{M}_t}}=\frac{\varphi_j}{Y}=\frac{Y^2(1-Y)^{j-1}}{Y}$$

$$=Y(1-Y)^{j-1}=(1-P)P^{j-1} \tag{8-67}$$

③ 重基聚合度分布函数

$$F_w(j)=\frac{jc_{\mathrm{M}_j}}{\sum_{j=2}^{\infty}jc_{\mathrm{M}_j}}=\frac{jc_{\mathrm{M}_j}}{c_{\mathrm{M}_{10}}-c_{\mathrm{M}_1}} \tag{8-68}$$

因为缩聚反应一开始时，单体几乎全部转化为低聚物，则 $c_{\mathrm{M}_1}\rightarrow 0$，所以

$$F_w(j)\approx\frac{jc_{\mathrm{M}_j}}{c_{\mathrm{M}_{10}}}=j\varphi_j=jY^2(1-Y)^{j-1}=j(1-P)^2P^{j-1} \tag{8-69}$$

上述二式说明缩聚产物的聚合度分布与温度无关，仅是 P 的函数

(3) 平均聚合度

① 数均聚合度

$$\overline{P}_n=\frac{c_{\mathrm{M}_{10}}}{c_{\mathrm{M}_t}}=\frac{1}{Y}=\frac{1}{1-P} \tag{8-70}$$

② 重均聚合度

$$\overline{P}_w=\frac{\sum_{i=2}^{\infty}j^2c_{\mathrm{p}_j}}{c_{\mathrm{M}_{10}}-c_{\mathrm{M}_1}}=\sum_{j=2}^{\infty}j\frac{jc_{\mathrm{p}_j}}{c_{\mathrm{M}_{10}}-c_{\mathrm{M}_1}}=\sum_{j=2}^{\infty}jF_w(j)$$

$$=(1-P)^2\frac{1+P}{(1-P)^3}=\frac{1+P}{1-P} \tag{8-71}$$

对于两端含有相同官能团的两种单体之间缩聚，在等摩尔比的情况下，以上各式均可采用。但两种单体，非等摩尔比时，则情况有所不同。设两种单体的初始摩尔比为 $m=\frac{c_{\mathrm{A0}}}{c_{\mathrm{B0}}}$，含量少的分子反应程度为 P'（定义同前），则此时的数均聚合度为

$$\overline{P}_n=\frac{c_{\mathrm{A0}}+c_{\mathrm{B0}}}{c_{\mathrm{A}}+c_{\mathrm{B}}}=\frac{1+m}{1+m-2mP'} \tag{8-72}$$

若 $m=1$ 时 $$\overline{P}_n=\frac{1}{1-P'} \quad (8\text{-}73)$$

若 $P'=1$，$\overline{P}_n=\frac{1+m}{1-m}$，此时若 $m\to1$ 时，$\overline{P}_n\to\infty$，表明线型缩聚要获高分子量的产物，必须严格控制反应分子的等摩尔比。

8.3.3.2 理想混合流反应器

情况与间歇反应器有所不同，缩聚产物的分子量分布可以通过物料衡算求得

(1) 反应方程式及速率方程 $M_j+M_i \underset{k_p'}{\overset{k_p}{\rightleftharpoons}} M_{j+i}+W$

① 单体 M_1 的消耗速率 $$r_{M_1}=\frac{c_{M_{10}}-c_{M_1}}{\tau}=k_p c_{M_1}c_{M_t} \quad (8\text{-}74)$$

② j 聚体的生成速率 $$r_{M_j}=\frac{c_{M_j}}{\tau}=\frac{1}{2}k_p\left(\sum_{i=1}^{j-1}c_{M_i}c_{M_{j-i}}-2c_{M_j}c_{M_t}\right) \quad (8\text{-}75)$$

③ 体系中全部分子的消耗速率 $$r_{M_t}=\frac{c_{M_{10}}-c_{M_t}}{\tau}=\frac{1}{2}k_p c_{M_t}^2 \quad (8\text{-}76)$$

(2) 聚合度分布函数

① 求 φ_j，将式(8-74) 与式(8-76) 相除得

$$\frac{c_{M_{10}}-c_{M_1}}{c_{M_{10}}-c_{M_t}}=\frac{k_p c_{M_1}c_{M_t}}{\frac{1}{2}k_p c_{M_t}^2}=\frac{2c_{M_1}}{c_{M_t}} \quad (8\text{-}77)$$

上式变形后代入式(8-52)、式(8-53) 定义，得

$$\frac{1-\varphi_1}{1-Y}=\frac{2\varphi_1}{Y} \quad (8\text{-}78a)$$

变形得 $$\varphi_1=\frac{Y}{2-Y} \quad (8\text{-}78b)$$

可用同样方法求得 φ_2，由式(8-75)

$$r_{M_2}=\frac{c_{M_2}}{\tau}=\frac{1}{2}k_p(c_{M_1}^2-2c_{M_2}c_{M_t}) \quad (8\text{-}79)$$

将式(8-79) 与式(8-76) 相除得 $$\frac{c_{M_2}}{c_{M_{10}}-c_{M_t}}=\frac{\frac{1}{2}k_p(c_{M_1}^2-2c_{M_2}c_{M_t})}{\frac{1}{2}k_p c_{M_t}^2}$$

同样代入式 (8-52) 和式(8-53) 定义，得

$$\frac{\varphi_2}{1-Y}=\frac{\varphi_1^2}{Y^2}-\frac{2\varphi_2}{Y} \quad (8\text{-}80)$$

将式(8-78b) 代入式 (8-80) 得 $$\varphi_2=\frac{Y(1-Y)}{(2-Y)^3} \quad (8\text{-}81)$$

同理可求得 $$\varphi_3=2\frac{Y(1-Y)^2}{(2-Y)^5} \quad (8\text{-}82)$$

依据 φ_1、φ_2 及 φ_3 的表达式可推得 $$\varphi_j=C_j\frac{Y(1-Y)^{j-1}}{(2-Y)^{2j-1}} \quad (8\text{-}83)$$

其中

$$C_j=\begin{cases}\dfrac{(2j-2)!}{j!\ (j-1)!} & j>1\\ \dfrac{2^{2j-1}}{(2j-1)(\pi j)^{\frac{1}{2}}} & j\gg 1\end{cases}\qquad \left[n!\ =n\ln n-n+\frac{1}{2}\ln(n\pi)\right] \tag{8-84}$$

② 数基聚合度分布函数

$$F_n(j)=\frac{\varphi_j}{Y}=\frac{\dfrac{C_jY(1-Y)^{j-1}}{(2-Y)^{2j-1}}}{Y}=C_j\ \frac{(1-Y)^{j-1}}{(2-Y)^{2j-1}}=C_j\ \frac{P^{j-1}}{(1+P)^{2j-1}} \tag{8-85}$$

③ 重基聚合度分布函数

$$F_w(j)=j\varphi_j=jC_j\ \frac{Y(1-Y)^{j-1}}{(2-Y)^{2j-1}}=jC_j\ \frac{P^{j-1}(1-P)}{(1+P)^{2j-1}} \tag{8-86}$$

(3) 平均聚合度

① 数均聚合度　同间歇反应器（见 8.2.3.1 节）。

② 重均聚合度

$$\overline{P}_w=\frac{1+P^2}{(1-P)^2} \tag{8-87}$$

【例 8-6】 等摩尔的己二胺和己二酸合成聚酰胺，反应程度 $P=0.995$ 和 0.999 两种情况下，试求：(1) 间歇操作时 $\overline{P}_n=?$ $\overline{P}_w=?$ (2) 连续操作时 $\overline{P}_n=?$ $\overline{P}_w=?$

解　(1) 间歇操作时　当 $P=0.995$ 时，由公式

$$\overline{P}_n=\frac{1}{1-P}=\frac{1}{1-0.995}=200$$

$$\overline{P}_w=\frac{1+P}{1-P}=\frac{1+0.995}{1-0.995}=399$$

同理，把 $P=0.999$ 代入公式可得：$\overline{P}_n=1000$，$\overline{P}_w=1999$。由计算结果可知，反应程度提高，聚合度增加。

(2) 连续操作时，由公式

$$\overline{P}_n=\frac{1}{1-P}=\frac{1}{1-0.995}=200$$

$$\overline{P}_w=\frac{1+P^2}{(1-P)^2}=\frac{1+0.995^2}{(1-0.995)^2}=79601$$

同理，把 $P=0.999$ 代入公式可得：$\overline{P}_n=1000$，$\overline{P}_w=1998001$。对比两种操作情况下的计算结果可知，连续操作时的重均聚合度远远大于间歇操作时的重均聚合度。

8.4 聚合反应器的设计

以年产 3 万吨聚氯乙烯树脂为例，聚合生产方法采用悬浮聚合，根据反应器的选择原则，综合考虑选用釜式反应器，聚合反应器设计的主要任务是根据给定的生产任务，在一定的生产条件下，计算聚合反应器的体积，然后以聚合反应器的体积作为确定反应器其他尺寸的主要依据。进而也依据它来确定整个工艺过程中其他装置的体积。要计算聚合釜所需的体

积，先要确定生产规模、生产时间、消耗定额、各步骤损失等工艺操作条件。

8.4.1 设计数据

生产规模为年产 3 万吨聚氯乙烯树脂，年生产时间是 8000h，消耗定额是 1.064t(VC)/t(PVC)，总损耗为 6%，辅助生产时间是 130min，转化率是 80%，$c_{\mathrm{I}}=0.01\mathrm{mol/L}$，$k_{\mathrm{d}}=11.5\times10^{-6}\mathrm{s}^{-1}$，$f=0.77$，$k_{\mathrm{p}}=12300\mathrm{L/(mol\cdot s)}$，$k_{\mathrm{td}}=2.3\times10^{10}\mathrm{L/(mol\cdot s)}$，分别采用间歇釜式反应器、连续（全混流）釜式反应器以及两釜串联反应器生产。

8.4.2 聚合釜体积计算

(1) 间歇釜式反应器

等温恒容间歇釜式反应器与平推流反应器二者计算方法类同，动力学方程也一致。

① 引发浓度为定值时　转化率对时间关系式与式(8-30) 相同，即

$$x_{\mathrm{M}}=1-\exp\left[-k_{\mathrm{p}}\left(\frac{2fk_{\mathrm{d}}c_{\mathrm{I}}}{k_{\mathrm{td}}}\right)^{\frac{1}{2}}t\right] \tag{8-88a}$$

② 引发浓度为变值时

$$-\frac{\mathrm{d}c_{\mathrm{I}}}{\mathrm{d}t}=fk_{\mathrm{d}}c_{\mathrm{I}}$$

$$\int_{c_{\mathrm{I0}}}^{c_{\mathrm{I}}}\frac{\mathrm{d}c_{\mathrm{I}}}{c_{\mathrm{I}}}=\int_0^t-fk_{\mathrm{d}}\mathrm{d}t \tag{8-88b}$$

对式(8-88b) 积分得

$$c_{\mathrm{I}}=c_{\mathrm{I0}}\mathrm{e}^{-fk_{\mathrm{d}}t} \tag{8-88c}$$

因为 $r_{\mathrm{p}}=-\frac{\mathrm{d}c_{\mathrm{M}}}{\mathrm{d}t}=k_{\mathrm{p}}\left(\frac{2fk_{\mathrm{d}}c_{\mathrm{I}}}{k_{\mathrm{td}}}\right)^{\frac{1}{2}}c_{\mathrm{M}}$，由于引发剂浓度随时间而变化，所以把式(8-88c) 代入 r_{p} 中，则

$$-\frac{\mathrm{d}c_{\mathrm{M}}}{\mathrm{d}t}=k_{\mathrm{p}}c_{\mathrm{M}}D'\mathrm{e}^{-fk_{\mathrm{d}}t},\ D'=\left(\frac{2fk_{\mathrm{d}}c_{\mathrm{I0}}}{k_{\mathrm{td}}}\right)^{\frac{1}{2}} \tag{8-89}$$

对式(8-89) 积分 $\int_{c_{\mathrm{M0}}}^{c_{\mathrm{M}}}\frac{\mathrm{d}c_{\mathrm{M}}}{c_{\mathrm{M}}}=\int_0^t-k_{\mathrm{p}}c_{\mathrm{M}}D'\mathrm{e}^{-fk_{\mathrm{d}}t}\mathrm{d}t$ 得

$$x_{\mathrm{M}}=1-\exp\left[-k_{\mathrm{p}}D'\frac{(1-\mathrm{e}^{-fk_{\mathrm{d}}t})}{fk_{\mathrm{d}}}\right] \tag{8-90}$$

将 $\mathrm{e}^{-fk_{\mathrm{d}}t}$ 用泰勒公式展开

$$\mathrm{e}^{-fk_{\mathrm{d}}t}=1+(-fk_{\mathrm{d}}t)+\frac{1}{2!}(-fk_{\mathrm{d}}t)^2+\frac{1}{3!}(-fk_{\mathrm{d}}t)^3+\cdots+(-1)^n\frac{1}{n}!\ (-fk_{\mathrm{d}}t)^n \tag{8-91}$$

由于引发剂浓度很小时 k_{d} 值很小，故第三项以后可忽略，对 BPO，$k_{\mathrm{d}}=2.0\times10^{-6}\mathrm{s}^{-1}$，所以

$$1-\mathrm{e}^{-fk_{\mathrm{d}}t}=fk_{\mathrm{d}}t$$

代入式(8-90) 得

$$x_{\mathrm{M}}=1-\exp\left[-k_{\mathrm{p}}D'\frac{fk_{\mathrm{d}}t}{fk_{\mathrm{d}}}\right]=1-\exp\left[-k_{\mathrm{p}}D't\right]\quad(D'\approx D) \tag{8-29b}$$

与引发剂浓度为定值时的情况一致，说明不论引发剂浓度是否改变，那么 $x_{\mathrm{M}}\sim t$ 的关系式是一致的。

采用间歇釜进行生产，要设计反应釜，首先要计算反应釜的体积，则要依据

$$V=v_0(t+t_0) \tag{3-5}$$

其中辅助工作时间 t_0 已经给定为 2.17h。v_0 是单位时间处理物料的体积，根据给定的生产条件以及氯乙烯的密度（0.919t/m³）则可以求得

$$v_0=\frac{30000/0.94}{8000\rho}=\frac{30000/0.94}{8000\times 0.919}=4.34\ (\mathrm{m^3/h})$$

反应时间 $t=c_{M0}\int_0^{x_M}\frac{dx_M}{r_p}=\frac{dx_M}{k_p c_{M0}(1-x_M)\left(\frac{2fk_d c_I}{k_{td}}\right)^{\frac{1}{2}}}=\frac{1}{k_p\left(\frac{2fk_d c_I}{k_{td}}\right)^{\frac{1}{2}}}\int_0^{x_M}\frac{dx_M}{1-x_M}$

$$=\frac{1}{k_p\left(\frac{2fk_d c_I}{k_{td}}\right)^{\frac{1}{2}}}\ln\frac{1}{1-x_M}=\frac{1}{12300\times\left(\frac{2\times 0.77\times 11.5\times 10^{-6}\times 0.01}{2.3\times 10^{10}}\right)^{\frac{1}{2}}}\times$$

$$\ln\frac{1}{1-0.8}$$

$$=47155\ (\mathrm{s})=13\ (\mathrm{h})$$

则整个生产周期为 15.17h，由式(3-5) 可求 $V=4.34\times 15.17=65.8$（m³），取氯乙烯的装料系数为 0.8，则实际的反应釜体积 $V_R=V/\phi=\frac{65.8}{0.8}=82.3$（m³）

(2) 全混流釜式反应器

恒温恒容连续釜式反应器计算方法如下。

① 引发剂浓度为定值时，物料衡算

$$\tau=\frac{c_{M0}x_M}{r_p}=\frac{c_{M0}x_M}{k_p c_M D} \tag{8-92}$$

代入 $c_M=c_{M0}(1-x_M)$ 解得：$x=1-\frac{1}{1+k_p D\tau}=\frac{k_p D\tau}{1+k_p D\tau}$ (8-93)

② 引发剂浓度变化时，对引发剂在连续釜式反应器中进行物料恒算

$$\tau=\frac{c_{I0}-c_I}{r_i}=\frac{c_{I0}-c_I}{fk_d c_I} \tag{8-94a}$$

所以

$$c_I=\frac{c_{I0}}{1+fk_d\tau} \tag{8-94b}$$

把式(8-94) 代入式(8-93) 中，得

$$x_M=\frac{k_p D\tau}{(1+fk_d\tau)^{\frac{1}{2}}+k_p D\tau} \tag{8-95}$$

只有 $1+fk_d\tau\approx 1$ 时，$x_M\sim\tau$ 关系式才能与引发剂浓度为定值时一致。

计算所需反应器的体积，依据第 3 章式(3-12)：$V_R=v_0\tau$ (3-12)

式中，v_0 为单体进料的体积流量，依据给定的设计条件，同前为 4.34m³/h；τ 为单体的平均停留时间。

$$\tau=\frac{c_{M0}x}{r_p}=\frac{x_M}{k_p\left(\frac{2fk_d c_I}{k_{td}}\right)^{\frac{1}{2}}(1-x_M)}$$

$$=\frac{0.8}{12300\times\left(\frac{2\times 0.77\times 11.5\times 10^{-6}\times 1\times 10^{-2}}{2.3\times 10^{10}}\right)^{\frac{1}{2}}\times(1-0.8)}$$

$=117195\ (s)\ =32.6\ (h)$

依据式(3-12) 可得 $V_R=32.6\times4.34=141\ (m^3)$，大约为间歇釜体积的两倍。

(3) 两釜串联反应器

考虑制造和维修的方便，聚氯乙烯的生产采用等体积的反应釜串联，设每一釜的体积为 V_R，计算 V_R 同样依据 $V_R=v_0\tau$。

对第一釜
$$\frac{V_R}{v_0c_{M0}}=\frac{x_1}{k_pc_{M0}(1-x_1)\left(\frac{2fk_dc_I}{k_{td}}\right)^{\frac{1}{2}}} \tag{8-96}$$

对第二釜
$$\frac{V_R}{v_0c_{M0}}=\frac{x_2-x_1}{k_pc_{M0}(1-x_2)\left(\frac{2fk_dc_I}{k_{td}}\right)^{\frac{1}{2}}} \tag{8-97}$$

由式(8-96) 和式(8-97) 解得
$$x_1=1-\sqrt{1-x_2} \tag{8-98}$$

把式(8-98) 代入到式(8-96) 得

$$V_R=v_0\frac{1-\sqrt{1-x_2}}{\sqrt{1-x_2}}\times\frac{1}{k_p\left(\frac{2fk_dc_I}{k_{td}}\right)^{\frac{1}{2}}}$$

$$=4.34\times\frac{1-\sqrt{1-0.8}}{\sqrt{1-0.8}}\times\frac{1}{3600\times12300\times\left(\frac{2\times0.77\times11.5\times10^{-6}\times1\times10^{-2}}{2.3\times10^{10}}\right)^{\frac{1}{2}}}$$

$$=43.2\ (m^3)$$

两釜总体积为 $43.2\times2=86.4\ (m^3)$。

从计算结果看出两釜串联反应器的总体积小于全混流釜式反应器的体积，稍大于间歇釜的体积，比单个全混釜的性能大有提高。

【例 8-7】 甲基丙烯酸甲酯用 ABIN 引发，在 60℃下进行本体聚合，已知 $k_d=1.16\times10^{-5}s^{-1}$，$f=0.52$，$k_p=367L/(mol\cdot s)$，$k_{td}=9.3\times10^6L/(mol\cdot s)$（双基终止），如引发剂浓度为 $3\times10^{-3}mol/L$，求：(1) 用间歇聚合得到转化率 10%所需的时间；(2) 在连续式全混釜中以 30L/min 的流速达到 10%转化所需的釜容积。

解：(1) 间歇操作　由式(8-30) 得

$$t=\left(\frac{1}{k_p}\right)\left(\frac{k_{td}}{2fk_dc_I}\right)^{\frac{1}{2}}\ln\left(\frac{1}{1-x_M}\right)$$

$$=\frac{1}{367}\left(\frac{9.3\times10^6}{2\times0.52\times1.16\times10^{-5}\times3\times10^{-3}}\right)^{\frac{1}{2}}\ln\left(\frac{1}{1-0.1}\right)$$

$$=43678.64\times0.105=4586.3\ (s)\ =1.27\ (h)$$

(2) 连续式　由式(8-95) 得

$$\tau=\left(\frac{1}{k_p}\right)\left(\frac{k_{td}}{2fk_dc_I}\right)^{\frac{1}{2}}\frac{x_M}{1-x_M}=4853\ (s)=1.348h$$

$$釜容积=\frac{30}{60}\times4853=2426.5\ (L)\approx2.43m^3$$

8.4.3 搅拌聚合釜的传热分析与计算

(1) 聚合反应过程的热效应特点

聚合过程的高速率、高黏度及高放热的特点，决定传热与控温问题不仅是聚合反应的一个重要问题，而且是设计聚合反应器、选择反应器形式以及聚合工艺和方法首先需要考虑的问题。聚合反应通常是放热反应，而聚合物的分子量及其分布对温度十分敏感，因此传热与控温是聚合过程的关键问题。只有传热速率与放热速率相等，才能使聚合温度恒定。除考虑反应热外，有时搅拌热不能忽视，在悬浮聚合与乳液聚合时，搅拌热仅占5%，但在高黏度情况下搅拌热可达到30%～40%。对于高黏度聚合体系，由于釜壁有较厚的液层，从而严重影响聚合釜的传热系数，因此如何提高传热速率以及将聚合热从聚合釜及时移出是聚合釜设计需加考虑的问题，也是难度很大的实际问题。

(2) 解决传热的措施

解决传热的措施包括两方面，一是生产工艺，二是传热速率。

① 生产工艺　聚合方法有本体聚合、溶液聚合、悬浮聚合以及乳液聚合四种。当然选择聚合方法，首先应该考虑保证获得符合质量要求的产品。从传热情况来看，本体聚合传热最困难，溶液聚合好于本体聚合，悬浮聚合和乳液聚合由于有水作为传热介质，能够很好地解决传热问题。

总之，应根据聚合反应的具体特征，来选择适宜的聚合工艺方法。

② 传热速率　从配方和操作方法来看，设法使放热速率均匀是解决聚合釜传热问题的重要途径。另外可在具体的操作工艺上采取措施。如采用复合引发剂；或分批加入单体和引发剂（间歇操作）；或逐釜加入单体和引发剂（连续操作）；或者适时采取阻聚、缓聚等手段来控制反应速率和放热量。

(3) 传热计算

传热计算主要是求传热系数，通常反应器内侧给热系数α_i起控制作用，而α_i的大小在很大程度上受搅拌作用的影响。对高黏度的聚合反应体系，在有关传热计算和热量衡算中，要考虑搅拌热。搅拌聚合釜的传热速率取决于釜内流体与载热体的温度差、传热面积及总传热系数。故有

$$Q=K_q A(t_i-t_0) \tag{8-99}$$

式中，Q为传热速率；A为传热面积；t_i为过程流体的温度；t_0为载热体的温度；K_q为总传热系数。下面结合年产3万吨聚氯乙烯车间工艺设计进行传热计算。

总热量包括两部分，一部分是Q_1——聚合热，另一部分为Q_2——搅拌热。

其中，1kgCH_2═CHCl发生聚合反应放热为1.54×10^3kJ/kg，所采用搅拌机的功率为85kW。

$$Q_1=\frac{\text{年产量}}{\text{年生产时间}}\times\text{消耗定额}\times\text{反应热}$$

$$=\frac{30000}{8000}\times10^3\times1.064\times1.54\times10^3=6.145\times10^6\ (\text{kJ/h})$$

$$Q_2=Pt=85\times1\times3600=3.1\times10^5\ (\text{kJ/h})$$

$$Q=Q_1+Q_2=(6.145+0.31)\times10^6\ (\text{kJ/h})=6.455\times10^6\ (\text{kJ/h})$$

其中冷水温度为4℃，反应温度为51℃，传热系数K_q取1024.8kJ/(m^2·℃·h)，为传热

面积为

$$A=\frac{Q}{K_{q}\Delta t}=\frac{6.455\times10^{6}}{1024.8\times47}=134\ (\mathrm{m}^{2})$$

本章重要内容小结

(1) 聚合物的评价指标

① 平均分子量 $\overline{M}_n=\dfrac{\sum\limits_{j=2}^{\infty}M_jN_j}{\sum\limits_{j=2}^{\infty}N_j}$　　$\overline{M}_w=\dfrac{\sum\limits_{j=2}^{\infty}M_jW_j}{\sum\limits_{j=2}^{\infty}W_j}$

② 平均聚合度 $\bar{p}_n=\dfrac{\sum\limits_{j=2}^{\infty}jr_{pj}}{\sum\limits_{j=2}^{\infty}r_{pj}}=\dfrac{r_M}{r_p}$　　$\overline{P}_n=\dfrac{\sum\limits_{j=2}^{\infty}jc_{pj}}{\sum\limits_{j=2}^{\infty}c_{pj}}=\dfrac{c_{M0}x}{c_p}$

$\bar{p}_w=\dfrac{\sum\limits_{j=2}^{\infty}j^2r_{pj}}{\sum\limits_{j=2}^{\infty}jr_{pj}}$　　$\overline{P}_w=\dfrac{\sum\limits_{j=2}^{\infty}jW_j}{\sum\limits_{j=2}^{\infty}W_j}$

③ 分布函数 $f_n(j)=\dfrac{r_{pj}}{r_p}$　　$F_n(j)=\dfrac{c_{pj}}{c_p}$

$f_w(j)=\dfrac{jr_{pj}}{r_M}=\dfrac{jf_n(j)}{\overline{p}_n}$　　$F_w(j)=\dfrac{W_j}{\sum\limits_{j=2}^{\infty}W_j}$

(2) 自由基均聚反应过程动力学分析

① 聚合总速率 $r_M\approx r_p=k_pc_Mc_{\dot{p}}=k_pc_MD$，$D=\left(\dfrac{2fk_dc_I}{k_{td}}\right)^{\frac{1}{2}}$

② 转化率对时间关系式

$$x_M=1-\exp\left(-k_pDt\right)$$

③ 平均聚合度 $\bar{p}_n=\dfrac{1}{\dfrac{A}{1-x_M}+B}$，　$\dfrac{x_M}{\overline{P}_n}=Bx_M-A\ln(1-x_M)$

$\bar{p}_w=2\,\bar{p}_n$，$\overline{P}_w=\dfrac{2}{x_MB^2}\left[A\ln\left(1-\dfrac{B}{A+B}x_M\right)+Bx_M\right]$

$A=\dfrac{(2fk_dk_{td}c_I)^{\frac{1}{2}}}{k_pc_{M0}}$，$B=\dfrac{k_{fm}}{k_p}$

④ 分布函数 $f_n(j)=\dfrac{1}{\nu}\exp\left(-\dfrac{j}{\nu}\right)$，　$F_n(j)=\dfrac{\overline{P}_n}{x_M}\displaystyle\int_0^{x_M}\dfrac{f_n(j)}{\bar{p}_n}\mathrm{d}x_M$

$f_w(j)=\dfrac{j}{\nu^2}\exp\left(-\dfrac{j}{\nu}\right)$，　$F_w(j)=j\dfrac{F_n(j)}{\overline{P}_n}$

(3) 缩聚反应过程动力学分析

① 分布函数

间歇釜

$$F_n(j)=Y(1-Y)^{j-1}=(1-P)P^{j-1},\quad F_w(j)=jY^2(1-Y)^{j-1}=j(1-P)^2P^{j-1}$$

全混釜

$$F_n(j)=C_j\frac{(1-Y)^{j-1}}{(2-Y)^{2j-1}}=C_j\frac{P^{j-1}}{(1+P)^{2j-1}},\quad F_w(j)=jC_j\frac{Y(1-Y)^{j-1}}{(2-Y)^{2j-1}}=jC_j\frac{P^{j-1}(1-P)}{(1+P)^{2j-1}}$$

② 平均聚合度

间歇操作 $\overline{P}_n=\frac{c_{M_{10}}}{c_{M_t}}=\frac{1}{Y}=\frac{1}{1-P},\quad \overline{P}_w=\frac{1+P}{1-P}$

连续操作 $\overline{P}_n=\frac{c_{M_{10}}}{c_{M_t}}=\frac{1}{Y}=\frac{1}{1-P},\quad \overline{P}_w=\frac{1+P^2}{(1-P)^2}$

(4) 聚合釜反应器的选型设计

聚合釜体积计算公式同第 3 章。聚合反应过程具有反应速率快放热量大特点，传热计算包括：Q_1——聚合热，Q_2——搅拌热。

习 题

一、计算题

8-1 某加成聚合的聚合物，单体相对分子质量为 104，今用渗透压法测得其各个级分的质量及相对分子质量如下：

级分	1	2	3	4	5	6	7	8	9	10
质量/g	1.2	4.0	7.8	11.0	10.2	6.6	3.0	2.2	1.0	0.8
相对分子质量	2100	4500	8000	10300	13000	16000	19000	21000	23000	26000

作出累积数基聚合度分布函数曲线，并计算累积的数均与重均的聚合度。

8-2 某连锁聚合反应的机理为单基终止、无链转移。已知 $k_p=3.5\times10^4$ L/(mol·min)，$k_{td}=1.8\times10^2$ L/(mol·min)，单体起始浓度 $c_{M0}=0.25$mol/L。若活性中心的拟稳态假设成立，且反应在恒容下进行。试求：(1) 计算转化率为 60%时，等温间歇操作的重基聚合度分布；(2) 若反应在单级全混流反应器中进行，达到相同的转化率，数基聚合度的分布又如何？

8-3 用己二酸与己二胺进行聚合反应，制得相对分子质量为 15000 的聚酰胺，要求转化率为 99.95%，求所需的进料比率。

8-4 生成聚酯的缩聚反应如下：nTPA$+(n+1)$EG $\rightleftharpoons$ 聚酯$+2n H_2O$

其中 TPA 为对苯二甲酸，EG 为乙二醇。已知反应速率（$-dc_{TPA}/dt$）与催化剂 $Zn(OAc)_2$的浓度成正比，TPA、EG 和催化剂的起始用量分别为 2.65×10^{-3} mol/L，7.95×10^{-3} mol/L，3.2×10^{-2} mol/L。由于 EG 过量甚多，反应可看作对 TPA 为一级反应。在 155℃和 180℃时，反应速率常数分别为 10.4min^{-1}和 21.4min^{-1}。求在这两个温度下，对苯二甲酸的转化率为 60%时，反应时间为多少。

8-5 应用拟定常态的假设推导辐射引发、歧化终止、向单体转移的自由基聚合反应的速率、瞬时平均聚合度和聚合度分布的表达式。

8-6 应用拟定常态的假设推导催化剂引发、耦合终止、无链转移的自由基聚合反应的速率、瞬时平均聚合度和聚合度分布的表达式。

8-7 应用拟定常态的假设推导光引发、无终止、向单体链转移的自由基聚合反应的速率、瞬时平均聚合度和聚合度分布的表达式。

8-8 某一自由基聚合反应，假设为恒容过程，其机理为引发剂引发、双基终止（耦合、歧化同时存在）。已知 $k_p=5.8\times10^3\text{m}^3/(\text{kmol}\cdot\text{s})$，$k_{tc}=3.0\times10^4\text{m}^3/(\text{kmol}\cdot\text{s})$，$k_d=1.2\times10^{-5}\text{s}^{-1}$，$k_{td}=1.0\times10^4\text{m}^3/(\text{kmol}\cdot\text{s})$，$c_{M0}=1.0\text{kmol/m}^3$，$c_I=1.2\times10^{-4}\text{kmol/m}^3$，$f=0.5$，如该体系为均相流，在 PFR 及 CSTR 中进行反应，试求聚合转化率为 80%时，所得聚合物的重基聚合度分布。

8-9 某一游离基聚合反应，用引发剂进行引发，再结合终止，而无链转移反应存在。如 $r_I=2.2\times10^{-7}\text{mol/(L}\cdot\text{min)}$，$k_p=5.3\times10^3\text{L/(mol}\cdot\text{min)}$，单体起始浓度为 0.25mol/L，求转化率分别为 40%及 80%时的瞬时重均聚合度分布。

8-10 某连锁聚合反应的机理为单基终止，无链转移。已知：$k_p=3.5\times10^4\text{L/(mol}\cdot\text{min)}$，$k_{td}=1.8\times10^2\text{L/(mol}\cdot\text{min)}$，单体起始浓度 $c_{M0}=1.1\text{mol/L}$。若活性中心的拟稳态假定成立，且反应在恒容下进行。计算转化率为 50%时等温间歇操作的重基聚合度分布。

8-11 以过氧化二丁基作引发剂，在 60℃下引发苯乙烯聚合，$c_I=0.01\text{mol/L}$，$c_{M0}=1.0\text{mol/L}$，$r_i=4.0\times10^{-11}\text{mol/(L}\cdot\text{s)}$，$r_p=1.5\times10^{-7}\text{mol/(L}\cdot\text{s)}$。试求反应 10min 后瞬时数均聚合度为多少？

8-12 某单体在 BPO 引发下发生聚合反应，已知 $k_d=2.5\times10^{-6}\text{s}^{-1}$，$k_p=176\text{L/(mol}\cdot\text{s)}$，$c_I=0.04\text{mol/L}$，$f=0.8$，$k_{td}=3.6\times10^7\text{L/(mol}\cdot\text{s)}$，求单体转化 40%时反应时间为多少？

8-13 用 BPO 作引发剂，苯乙烯聚合时各基元反应活化能为 $E_d=125.6\text{kJ/mol}$，$E_p=32.6\text{kJ/mol}$，$E_t=10\text{kJ/mol}$。试比较温度从 60℃增至 70℃时，数均聚合度怎样变化？

8-14 等摩尔二元醇和二元酸缩聚，另加醋酸 1.5%，反应在间歇反应器中进行，当 $P=0.995$ 时，聚酯的数均聚合度和重均聚合度分别为多少？若反应在连续釜中进行，数均聚合度和重均聚合度又为多少？

二、思考题

8-1 链引发包括几步基元反应？为什么？

8-2 自由基浓度为何为常数？

8-3 在自由基均聚反应中如何应用稳态假设？

8-4 如何求引发反应速率？

8-5 如何求引发终止反应速率？

8-6 如何理解引发反应速率中的“2”？

8-7 如何理解缩聚反应体系中全部消耗速率表达式中的“1/2”？

8-8 如何理解终止反应速率常数？

8-9 平均聚合度与平均分子量有何区别？聚合度与分布函数有何区别？

8-10 反应器的型式对平均聚合度及分布函数有何影响？

第 9 章

化学反应工程新进展

本章学习要求

1. 了解有望工业化的最新反应技术和设备；
2. 了解反应过程的最新强化方法和途径；
3. 了解反应创新、催化剂创新、反应器创新和反应与分离集成创新的具体方式。

通过前面章节的学习，我们已经了解到，反应器是化工生产过程中的核心设备。由于宏观传递过程和返混的影响，不同类型的反应器对化学反应速率、选择性及化学平衡的影响是不同的。因此，具体生产过程中选择何种反应器，会对所生产产品的成本、能耗及环境产生不同的影响。近年来，随着人们对反应器理论认识的逐步加深，分别针对受传热、传质和混合限制以及受动力学和反应化学平衡限制的不同反应类型，开发了不同的强化（intensification）和集成（integration）的方法，使反应器技术有了很大的进展。很多新型结构的反应器不断被提出并在实际生产过程中进行了尝试，同时诸如新型反应介质和反应过程集成等新技术也应用到反应器优化和设计中，下面对这些领域的一些最新进展作简要介绍。

9.1 新型反应器

9.1.1 微反应器

微反应器（microreactor）是指体积特别小的反应器，一般具有夹心面包式的结构，由带有 10～100μm 微通道的几块薄片组成。微反应器的具体形式有很多种，但它们都有一个共同的特点，那就是把化学反应控制在尽量微小的空间内，化学反应空间的尺寸数量级一般为微米甚至纳米。严格来讲微反应器不同于微混合器、微换热器和微分离器等其他微通道设备，但由于它们的结构类似，在微混合器、微换热器和微分离器等微通道设备中可以进行非催化反应，且当把催化剂固定在微通道壁时，微混合器、微换热器和微分离器等微通道设备就成为微反应器，因而国外有的学者将这一类型的微通道设备统称为微反应器。

(1) 微反应器的分类

对应于不同相态的反应过程，微反应器又可分为流固相微反应器、液液相微反应器、气液相微反应器和气液固三相催化微反应器等。

> 化工过程的集成与强化主要围绕影响宏观速率的本征反应速率和传递速率而展开，通过优化影响宏观速率的参数而实现。

① 流固相微反应器　迄今为止流固相微反应器的研究主要集中于气固相催化反应，壁面固定有催化剂的微通道就是气固相催化微反应器的最简单形式，复杂的气固相催化微反应器一般都耦合了混合、换热、传感和分离等某一功能或多项功能。图 9-1 所示的蛇管形气固相催化微反应器，具有两个反应物料进口和一个出口，催化剂涂覆在蛇管的内壁面。此外，也有将此类反应器成功应用于液固相催化反应的报道。

② 液液相微反应器　到目前为止，与气固相催化微反应器相比较，液液相微反应器的种类较少。液液相反应的一个关键影响因素是充分混合，因而液液相微反应器或者与微混合器耦合在一起，或者本身就是一个微混合器。英国 Hull 大学则设计了一种 T 形液液相微反应器，采用电渗析法输送流体，如图 9-2 所示。它由底板和顶盖两部分组成，两部分用退火法焊接在一起。底板上蚀刻的微通道呈 T 形状，其中一条微通道装有金属催化剂。顶盖上共有三个直径为 2mm 的圆柱形容器与微孔道连通，用于贮存反应物和产物。顶盖上的容器内装有铂电极，用于加载电流。

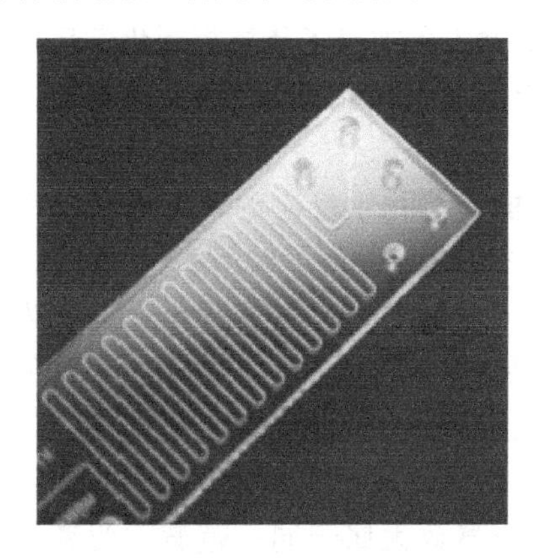

图 9-1　气固相催化微反应器

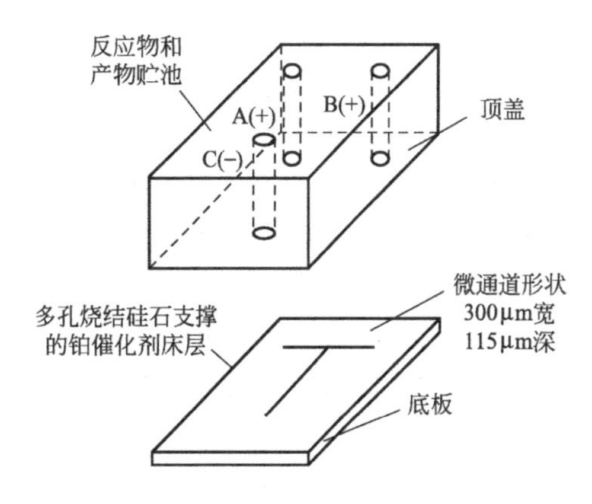

图 9-2　用于液液反应的 T 形微反应器

德国美因茨微技术研究所（IMM）则开发了一种具有快速混合功能的液液相微反应器，其设备外形及混合原理如图 9-3 所示。在该反应器中，两股进料流体分别通过一个带坡形壁面的通道结构对流注入混合单元。通过狭缝状交叉型通道（通道尺寸为 45μm），可以形成两种待混合流体的流动薄层周期性结构。层流流体在与入口流垂直的方向上离开混合器，由于流体薄层的厚度非常小，通过这样的扩散过程即可实现快速混合。

③ 气液相微反应器　文献所报道的气液相微反应器按照气液接触的方式可分为两类。一类是具有与图 9-2 相类似的结构气液分别从两根微通道汇流进入一根微通道，整个结构呈 T 字形。另一类是沉降膜式微反应器，液相自上而下呈膜状流动，气液两相在膜表面充分接触。这两类气液相反应器气液相接触面积都非常大，其内表面积均接近 20000m^2/m^3，比传统的气液相反应器大一个数量级。

④ 气液固三相催化微反应器　气液固三相反应在化学反应中也比较常见，种类较多，在大多数情况下固体为催化剂，气体和液体为反应物或产物。美国麻省理工学院开发了一种用于气液固三相催化反应的微填充床反应器，其结构类似于固定床反应器，在反应室（微通道）中填充了催化剂颗粒，具有很好的反应和放大性能。

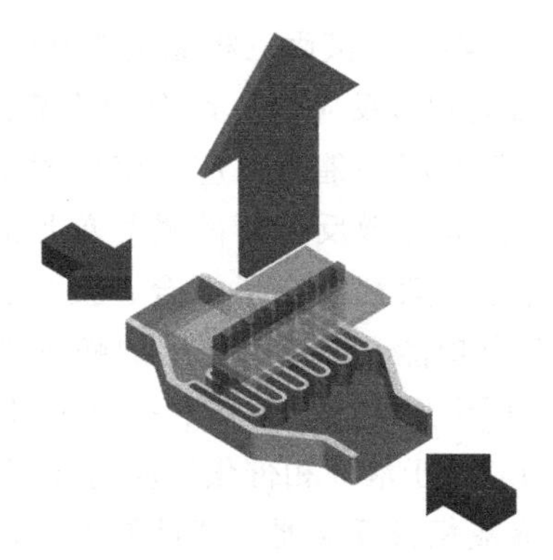

图 9-3　具有混合功能的液液相微反应器

(2) 微反应器的特点

① 温度控制　由于微反应器的传热系数非常大，即使是反应速率非常快，放热效应非常强的化学反应，在微反应器中也能在近乎等温的条件下进行，从而避免了热点现象，并能控制强放热反应的点火和熄灭，使反应在传统反应器无法达到的温度范围内操作。

② 反应器体积　微反应器中的微通道几乎完全符合平推流模型，通道中的传质特性使得反应物在微反应器中能在毫秒级范围内完全混合，从而大大加速了传质控制化学反应的速率。所以对于传质控制等类型的化学反应，使用微反应器可以在维持产量不变的情况下，使反应器总体积大大减小。

③ 转化率和收率　在无限平衡限制时，微反应器能提高化学反应的转化率和收率，如巴斯夫公司在微反应器中合成维生素前体时收率由25%提高到80%～85%。

④ 安全性能　由于微反应器的反应体积小，传质传热速率快，能及时移走强放热化学反应产生的大量热量，从而避免宏观反应器中常见的“飞温”现象；对于易发生爆炸的化学反应，由于微反应器的通道尺寸数量级通常在微米级范围内，能有效地阻断链式反应，使这一类反应能在爆炸极限内稳定地进行。

⑤ 放大问题　从本质上来说反应器的微型化和反应器放大属于同一范畴，两者都是尺度比例的变化。反应器的微型化使得传统反应器的放大难题迎刃而解。微通道的规整性使得对微反应器的分析和模拟较传统的反应器简单易行，在扩大生产时不再需要对反应器进行尺度放大，只需并行增加微反应器的数量，即所谓的“数增放大”。在此过程中，主要需要解决的是如何保证每个通道在制作时的“等效性”和流体均匀分布的问题。“调整设备去适应化学反应过程而不是相反，调整化学反应条件去适应设备”是微化工工艺的基本理念。基于这个理念，微反应器内部的结构要根据化学过程本身来调节，因此它们可能没必要是“微”的。

9.1.2　整体式反应器

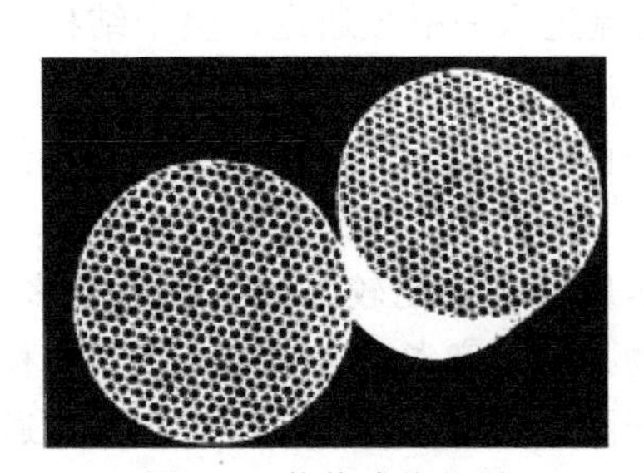

图 9-4　整体式催化剂

整体式反应器（monolithic reactor）中使用具有许多相互隔离的、平行的直孔或弯曲孔道的整块蜂窝结构催化剂，催化活性组分以薄膜的形式均匀地分布在孔道的内表面，如图 9-4 所示。这类反应器首次工业应用，是 1966 年 Anderen 等人用其对硝酸车间尾气中的 NO_2 做还原脱色。20 世纪 70 年代中期，美国和日本将其用于处理汽车尾气中的 CO、NO_x 和未完全燃烧的烃类，目前汽车尾气处理采用的三元净化器就是这一类反应器的典型应用。由于具有床层压降低、催化效率高、放大效应小等优点，近年来整体反应器已被广泛应用于许多化工领域，如 NO_x 的选择性催化还原（selective catalytic reduction，SCR），挥发性有机化合物（volatile organic compounds，VOC）的催化燃烧以及一些有机合成反应等。图 9-5 为典型的并流式气-液-固三相整体式反应器示意图。

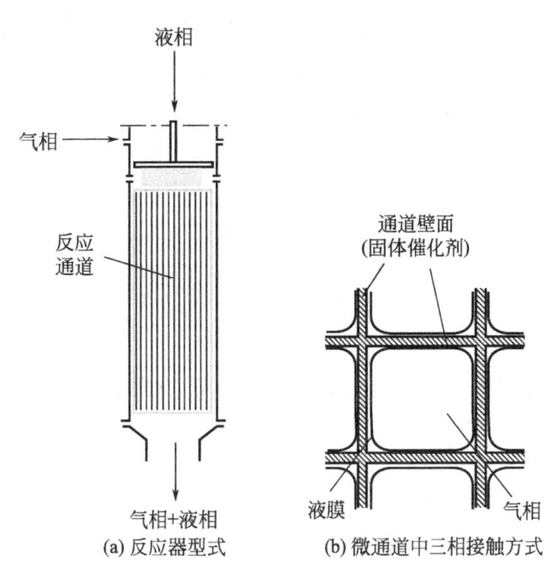

图 9-5 并流式气-液-固三相整体式反应器示意图

（1）整体式催化剂的结构

整体式催化剂一般由载体、涂层和活性组分三部分组成。目前人们常用的整体式催化剂载体材料有耐高温的陶瓷和金属合金。陶瓷材料中最为常用的是堇青石、富铝红柱石、二氧化钛等，金属材料载体一般选用不锈钢或含铝的铁素体合金，其中尤以经特殊处理的耐高温 Fe-Cr-Al 合金使用最为广泛。

一般情况下，整体式催化剂载体的表面积都很低，如堇青石材料的比表面积通常小于 $1m^2/g$。因此，在载体表面涂覆一层高比表面积的涂层十分必要。除此之外，涂层还能使催化活性组分与载体有效牢固地结合起来，并能极大地发挥活性组分的作用。目前绝大多数整体式催化剂的涂层材料均为 γ-Al_2O_3，它的比表面积可达 $200m^2/g$，有较好的耐高温和耐化学腐蚀性，其内孔有利于活性组分的均匀分散。整体式载体涂覆涂层后，还需嵌入活性组分。嵌入活性组分的方法与在传统催化剂载体上负载活性组分没有本质的区别。

（2）整体式反应器的特点

由于整体式催化剂与传统颗粒状催化剂有很大区别，使得整体反应器在一些三相反应中优于传统的滴流床和浆态床反应器。

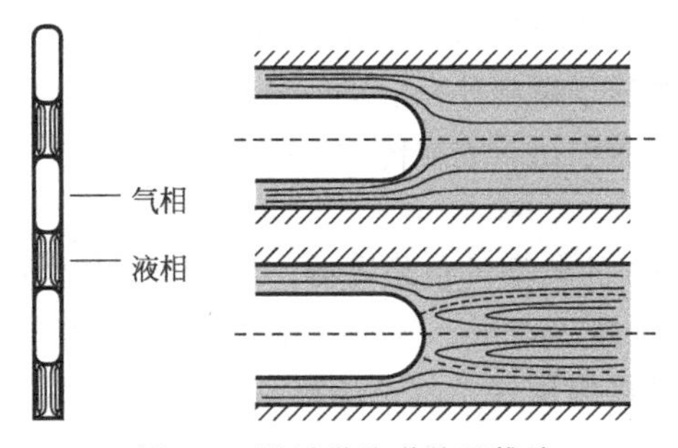

图 9-6 通过微孔道的平推流

① 床层压降低　整体式催化剂由许多平行且直的孔道构成，孔隙率较高，这种开放式结构使流体流经催化剂床层时所受阻力较小，压降很低。与颗粒状催化剂相比，整体式催化剂床层压降降低了 2～3 个数量级。

② 传质效率高　对于整体式反应器上的气-液-固三相反应，当保持适当的气、液两相流速时，催化剂孔道内会出现近似平推流的流型。此时，液滴被不同的气泡一一分开。在气泡和孔道内壁之间有一层很薄的液膜，增大了气液两相的接触面积。在液滴内部存在液相循环流动，环流加快了气体从气泡边缘向催化剂壁面的传递，如图9-6所示。总之，与滴流床相比，整体式反应器中的平推流提高了气相的传质速率，进而使催化剂利用率和反应选择性提高。

③ 放大效应小　整体式催化剂的结构规整，如果能够很好地解决催化剂入口处流体分配不均的问题，那么实验室和工业用整体反应器的差别就仅在于孔道数量的不同了。因此，

与滴流床和浆态床相比，整体式反应器的放大比较简单。

④ 催化剂分离、再生容易。

⑤ 传热效果不理想　整体式催化剂的各孔道是相对独立的，相邻孔道间无任何传质作用，因而不存在径向传热；此外透过孔道壁的径向热传导也很低。对放热反应而言，由于整体式催化剂传热效果不理想，会使反应温度迅速升高；对于吸热反应则比颗粒状催化剂因降温而更容易出现反应骤停现象。

整体反应器应用的关键是整体催化剂制备及气液分布问题。

9.1.3　超重力（旋转床）反应器

超重力（super gravity）技术是强化多相流传递及反应过程的新技术。所谓超重力指的是在比地球重力加速度大得多的环境下，物质所受到的力（包括引力或排斥力）。实现超重力环境的最简便方法是通过旋转产生离心力而实现，即通过旋转床（rotary bed）实现。在超重力环境下，不同大小分子间的分子扩散和相间传质过程均比常规重力场下的要快得多，气液、液液、液固两相在比地球重力场大上百倍至千倍的超重力环境下的多孔介质或孔道中产生流动接触，巨大的剪切力和快速更新的相界面，使相间传质速率比传统的塔器中的提高1～3个数量级，微观混合和传质过程得到极大强化。超重力反应器中人们对气液相反应器研究得最为广泛。典型的超重力反应器结构见图9-7。气相经气体进口管由切向引入转子外腔，在气体压力的作用下由转子外缘处进入填料。液体由液体进口管引入转子内腔，经喷头淋洒在转子内缘上。进入转子的液体受到转子内填料的作用，周向速度增加，所产生的离心力将其推向转子外缘。在此过程中，液体被填料分散、破碎形成极大的、不断更新的表面积，曲折的流道加剧了液体表面的更新。这样，在转子内部形成了极好的传质与反应条件。液体被转子抛到外壳汇集后经液体出口管离开超重力反应器。气体自转子中心离开转子，由气体出口管引出，完成传质与反应过程。

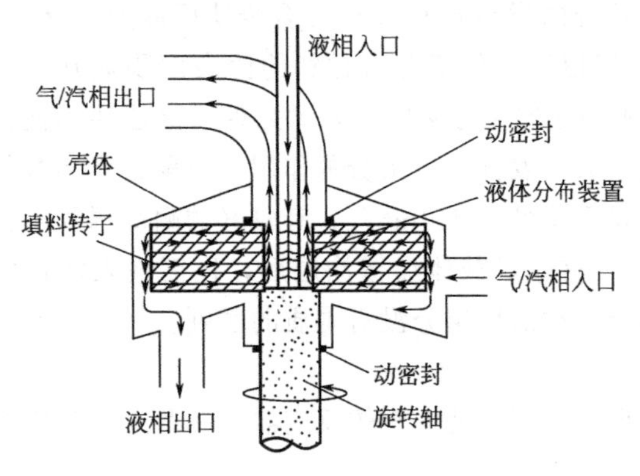

图9-7　典型的超重力反应器结构

（1）超重力场气-液接触的特点

在传统重力场中，实现多相流质量传递与反应过程的典型设备是塔器。由于重力场的限制，传统塔器中气-液体系传质反应效率的提高受到了液泛点低、气-液之间的相对速度低、单位体积气-液接触面积小等因素的制约。多年来，塔器内构件尤其是填料虽不断有所改进，但过程的强化并未获得突破性进展。而在超重力反应器中，气-液相传质得到极大的强化，主要表现在以下两个方面。

① 在超重力传质反应器中，液体受到的有效重力将是传统重力场中的数十倍甚至上百倍，液泛点大大提高，使得通过提高气速来增强气-液之间的相对速度成为现实，从而极大地强化气-液体系的传质反应效率。

② 在超重力场中，气液两相流体相对滑动速度很大，巨大的剪切应力克服了液体表面张力，使液体伸展出巨大的相际接触界面，液膜变薄，几乎没有持液现象，液体在高分散、

高湍动、强混合以及界面急速更新的情况下与气体以较大的相对速度在填料的弯曲孔道中接触，从而极大地强化了传质过程。

超重力反应器还具有物料停留时间短（10～100ms）、设备简单、易于操作和开停车、安装方向不受限制、不怕振动与颠簸等特点。

(2) 超重力反应器的应用

基于超重力反应器在气液传质过程强化方面的独特优势，国外对超重力技术在精馏、吸收（天然气干燥、脱碳和脱硫）、解吸（从受污染的地下水中吹出芳烃）、化学热泵（吸收解吸）等方面的应用开展了积极的研究，有的已达到商品化应用的程度。国内超重力反应器的应用研究开始于20世纪90年代，目前所开展的应用研究工作主要涉及纳米材料的制备、烟气的脱硫与除尘、油田注水或锅炉给水脱氧、液相中溶解气体的脱吸以及气相中低浓度组分的吸收等方面。

① 制备纳米材料　目前，人们采用常规方法可以制备出粒度低于100nm的纯金属、金属氧化物、金属间化合物、碳化物、氮化物及复合材料，但却难以制备纳米盐类化合物。这主要因为纳米盐类化合物的制备过程通常涉及相间传递、反应和结晶等多个步骤。其中，相间传递过程常常是整个过程的控制步骤。因此，制备分布较窄的纳米盐类化合物，关键是尽可能强化相间传递和微观混合过程，而这正是超重力技术的优势所在。北京化工大学超重力工程技术中心先后应用超重力反应器，制备了碳酸钙、二氧化硅和碳酸锶等的纳米粉体。华北工学院（现中北大学）纳米粉体研究中心也曾先后应用超重力技术制备了$Al(OH)_3$、ZnO、$BaSO_4$等纳米粉体。

② 脱气　Singh等将超重力旋转填料床用于脱除地下水中的挥发性有机物，在常温下以空气为气提剂，将含有10^{-7}数量级的挥发有机物脱除至10^{-9}数量级以下，说明超重力旋转填料床在处理低含量挥发性有机物方面具有较高的效率。北京化工大学超重力工程中心使用超重力旋转填料床用于油田注水脱氧，在常压下仅使用低压蒸汽就可以得到低于5×10^{-9}的出口溶氧浓度，其与现有技术相比，设备投资可节省40%以上。

③ 脱硫　基于超重力技术强化传质反应过程的优势，北京化工大学万冬梅等以氨或碳铵溶液作吸收剂，利用超重力丝网填料床对燃煤尾气脱硫进行实验，获得良好效果，脱硫效率达到98%，同时还设计出了处理气量为$5000m^3/h$的工业试验装置；湘潭大学陈昭琼等采用不同填料和转鼓的超重力吸收器进行了烟气脱硫实验，用清水作吸收剂时，脱硫率达到70%～82%，用含有催化剂Mn^{2+}的水溶液吸收时，脱硫率达到90%～95%。

超重力反应器由于物料停留时间极短，特别适用于需要较大气液接触面积的快速反应过程。

9.2 新型反应介质

大部分有机反应需有溶剂参与，这不仅会降低反应器的容积利用率，增加后续处理工序的分离难度，而且多数的有机溶剂易燃易爆并有一定的毒性，给安全生产也带来了隐患。近年来，人们加大了绿色溶剂的开发与应用力度，并尝试在工业过程中使用“无毒”溶剂代替传统溶剂，并取得了一定成效。这里介绍两种典型的绿色溶剂：超临界流体和离子液体。

9.2.1 超临界流体

超临界流体（supercritical fluid）是指对比温度和对比压力均大于1的流体，因其独特的性质——密度接近液体，扩散系数和黏度接近气体，作为萃取剂已广泛应用于香料、食品、医药、化妆品、化工等多个方面。随着对超临界流体性质研究的不断深入，人们发现超临界流体不仅可以用于分离，也可以用于化学反应。相对于超临界萃取来说，超临界反应更具有吸引力，这一新的反应介质已越来越受到反应工程研究者的重视，许多有意义的探索性工作也充分显示了这一技术潜在的优越性。

溶剂效应是溶剂对于反应速率、平衡甚至反应机理的影响。溶剂的性质不仅对反应而且对反应平衡都非常重要。

(1) 超临界流体作为反应介质的优良特性

① 对反应物的高溶解能力。超临界流体对大多数液体或固体有机化合物都可以溶解，使反应在均相中进行，特别是对氢等气体也有很高的溶解度，从而消除了反应物与催化剂之间的扩散限制，增加了反应速度。因此，利用超临界流体作为反应介质可以提高气-液-固或气-固相反应的速率。

② 在超临界流体中，压力对反应速率常数有强烈的影响，微小的压力变化可使反应速率常数发生几个数量级的变化。

③ 在超临界流体中进行化学反应，可以降低某些高温反应的反应温度，抑制或减轻热解反应中常见的结焦或积炭现象，同时显著改善产物的选择性和收率。

④ 利用超临界流体对温度和压力敏感的溶解性能，可以选择合适的温度和压力条件，使产物不溶于超临界的反应相而及时移去，也可逐步调节体系的温度和压力，使产物和反应物依次分别从超临界流体中移去，从而简化产物、反应物、催化剂和副产物间的分离。同时，由于产物不溶于反应相，将使反应朝有利于生成目的产物的方向进行。

⑤ 超临界流体能溶解某些导致固体催化剂失活的物质，从而有可能使其中的固体催化反应长时间保持催化剂的活性。同时，通过调节温度和压力，使反应混合物处于超临界状态，可使失活的催化剂逐步恢复其催化活性。

⑥ 有效控制反应活性和选择性。超临界流体具有连续变化的物性（密度、极性和黏度等），可以通过溶剂与溶质或者溶质与溶质之间的分子作用力产生的溶剂效应和局部凝聚作用的影响来有效控制反应活性和选择性，减少副反应的发生。

⑦ 无毒性和不燃性。超临界流体（例如二氧化碳、水、二氟乙烷、已烷等）大多数是无毒和不燃的，有利于安全生产。而且来源丰富，价格低廉。有利于推广应用，降低成本。如二氧化碳的临界温度为31℃，临界压力为7.4MPa，其超临界条件容易达到。

(2) 超临界流体中的化学反应

① 聚合反应　在超临界二氧化碳介质中，可进行各类聚合反应。1992年Simone及其合作者首次在Science上报道了用超临界二氧化碳作溶剂，AIBN作引发剂，进行1,1-二氢全氟代辛基丙烯酸酯的自由基均聚及其与苯乙烯、甲基丙烯酸甲酯、丙烯酸丁酯等单体的共聚反应，得到相对分子质量达27万的聚合物。由于二氧化碳对大多数聚合物均为不良溶剂，因此对超临界CO_2中聚合反应的研究和实际应用受到一定限制，但其中的沉淀聚合和阳离子聚合有一定实用性。

② 多相催化和多相反应　由于超临界流体具有很强的溶解性和较大的扩散系数，能及时把反应产物从催化剂表面上萃取下来，因此可突破热力学平衡条件的限制使可逆反应转变为不可逆反应。对于因催化剂表面生焦而失活的反应，超临界介质可将焦的前躯体萃取下来，从而延长催化剂的操作周期。所以多相催化反应的转化率、目的产物的选择性和催化剂的寿命在超临界介质中都有较为明显的改善。目前把超临界流体应用于多相催化反应的模型反应有烯烃齐聚和烷基化反应、1-己烯的异构化、费-托合成、甲苯脱氢、甲醇合成、低碳醇的合成以及长链烷烃催化脱氢反应。

③ 金属有机反应　有机金属化合物对许多催化反应都很重要。超临界流体（尤其是 CO_2 和 Xe）作为有机金属物种的反应媒介已作为一种手段来合成新的化合物和提高已存在化合物的合成效率，获取对基础有机化学的理解和促进均相催化反应的工业化进程。N_2 和 H_2 经常用于金属有机反应，由于在液相中的溶解度低，应用受到限制，而与超临界 CO_2 和 Xe 混溶可增加溶解度。

④ 酶催化反应　酶是一类高效生物催化剂，能在十分温和的条件下起高效率的催化作用，并具有高度的区域选择性和立体专一性。传统的酶催化反应是在水环境中进行，到 20 世纪 70 年代末，以含微量水的有机溶剂作为反应介质使酶催化反应取得突破性进展。近十几年来国外已对十多种酶及其在超临界 CO_2 中的反应进行研究，主要是脂肪酶催化的酯化、酯交换、酯水解反应及氧化反应等，取得了较好的实验效果。

9.2.2　离子液体

离子液体（ionic liquid）是一类熔点低于 100℃的盐。通常室温下呈液态的离子液体是由有机阳离子和无机或有机阴离子组成，也称为室温离子液体。离子液体作为一类新型反应介质具有一些特殊的物化性质。

① 能溶解大部分无机、有机及金属有机化合物，能通过改变阴、阳离子调节其对水和其他溶剂的溶解性。

② 低溶点，宽液程，高热稳定性，因此可用于温度条件较为苛刻的化学反应。

③ 几乎没有蒸气压，不挥发。由于离子液体没有可测的蒸气压，因而它不会释放挥发性有机物（VOC），被称为“绿色溶剂”、“绿色介质”，可解决化学反应过程可能产生有毒物质或某些污染物问题，这为人类解决化学工业对环境的污染，实现可持续发展提供了条件。

目前已经有了很多关于在离子液体中进行催化反应的报道，如酸碱催化反应，催化加氢反应、聚合反应、催化氧化反应、生物酶催化反应。离子液体作为反应介质进行化学反应的一个明显优点是离子液体和催化剂可多次使用仍然能够得到较好的反应结果。

20 世纪 70 年代 Osteryoung 和 Wilkes 首次成功地合成了氯化铝离子液体，但由于离子液体的应用主要集中在电化学方面，所以相关的研究并不活跃。直到 20 世纪 80 年代初期，Seddon 等使用离子液体作为极性溶剂进行过渡金属复合物的研究才使离子液体得到了广泛的认识。在 20 世纪 80 年代末，首次报道了离子液体作为有机合成反应的溶剂和催化剂的研究，其中氯化铝型酸性离子液体被证明是 Friedel-Crafts 反应的高效催化剂。1990 年 Chauvin 等在研究中首次使用离子液体作为均相过渡金属催化反应的溶剂，镍催化剂被溶在弱酸性的氯化铝熔盐中，然后进一步研究了丙烯二聚反应。然而这类离子液体对水、空气极其敏感，要完全在真空或惰性气氛下处理和应用，而且它通常与多种有机化合物不相容，如 $AlCl_3$ 型离子液体遇丙酮会很快发生反应。在 1992 年对离子液体的研究出现了重大突破，

Wilkes 等合成了一系列对水、对空气稳定的离子液体，例如（emim）BF_4。自此，相继合成了大量不同的新离子液体。这样就极大地推动了离子液体应用方面的研究，尤其是在过渡金属催化反应领域开辟了广阔的应用范围。近年来，国内外对离子液体的制备、应用的研究十分活跃，也发表了一些非常有意义的研究论文，许多化学工作者希望通过深入研究，将离子液体用于化工生产中。

离子液体可依据其用途或需要的性质来适当选择阴离子、阳离子及其取代基，在一定程度上是一种可设计溶剂。离子液体的品种多，大体可分为 3 类：$AlCl_3$ 型离子液体、非 $AlCl_3$ 型离子液体及其他特殊离子液体。离子液体的阳离子通常包括季铵离子、季鏻离子、1,3-二烷基取代的咪唑离子或 N,N'-二烷基取代的咪唑离子（简记为 [RR′im]-)、N-烷基取代的吡啶离子，阴离子有金属类（如 $AlCl_4^-$、$CuCl_2^-$ 等）和非金属类（如 BF_4^-/PF_6^-，NO_3^-，ClO_4^-，CH_3COO^-等）。尽管目前对离子液体的研究还处于发展阶段，但它在化学反应中表现出的优良特性使其具有较好的工业应用前景。

离子液体工业化应用的优势在于：

① 反应的选择性高，可大大减少副产物或废弃物的生成量；

② 催化剂活性提高，反应速率加快，因而工厂的空间规模可减小，整个过程的消耗也相应降低；

③ 操作工序减少，反应温度、压力适宜，不仅可减少能源消耗，还可提高生产操作的安全性，因此，离子液体工业化应用的实现，一方面将成为化学工业发展的经济推动力，另一方面将会显著地改善化工过程对环境污染的现状。

然而，实现离子液体的工业化应用还有许多亟待解决的问题。当前开发研究的关键在于以下几方面：离子液体的成本、使用的稳定性、与产物分离的难易、传热传质性能、再利用或循环使用的程度、与原料的可混性以及生产安全性等方面，而其中最终决定能否实现工业化应用的两个因素则可能是：催化剂能够多次循环使用，但活性不降低；能够有效地分离出高纯度产品，使产品不会受到离子液体或催化剂的污染。

9.3 反应过程的集成

9.3.1 反应和分离的过程耦合

反应和分离的过程耦合（coupling）是在一个装置中同时进行反应与分离过程，反应混合物中的某一组分通过传质过程移出反应体系。其主要目的是移去最终产物打破固有的化学平衡提高转化率，或者是除去对催化剂有毒性作用的产物保持反应的高活性，或是先分离除去原料中的杂质，保持反应的高活性及简化后续工艺过程。由于反应与分离在一台设备中同时进行，且有生成物从反应体系中移出，这样可打破反应平衡的限制，提高转化率，缩短工艺流程，减少设备投资，利用反应热，降低能耗。化学反应可以和精馏、萃取、渗透蒸发、吸收、膜分离等分离过程相互结合，使反应向目标产物进行，反应可趋于完全，使分离更加彻底，产率增高。这里只介绍研究相对成熟的反应精馏和膜分离与反应的耦合。

(1) 反应精馏的过程耦合

反应与精馏是将反应和精馏过程集成在一个精馏反应塔内完成，当有催化剂存在时，它又被称为催化精馏。它的优点是：可以及时地将一个或几个反应产物移走，提高反应选择性，减少副反应；对受化学平衡限制的反应，可以打破平衡的限制，提高原料的利用率，对放热反应，将反应放出的热量用于精馏分离，既可使反应器内的温度分布均匀，又可以节约能量；由于将反应器和精馏塔集成在一起，减少了设备数量，可以节约设备投资。反应精馏技术已在甲基叔丁基醚合成和醋酸甲酯合成及水解等工业过程中得到应用。图 9-8 所示为 Eastman-Kodak Chemical 公司传统醋酸甲酯生产工艺与反应精馏工艺的比较。很明显，采用先进的反应精馏工艺后，原来需采用 1 个反应器和 9 个分离塔完成的工艺只需用一个反应精馏塔来代替。

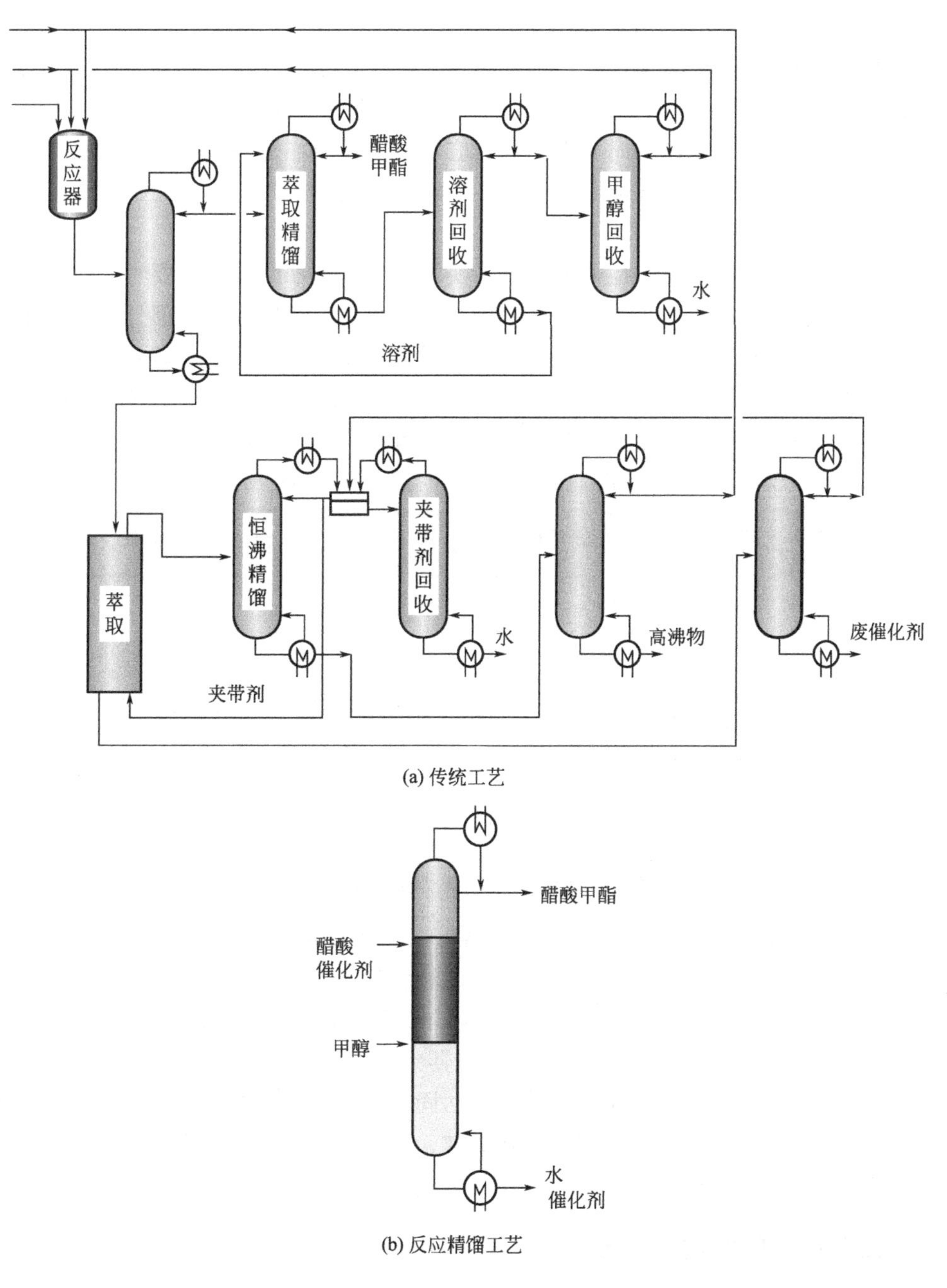

图 9-8 Eastman-Kodak Chemical 公司传统醋酸甲酯生产工艺与反应精馏工艺的比较

反应精馏工艺彻底改变了长期以来人们对反应和分离过程的传统认识，它使化学反应过程和精馏分离的物理过程结合在一起，由于它们的协同作用，既可提高转化效率又节约成本和能源，是伴有化学反应的新型特殊精馏过程。但是，并不是任何系统都能用反应精馏技术实现反应和分离过程同时进行。反应精馏技术的应用受以下客观条件的限制：①精馏必须是分离反应物和产物的可行方法，如果反应组分之间存在有恒沸现象，或者反应物与产物的沸点非常接近时，反应精馏技术则不适用；②化学反应必须是液相反应，催化剂应该充分润湿或能溶于反应体系；③反应停留时间不能过长；④反应温度和泡点温度一致，反应过程和反应组分的蒸馏分离可以在同一温度条件下进行；⑤反应不能是强吸热反应；⑥催化剂寿命要长。

(2) 膜催化技术（膜分离与反应的过程耦合）

膜催化技术（membrane catalysis technology）是选用多孔膜作为催化剂，利用它的选择透过特性，在一个反应器内同时实现催化反应和分离操作，是一种典型的反应与分离的集成。20 世纪 50 年代，膜技术作为单纯的分离技术开始工业应用，60 年代出现了膜催化的概念，80 年代中期以来膜催化技术得到了广泛的发展。

膜催化技术是通过膜催化反应器的设计来实现的。反应器的设计主要考虑如何实现分离功能与反应的有机结合。一般采取以下两种方式：①膜作为反应器的一部分，但不充当催化剂，这种情况下，催化剂常以堆积床的形式放在膜的一侧，这时，膜只起到将产物有选择性地移出体系的作用，如图 9-9(a) 所示；②膜作为催化剂的一部分或催化剂的载体，这时膜本身可以是具有催化活性的，也可以是将催化剂附着在膜的孔内，或者催化剂以薄层的形式沉积于膜的表面，膜本身实际上充当反应的场所，如图 9-9(b) 所示。

反应与分离的耦合主要利用平衡移动原理和反应速率理论。产物的移出降低了逆反应速率。

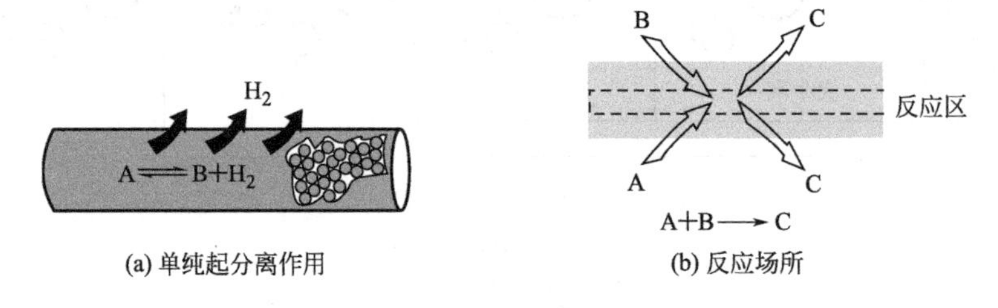

图 9-9 膜反应器中膜作用的两种形式

针对具体的反应体系，采用膜催化反应器可以显著提高生产能力。Casanave 等利用沸石膜对氢气的透过性，将填充床催化反应器与沸石膜集成在一起，进行异丁烷脱氢制异丁烯的反应，异丁烯的收率可以提高近 1～3 倍。Gobina 等利用 Pd 膜对氢气的高透过能力和 Ag 膜对氧气的高透过能力，在 Pd/Ag 膜催化反应器中进行正丁烷的气相脱氢反应，用含氧为 21%的氮气吹扫并生成水，正丁烷的转化率可达固定床反应器的 8.2 倍，这也是一个典型的反应耦合集成。但是，膜催化反应器还处在研究、开发阶段，还未见有大规模工业应用的报道。膜催化反应器的主要缺点是造价高、膜的透过量小、易碎等。

9.3.2 反应和反应的过程耦合

若使一个不容易自发进行的反应和另一个较容易自发进行的反应同时发生，前一反应的生成物正好是后一反应的反应物，从而构成一个可以自发进行的复杂反应体系，则称这两个化学反应是耦合反应。反应耦合的概念提出以后，人们对这一类反应进行了更为深入细致的研究，并逐渐应用到实际化工生产过程中。反应耦合操作是在一个反应器内进行，使用双功能催化剂或两种不同功能的催化剂，将反应物经催化合成中间产品，再进一步催化合成最终产品。

典型的反应是合成气一步法反应-反应耦合生产二甲醚，涉及的化学反应如下：

$$CO+2H_2 \longrightarrow CH_3OH$$ 甲醇合成反应

$$2CH_3OH \longrightarrow CH_3OCH_3+H_2O$$ 甲醇脱水生成二甲醚

$$CO+H_2O \longrightarrow CO_2+H_2$$ 一氧化碳变换反应

利用反应消耗产物，平衡右移的关键是两个反应条件的匹配。

目前工业上有两种方法实现上述过程。一种是在固定床反应器中由合成气直接制取二甲醚，即采用 HZM-5 分子筛催化剂与铜基甲醇合成催化剂组成复合催化剂在固定床反应器中生成二甲醚。在 220～260℃范围内，压力为 3～5MPa，二甲醚的选择性可达 82%，该工艺可省去合成的甲醇先经精馏，获得的精甲醇汽化后再经催化脱水的步骤，缩短流程。另一种反应-反应耦合制二甲醚的最新工艺是在气-液-固三相浆态床（又称淤浆床）反应器中进行，气体是合成气，液态是高沸点的热载体并且其中不含对催化剂有毒害物质，催化剂采用的是甲醇合成及甲醇脱水的双功能催化剂，它是在三相浆态床反应器内合成甲醇的基础上开发成功的。

反应-反应耦合的另一代表性反应是乙苯与 CO_2 反应制备苯乙烯，它是一个新的乙苯脱氢过程，具有较高的转化率和较好的选择性。与传统的高温水蒸气下乙苯脱氢相比，CO_2 是一个温和的氧化剂，参与乙苯脱氢并转化为 CO，即将乙苯脱氢与逆水煤气变换耦合，可以通过 CO_2 将 H_2 氧化，提高乙苯反应活性及苯乙烯选择性。

丙烯、氧气及氢气直接合成环氧丙烷集成系统是另一反应-反应耦合实例。环氧丙烷是一种重要的有机化工原料，传统的氯醇法存在环境不友好问题，且原子利用率低。为此，人们开发出了以钛硅分子筛（TS-1）为催化剂的丙烯过氧化氢氧化新工艺，它以丙烯和过氧化氢为原料，由蒽醌法生产过氧化氢和丙烯环氧化两个工艺过程组成。为了进一步简化工艺流程，研究者又提出了在 H_2 和 O_2 存在下的原位直接合成环氧丙烷的新工艺，将过氧化氢合成反应和环氧丙烷合成反应在同一个催化剂上实现。氢氧直接合成过氧化氢反应通常需要在金属 Pd 催化剂上进行，合成环氧丙烷反应则需要钛硅分子筛（TS-1）催化剂。由此构成的负载 Pd 的钛硅分子筛催化剂 Pd/TS-1 可用于此反应集成系统。

从以上三个例子可以看出，催化剂多功能化是反应-反应耦合的重要科学基础。从已开发成功的反应集成系统看，大多数多功能催化剂的不同活性位同处于催化剂的微孔表面，这势必导致单位表面积上某种活性中心数量降低，并且在催化剂的制备或使用过程中存在活性中心相互覆盖以及相互作用而失活等问题。因此，应进一步探索不同催化活性中心之间的组合效应。此外，为了实现多反应过程的高效集成，应考虑与分离过程及其他化工耦合技术的结合。

9.3.3 反应器的强制周期操作

反应器的强制周期操作（forced periodic operation）是通过控制定时逆转进出反应器的

物流方向，利用反应放出的热量来加热冷的原料，充分利用反应热，降低能量消耗，减少操作费用。与常规固定床反应器相比，可减少设备投入，简化流程，如图 9-10 所示。

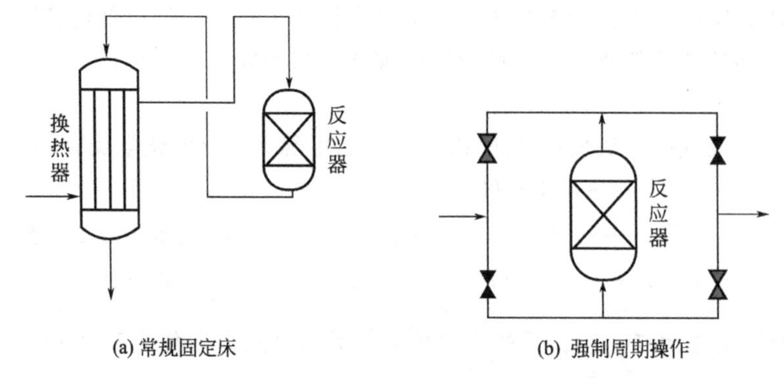

(a) 常规固定床　　(b) 强制周期操作

图 9-10　强制周期操作与常规固定床流程比较

流向变换强制周期操作的基本思想：当将低温的反应混合物引入预热至反应温度的催化剂床层时，在进口段，由于催化剂温度高而气相温度低，气相被迅速加热而固相催化剂床层被缓慢冷却，气相物种向催化剂表面扩散并在其表面吸附，当表面浓度和温度满足反应要求时，催化反应迅速发生并放出反应热，热量的绝大部分迅速蓄积到热容量较大的催化剂床层内，少部分则使气流迅速升温，加速了催化反应，从而会在床层内形成沿气流方向缓慢移动的陡峭的轴向温度和浓度分布（即热波和浓度波）；若在热波前端移出床层之前改变流向，热波又会沿反方向传播，多次换向的结果，最终形成中间高、两端低的轴向温度分布，从热力学角度分析，这种变化趋势有利于可逆放热反应，因为可以使化学反应突破平衡限制，达到很高的出口转化率；在出口段，由于前半周期冷气体的冲刷冷却，床层温度较低，可提高反应的转化率。

反应器强制周期操作具有以下优点。

① 适合于处理低温低浓度原料气。由于气固两相热容量的巨大差异（100～1000 倍），这种操作方式最终在床层内形成沿轴向缓慢移动的热波，其温升明显高于绝热温升。若在热波移出床层前改变混合物的流向，则可将有限的反应热大部分蓄积在床层内。因此，即使原料气温度和浓度较低，反应也能自热进行。

② 减少设备投资、降低能耗。这种独特的操作方式产生了与众不同的效果，它既是反应的加速器（利用催化剂活性表面），又是蓄热式换热器（利用填充床巨大的热容量和外表面），因而流程的集成度很高，可以省去传统定态操作所需的原料预热器和中间冷却器，提高了热利用效率，降低了设备投资和能耗。

③ 对输入参数的波动不敏感。由于气固两相热容量的巨大差异，使得这种操作的抗干扰能力较强，即使原料气浓度和流速在一定范围内频繁波动，系统也能维持正常操作。

④ 对于可逆放热反应，可突破化学平衡限制，达到很高的出口转化率。流向变换强制周期操作最终形成中间高、两端低的轴向温度分布，其分布特征与可逆放热反应的最佳操作温度线十分接近，所以，即使采用一段床也能达到很高的单程转化率。

工业上应用强制周期操作反应器的场合有：氧化挥发性有机化合物以净化工业废气、用氨还原工业废气中的氮氧化物和二氧化硫氧化生产硫酸。在处理气体的流量和浓度波动的情况下，采用周期交替流催化燃烧反应器，与传统的管壳式催化燃烧反应器相比，操作费用可降低 80%。目前，在世界上已有几十套这类工业装置在运行。对于使用交替流催化反应器进行氨选择性还原氮氧化物，俄罗斯建有一套处理量约 11200m^3/h 的装置，反应器出口的氮氧化物浓度可低于 30～70mg/m^3。对 SO_2 氧化生产硫酸，采用交替流催化反应器可减少 5%～20%的操作费用并节省 20%～80%的设备投资。据报道，我国已在河南省建造了一套使用带段间换热器的交替流催化反应器，反应器的直径达 6.5m，处理量为 33500m^3/h，二氧化硫含量在 1%～5%范围内波动时，二氧化硫的转化率可大于 90%。

反应与换热的耦合，将间接换热变为直接换热工业化的关键是自热能否稳定维持。

近年来，我国化工过程集成与强化的研究和应用也取得了重大的进展。例如石油工业的崛起大大推动了催化剂、反应工程和精馏技术的发展，核燃料后处理和湿法冶金的发展推动了溶剂萃取技术水平的提高等。但相对于发达国家，我国化工过程集成与强化的研究和实践尚有差距。我国单位产值能源消耗量比世界先进水平的高出很多，我国自主开发的具有重大国民经济意义的新过程数量较少，工业化周期较长，在国际市场上竞争能力较差。在实现可持续发展方面与发达国家的差距更大。在加入世界贸易组织（WTO）以后，我国的过程工业面临着很大的挑战，这也为化工过程集成与强化的研究和应用提供了很好的机遇。由于化学工程具有多学科交叉的特点，只有化学、化工、机械和信息技术等各学科的协同努力，只有加强基础研究，致力创新，开发具有自主知识产权的新过程、新设备和新软件，才能不断推进化工过程的强化，提高我国的过程工业的竞争力，实现我国国民经济可持续发展的战略目标。

参 考 文 献

［1］ 李绍芬. 反应工程. 第 3 版. 北京：化学工业出版社，2013.

［2］ 朱炳辰. 化学反应工程. 第 5 版. 北京：化学工业出版社，2012.

［3］ 郭锴，唐小恒，周绪美. 化学反应工程. 第 2 版. 北京：化学工业出版社，2008.

［4］ 陈甘棠. 化学反应工程. 第 3 版. 北京：化学工业出版社，2007.

［5］ 郭汉贤. 应用化工动力学. 北京：化学工业出版社，2003.

［6］ 小宫山宏. 反应工学. 化学工学会监修. 东京：培风馆，1995.

［7］ 王安杰，周裕之，赵蓓. 化学反应工程学. 北京：化学工业出版社，2005.

［8］ 张濂，许志美. 化学反应器分析. 上海：华东理工大学出版社，2005.

［9］ 罗康碧，罗明河，李沪萍. 反应工程原理. 北京：科学出版社，2005.

［10］ 戚以政，夏杰，王炳武. 生物反应工程. 第 2 版. 北京：化学工业出版社，2009.

［11］ 王正平，陈兴娟. 精细化学反应设备分析与设计. 北京：化学工业出版社，2004.

［12］ 廖晖，辛峰，王富民. 化学反应工程习题精解. 北京：科学出版社，2003.

［13］ 丁百全，房鼎业，张海涛. 化学反应工程例题与习题. 北京：化学工业出版社，2001.

［14］ Levenspiel O. Chemical Reaction Engineering. 3rd Edition. New York：John Wiley，1999.

［15］ 丁富新，袁乃驹. 化学反应工程例题与习题. 北京：清华出版社，1991.

［16］ 陈甘棠. 聚合反应工程基础. 北京：中国石化出版社，1991.

［17］ 史子瑾. 聚合反应工程基础. 北京：化学工业出版社，1990.

［18］ 陈洪章，李佐虎. 生物反应器工程. 生物工程进展，1998，18 (4)：46-49.

［19］ 童海宝. 生物化工. 北京：化学工业出版社，2001.

［20］ 李再资，黄肖容，谢逢春. 生物化学工程基础. 第 3 版. 北京：化学工业出版社，2013.

［21］ 袁渭康 ，朱开宏. 化学反应工程分析. 上海：华东理工大学出版社，1995.

［22］ 张成芳. 气-液反应和反应器. 北京：化学工业出版社，1985.

［23］ 吴元欣，朱圣东，陈启明. 新型反应器与反应器工程中的新技术. 北京：化学工业出版社，2007.

［24］ 郑亚峰，赵阳，辛峰. 微反应器研究及展望. 化工进展，2004，23 (5)：461-468.

［25］ 王玉红，郭锴，陈建峰等. 超重力技术及其应用. 金属矿山，1999 (4)：25-29.

［26］ 邓友全.离子液体——性质、制备与应用. 北京：中国石化出版社，2006.

［27］ Yang Z，Pan W B. Ionic liquids：Green solvents for nonaqueous biocatalysis. Enzyme and Microbial Technology，2005，37：19-28.

［28］ 方岩雄，顾浩，张赛丹，纪红兵. 离子液体中氧化反应研究进展. 精细化工，2005，22 (6)：451-454.

［29］ Han Y，Lunsford J H. Direct formation of H_2O_2 from H_2 and O_2 over a Pd/SiO_2 catalyst：the roles of the acid and the liquid phase. Journal of Catalysis，2005，230：313-316.

［30］ 张永强，闵恩泽，杨克勇等. 化工过程强化对未来化学工业的影响. 石油炼制与化工，2001，32 (6)：1-6.

［31］ Casanave D，Ciavarella P，Fiaty K，et al. Zeolite membrane reactor for isobutane dehydrogenation：experimental results and theoretical modeling. Chemical Engineering Science，1999，54 (13-14)：2807-2815.

［32］ Fogler H S. Elements of Chemical Reaction Engineering (英文影印版). 4th Ed. 北京：化学工业出版社，2006.